一冊に凝縮

The Best Guide to Microsoft Excel for Beginners and Learners.

Excel
2024
やさしい教科書

わかりやすさに自信があります！

門脇 香奈子

JN206309

≡ SB Creative

本書の掲載内容

本書は、2025年1月1日の情報に基づき、Excel 2024の操作方法について解説しています。また、本書ではWindows版のExcel 2024の画面を用いて解説しています。ご利用のExcelのOSのバージョン・種類によっては、項目の位置などに若干の差異がある場合があります。あらかじめご了承ください。

本書に関するお問い合わせ

この度は小社書籍をご購入いただき誠にありがとうございます。小社では本書の内容に関するご質問を受け付けております。本書を読み進めていただきます中でご不明な箇所がございましたらお問い合わせください。なお、ご質問の前に小社Webサイトで「正誤表」をご確認ください。最新の正誤情報を下記のWebページに掲載しております。

本書サポートページ https://isbn2.sbcr.jp/30195/

上記ページに記載の「正誤情報」のリンクをクリックしてください。
なお、正誤情報がない場合、リンクをクリックすることはできません。

ご質問送付先

ご質問については下記のいずれかの方法をご利用ください。

Webページより

上記のサポートページ内にある「お問い合わせ」をクリックすると、メールフォームが開きます。要綱に従ってご質問をご記入の上、送信ボタンを押してください。

郵送

郵送の場合は下記までお願いいたします。

〒105-0001
東京都港区虎ノ門2-2-1
SBクリエイティブ　読者サポート係

■本書内に記載されている会社名、商品名、製品名などは一般に各社の登録商標または商標です。本書中では®、™マークは明記しておりません。

■本書の出版にあたっては正確な記述に努めましたが、本書の内容に基づく運用結果について、著者およびSBクリエイティブ株式会社は一切の責任を負いかねますのでご了承ください。

はじめに

　本書は、Excelがゼロから理解できるようにExcelの基本操作を紹介したものです。Excelは、高性能で多機能な表計算ソフトです。表を作ったり、表を基にグラフを作ったり、リストを基に瞬時に集計表を作ったりできます。

　見やすい表やグラフを作るためには、知っておきたいルールがあります。また、手早く処理をする「時短のワザ」や、人的ミスを防ぐ「自動化のワザ」をうまく活用することが重要です。

　本書では、表やグラフを作る過程にそって、それらの内容を紹介しています。章の冒頭では、その章で扱うテーマの概要を、用語の説明を交えて解説し、これから知ることをイメージして読み進められるようにしました。難しい操作はありません。サンプルファイルをダウンロードして、初めから順に進めていけば、本書を読み終えるころには、Excelの基本的な知識が身についていることと思います。

　さて、Excelは、数年に一度、新しいバージョンが発売されています。現在の一番新しいバージョンは、Excel 2024です。Microsoft 365のサブスクリプション版のExcelを使用している場合は、常に最新の機能を利用できます。Excel 2024のひとつ前のExcel 2021では、隣接するセルに計算式を一気に入力できるスピルという新機能が登場しましたが、Excel 2024では、スピル機能がさらに進化し、スピル機能に対応した新しい関数なども増えています。

　また、最近は、AIの技術が注目を集めていますが、Microsoft 365のサブスクリプション版のExcelを使用している場合、別途契約が必要ですが、Microsoft 365 CopilotなどのAI機能を利用できるようになりました。ExcelにAIが導入されたことは、これまでにない新しい展開の始まりと言えます。近い未来には、AIがもっと身近で頼れる存在になることでしょう。ただし、今のところは、AIにすべてを任せることはできません。人がExcelでできる事やExcelの基本を理解した上で、操作の手助けをしてもらう存在と捉えましょう。

　Excelを便利に使うために、Excelの機能を手当たり次第に知ろうとする必要はありません。まずは、よく使われる機能には、どんなものがあるのかを知りましょう。そして、効率よく作業を進めるための「時短のワザ」や「自動化のワザ」を身に付けましょう。そうすれば自然と、Excelを実際の業務で応用できるようになるでしょう。何も知らないところから、最短でそこに到達できるよう、本書が少しでも役立てば幸いです。

2024年12月

門脇香奈子

本書の使い方

- 本書では、Excel 2024をこれから使う人を対象に、基本的な表の作り方から、効率的なデータ入力、関数を使った計算、さまざまなグラフの作成、データの集計・分析、印刷機能まで、画面をふんだんに使用して、とにかく丁寧に解説しています。

- Excelの機能の中でも、よく使われる機能、仕事で役立つ便利な機能、基本操作を効率よく行うための「時短ワザ」「自動化のワザ」を紹介しています。本書を通してExcelを実務で使える力が自然と身につきます。

- 本編以外にも、MemoやHintなどの関連情報やショートカットキー一覧、用語集など、さまざまな情報を多数掲載しています。お手元に置いて、必要なときに参照してください。

紙面の構成

練習用ファイル

セクションで使用するファイルの名前です。ファイルのダウンロード方法などはp.6 で解説しています。

解説

各項目の操作の内容を解説しています。操作手順の画面とあわせてお読みください。

Memo

セクションで解説している機能・操作に関連する知識を掲載しています。

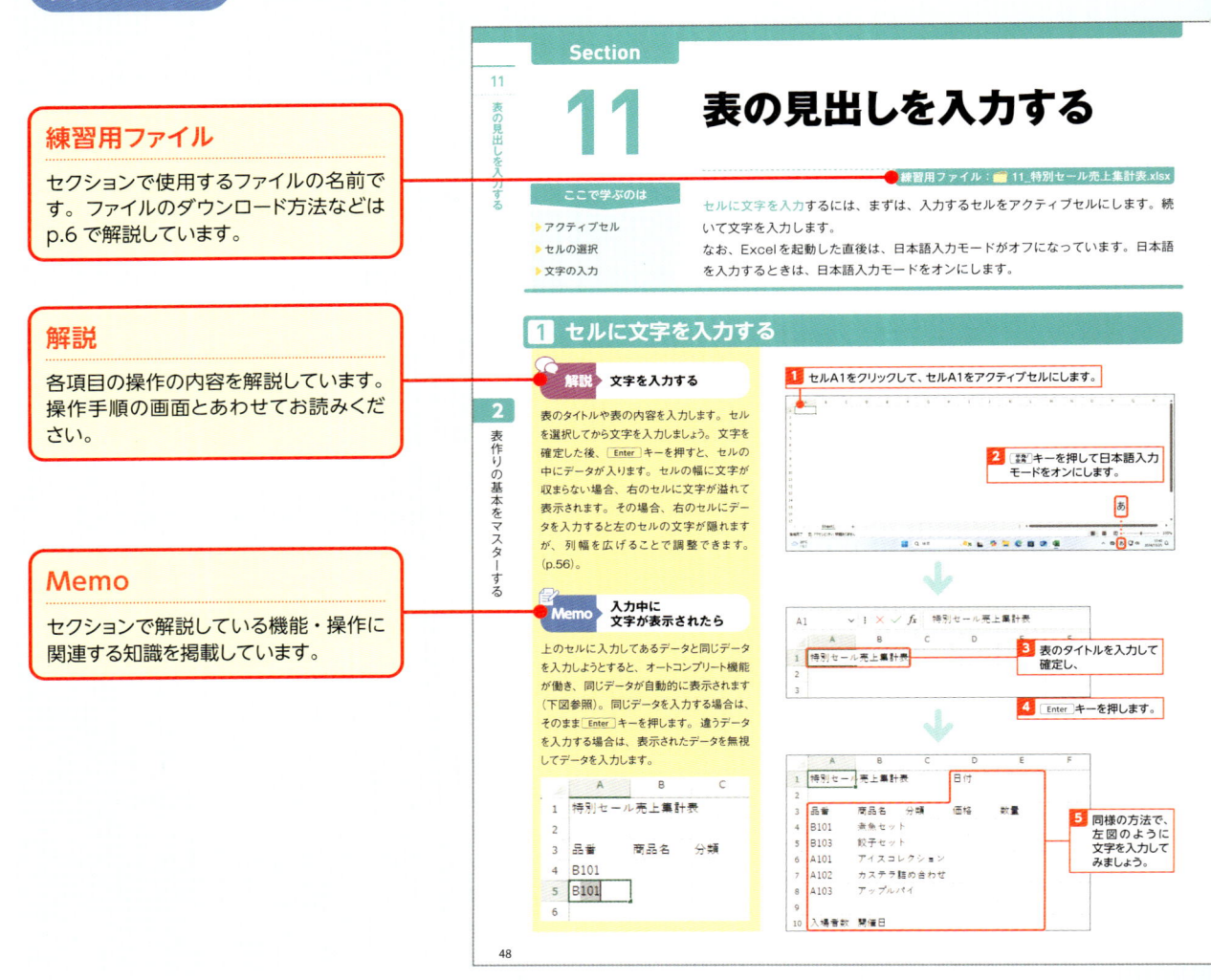

効率よく学習を進める方法

1 まずは概要をつかむ	各章の冒頭では、その章で扱うテーマの概要を、用語の説明を交えて紹介しています。その章で何を知ろうとしているのかを確認して、学習を進めていきましょう。	
2 実際にやってみる	本書の各項目では、練習用ファイルとしてサンプルを用意しています。紙面を見ながら実際に操作手順を実行して、結果を確認しながら読み進めてください。	
3 リファレンスとして活用	一通り学習し終わった後も、本書を手元に置いてリファレンスとしてご活用ください。MemoやHintなどの関連情報もステップアップにお役立てください。	

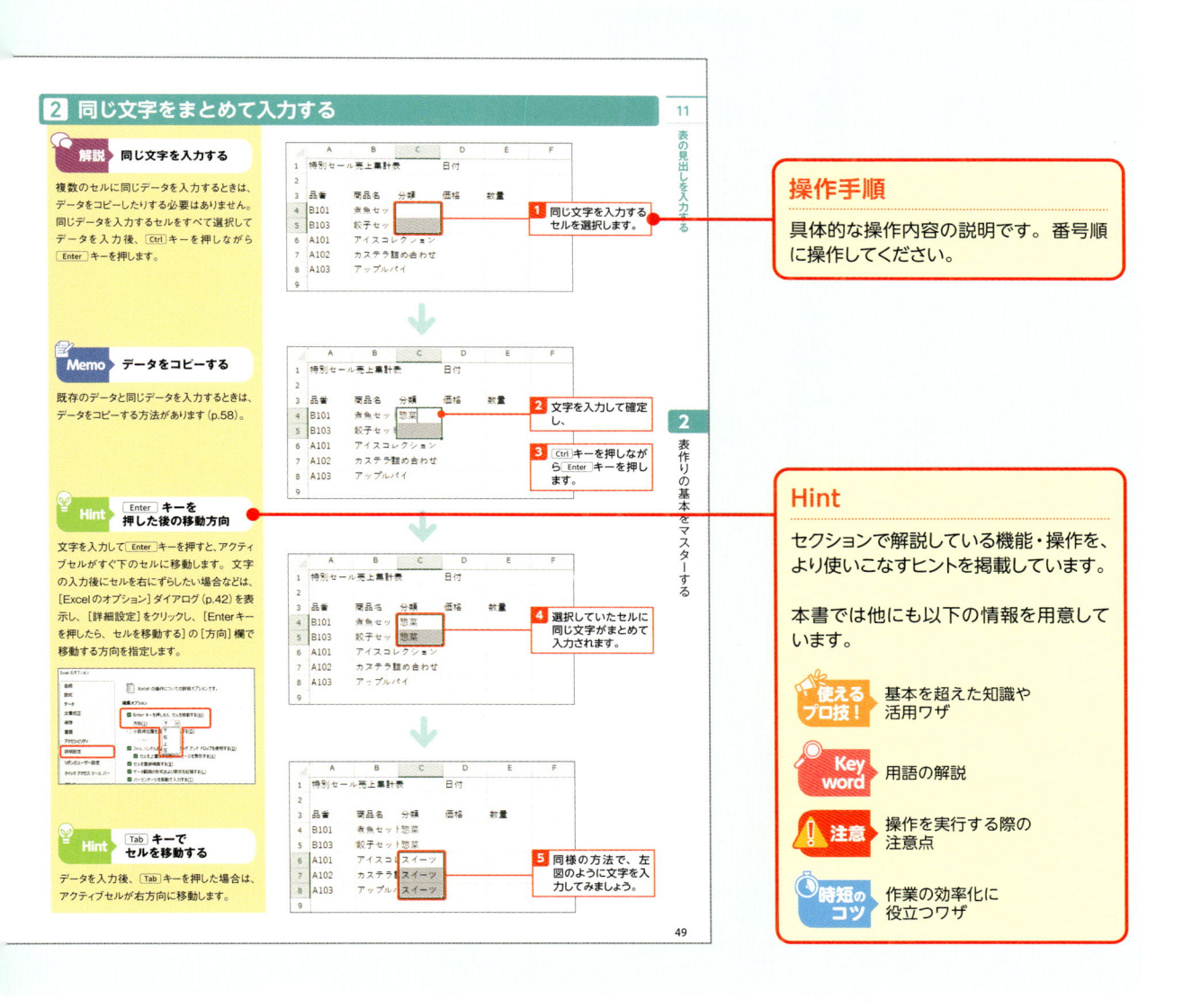

操作手順

具体的な操作内容の説明です。番号順に操作してください。

Hint

セクションで解説している機能・操作を、より使いこなすヒントを掲載しています。

本書では他にも以下の情報を用意しています。

使えるプロ技！ 基本を超えた知識や活用ワザ

Key word 用語の解説

注意 操作を実行する際の注意点

時短のコツ 作業の効率化に役立つワザ

練習用ファイルの使い方

学習を進める前に、本書の各項目で使用する練習用ファイルをダウンロードしてください。以下のWebページからダウンロードできます。

練習用ファイルのダウンロード

https://www.sbcr.jp/support/4815630195/

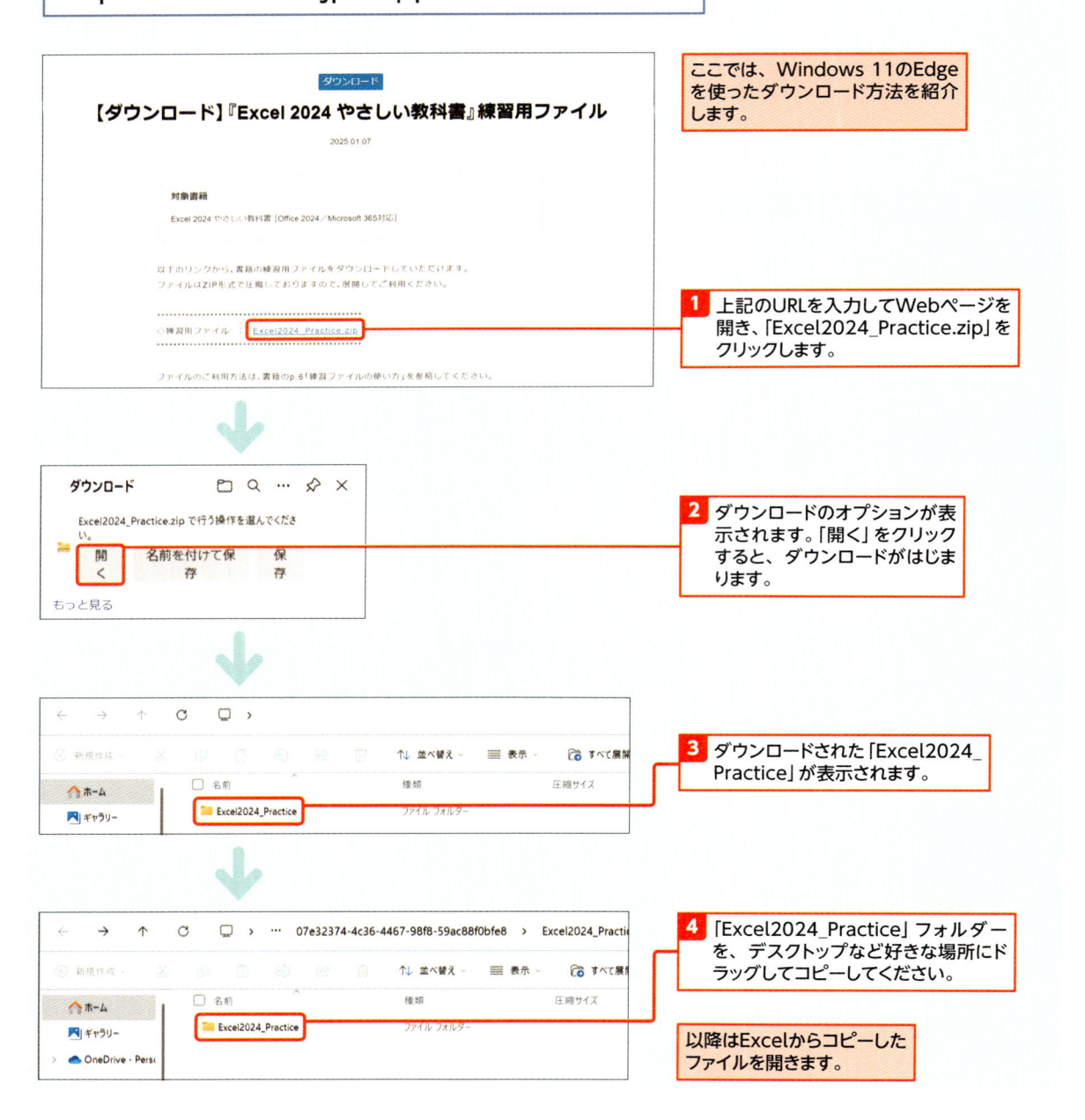

ここでは、Windows 11のEdge を使ったダウンロード方法を紹介します。

1 上記のURLを入力してWebページを開き、「Excel2024_Practice.zip」をクリックします。

2 ダウンロードのオプションが表示されます。「開く」をクリックすると、ダウンロードがはじまります。

3 ダウンロードされた「Excel2024_Practice」が表示されます。

4 「Excel2024_Practice」フォルダーを、デスクトップなど好きな場所にドラッグしてコピーしてください。

以降はExcelからコピーしたファイルを開きます。

▶▶ 練習用ファイルの内容

練習用ファイルの内容は下図のようになっています。ファイルの先頭の数字がセクション番号を表します。なお、セクションによっては練習用ファイルがない場合もあります。

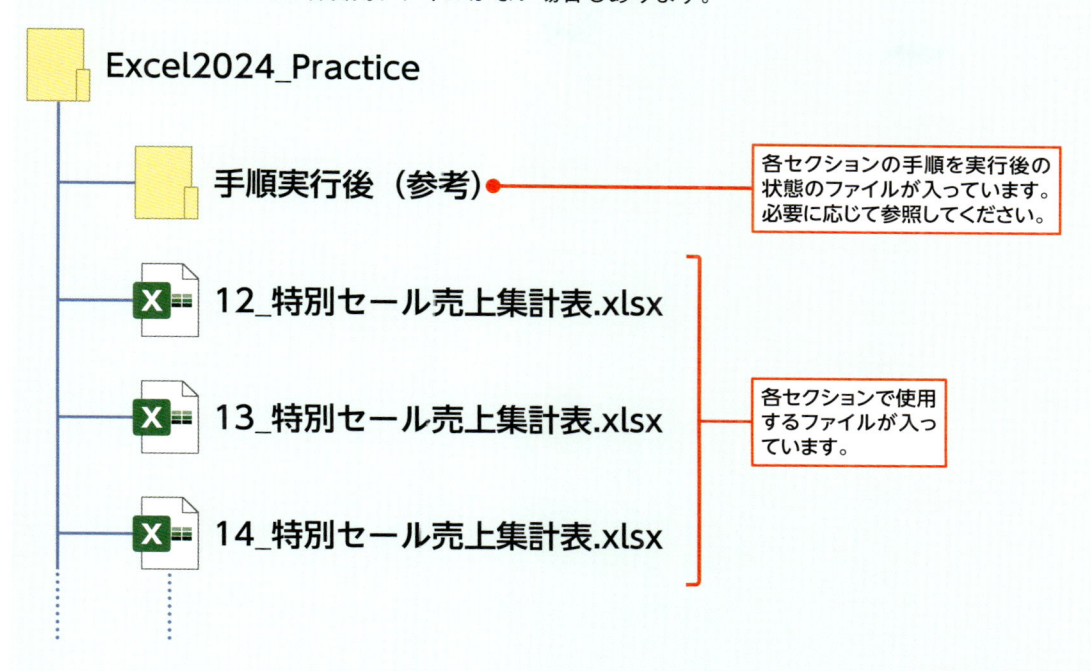

Excel2024_Practice

手順実行後（参考）● — 各セクションの手順を実行後の状態のファイルが入っています。必要に応じて参照してください。

12_特別セール売上集計表.xlsx

13_特別セール売上集計表.xlsx

14_特別セール売上集計表.xlsx

各セクションで使用するファイルが入っています。

▶▶ 使用時の注意点

練習用ファイルを開こうとすると、画面の上部に警告が表示されます。これはインターネットからダウンロードしたファイルには危険なプログラムが含まれている可能性があるためです。本書の練習用ファイルは問題ありませんので、［編集を有効にする］をクリックして、各セクションの操作を行ってください。

クリックして編集を有効にしてください。

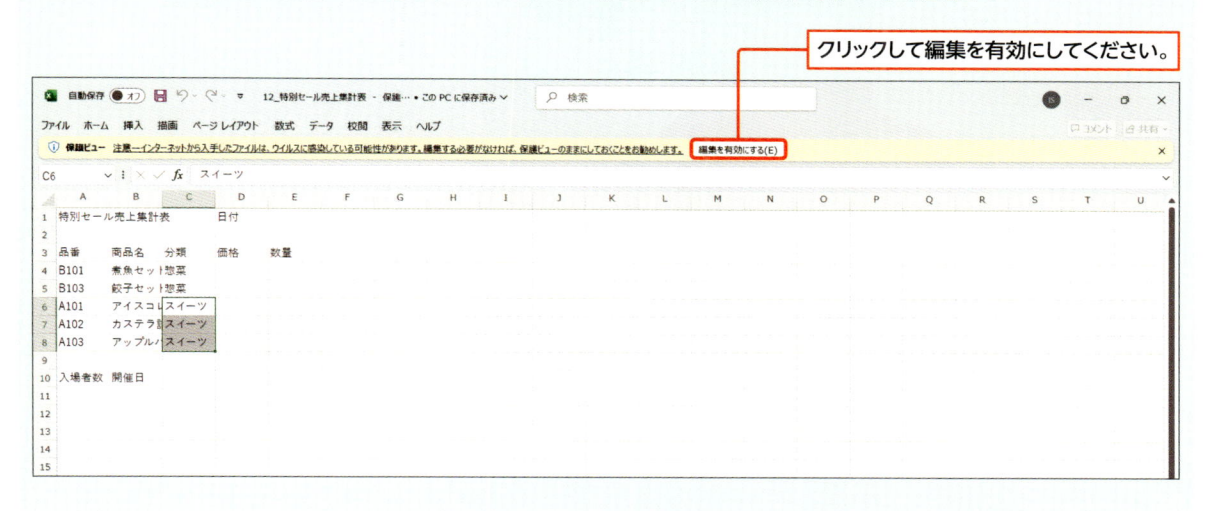

▶▶ マウス／タッチパッドの操作

クリック

画面上のものやメニューを選択したり、ボタンをクリックしたりするときに使います。

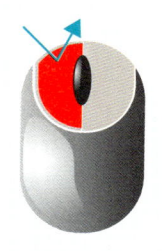

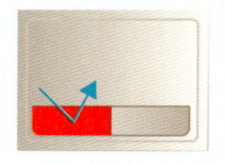

左ボタンを 1 回押します。

左ボタンを 1 回押します。

右クリック

操作可能なメニューを表示するときに使います。

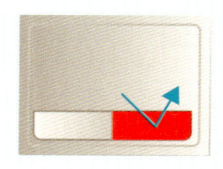

右ボタンを 1 回押します。

右ボタンを 1 回押します。

ダブルクリック

ファイルやフォルダーを開いたり、アプリを起動したりするときに使います。

左ボタンを素早く 2 回押します。

左ボタンを素早く 2 回押します。

ドラッグ

画面上のものを移動するときに使います。

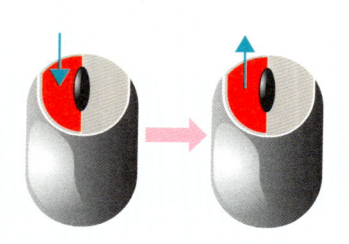

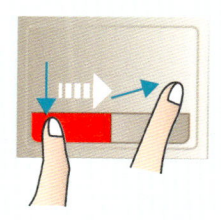

左ボタンを押したままマウスを移動し、移動先で左ボタンを離します。

左ボタンを押したままタッチパッドを指でなぞり、移動先で左ボタンを離します。

▶▶ よく使うキー

Esc（エスケープ）キー
操作を取り消すときに使います。

半角 / 全角キー
日本語入力モードと半角英数モードを切り替えます。

Delete（デリート）キー
カーソルの右側の文字を削除します。

テンキー
電卓のように数字や演算記号が集まったキーです。

BackSpace（バックスペース）キー
カーソルの左側の文字を削除します。

Shift（シフト）キー
他のキーと組み合わせて使います。

スペースキー
空白の入力や漢字への変換に使います。

Enter（エンター）キー
文字の確定や改行入力で使います。

矢印キー
カーソルを上下左右に移動します。

Ctrl（コントロール）キー
他のキーと組み合わせて使います。

ショートカットキー 　複数のキーを組み合わせて押すことで、特定の操作を素早く実行することができます。
本書中では ○○ + △△ キーのように表記しています。

▶ Ctrl + A キーという表記の場合

2 つのキーを同時に押します。

▶ Ctrl + Shift + Esc キーという表記の場合

3 つのキーを同時に押します。

CONTENTS

第 1 章

Excel 2024の基本操作を知る

　この章では、Excelを使ううえで知っておきたい基本的な事柄を紹介します。Excelの画面構成や、Excel全体の設定画面などを知りましょう。

　目標は、Excelを使うとどんなことができるのかイメージできるようになることと、ファイルを開くなどの基本操作を覚えることです。

Section

01

Excelって何?

ここで学ぶのは

▶ 表計算ソフト
▶ Excelでできること
▶ ファイルとブック

Excelとは、計算表を作ったり、表を基にグラフを作ったり、集めたデータを活用・集計したりすることが得意な表計算ソフトです。
この章では、Excelでできることをイメージしましょう。また、Excelの起動方法など、最初に知っておきたい基本操作を紹介します。

1 表計算ソフトとは

Keyword Microsoft Office（Office）

Officeとは、マイクロソフト社の複数のソフトをセットにしたパッケージソフトです。セットの内容によってOfficeにはいくつか種類があります。Excelは、どのOfficeにも入っているソフトです。

Memo Excel のバージョン

Officeは、数年に一度、新しいバージョンのものが発売されます。2025年1月時点で一番新しいOfficeは、Office 2024です。Office 2024のExcelは、Excel 2024というバージョンです。

Keyword Microsoft 365

Officeを使う方法の中には、Microsoft 365サービスを利用する方法があります。これは、1年や1カ月契約などでOfficeを使う権利を得るサブスクリプション契約のことです。Microsoft 365サービスでOfficeを使用している場合、最新のExcelを利用できます。

Excelの主な機能

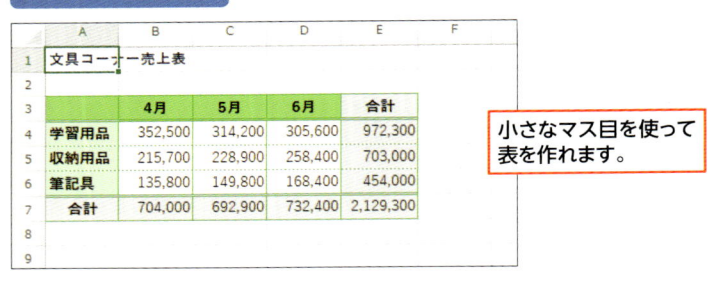

小さなマス目を使って表を作れます。

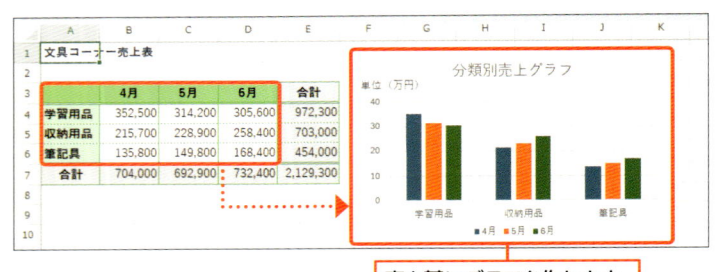

表を基にグラフを作れます。

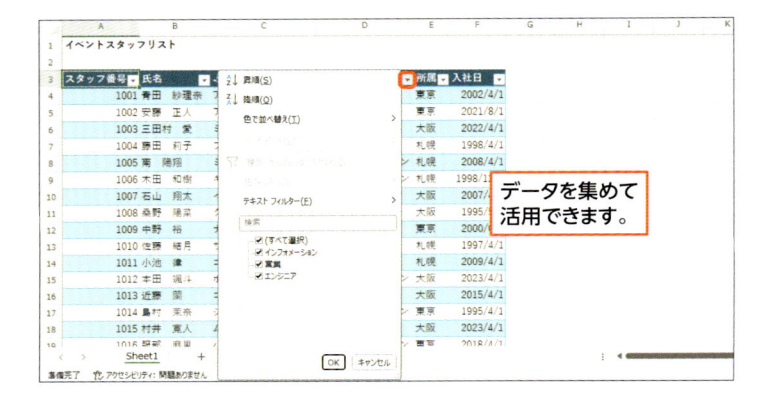

データを集めて活用できます。

2 表を作れる

Memo 表を作る

Excelでは、「セル」というマス目にデータを入力して表を作れます。また、表のデータを基に計算できます。表のデータが変更された場合、計算結果も自動的に変わります。主に、第2章から第4章で紹介します。

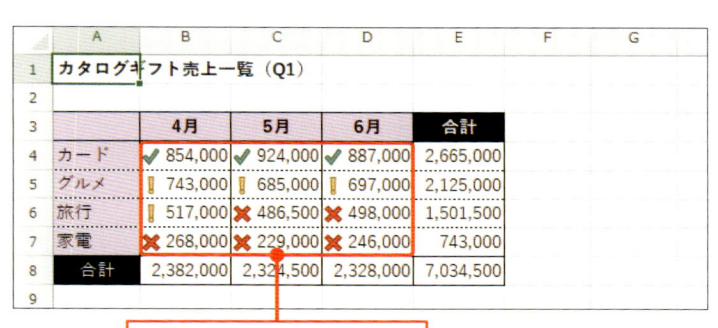

表のデータを使って計算できます。

Memo 表を見やすくする

表を作った後は、見やすいように線を引いたり、文字の大きさを調整したりしましょう。また、表のデータを強調するには、指定した条件に一致するデータを自動的に目立たせる機能を使うと便利です。主に、第5章から第6章で紹介します。

数値の大きさに応じて、異なるアイコンを自動表示できます。

Hint 複数のシートを使える

Excelでは、1つのブックに複数のシートを追加できます（ブックについては下のKeyword参照）。たとえば、シートを12枚用意して、1月～12月までの集計表をまとめて作ることもできます。主に、第10章で紹介します。

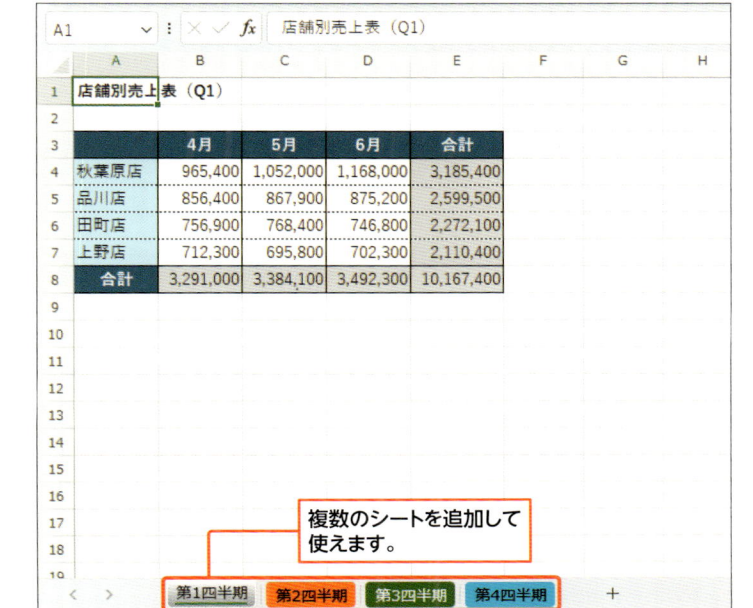

複数のシートを追加して使えます。

Key word ファイルとブック

パソコンで作ったデータは、ファイルという単位で保存します。Excelでは、ファイルのことをブックともいいます。「ファイル」＝「ブック」と思ってかまいません。

3 グラフを作れる

Memo グラフを作る

表のデータを基に、さまざまなグラフを簡単に作れます。グラフに表示する内容も自由に選択できます。また、わかりやすいように色を付けたりもできます。主に、第7章で紹介します。

Hint 表とグラフの関係

グラフは、表のデータを基に作ります。表のデータが変わった場合は、グラフにもその変更が反映されるしくみになっています。

Hint 小さなグラフで推移を表示する

スパークラインの機能を使うと、行ごとのデータの大きさの推移を行の横に表示したりできます。p.182で紹介しています。

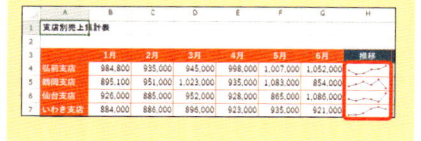

Excelではさまざまな種類のグラフを作れます。

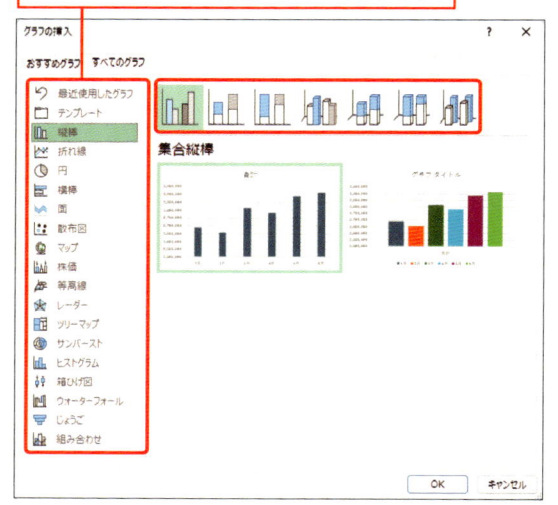

表を基に簡単にグラフを作れます。グラフに追加する要素も指定できます。

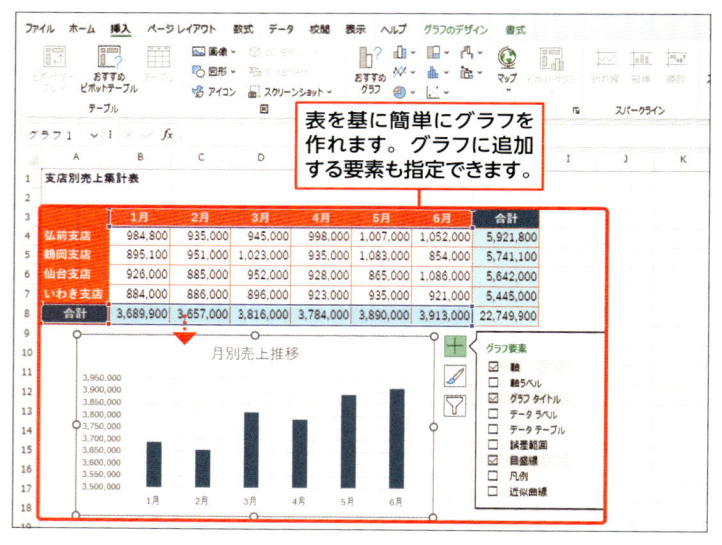

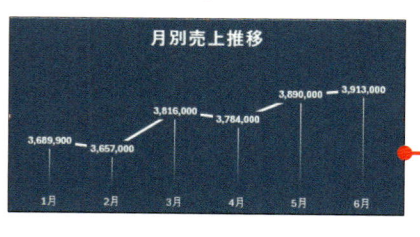

グラフの種類を変更したり、表示内容を変更したりできます。

4 データを活用できる

データを集めたリストを作り、簡単に活用できる状態に変換できます。

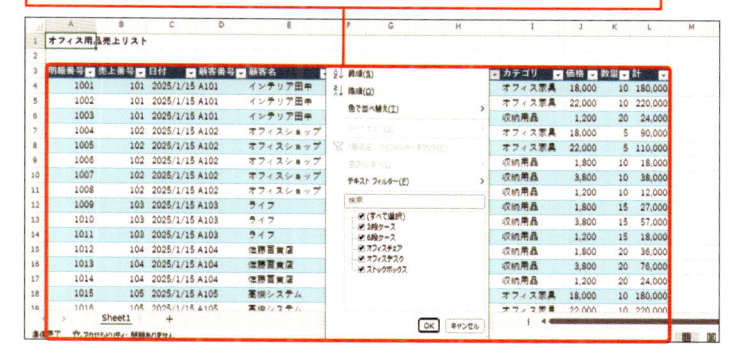

Memo データを活用する

決められたルールに沿ってデータを集めると、データを活用できます。データの並べ替え、絞り込み表示なども簡単に実行できます。主に、第8章で紹介します。

上図のリストから、データを自動的に集計できます。

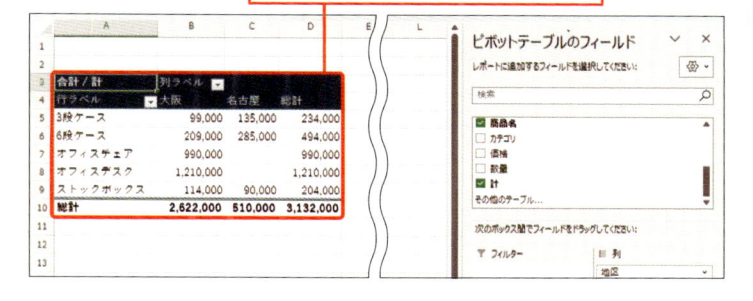

Hint データを集計する

集めたデータを基に、集計表を自動的に作れます。主に、第9章で紹介します。

Hint AI 機能も使える

AIとは、人工知能といってコンピューターが人間のようにさまざまなことを考えたりする技術です。Microsoft社が提供するさまざまなアプリでも、AIの技術を使った機能が搭載されています。それらの機能をCopilotといいます。

サブスクリプション契約のMicrosoft 365サービスを利用してMicrosoft Officeを使月している場合、別途、有料のMicrosoft 365 Copilotなどの利用を契約すると、ExcelやWordなどでAI機能を使用できます。たとえば、Excelで、Microsoft 365 CopilotのCopilot in Excelを利用すると、AI機能によってExcelの操作を手伝ってもらうことができます。強調したいデータを目立たせたり、リストを集計表にまとめたりできます。

集計表と連動するグラフを作成できます。

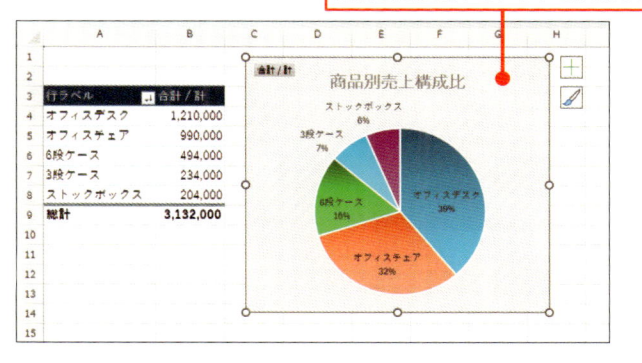

Section

02 Excelを起動／終了する

ここで学ぶのは

▶ Excel の起動
▶ Excel の終了
▶ スタートメニュー

早速、Excelを起動してみましょう。Excelを起動すると最初にスタート画面が表示されます。スタート画面でこれからすることを選べます。
また、Excelの操作が終わったら、Excelを終了してExcelのウィンドウを閉じましょう。

1 Excel を起動する

解説 **Excel を起動する**

スタートメニューからExcelを起動します。Excelを起動すると最初にスタート画面が表示されます。ここでは、スタート画面から白紙のブックを開きます。

Memo **Windows 10 の場合**

Windows 10の場合、スタートボタンをクリックし、表示されるスタートメニューから [Excel] の項目をクリックします。

1 スタートボタンをクリックし、　　**2** ここをクリックします。

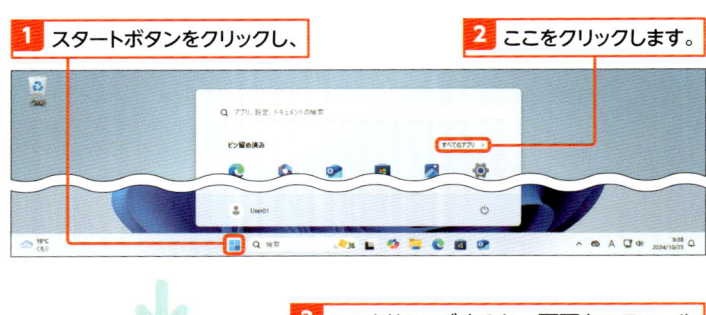

3 ここをドラッグするか、画面をスクロールして [Excel] の項目を探します。

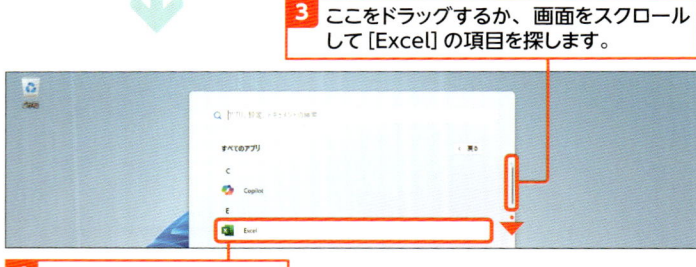

4 [Excel] をクリックします。

5 Excelが起動し、スタート画面が表示されます。

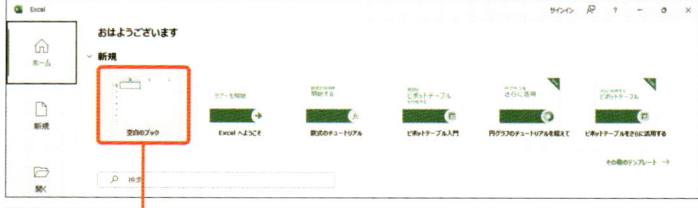

6 [空白のブック] をクリックします。

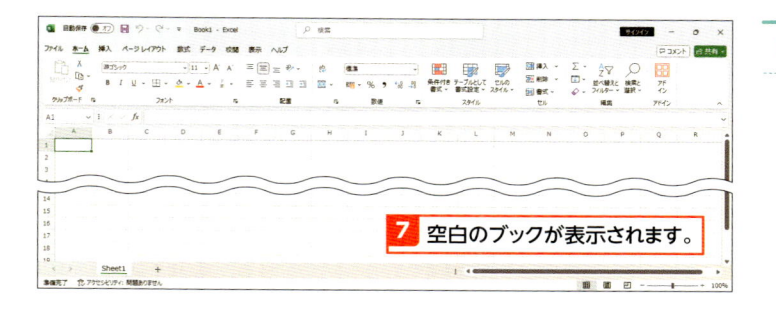

7 空白のブックが表示されます。

2 Excel を終了する

解説 Excel を終了する

Excelの終了時、編集中のブックがある場合は、下図のメッセージが表示されます。[保存]をクリックすると、ブックが上書き保存されます。ブックを一度も保存していない場合は、ブックに名前を付けて保存をする画面に切り替わります（p.32）。

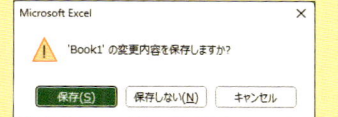

1 [閉じる]をクリックすると、Excelが終了します。

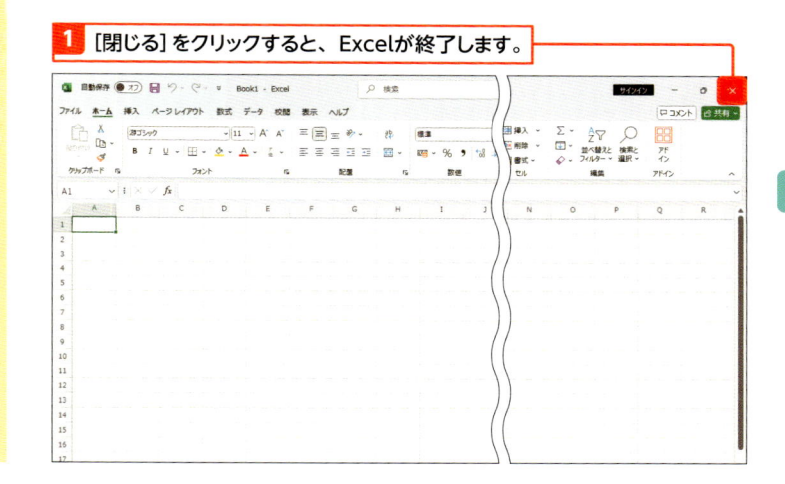

時短のコツ Excel を簡単に起動できるようにする

スタートメニューにピン留めする

スタートメニューのExcelの項目を右クリックし、[スタートにピン留めする]をクリックすると、Excelがスタートメニューの[ピン留め済み]の領域に追加されます。

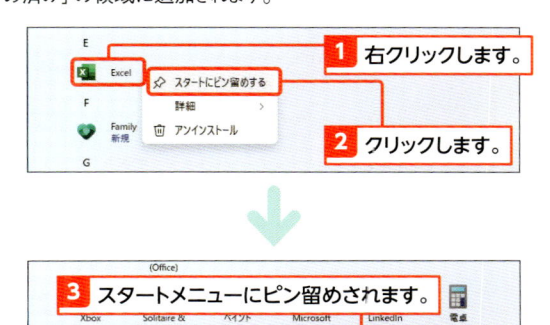

1 右クリックします。

2 クリックします。

3 スタートメニューにピン留めされます。

タスクバーにピン留めする

スタートメニューのExcelの項目を右クリックし、[詳細]→[タスクバーにピン留めする]をクリックすると、タスクバーに常にExcelのアイコンが表示されます。スタートメニューにピン留めしたExcelの項目をタスクバーにドラッグしてピン留めすることもできます。

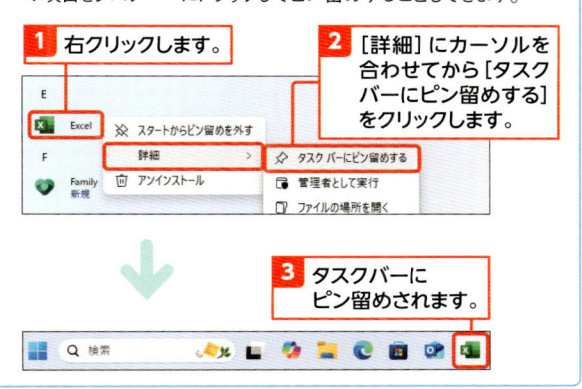

1 右クリックします。

2 [詳細]にカーソルを合わせてから[タスクバーにピン留めする]をクリックします。

3 タスクバーにピン留めされます。

03 Excelの画面構成を知る

ここで学ぶのは

▶ Excel の画面構成
▶ シートについて
▶ セル番地

Excelの画面を見てみましょう。各部の名称は、操作手順の解説の中でも紹介するので一度に覚える必要はありません。
なお、画面の上部に表示されるタブやリボンの表示は、お使いのパソコンによって違う場合もあります。

1 Excel の画面を見る

下図はExcelで新しいブックを用意したときの画面です。ここでは、[ホーム]タブが選択されている状態の画面を例に紹介しています。
なお、パソコンの画面の解像度やExcel画面のウィンドウの大きさなどによって、リボンのボタンの表示内容は異なります。また、お使いのExcelの種類によってボタンの絵柄は若干異なります。

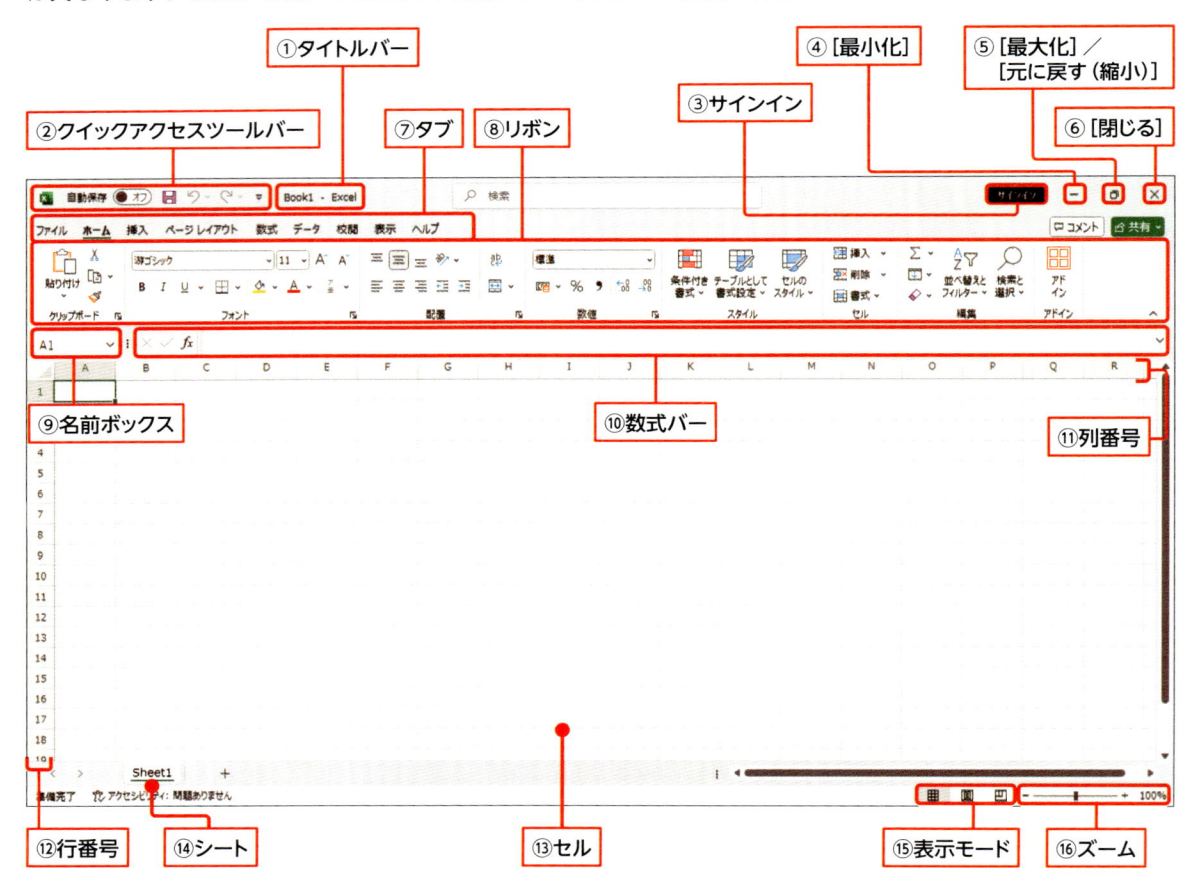

① タイトルバー
② クイックアクセスツールバー
③ サインイン
④ [最小化]
⑤ [最大化]／[元に戻す（縮小）]
⑥ [閉じる]
⑦ タブ
⑧ リボン
⑨ 名前ボックス
⑩ 数式バー
⑪ 列番号
⑫ 行番号
⑬ セル
⑭ シート
⑮ 表示モード
⑯ ズーム

各部の役割を知る

名称	役割
①タイトルバー	開いているブックの名前が表示されます。タイトルバーをダブルクリックすると、Excel画面の最大化と縮小表示が交互に切り替わります。
②クイックアクセスツールバー	頻繁に使用する機能のボタンが表示されています。ボタンを追加して利用することもできます。
③サインイン	Microsoftアカウントにサインインします。第12章で紹介します。
④［最小化］	ウィンドウをタスクバーに折りたたんで表示します。タスクバーのExcelのアイコンをクリックすると、ウィンドウが再び表示されます。
⑤［最大化］／［元に戻す（縮小）］	Excel画面の最大化と縮小表示を切り替えます。画面が小さく表示されている場合は［最大化］が表示されます。画面を最大化しているときは、［元に戻す（縮小）］が表示されます。
⑥［閉じる］	クリックすると、Excelを終了してウィンドウを閉じます。
⑦タブ	タブをクリックすると、リボンの表示内容が変わります。タブをダブルクリックすると、リボンの表示／非表示が切り替わります。
⑧リボン	さまざまな機能のボタンが表示されます。
⑨名前ボックス	アクティブセルのセル番地が表示されます。セルに名前を付けるときなどにも使います。
⑩数式バー	アクティブセルに入力されているデータの内容が表示されます。
⑪列番号	列を区別するための番号です。
⑫行番号	行を区別するための番号です。
⑬セル	表の項目や数値などを入力する枠です。太枠で囲まれているセルは、現在選択しているセルです。アクティブセルといいます。
⑭シート	表やグラフを作る作業用のシートです。
⑮表示モード	Excelの表示モードを切り替えます（p.39参照）。
⑯ズーム	表示倍率を変更します（p.38参照）。

Memo シートの数

新しいブックを開くと1つのシートを含むブックが表示されます。1つのブックには、複数のシートを追加できます。複数のシートの扱いについては、第10章で紹介します。

Hint シートの大きさ

シートの大きさは、16384列、1048576行もあります。白紙のブックを用意したときは、シートの左上隅のほんの一部分が見えている状態です。

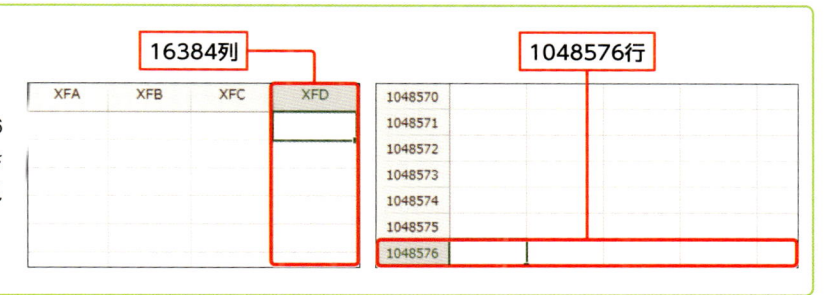

Memo セルの場所のいい方

シートには、たくさんのセルが並んでいます。個々のセルを区別するためには、セルの位置を列番号と行番号で表すセル番地を使います。たとえば、B列の3行目のセルは、「セルB3」「B3セル」のようにいいます。

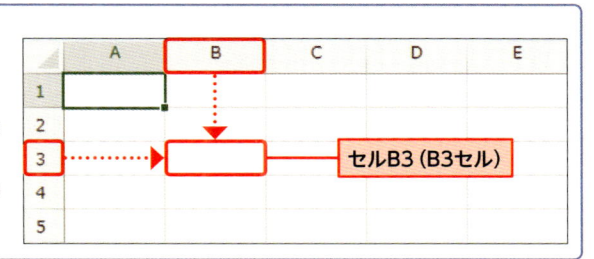

セルB3（B3セル）

Section

04 Excelブックを保存する

ここで学ぶのは

▶ 名前を付けて保存
▶ 上書き保存
▶ フォルダー

Excelで作った表やグラフを繰り返し使えるようにするには、データをブックという単位で保存しておきます。
なお、一度保存したブックは、上書き保存をすると、最新の状態に更新されて保存されます。

1 ブックを保存する

解説 ブックを保存する

Windowsのドキュメントフォルダーに「保存の練習」という名前のブックを保存します。保存するときは、保存する場所とブックの名前を指定します。手順 5 で[ドキュメント]が見えない場合は、[PC]の左の ▷ をクリックして表示を展開します。

Key word フォルダー

フォルダーとは、ファイルを入れて整理する箱のようなものです。ドキュメントフォルダーは、Windowsに最初からあるフォルダーで、ファイルを保存するときによく使う場所です。

ショートカットキー

● [名前を付けて保存] ダイアログの表示
保存するブックが開いている状態で、
F12

ドキュメントフォルダーにブックを保存します。ブックの名前は「保存の練習」にします。

1 保存するブックが開いていることを確認します。

2 [ファイル] タブをクリックします。

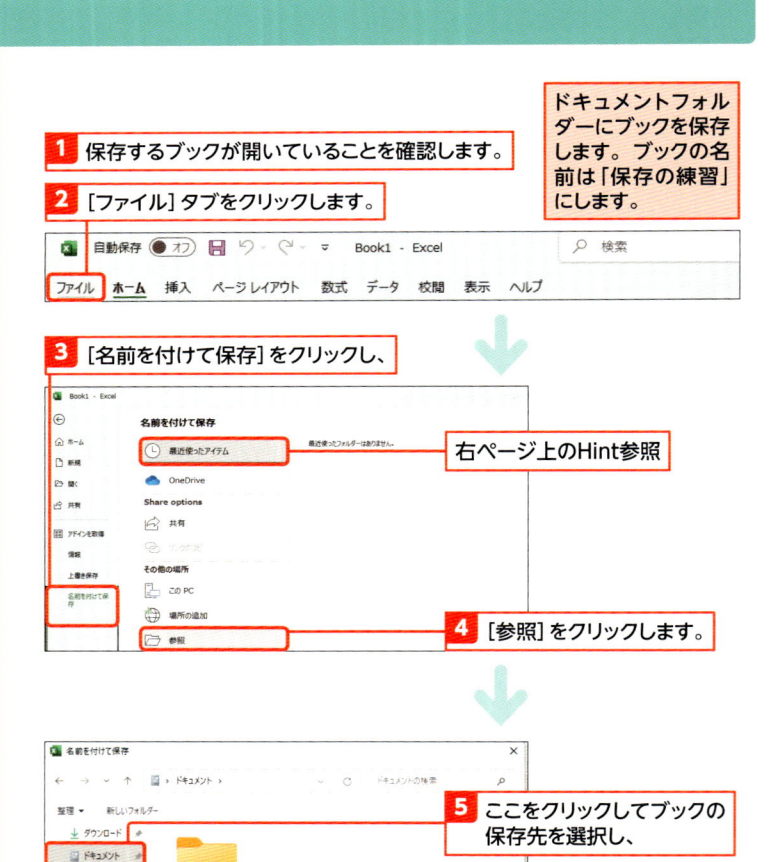

3 [名前を付けて保存] をクリックし、

右ページ上のHint参照

4 [参照] をクリックします。

5 ここをクリックしてブックの保存先を選択し、

6 ブックの名前を入力して、

7 [保存] をクリックします。

8 「保存の練習」という名前のブックが保存されます。

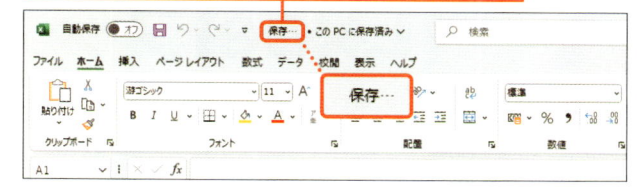

Hint 最近使った場所に保存する

ブックを保存するとき、[最近使ったアイテム]をクリックすると、最近使ったフォルダーが表示されます。フォルダーをクリックし、ブックの名前を指定して保存することもできます。

2 ブックを上書き保存する

解説 上書き保存する

ここでは、ドキュメントフォルダーに保存した「保存の練習」ブックに文字を入力し、最新の状態に更新して保存します。[上書き保存]をクリックすると、タイトルバーに「このPCに保存済み」や「保存しました」の文字が表示されます。ただし、Excelのバージョンによっては、何も表示されません。それでも、上書き保存は完了しています。ブックの編集中は、万が一に備えてこまめに上書き保存をしましょう。なお、一度も保存していないブックを編集中に、[上書き保存]をクリックすると、名前を付けて保存する画面に切り替わります。

ショートカットキー

● 上書き保存

　上書き保存するブックが開いている
　状態で、Ctrl + S

Hint 元のブックとは別に保存する

現在開いているブックはそのままで、別のブックとしてブックを保存する場合は、ブックに名前を付けて保存します（前ページ参照）。

1 セルA1をクリックして「100」と入力し、Enter キーを押します。

2 [上書き保存]をクリックします。

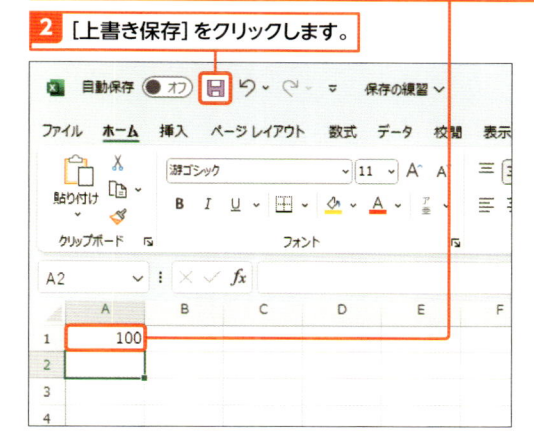

3 ブックが上書き
保存されます。

4 ここでは、[閉じる]をクリックして
Excelを終了します。

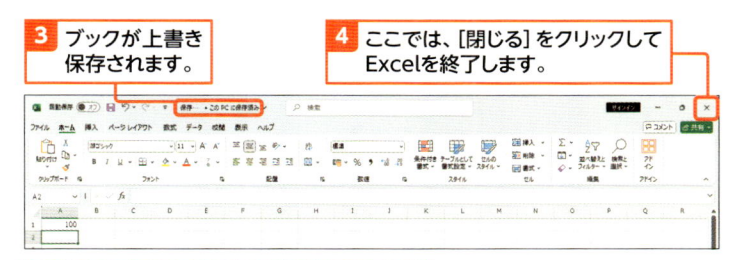

上書き保存しても画面表示は変わりません。

Hint ブックを閉じる

Excelを終了せずに開いているブックを閉じるには、p.42の方法で
Backstageビューを表示して、[その他]→[閉じる]をクリックします。

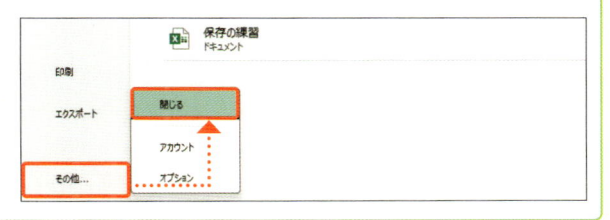

Section

05 Excelブックを開く

ここで学ぶのは

▶ ブックを開く
▶ 新規ブック
▶ テンプレート

保存したブックを使うには、ブックを開きます。ブックを開くときは、保存されている場所とブックの名前を指定します。
また、新しいブックを用意することもできます。白紙のブック以外に、テンプレートを使って新しいブックを作ることもできます。

1 ブックを開く

解説 ブックを開く

前のセクションでドキュメントフォルダーに保存した「保存の練習」ブックを開きます。ブックを開くときは、ブックの保存先とブック名を指定します。手順 5 で [ドキュメント] が見えない場合は、[PC] の左の ▷ をクリックして表示を展開します。

1 Excelを起動しておきます。

ドキュメントフォルダーに保存した
「保存の練習」ブックを開きます。

2 [ファイル] タブをクリックします。

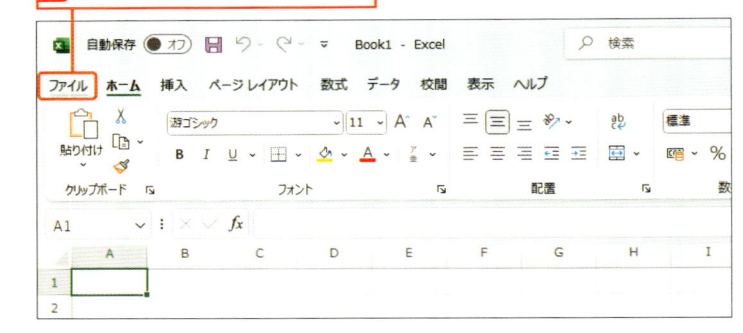

3 [開く] をクリックし、

左のHint参照

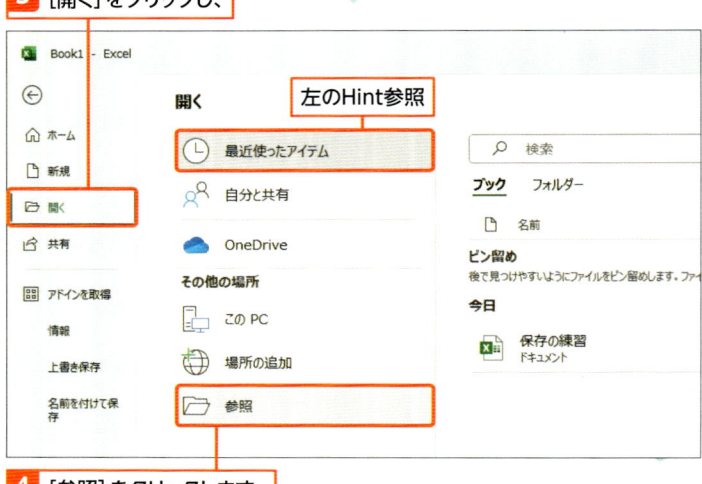

4 [参照] をクリックします。

Hint 最近使ったブックを開く

最近使ったブックを開くときは、[最近使ったアイテム]をクリックします。すると、最近使ったブックの一覧が表示されます。ブックをクリックすると、ブックが開きます。

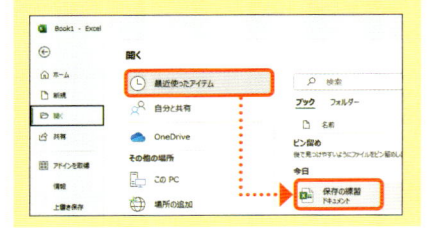

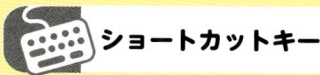

ショートカットキー

● ブックを開く画面に切り替え
 Ctrl + O

5 ここをクリックしてブックの保存先を選択し、

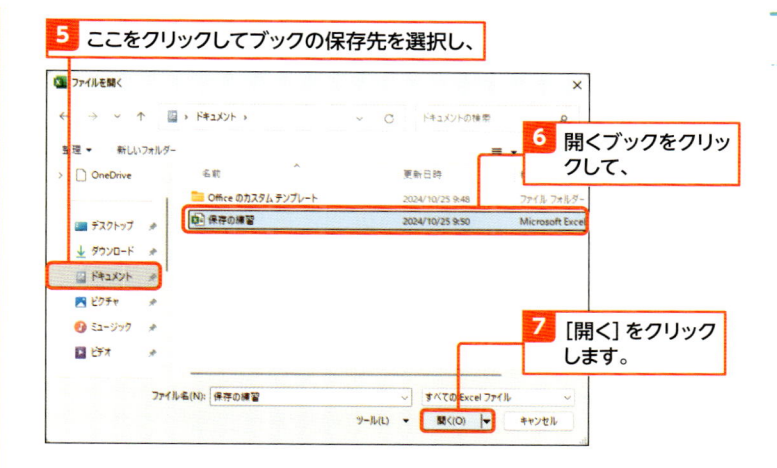

6 開くブックをクリックして、

7 [開く] をクリックします。

Hint　スタート画面からブックを開く

Excelを起動した直後に表示されるスタート画面からファイルを開くには、スタート画面の[開く]をクリックします。[最近使ったアイテム]をクリックすると、最近使ったブックが表示されます。ブックの項目をクリックするとブックが開きます。

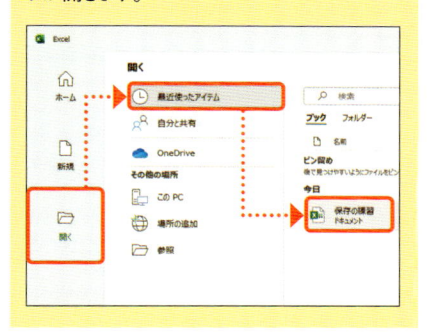

8 ドキュメントフォルダーに保存してある「保存の練習」ブックが開きます。

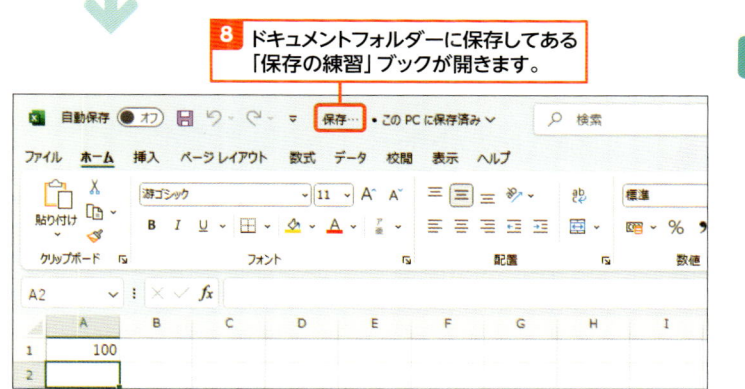

 ### ブックをピン留めする

「開く」をクリックした画面で、[最近使ったアイテム]をクリックすると、最近使ったブックの一覧が表示されます。頻繁に使うブックは、ブックの右側のピンをクリックします。すると、そのブックの項目が一覧の上部の「ピン留め」の項目に固定されます。ピン留めされたブックをクリックすると簡単にブックを開けます。

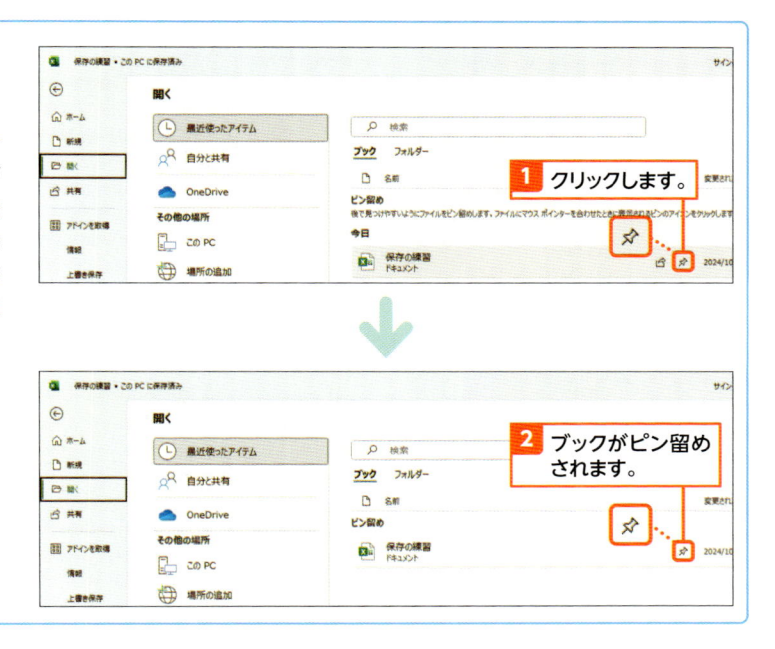

1 クリックします。

2 ブックがピン留めされます。

2 新しいブックを用意する

解説 新しいブックを用意する

白紙のブックを用意します。それには、[空白のブック]を選択します。白紙のブックを開くと、「Book1」「Book2」のような仮の名前が付いたブックが表示されます。

ショートカットキー

● 新しいブックを開く
[Ctrl] + [N]

Memo スタート画面から用意する

Excelを起動した直後に表示されるスタート画面からも、白紙のブックを用意できます。[空白のブック]をクリックします。

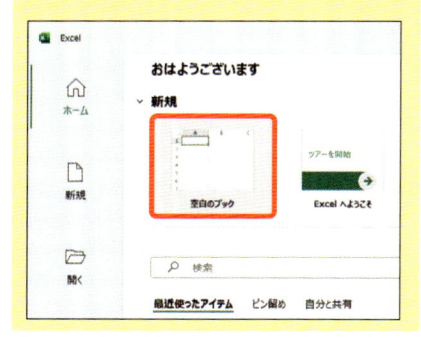

---

1 [ファイル] タブをクリックします。

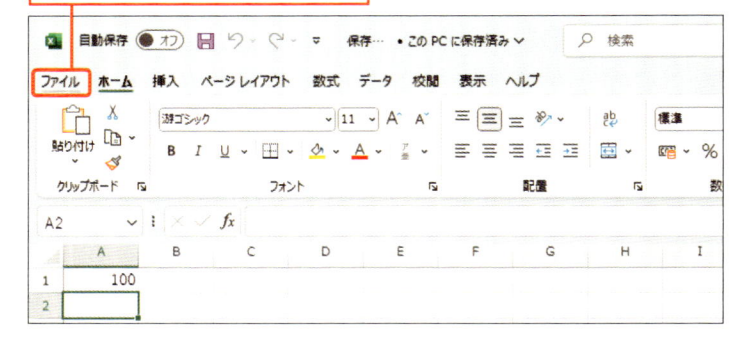

2 [ホーム]、または [新規] をクリックし、

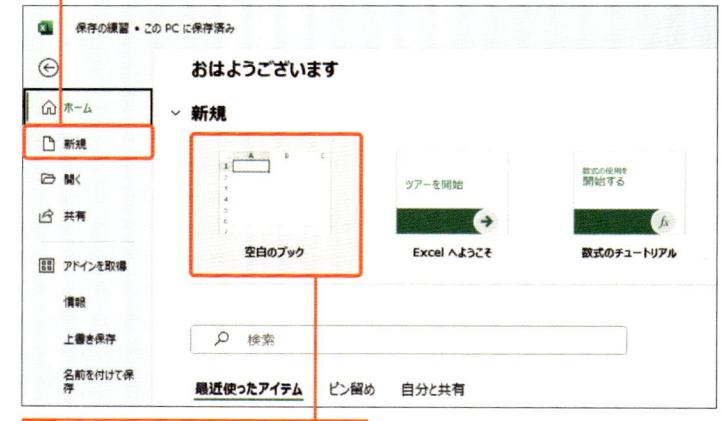

3 [空白のブック] をクリックします。

4 新しいブックが開きます。

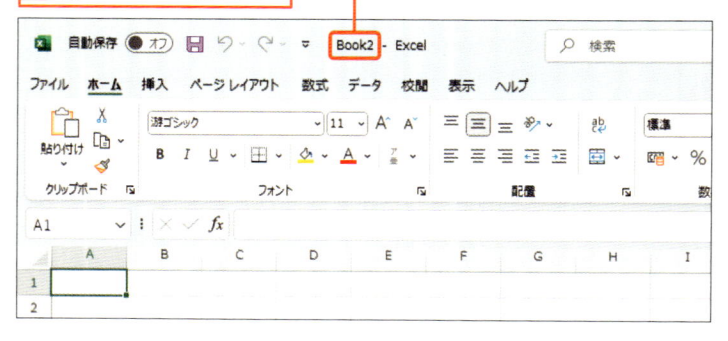

3 テンプレートを利用する

解説 ▶ テンプレートからブックを作る

Excelには、Excelでよく使われるようなブックのテンプレートがいくつも用意されています。新しくブックを作るとき、テンプレートを元に作ることもできます。テンプレートを元にブックを作ると、「テンプレート名1」のような仮の名前が付いた新しいブックが用意されます。ブックを保存するには、p.32の方法で保存します。

Key word ▶ テンプレート

テンプレートとは、Excelで作るさまざまなブックの見本のようなサンプルです。サンプルのブックは、原本として保存されています。一般的に原本を修正することはしません。原本を元にしたコピーを開き、コピーを編集してブックを作ります。

なお、この原本は、自分で作ることもできます。たとえば、請求書を作るための原本を用意して使ったりできます。p.280で紹介しています。

Memo ▶ テンプレートを探す

テンプレートには、さまざまなものがあります。テンプレートのカテゴリを指定するには、上部の項目名をクリックします。

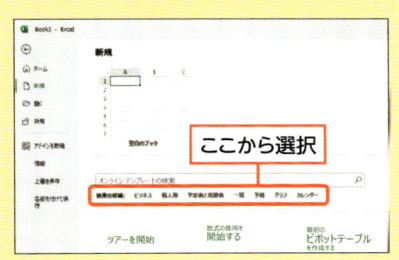
ここから選択

1 [ファイル]タブをクリックします。

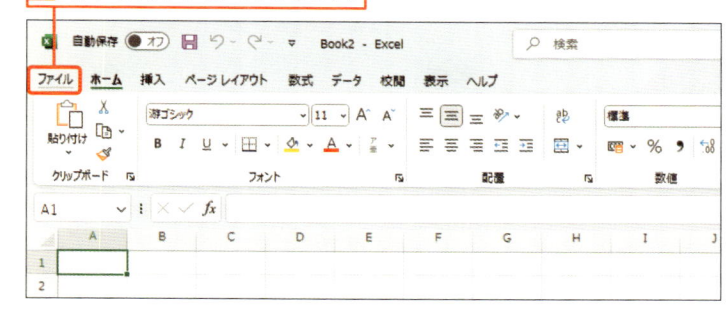

2 [新規]をクリックし、

3 ここを下にスクロールして、

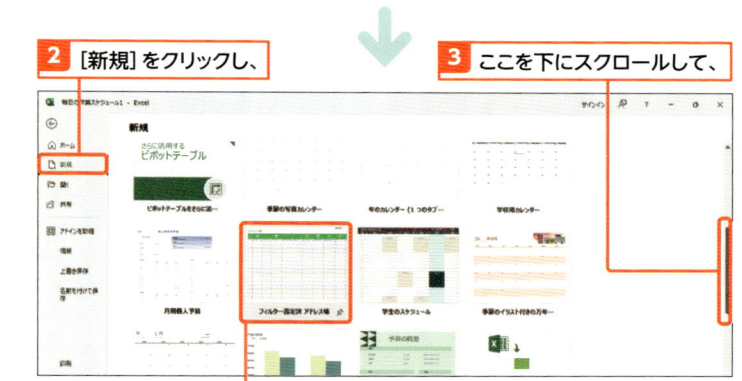

4 使うテンプレートを選びクリックします。

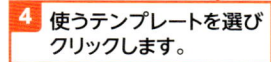

5 [作成]をクリックします。

フィルター設定済 アドレス帳1 ⋯

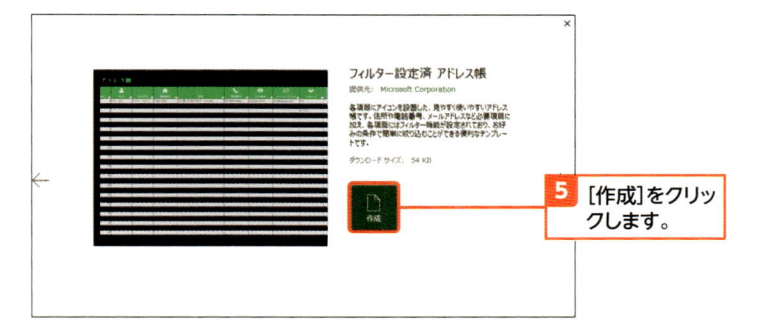

6 テンプレートを元に新しいブックが作成されます。

Excelの表示方法を指定する

ここで学ぶのは

▶ 拡大／縮小表示
▶ ズーム
▶ 表示モード

Excelの画面は、通常100％の表示倍率で表示されますが、表示倍率は変更できます。見やすいように拡大／縮小する方法を覚えましょう。

また、表やグラフを編集するときの表示モードについて知っておきましょう。通常は、標準ビューで操作します。

1 表を拡大／縮小する

解説 拡大／縮小する

画面右下のズームの［拡大］をクリックすると拡大されます。［縮小］をクリックすると縮小されます。中央のバーをドラッグして拡大／縮小することもできます。

時短のコツ マウス操作で拡大／縮小する

Ctrl キーを押しながらマウスのホイールを手前に回転すると、縮小表示になります。Ctrl キーを押しながら、マウスのホイールを奥に回転すると、拡大表示になります。

Hint ［表示］タブで指定する

［表示］タブ→［ズーム］をクリックすると、［ズーム］ダイアログが表示されます。［ズーム］ダイアログで表示倍率を指定することもできます。

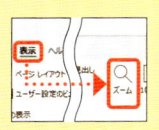
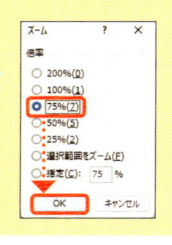

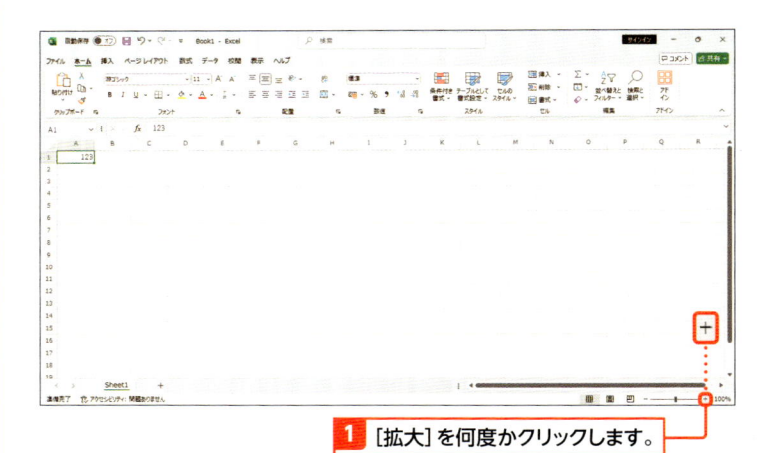

1 ［拡大］を何度かクリックします。

2 拡大して表示されます。

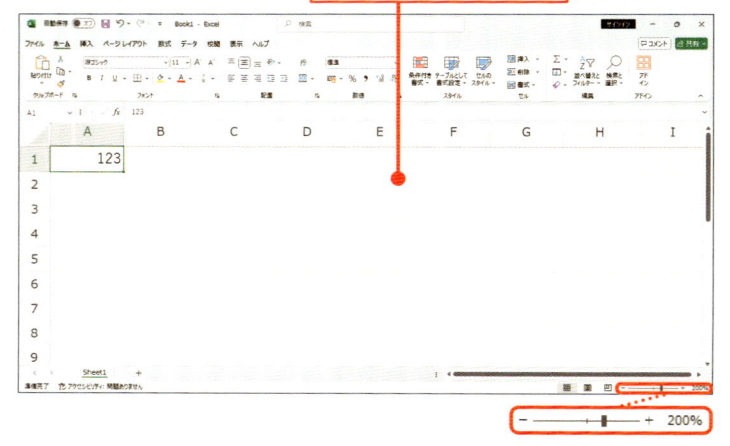

2 表示モードとは？

 **解説** 表示モードを変更する

画面右下のボタンを使うと表示モードを切り替えられます。表やグラフを編集するとき、通常は標準ビューを使います。ページレイアウトビューは、シートの印刷イメージを見ながら編集ができる表示モードです。改ページプレビューは、印刷時の改ページ位置を調整するときなどに使います（p.296参照）。

 **Memo** [表示] タブで操作する

表示モードを変更するには、[表示] タブのボタンを使う方法もあります。[改ページプレビュー]や[ページレイアウト]をクリックすると、表示モードが切り替わります。

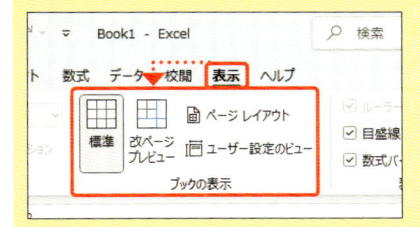

 **Hint** ページの区切りの線

標準ビューからページレイアウトビューや改ページプレビューに切り替えた後、再び、標準ビューに切り替えると、シートを印刷したときのページの区切り位置を示す点線が表示されます。この点線自体は印刷されません。

標準ビュー

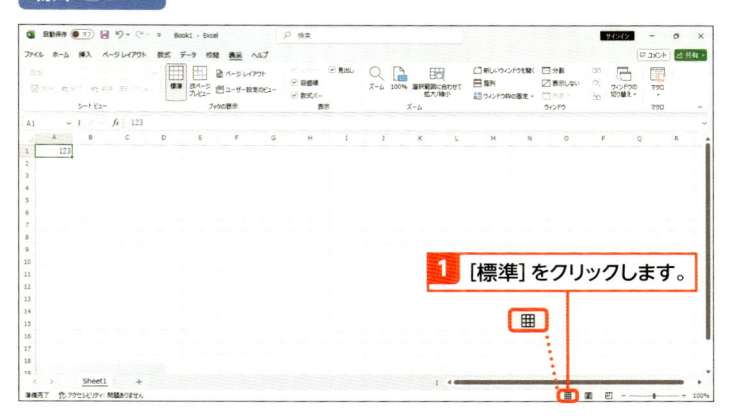

1 [標準] をクリックします。

ページレイアウトビュー

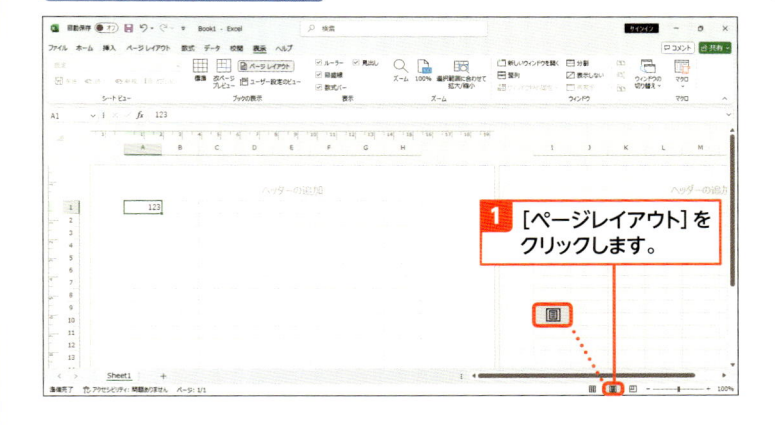

1 [ページレイアウト] をクリックします。

改ページプレビュー

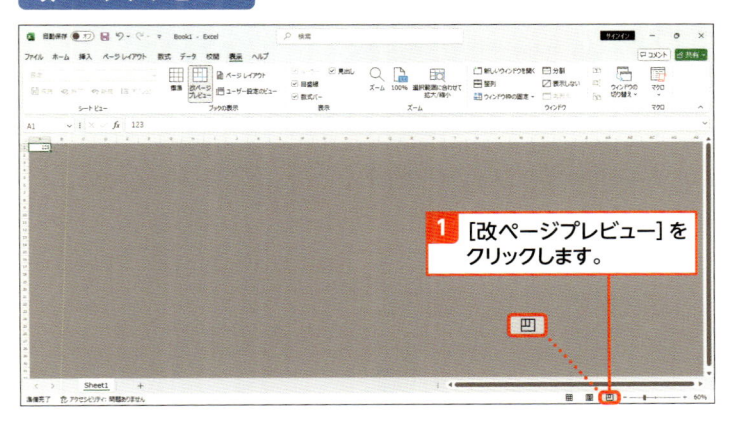

1 [改ページプレビュー] をクリックします。

Section

07 わからないことを調べる

ここで学ぶのは

▶ Microsoft Search ボックス

▶ ヘルプを見る

▶ 作業ウィンドウ

Excelの操作中に操作方法がわからない場合などは、ヘルプ機能を使って調べられます。Excel 2021以降はMicrosoft Searchボックス（Excel 2016/2019では［操作アシスト］ボックス）を使って、実行したい操作を入力すると、その機能を呼び出したりできます。

1 わからないことを調べる

解説 Microsoft Search ボックスを使う

ここでは、「拡大する」と入力し、［ズーム］ダイアログ（p.38参照）を表示します。
実行したい内容を入力するとき、機能名がわかっている場合は機能名を入力すると目的の項目が見つかりやすいでしょう。機能名がわからない場合は、実行したい内容を簡潔に入力しましょう。

Hint ブック内を検索する

Microsoft Searchボックスでブック内の文字や最近使用したブックの検索もできます。ブック内の文字を検索するには、検索するキーワードを入力し、「ワークシート内を検索」の項目をクリックすると、［検索と置換］ダイアログが表示されます。また、最近使用したブックを手早く開くには、Microsoft Searchボックスにブック名を入力します。目的のブックが表示されたら、ブックの項目をクリックします。

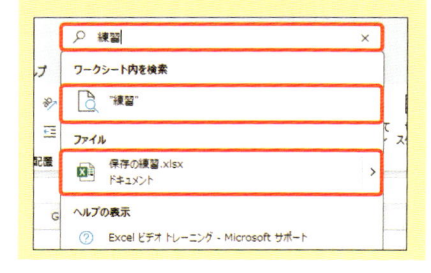

1 Microsoft Searchボックスをクリックします。

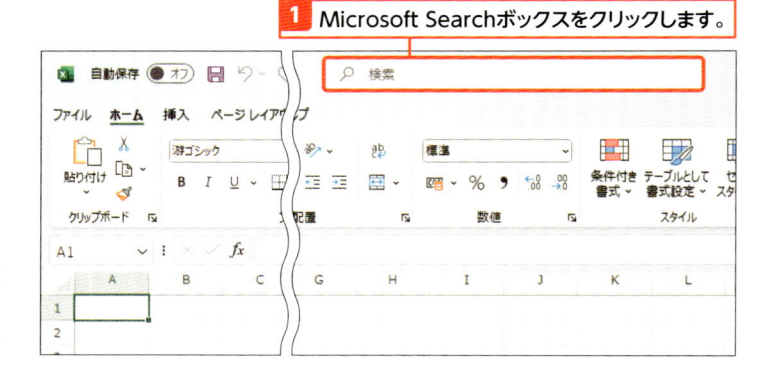

2 実行したい内容を入力すると、

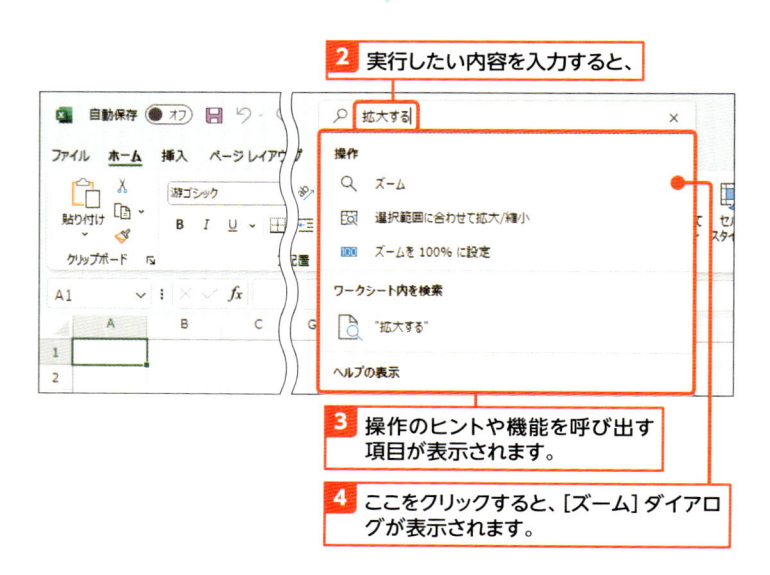

3 操作のヒントや機能を呼び出す項目が表示されます。

4 ここをクリックすると、［ズーム］ダイアログが表示されます。

2 ヘルプの内容を確認する

解説 ヘルプを表示する

ヘルプの項目から、わからないことを調べてみましょう。ここでは、ブックを作る方法を調べています。

1 [ヘルプ] タブをクリックし、

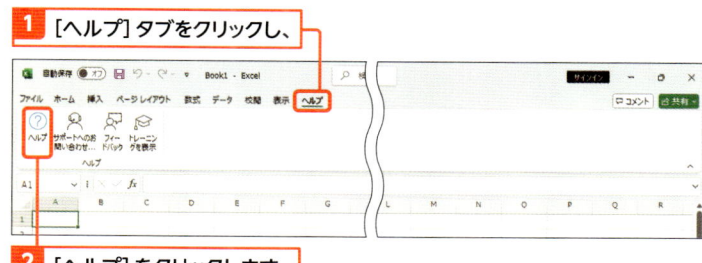

2 [ヘルプ] をクリックします。

ショートカットキー

● [ヘルプ] 作業ウィンドウの表示
[F1]

3 [ヘルプ] 作業ウィンドウが表示されます。

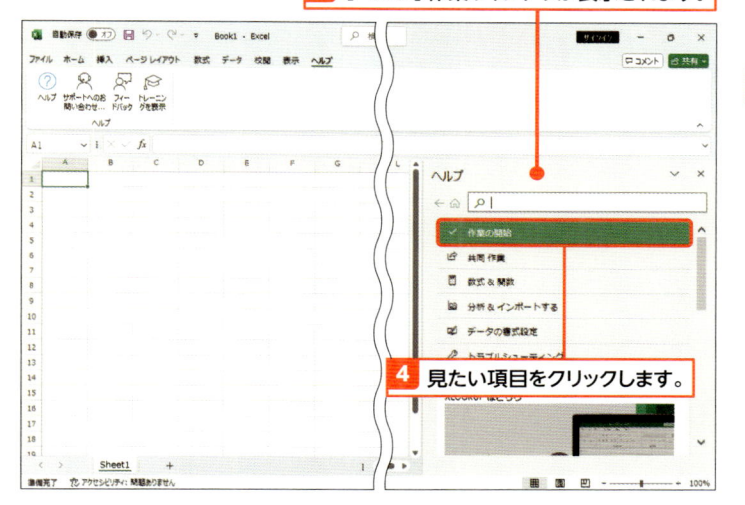

Key word 作業ウィンドウ

ブックの編集中に画面の右側に表示されるウィンドウを作業ウィンドウといいます。作業ウィンドウの幅を調整するには、作業ウィンドウの左の境界線をドラッグします。また、作業ウィンドウを閉じるには、右上の [閉じる] をクリックします。

4 見たい項目をクリックします。

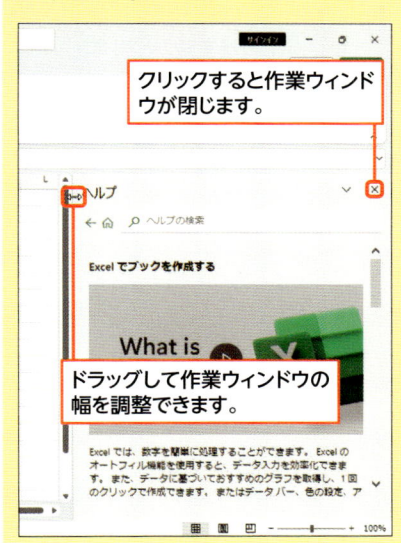

クリックすると作業ウィンドウが閉じます。

ドラッグして作業ウィンドウの幅を調整できます。

5 ヘルプの内容が表示されます。

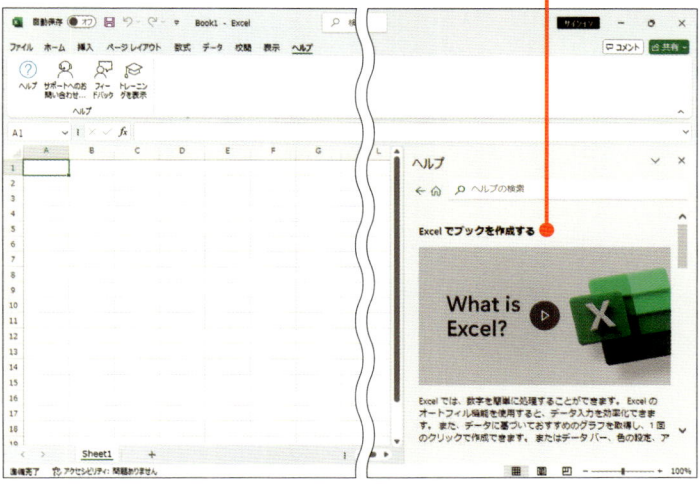

Section

08

Excelのオプション画面を知る

ここで学ぶのは

▶ Excel の設定画面

▶ Excel のオプション

▶ Backstage ビュー

Excelに関するさまざまな設定を変更するには [Excelのオプション] ダイアログを使います。

[Excelのオプション] ダイアログを開く方法を知っておきましょう。左側の項目を選択すると、右側の設定項目が切り替わります。

1 オプション画面を開く

解説 設定画面を開く

[Excelのオプション]ダイアログを表示します。[Excelのオプション] ダイアログは、本書の中でも、さまざまな場面で使います。設定を変更後に [OK] をクリックすると、設定が変更されて [Excelのオプション] ダイアログが閉じます。

Key word Backstage ビュー

[ファイル] タブをクリックすると表示される画面をBackstage (バックステージ) ビューといいます (下図)。Backstageビューは、ブックを開く、保存するなど、ブックに関する基本的な操作を行うときなどに使います。なお、Backstageビューの表示内容は、Excelのバージョンなどによって若干異なります。

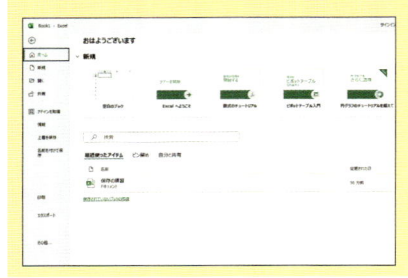

1 [ファイル] タブをクリックします。

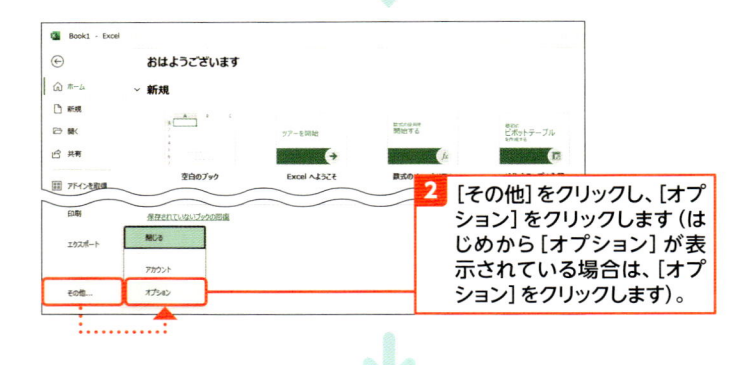

2 [その他] をクリックし、[オプション] をクリックします (はじめから [オプション] が表示されている場合は、[オプション] をクリックします)。

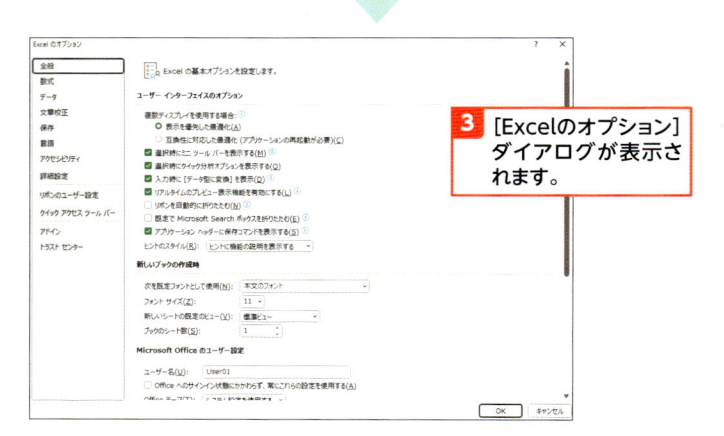

3 [Excelのオプション] ダイアログが表示されます。

第 2 章

表作りの基本を
マスターする

この章では、基本的な表の作り方を覚えましょう。Excelでは、主に文字や日付、数値で表の項目やデータを入力します。

目標は、データのコピーや置換などの機能を利用しながら、効率よくデータを入力できるようになることです。

表を作る手順を知る

▶ 表の作成

▶ データの入力

▶ 移動やコピー

Excelで計算表を作るには、セルというマス目に文字や数値、日付などのデータを入力したり、計算結果を表示するための計算式を入力したりします。
この章では、データを入力する方法を紹介します。データをコピーしたり、置き換えたりしながら効率よく入力しましょう。

1 表を作るには？

Memo 表を作る

表を作るには、セルに文字や日付、数値などを入力し、必要に応じて計算式を入力します。また、表が見やすいように文字の配置や文字の色などを変更します。

Hint 文字の配置について

文字を入力すると、通常は文字がセルの左に詰めて表示されます。これに対して日付や数値はセルの右に詰めて表示されます。数値は、数値の桁がわかりやすいように通常は、右詰めのままにしておきます。

開催日 ● → 文字

10月26日 ● → 日付

1500 ● → 数値

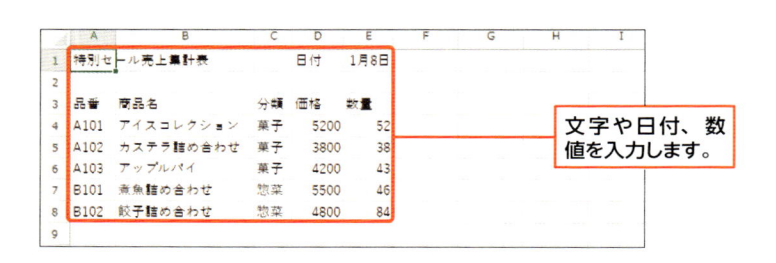

文字や日付、数値を入力します。

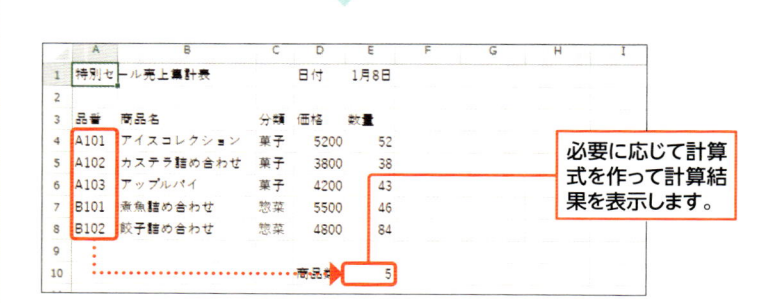

必要に応じて計算式を作って計算結果を表示します。

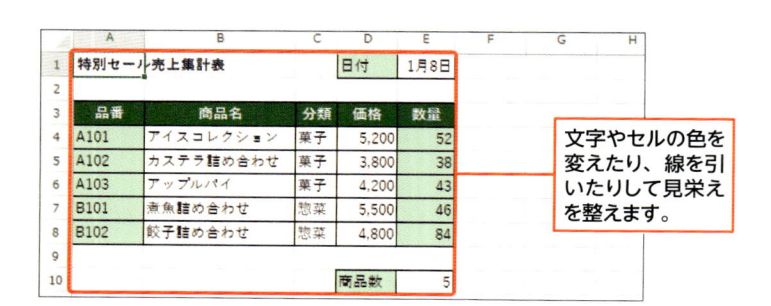

文字やセルの色を変えたり、線を引いたりして見栄えを整えます。

2 データの入力方法を知る

Memo データの入力

表にデータを入力するときは、効率よく入力したいものです。この章では、複数のセルに同じデータをまとめて入力する方法や、選択したセル範囲の中でアクティブセルを移動させる方法などを紹介します。

同じデータをまとめて入力

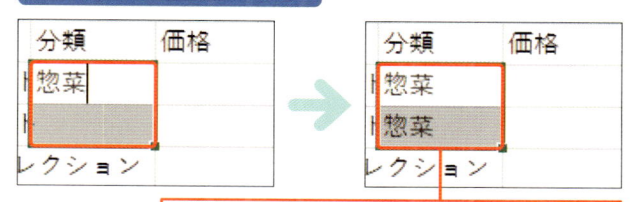

複数のセルに同じデータをまとめて入力できます。

指定したセル範囲に連続して入力

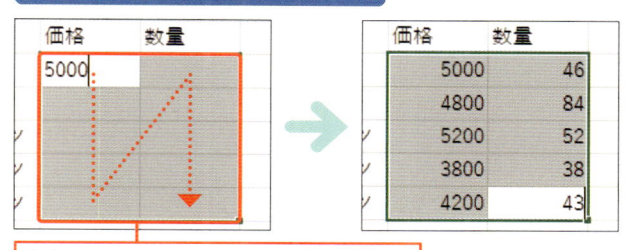

指定したセル範囲に連続して入力できます。

Memo データの移動やコピー

入力したデータを移動したりコピーしたりする方法を覚えましょう。キー操作やドラッグ操作を覚えると便利です。

データを移動／コピー

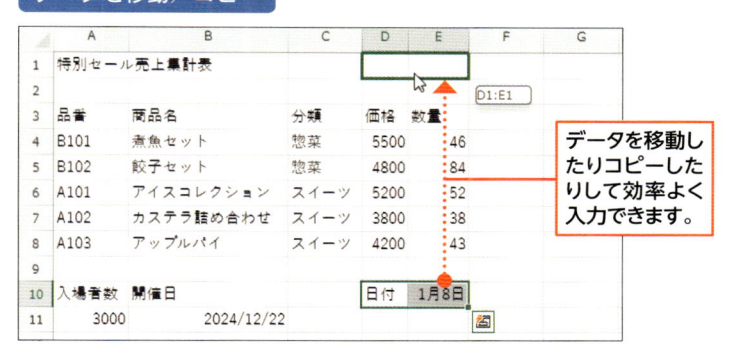

データを移動したりコピーしたりして効率よく入力できます。

Memo 検索や置換

入力したデータを検索したり、指定した文字を別の文字に置き換えたりできます。検索や置換の機能を紹介します。

データを検索／置換

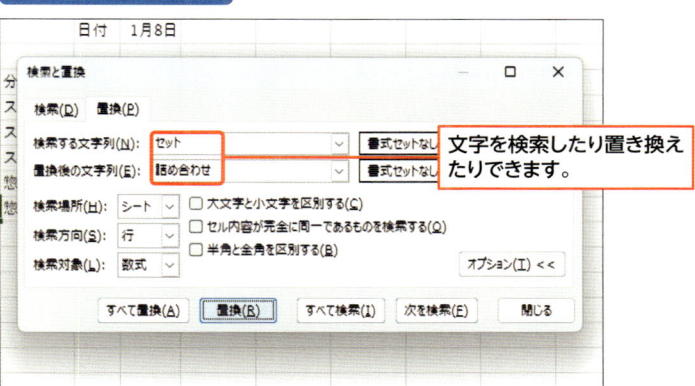

文字を検索したり置き換えたりできます。

Section

10 セルを選択する

ここで学ぶのは

▶ セルの選択

▶ セル範囲の選択

▶ 複数セルの選択

Excelでセルを操作するときは、最初に、対象のセルやセル範囲を正しく選択することが重要です。

まずは、Excel操作の最も基本となるセルの選択方法を覚えましょう。離れた場所にあるセルを同時に選択することもできます。

1 セルやセル範囲を選択する

解説 **セルを選択する**

現在選択されているセルをアクティブセルといいます。たとえばセルC2をクリックすると、セルC2がアクティブセルになります。また、キーボードの ← → ↑ ↓ キーを押しても、アクティブセルを移動できます。

続いて、セルB3からセルC5までの複数セルを選択してみましょう。範囲で選択されたセルを、セル範囲といいます。本書では、セル範囲を「B3:C5」のように「:」（コロン）で区切って表します。

Hint **名前ボックスを使う**

名前ボックスにセル番地を入力して Enter キーを押しても、アクティブセルを移動できます。たとえば、名前ボックスに「B7」と入力して Enter キーを押すと、セルB7がアクティブセルになります。

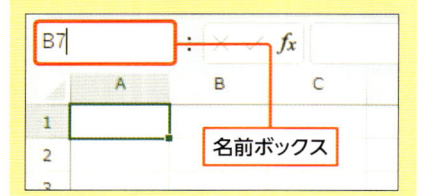

名前ボックス

1 セルC2をクリックします。

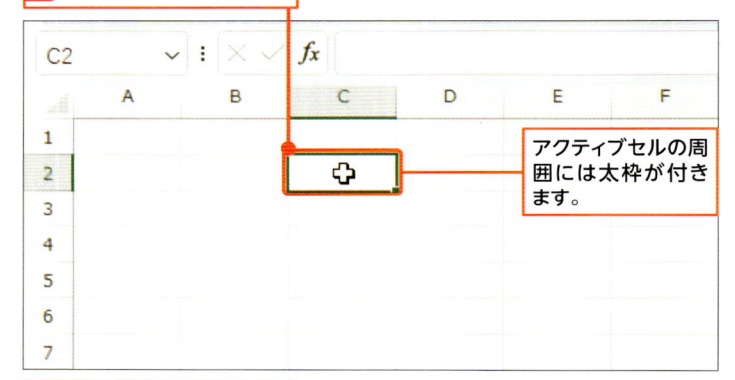

アクティブセルの周囲には太枠が付きます。

2 セルC2が選択されます。

3 セルB3からC5までドラッグします。

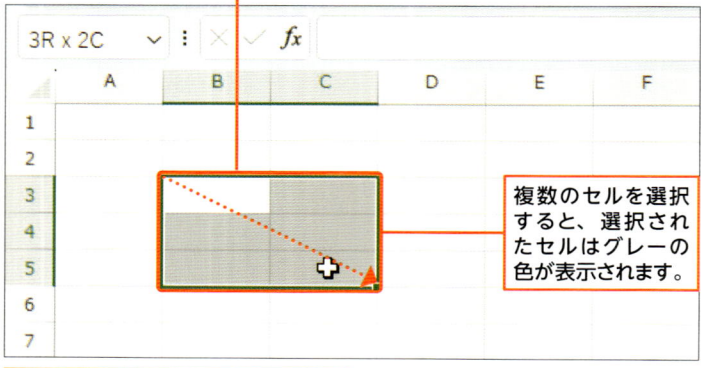

複数のセルを選択すると、選択されたセルはグレーの色が表示されます。

4 セル範囲B3:C5が選択されます。

2 複数のセルを選択する

解説 複数セルを選択する

複数のセルやセル範囲を選択するときは、1つ目のセルやセル範囲を選択後、[Ctrl]キーを押しながら同時に選択するセルやセル範囲を選択します。また、セルの選択を解除するには、いずれかのセルをクリックします。

Memo 行や列を選択する

行や列単位でセルを選択するには、選択する行番号や列番号をクリックします。複数行、複数列を選択するには、行番号を縦方向にドラッグ、列番号を横方向にドラッグします。

Hint セルに名前を付ける

セルには、独自の名前を付けられます。名前を付けるには、名前を付けるセルやセル範囲を選択し、名前ボックスに名前を入力して[Enter]キーを押します。名前の登録後は、名前ボックスの ∨ をクリックして名前を選択すると、その名前のセルを選択できます。また、セルの名前は、計算式の中でも使えます（p.132）。

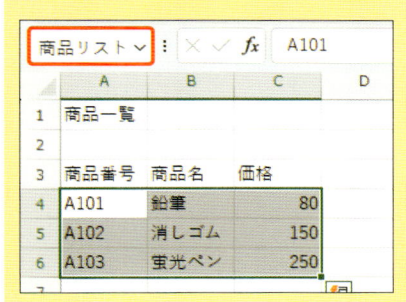

1 セルA5をクリックします。

> セルA5、セルB2、セル範囲 D3：E5を同時に選択します。

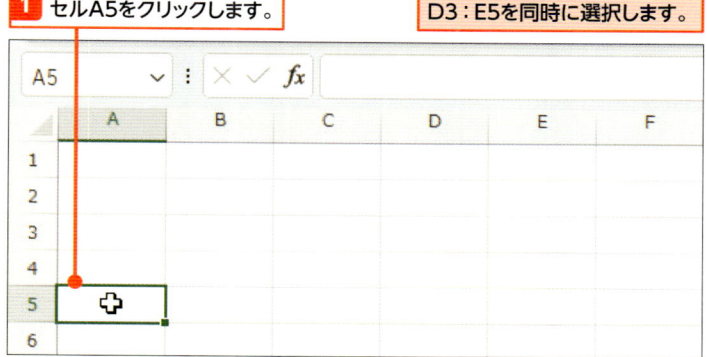

2 [Ctrl]キーを押しながら、セルB2をクリックします。

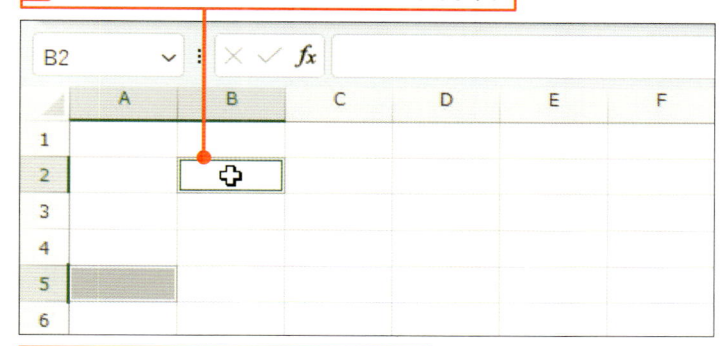

3 これでセルA5とセルB2が選択されます。

4 続いて[Ctrl]キーを押しながら、セルD3からセルE5までドラッグします。

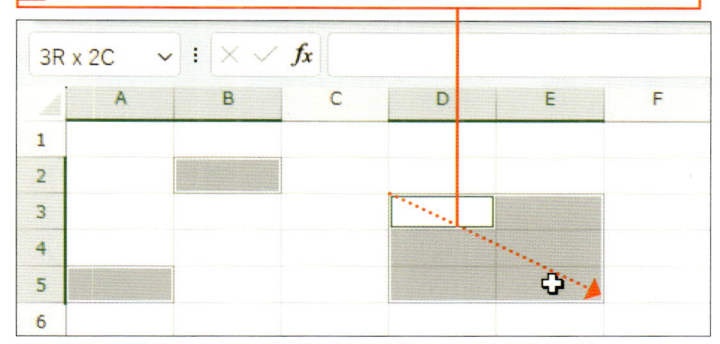

5 これでセルA5とセルB2、セル範囲D3:E5が選択されます。

6 いずれかのセルをクリックすると、セルの選択が解除されます。

Section

11

表の見出しを入力する

練習用ファイル： 11_特別セール売上集計表.xlsx

ここで学ぶのは

▶ アクティブセル
▶ セルの選択
▶ 文字の入力

セルに文字を入力するには、まずは、入力するセルをアクティブセルにします。続いて文字を入力します。

なお、Excelを起動した直後は、日本語入力モードがオフになっています。日本語を入力するときは、日本語入力モードをオンにします。

1 セルに文字を入力する

解説 文字を入力する

表のタイトルや表の内容を入力します。セルを選択してから文字を入力しましょう。文字を確定した後、 Enter キーを押すと、セルの中にデータが入ります。セルの幅に文字が収まらない場合、右のセルに文字が溢れて表示されます。その場合、右のセルにデータを入力すると左のセルの文字が隠れますが、列幅を広げることで調整できます。（p.56）。

Memo 入力中に文字が表示されたら

上のセルに入力してあるデータと同じデータを入力しようとすると、オートコンプリート機能が働き、同じデータが自動的に表示されます（下図参照）。同じデータを入力する場合は、そのまま Enter キーを押します。違うデータを入力する場合は、表示されたデータを無視してデータを入力します。

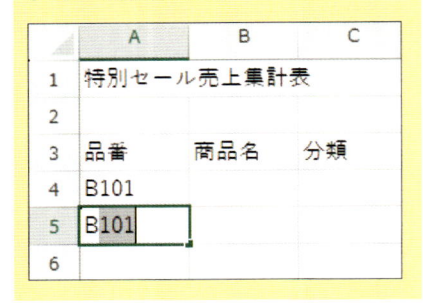

1 セルA1をクリックして、セルA1をアクティブセルにします。

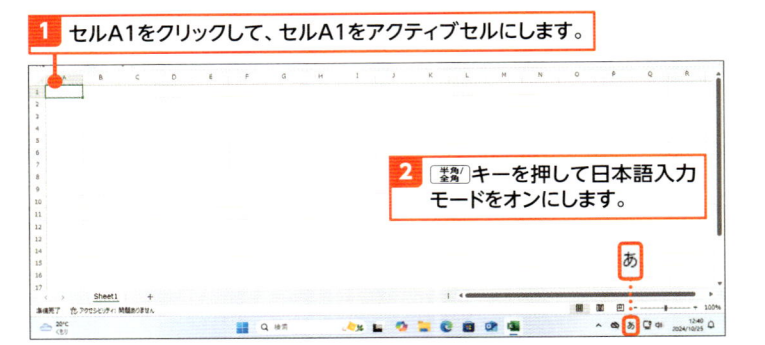

2 半角/全角 キーを押して日本語入力モードをオンにします。

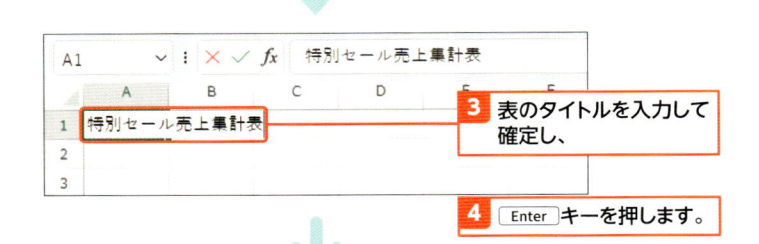

3 表のタイトルを入力して確定し、

4 Enter キーを押します。

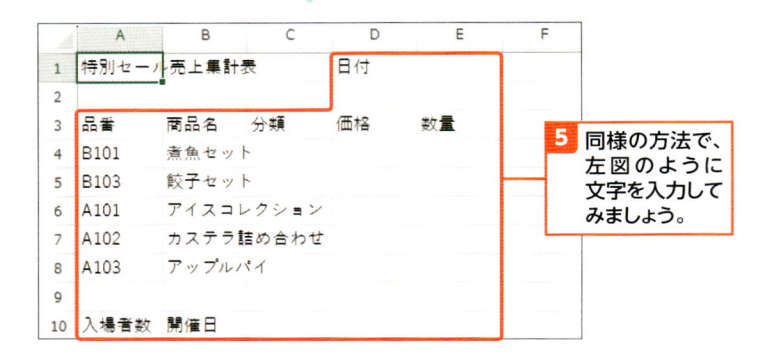

5 同様の方法で、左図のように文字を入力してみましょう。

2 同じ文字をまとめて入力する

解説 同じ文字を入力する

複数のセルに同じデータを入力するときは、データをコピーしたりする必要はありません。同じデータを入力するセルをすべて選択してデータを入力後、[Ctrl] キーを押しながら [Enter] キーを押します。

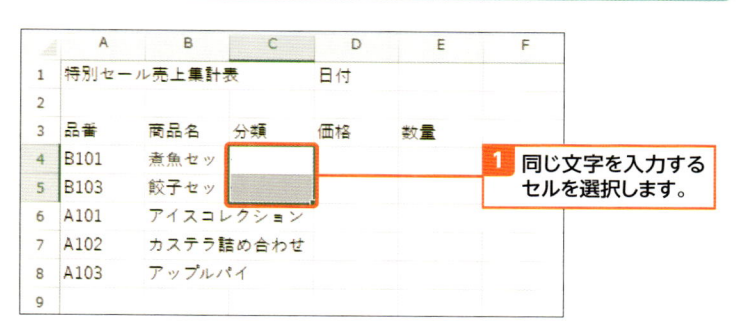

1 同じ文字を入力するセルを選択します。

Memo データをコピーする

既存のデータと同じデータを入力するときは、データをコピーする方法があります (p.58)。

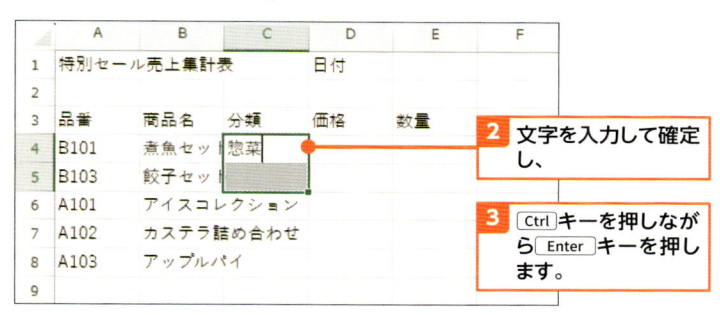

2 文字を入力して確定し、

3 [Ctrl] キーを押しながら [Enter] キーを押します。

Hint [Enter] キーを押した後の移動方向

文字を入力して [Enter] キーを押すと、アクティブセルがすぐ下のセルに移動します。文字の入力後にセルを右にずらしたい場合などは、[Excel のオプション] ダイアログ (p.42) を表示し、[詳細設定] をクリックし、[Enterキーを押したら、セルを移動する] の [方向] 欄で移動する方向を指定します。

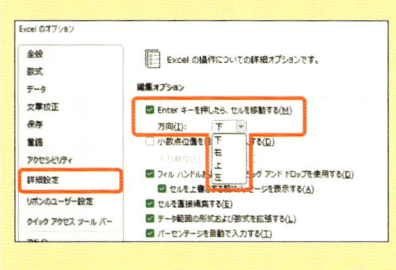

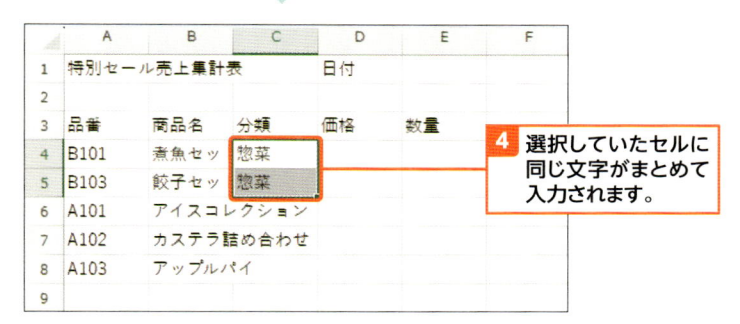

4 選択していたセルに同じ文字がまとめて入力されます。

Hint [Tab] キーでセルを移動する

データを入力後、[Tab] キーを押した場合は、アクティブセルが右方向に移動します。

5 同様の方法で、左図のように文字を入力してみましょう。

数値や日付を入力する

練習用ファイル：📁 12_特別セール売上集計表.xlsx

ここで学ぶのは

▶ 数値の入力

▶ 日付の入力

▶ 連続データ

数値や日付を入力するときは、日本語入力モードをオフにしてから入力しましょう。表の数値を連続して効率よく入力するには、入力するセル範囲を選択してから操作します。

1 数値を入力する

💬 解説 ▶ 数値を入力する

数値を入力します。数値は、セルの幅に対して右揃えで表示されます。なお、「1,500」のように桁区切りの「,」(カンマ)を表示する場合、「,」(カンマ)を入力する必要はありません。表示方法は、後で設定します(p.138)。また、セルに「####」と表示される場合は、数値や日付が表示しきれずに隠れてしまっていることを意味します。列幅を広げて表示します(p.56)。

✍ Memo ▶ 日本語入力モード

数値や日付を入力するとき、日本語入力モードがオンになっていると、数値や日付を入力するのに Enter キーを1回ではなく2回押す手間が発生します。そのため、数値や日付を続けて入力するときは、日本語入力モードをオフにしておくとよいでしょう。

1 数値を入力するセルをクリックします。

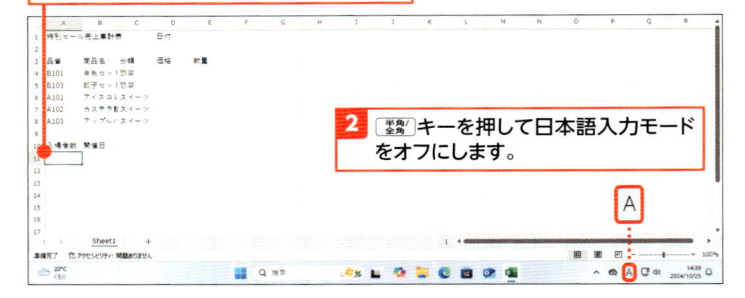

2 半角/全角 キーを押して日本語入力モードをオフにします。

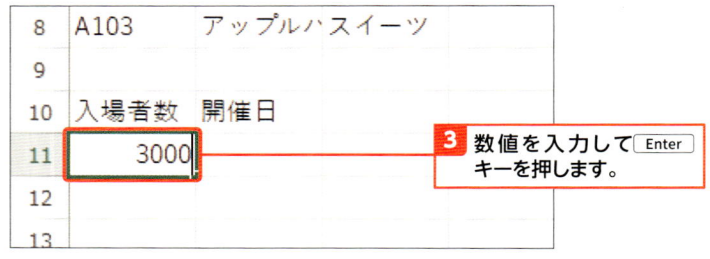

3 数値を入力して Enter キーを押します。

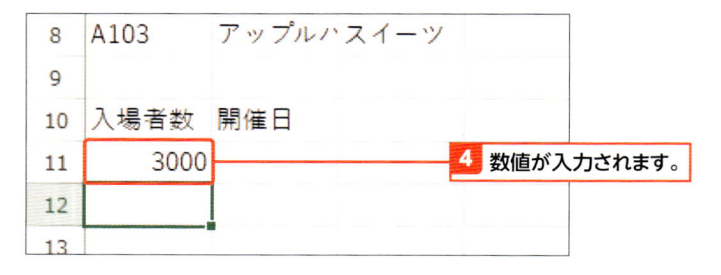

4 数値が入力されます。

2 数値を連続して入力する

解説 数値を連続して入力する

表の数値を効率よく続けて入力するには、最初にセル範囲を選択し、左上から順に入力します。そうすると、選択したセル範囲内でアクティブセルがぐるぐると回るので、アクティブセルを移動する手間が省けて便利です。

Memo 同じ数値を入力する

複数セルに同じ数値を入力するには、まずは複数のセルを選択します。続いて、数値を入力後、Ctrl キーを押しながら Enter キーを押します。

Hint 0 から始まる数字の入力方法

数字を入力すると、通常は計算の対象になる数値として入力されます。計算対象ではない「050」などの数字を入力すると、数値とみなされ先頭の0が消えてしまいます。0から始まる数字を入力するには、「'050」のように先頭に「'」（アポストロフィ）を付けて数字を文字として入力する方法があります。なお、数字を文字として入力すると、エラーインジケーター（p.104）が表示されます。

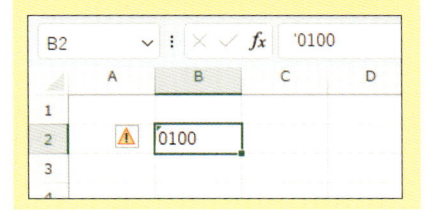

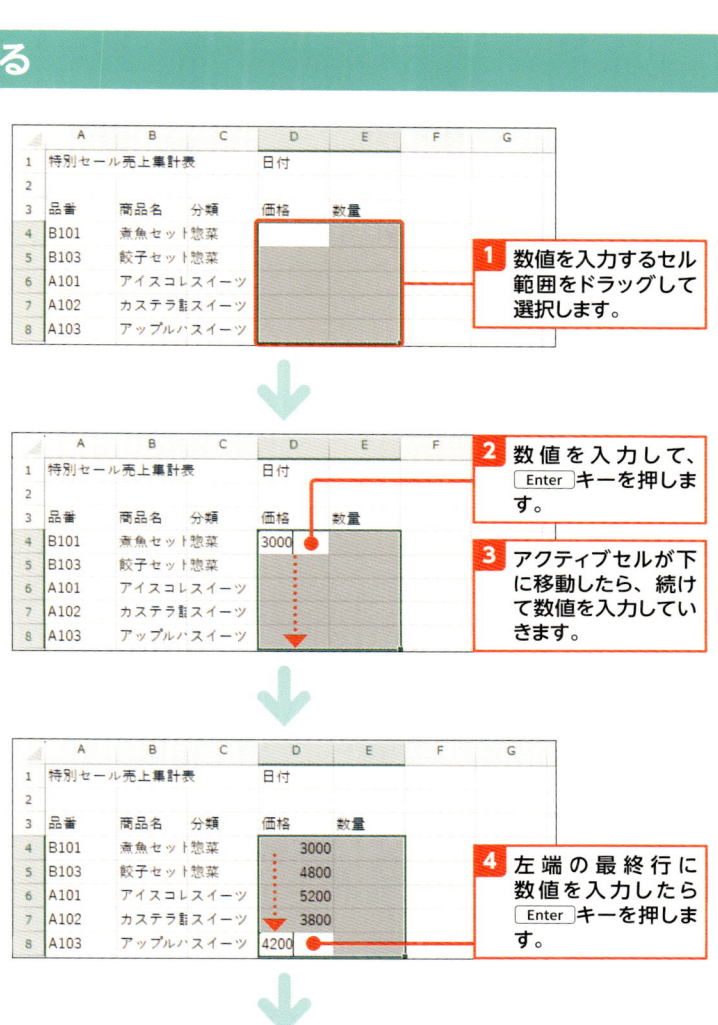

1 数値を入力するセル範囲をドラッグして選択します。

2 数値を入力して、Enter キーを押します。

3 アクティブセルが下に移動したら、続けて数値を入力していきます。

4 左端の最終行に数値を入力したら Enter キーを押します。

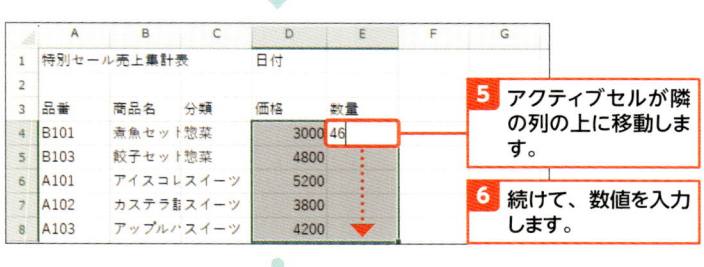

5 アクティブセルが隣の列の上に移動します。

6 続けて、数値を入力します。

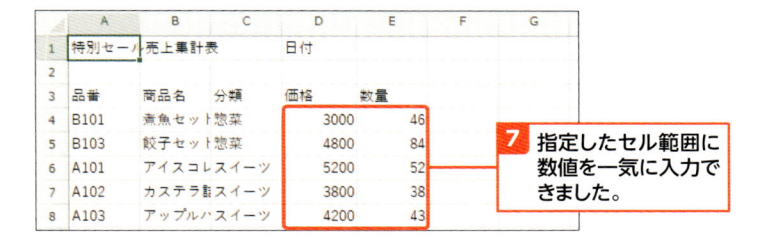

7 指定したセル範囲に数値を一気に入力できました。

3 今年の日付を入力する

解説　今年の日付を入力する

日付を入力するには、「/」（スラッシュ）または「-」（ハイフン）で区切って入力します。年を省略して月と日を入力すると今年の日付が入力されます。

Memo　入力した日付を確認する

月と日を入力すると、「1月8日」のように表示されますが、実際は、今年の日付が入力されています。日付を入力したセルをクリックすると、実際のデータを数式バーで確認できます。

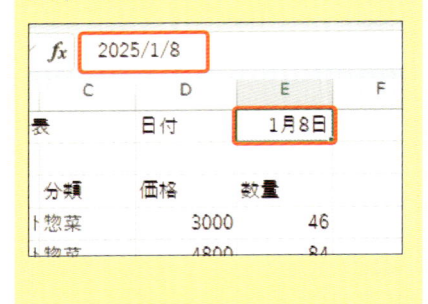

1 日付を入力するセルをクリックします。

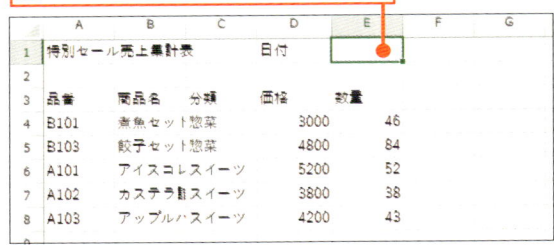

2 月と日を「/」（スラッシュ）で区切って入力します。

3 Enter キーを押します。

4 日付が入力されます。

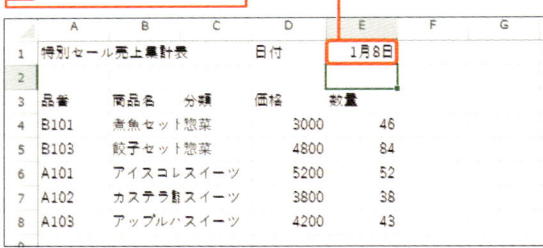

 **使えるプロ技！　今日の日付を自動で入力する**

今日の日付を入力するには、Ctrl + ; キーを押す方法があります。この場合、「2024/10/25」のように年から表示されます。日付の表示形式は後で変更できます（p.158）。

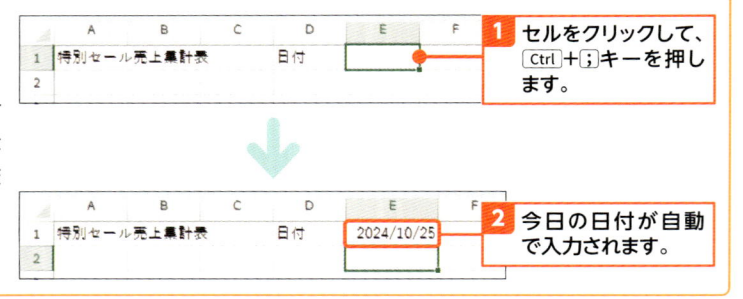

1 セルをクリックして、Ctrl + ; キーを押します。

2 今日の日付が自動で入力されます。

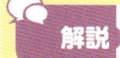

4 過去や未来の日付を入力する

解説 過去や未来の日付を入力する

日付を入力するときに年の入力を省略すると、今年の日付が入力されます。今年以外の日付を入力するときは、年月日を入力しましょう。年、月、日を「/」（スラッシュ）または「-」（ハイフン）で区切って入力すると、「2024/12/22」のように表示されます。日付をどのように表示するかは、後で指定できます（p.158）。

Memo 日付の表示方法

「2025/1/15」の日付は、「2025年1月15日」「1月15日(水)」「令和7年1月15日」「R7.1.15」などさまざまな表示方法があります。日付をどのように表示するかは、後で指定します（p.158）。曜日などを直接入力してしまうと、Excelが日付として正しく認識してくれないため注意が必要です。

Hint 連続した日付を入力する場合

今日、明日、明後日など連続した日付を入力するときは、1つずつ入力する必要はありません。オートフィル機能を使って簡単に入力できます（p.76）。

1 日付を入力するセルをクリックします。

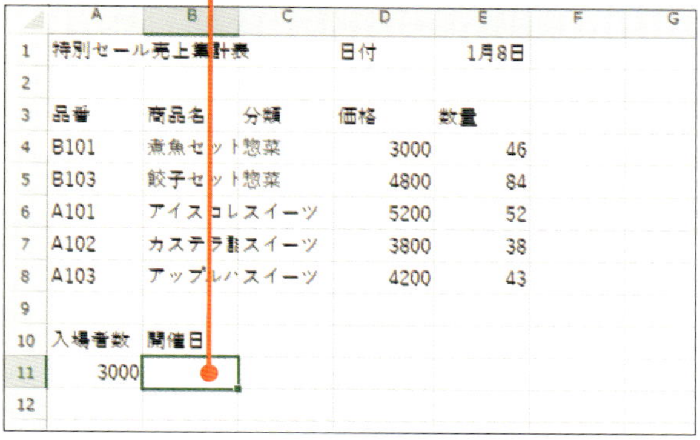

	A	B	C	D	E	F	G
1	特別セール売上集計表			日付	1月8日		
2							
3	品番	商品名	分類	価格	数量		
4	B101	煮魚セット	惣菜	3000	46		
5	B103	餃子セット	惣菜	4800	84		
6	A101	アイスコレ	スイーツ	5200	52		
7	A102	カステラ詰	スイーツ	3800	38		
8	A103	アップルパ	スイーツ	4200	43		
9							
10	入場者数	開催日					
11	3000						
12							

2 年月日を「/」（スラッシュ）で区切って入力します。

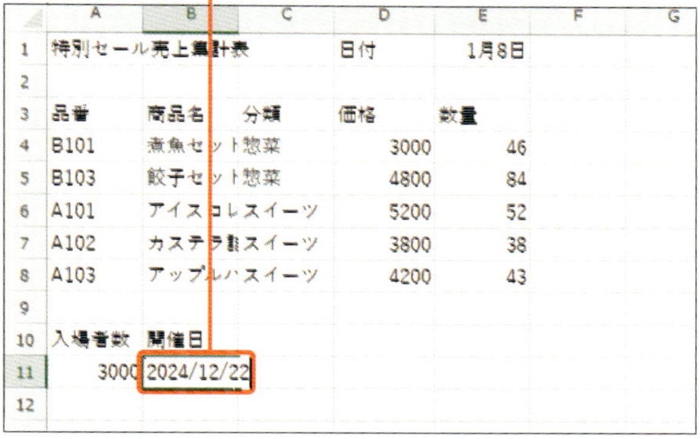

	A	B	C	D	E	F	G
1	特別セール売上集計表			日付	1月8日		
2							
3	品番	商品名	分類	価格	数量		
4	B101	煮魚セット	惣菜	3000	46		
5	B103	餃子セット	惣菜	4800	84		
6	A101	アイスコレ	スイーツ	5200	52		
7	A102	カステラ詰	スイーツ	3800	38		
8	A103	アップルパ	スイーツ	4200	43		
9							
10	入場者数	開催日					
11	3000	2024/12/22					
12							

3 Enter キーを押します。

4 日付が入力されます。

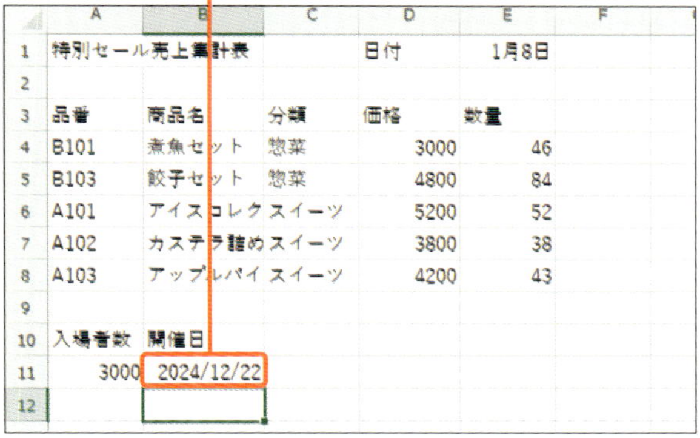

	A	B	C	D	E	F
1	特別セール売上集計表			日付	1月8日	
2						
3	品番	商品名	分類	価格	数量	
4	B101	煮魚セット	惣菜	3000	46	
5	B103	餃子セット	惣菜	4800	84	
6	A101	アイスコレク	スイーツ	5200	52	
7	A102	カステラ詰め	スイーツ	3800	38	
8	A103	アップルパイ	スイーツ	4200	43	
9						
10	入場者数	開催日				
11	3000	2024/12/22				
12						

Section

13 データを修正する

練習用ファイル： 📁 13_特別セール売上集計表.xlsx

ここで学ぶのは

▶ データの修正
▶ データの消去
▶ 数式バー

入力したデータを修正するには、データを上書きしてまるごと変更する方法と、データの一部を修正する方法があります。
上書きして修正する場合はセルに直接入力します。データの一部を修正する場合はセルか数式バーを使って修正します。

---

1 データを上書きして修正する

解説 データを上書きする

データを上書きして修正するには、修正するセルをクリックしてデータを入力します。すると、前に入力されていたデータが新しく入力したデータに変わります。

「3000」を「5500」に書き換えます。

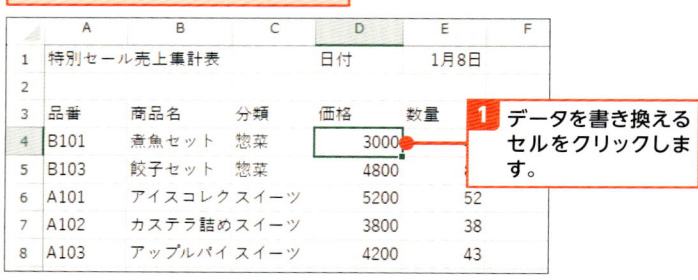

1 データを書き換えるセルをクリックします。

2 データを入力し、Enter キーを押します。

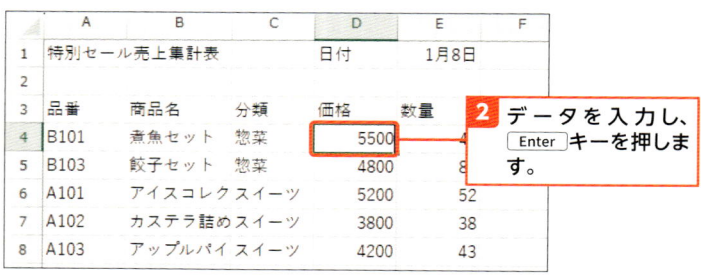

Memo データを消す

セルに入力されているデータを消すには、削除するデータが入っているセルやセル範囲を選択して Delete キーを押します。

3 データが修正されます。

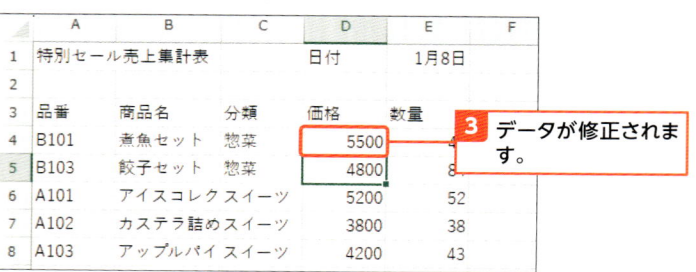

2 データの一部を修正する

 **解説** データの一部を修正する

入力されているデータの一部だけを修正したい場合は、修正したいデータが入っているセルをダブルクリックして、セル内にカーソルを表示して操作します。カーソルを移動するには、← →キーを押すか、マウスで移動先をクリックします。

また、文字を消すときには、Delete キー、または、Back space キーを使います。カーソル位置の右の文字を消すには Delete キー、左の文字を消すには Back space キーを押します。

 ショートカットキー

● セル内にカーソルを表示
カーソルを表示するセルをクリックし、 F2

 **Hint** 数式バーを使う

修正したいデータの入っているセルをクリックすると、データの内容が数式バーに表示されます。数式バーをクリックすると、数式バーにカーソルが表示されますので、数式バーでデータを修正することもできます。

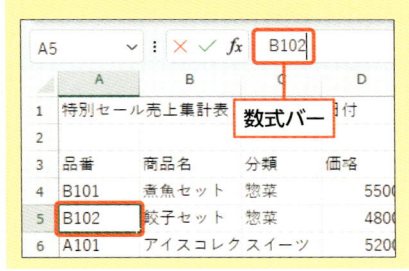
数式バー

「B103」を「B102」に修正します。

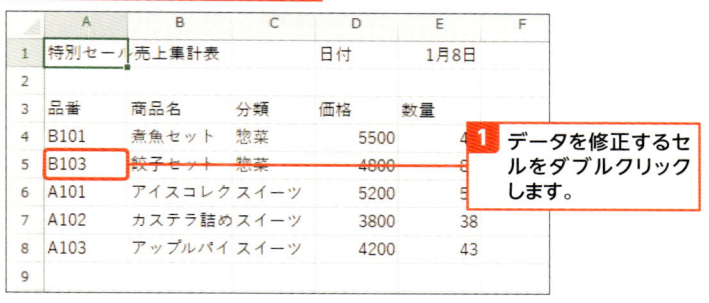

 1 データを修正するセルをダブルクリックします。

 2 セル内にカーソルが表示されます。

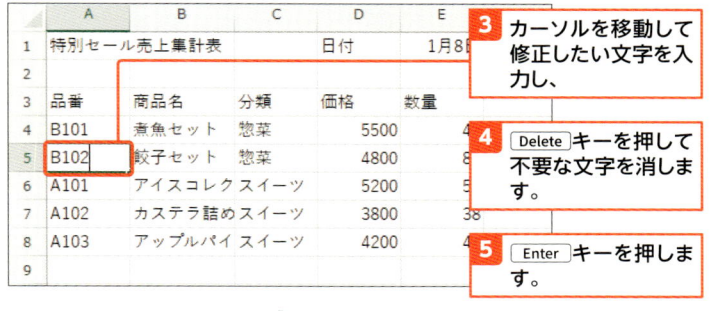

3 カーソルを移動して修正したい文字を入力し、

4 Delete キーを押して不要な文字を消します。

5 Enter キーを押します。

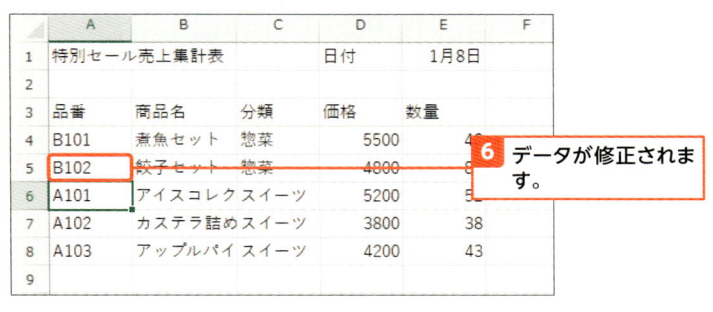

 6 データが修正されます。

14

列幅や行の高さを調整する

練習用ファイル： 14_特別セール売上集計表.xlsx

ここで学ぶのは

▶ 列幅や行の高さ

▶ 列幅の調整

▶ 列幅の自動調整

セルに入力した文字の長さや大きさなどに合わせて、列幅や行の高さ を調整しましょう。

列幅や行の高さは、ドラッグ操作で調整する方法、文字の長さや大きさに合わせて自動調整する方法、数値で指定する方法があります。

1 列幅を調整する

解説　列幅や行の高さを変更する

列幅を変更するには、列の右側境界線を左右にドラッグします。複数の列幅を同時に変更するには、最初に対象の列を選択します。たとえば、A列とB列を選択する場合は、A列の列番号にマウスポインターを移動して、B列の列番号に向かって右方向にドラッグして選択します。続いて、A列またはB列の右側境界線をドラッグして指定します。行の高さを変更するには、行の下境界線を上下にドラッグします。

なお、セルに「####」と表示される場合は、数値や日付が隠れてしまっていることを意味します。列幅を広げて表示しましょう。

Hint　列幅や行の高さを数値で指定する

列幅や行の高さを数値で指定するには、列幅や行の高さを変更する列や行を選択後、選択した列番号や行番号を右クリックし、[列の幅] または [行の高さ] をクリックします。次に、表示される画面（下図）で数値を入力します。列の場合は半角文字の文字数、行の場合はポイント単位で指定します。

半角の文字数

ポイント単位

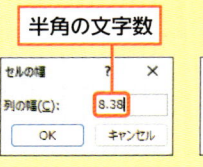

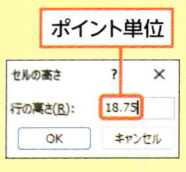

B列の列幅を広げます。

1 B列の列番号をクリックしてB列を選択します。

2 B列の右側の境界線にマウスポインターを移動して、マウスポインターの形が ╬ に変わったらドラッグします。

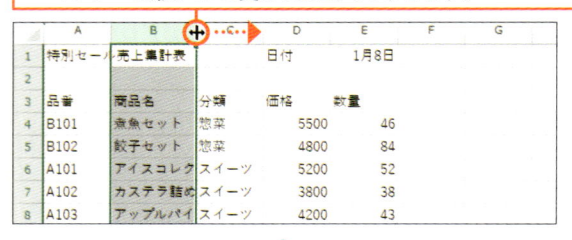

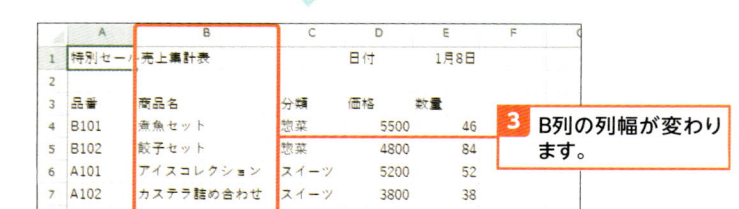

3 B列の列幅が変わります。

② 列幅を自動調整する

解説　列幅を自動調整する

列幅を文字の長さに合わせて自動調整するには、列の右側境界線をダブルクリックします。ここでは、C列からE列の列幅を同時に変更するため、最初にC列からE列を選択しておきます。

C列からE列の列幅を自動調整します。

1 C列からE列の列番号をドラッグして、C列からE列を選択します。

2 選択した列のいずれかの右側境界線部分をダブルクリックします。

3 文字数に合わせて列幅が自動調整されます。

Memo　行の高さを自動調整する

行の高さを文字の大きさに合わせて自動調整するには、行の下境界線をダブルクリックします。

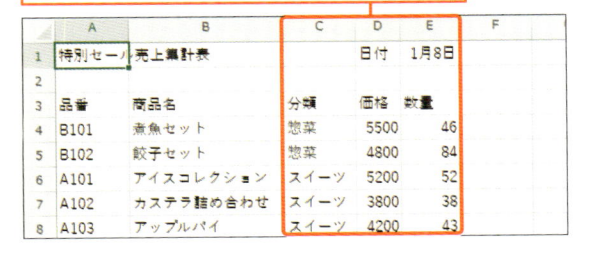

Hint　表のタイトル文字の長さを無視する

表のタイトルを除いて、表の内容部分を対象に列幅を調整するには、最初に表部分のセルのみを選択します。続いて、[ホーム] タブ→ [書式] → [列の幅の自動調整] をクリックします。

1 表部分を選択し、

2 [列の幅の自動調整] をクリックします。

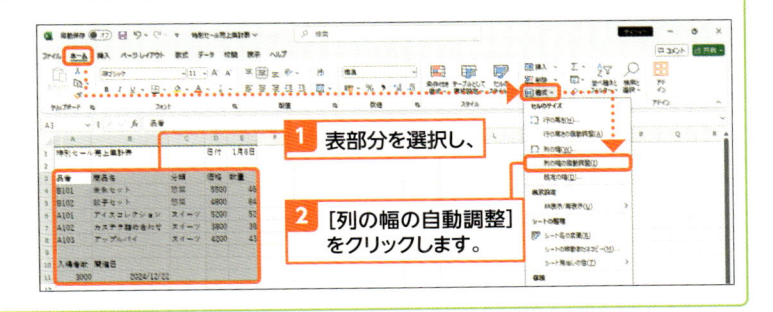

Section

15 データを移動／コピーする

練習用ファイル： 📁 15_特別セール売上集計表.xlsx

ここで学ぶのは

- ▶ データの移動
- ▶ データのコピー
- ▶ 貼り付け

表の内容を効率よく編集するために、セルに入力したデータを移動したりコピーしたりする方法を覚えましょう。

ボタン操作、マウス操作、ショートカットキーで行う3つの方法を知り、状況に応じて使い分けられるようにしましょう。

1 データを移動／コピーする

解説　セル範囲を移動／コピーする

セル範囲を移動したりコピーしたりする方法は複数あります（下表参照）。ここでは、[ホーム]タブのボタンを使って移動します。この方法は、移動先が離れているときでも失敗なく移動できます。

セル範囲をコピーするときは、セルやセル範囲を選択した後、[ホーム]タブ→[コピー] 📋 をクリックします。その後は、コピー先を選択して[ホーム]タブ→[貼り付け]をクリックします。

方法	参照
[貼り付け]	p.58
キー操作	p.58
マウス操作	p.59
フィルハンドル	p.78

⌨ ショートカットキー

- ● 選択しているセルやセル範囲を切り取る
  Ctrl + X
- ● 選択しているセルやセル範囲をコピー
  Ctrl + C
- ● コピーしたセルやセル範囲を貼り付け
  移動先やコピー先セルを選択して、
  Ctrl + V

1 移動するセルやセル範囲を選択し、

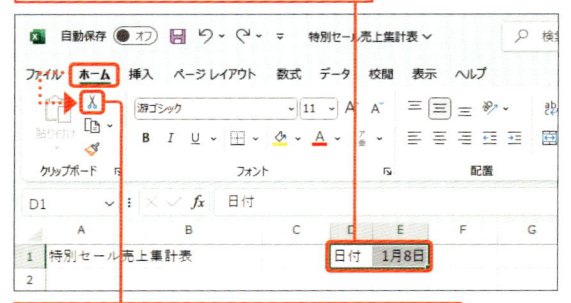

2 [ホーム]タブ→[切り取り]をクリックします。

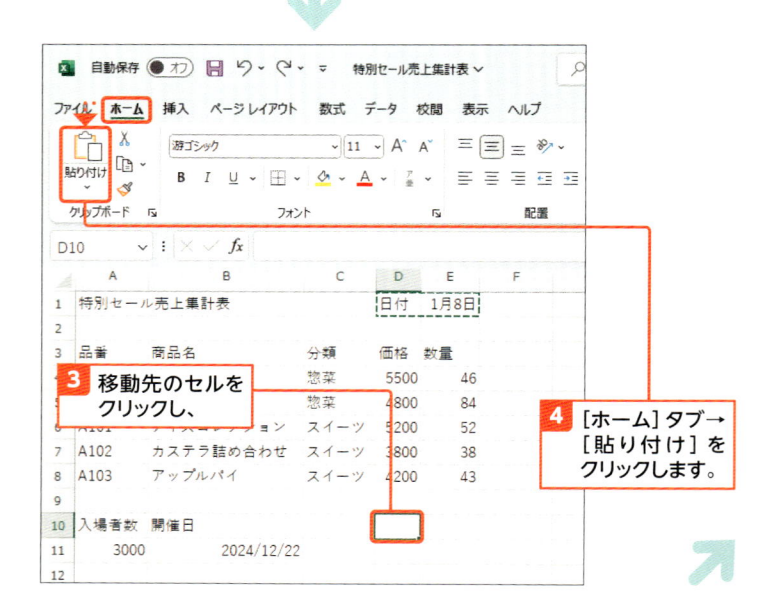

3 移動先のセルをクリックし、

4 [ホーム]タブ→[貼り付け]をクリックします。

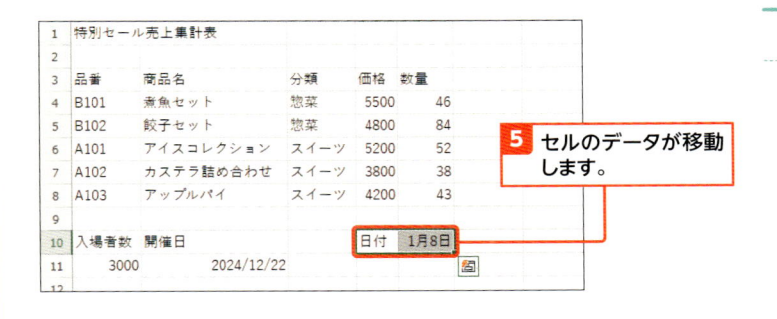

5 セルのデータが移動
します。

2 データをドラッグで移動／コピーする

解説 セル範囲をドラッグで移動する

ドラッグ操作でセル範囲を移動します。ドラッグするときに、セルやセル範囲の外枠にマウスポインターを移動し、マウスポインターの形が⌖に変わったことを確認してから操作します。この方法は、移動先が近いときに使うと手早く移動できて便利です。

Memo セル範囲をドラッグでコピーする

セル範囲をコピーするときは、コピーするセルやセル範囲を選択した後、Ctrlキーを押しながら、セルやセル範囲の外枠部分をドラッグします。マウスポインターの横に表示される「＋」のマークを確認しながら操作します。

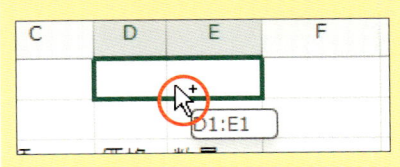

Hint 右ドラッグ

選択したセルやセル範囲の外枠を移動先やコピー先に向かって右ドラッグすると、ドラッグ先で移動するかコピーするか選択できます。

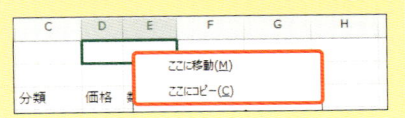

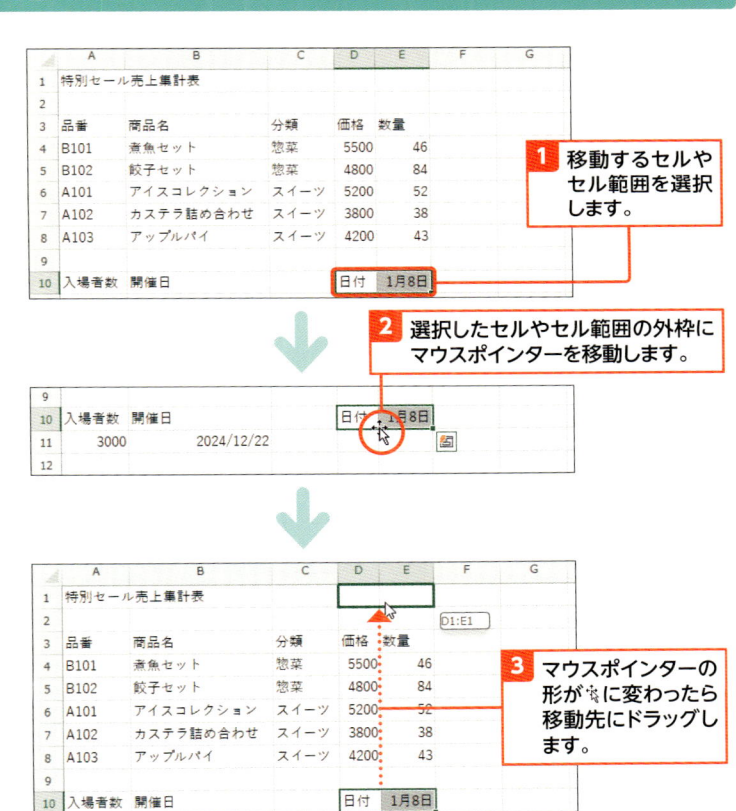

1 移動するセルやセル範囲を選択します。

2 選択したセルやセル範囲の外枠にマウスポインターを移動します。

3 マウスポインターの形が⌖に変わったら移動先にドラッグします。

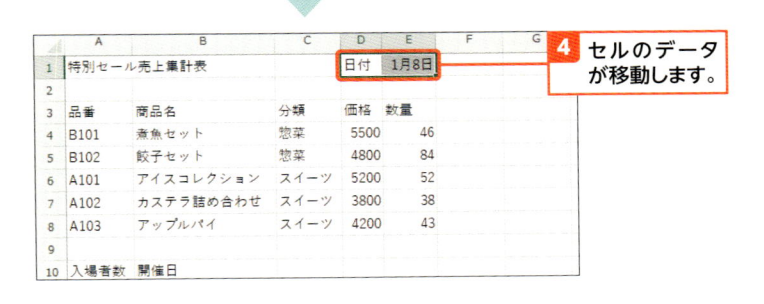

4 セルのデータが移動します。

3 行や列を移動／コピーする

解説 行や列を移動する

行や列単位で移動するには、行や列を選択してから操作します。ここでは、行を入れ替えるため、行を切り取った後に、表の途中に切り取ったセルを挿入します。

Memo 行や列をコピーする

行や列をコピーするときは、行や列を選択して［ホーム］タブ→［コピー］ をクリックします。続いて、コピー先の行や列の行番号や列番号を右クリックして、［コピーしたセルの挿入］をクリックします。

6行目から8行目を移動します。

1 移動する行の行番号をドラッグして選択し、

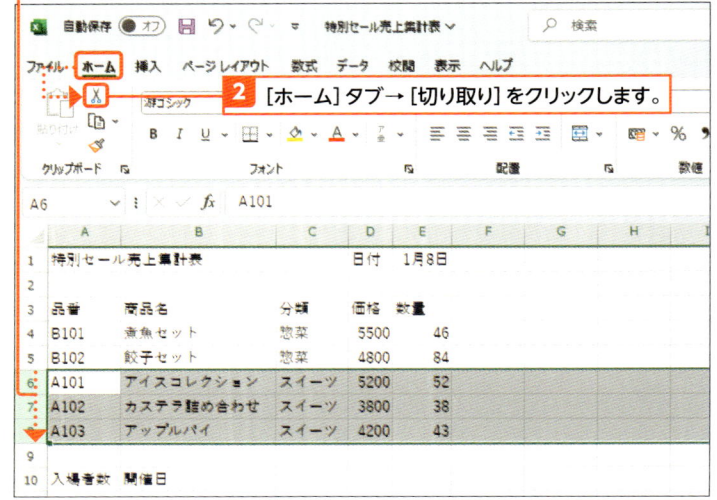

2 ［ホーム］タブ→［切り取り］をクリックします。

3 移動先の行の行番号を右クリックし、

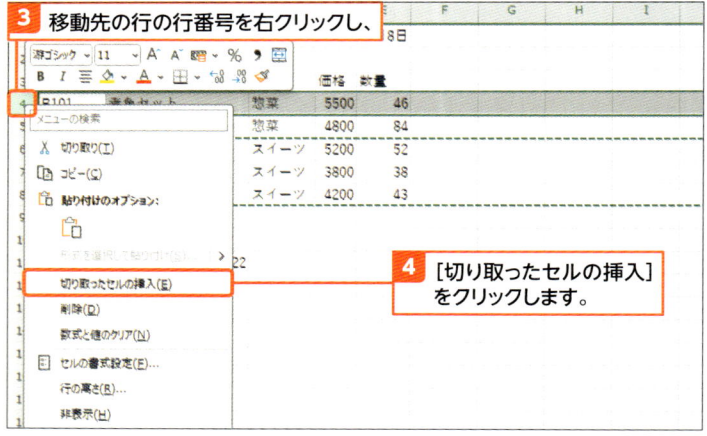

4 ［切り取ったセルの挿入］をクリックします。

5 行が移動します。

4 行や列をドラッグで移動／コピーする

 **解説** 行や列をドラッグで移動する

ドラッグ操作で行や列を入れ替えるときは、行や列を選択してから行や列の外枠部分にマウスポインターを移動し、マウスポインターの形が に変わったら移動先に向かって [Shift] キーを押しながらドラッグします。入れ替え先を示す線を確認しながら操作しましょう。

7行目から8行目を移動します。

1 移動する行の行番号をドラッグして選択します。

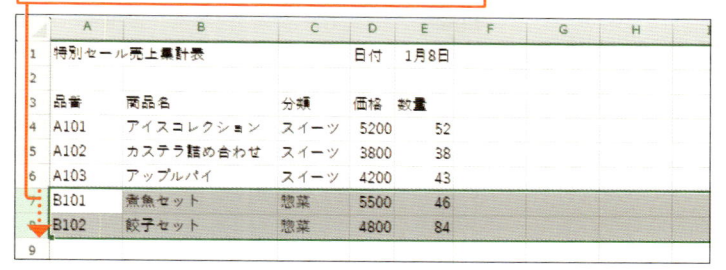

2 選択した行の外枠にマウスポインターを移動すると、マウスポインターの形が に変わります。

3 [Shift] キーを押しながら、移動先にドラッグします。

4 行が移動します。

 **Memo** 行や列をドラッグでコピーする

ドラッグ操作で行や列をコピーするときは、まず、行や列を選択します。続いて、行や列の外枠部分を [Shift] + [Ctrl] キーを押しながら、コピー先に向かってドラッグします。マウスポインターの横に表示される「＋」とコピー先を示す線を確認しながら操作しましょう。

	品番	商品名	分類
3			
4 (4:5)	A101	アイスコレクション	スイー
5	A102	カステラ詰め合わせ	スイー
6	A103	アップルパイ	スイー
7	B101	煮魚セット	惣菜
8	B102	餃子セット	惣菜

16 行や列を追加／削除する

練習用ファイル： 16_特別セール売上集計表.xlsx

ここで学ぶのは

▶ 行や列の追加

▶ 行や列の削除

▶ 行や列の選択

表の途中に行や列を追加したり、不要になった行や列を削除したりするには行や列を操作します。

行や列を操作するときは、行番号や列番号を右クリックする操作から始めると、手早く操作できます。

1 行や列を追加する

解説 行や列を追加する

ここでは、列と列の間に列を追加します。追加先の列の列番号を右クリックすると表示されるメニューから操作を選択します。行と行の間に行を追加するには、追加先の行の行番号を右クリックし、[挿入]をクリックします。複数行、または複数列をまとめて追加するには、追加先で複数の行や列を選択し、選択しているいずれかの行の行番号または列の列番号を右クリックして、[挿入]をクリックします。

Hint 左右の列の列幅や書式が違う場合

追加した列の左右にある列の列幅やセルの色などの書式が違う場合、列を追加した後に左右どちら側の列の列幅や書式を適用するか選択できます。追加後に表示される[挿入オプション]をクリックして選択します。

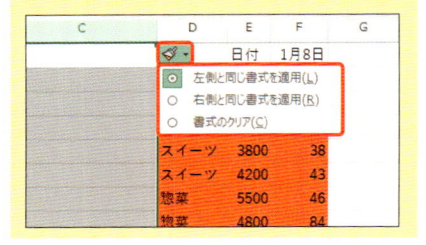

B列とC列の間に列を追加します。

1 追加したい列の列番号を右クリックし、

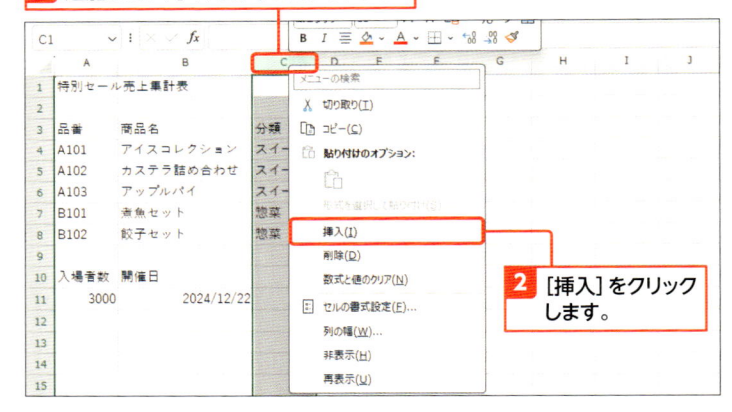

2 [挿入]をクリックします。

3 列が追加されます。

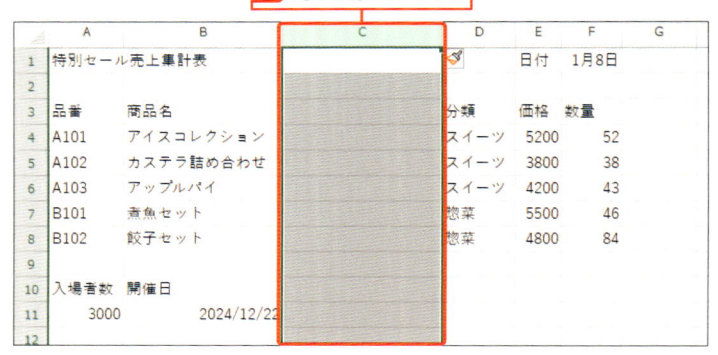

2 行や列を削除する

解説 列を削除する

列を削除するには、削除したい列の列番号を右クリックし、[削除]をクリックします。なお、行や列は削除するのではなく、非表示にする方法もあります。後でまた必要になる可能性があるときは、非表示にしておきましょう（p.64）。

Memo 行を削除する

行を削除するには、削除する行の行番号を右クリックして[削除]をクリックします。

Hint 複数の行や列を削除する

複数の行や列をまとめて削除するには、削除する複数の行や列を選択します。続いて、選択しているいずれかの行の行番号、列の列番号を右クリックして[削除]をクリックします。

C列を削除します。

1 削除したい列の列番号を右クリックし、

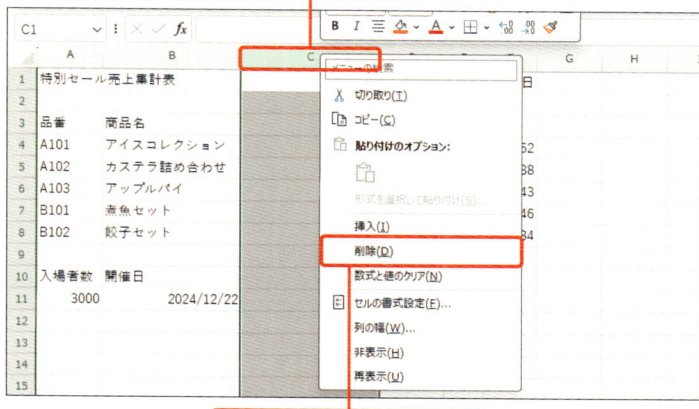

2 [削除] をクリックします。

3 列が削除されます。

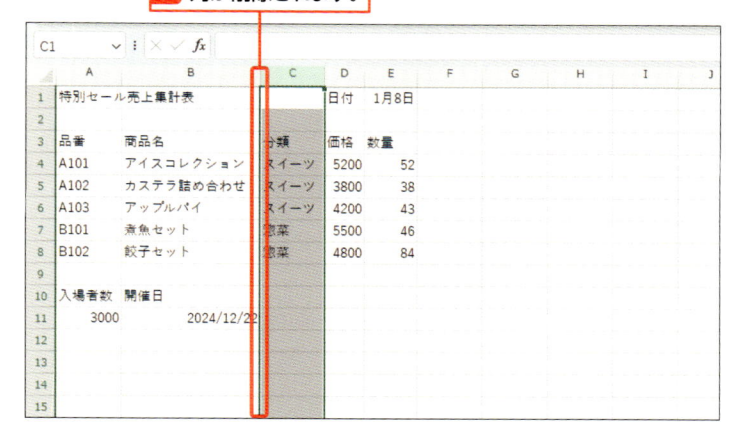

Hint 行列内のデータを消す

行や列を削除するのではなく、行や列に入力されている文字や数値などのデータを削除するには、行や列を選択して Delete キーを押します。

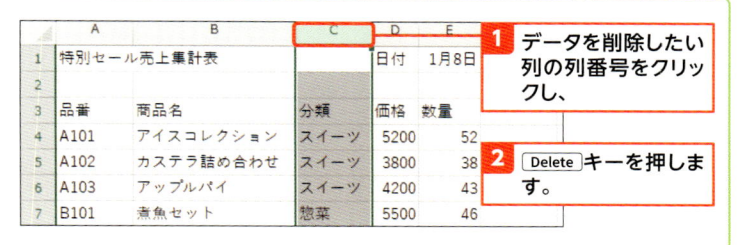

1 データを削除したい列の列番号をクリックし、

2 Delete キーを押します。

練習用ファイル： 📁 17_特別セール売上集計表.xlsx

ここで学ぶのは

▶ 行や列の表示

▶ 行や列の非表示

▶ 行や列の選択

行や列は、表示をせずに隠しておくことができます。非表示にした行や列は簡単に再表示できます。

不要な行や列は削除してもかまいませんが、後でまた使う可能性がある場合は、非表示にしておくとよいでしょう。

1 行を非表示にする

解説 行や列を非表示にする

行や列を非表示にするには、まず非表示にしたい行や列を選択します。続いて、選択しているいずれかの行の行番号や列の列番号を右クリックし、表示されるメニューから操作を選択します。

Hint マウス操作では？

非表示にしたい行の下境界線部分を上方向に向かってドラッグしても行を非表示にできます。また、非表示にしたい列の右境界線部分を左方向に向かってドラッグしても列を非表示にできます。

> 左方向にドラッグすると、列が非表示になります。

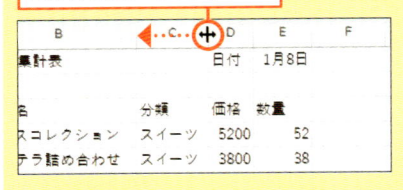

4行目から5行目を非表示にします。

1 非表示にしたい行の行番号をドラッグして選択します。

	A	B	C	D	E	F	G	H	I	J
1	特別セール売上集計表			日付	1月8日					
2										
3	品番	商品名	分類	価格	数量					
4	A101	アイスコレクション	スイーツ	5200	52					
5	A102	カステラ詰め合わせ	スイーツ	3800	38					
6	A103	アップルパイ	スイーツ	4200	43					
7	B101	煮魚セット	惣菜	5500	46					
8	B102	餃子セット	惣菜	4800	84					

2 選択した行番号のいずれかを右クリックし、

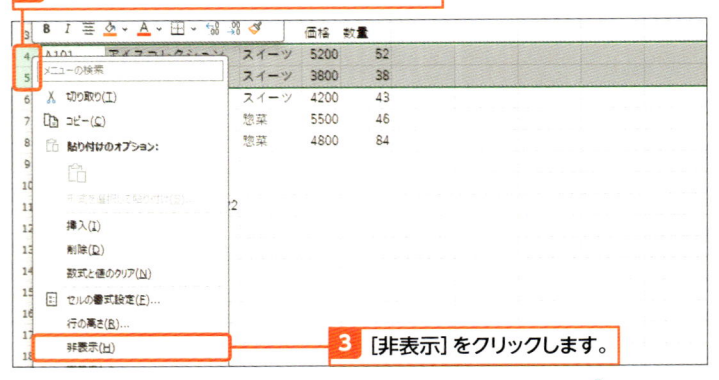

3 [非表示]をクリックします。

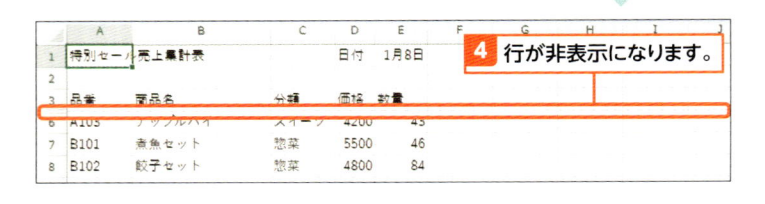

4 行が非表示になります。

2 行を再表示する

解説 ▶ 行や列を再表示する

非表示にした行や列を再表示するには、非表示にした行や列を含む上下の行、または左右の列を選択します。右クリックすると表示されるメニューから操作を選択します。

4行目から5行目を再表示します。

1 非表示にした行を含む上と下の行を選択します。

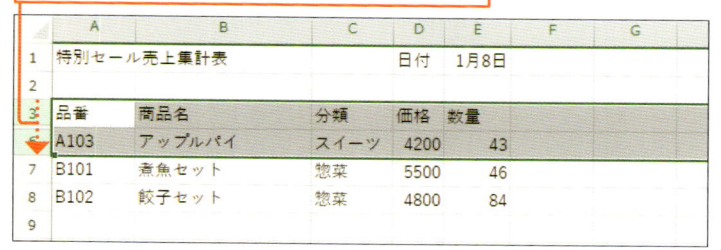

	A	B	C	D	E	F	G
1	特別セール売上集計表			日付	1月8日		
2							
3	品番	商品名	分類	価格	数量		
	A103	アップルパイ	スイーツ	4200	43		
7	B101	煮魚セット	惣菜	5500	46		
8	B102	餃子セット	惣菜	4800	84		
9							

Hint ▶ マウス操作では？

非表示にした行をドラッグ操作で表示するには、非表示になっている行の下境界線部分にマウスポインターを合わせて、マウスポインターの形が ╪（二重線に両方向矢印）に変わったら下方向にドラッグします。列の場合は、非表示にした列の右の境界線部分にマウスポインターを合わせて、右方向にドラッグします。
ポイントは、マウスポインターの形に注意することです。╬（一重線に両方向矢印）の状態でドラッグするとうまくいかないので注意します。

マウスポインターが二重線に両方向矢印の状態でドラッグします。

2 選択した行番号のいずれかを右クリックし、

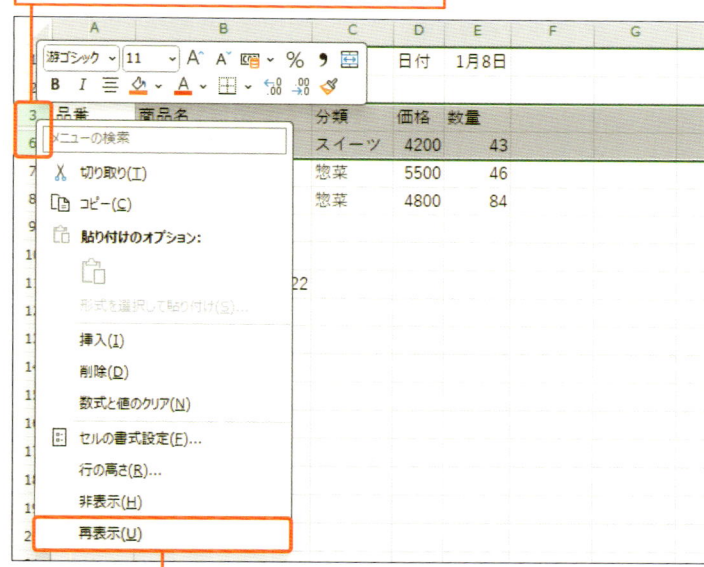

3 [再表示] をクリックします。

4 非表示にしていた行が再表示されます。

	A	B	C	D	E	F	G
1	特別セール売上集計表			日付	1月8日		
2							
3	品番	商品名	分類	価格	数量		
4	A101	アイスコレクション	スイーツ	5200	52		
5	A102	カステラ詰め合わせ	スイーツ	3800	38		
6	A103	アップルパイ	スイーツ	4200	43		
7	B101	煮魚セット	惣菜	5500	46		
8	B102	餃子セット	惣菜	4800	84		

セルを追加／削除する

ここで学ぶのは

- ▶ セルの追加
- ▶ セルの削除
- ▶ セルの選択

練習用ファイル： 18_特別セール売上集計表.xlsx

セルは後から追加できます。その際、追加した場所にあったセルをどちら側にずらすのか指定できます。

また、セル自体を削除することもできます。その際、隣接するセルがずれて、削除した部分が埋まります。

---

1 セルを追加する

解説 ▶ セルを追加する

セルを後から追加するときは、追加する場所にあるセルをどちらの方向にずらすか指定できます。このとき、[行全体]や[列全体]を選択すると、セルではなく、行や列が追加されます。

Memo ▶ リボンのボタン操作では？

セルを追加するには、セルを選択後[ホーム]タブ→[挿入]の ∨ →[セルの挿入]をクリックする方法もあります。

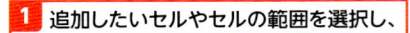

1 追加したいセルやセルの範囲を選択し、

2 選択したセルやセルの範囲のいずれかを右クリックして、[挿入]をクリックします。

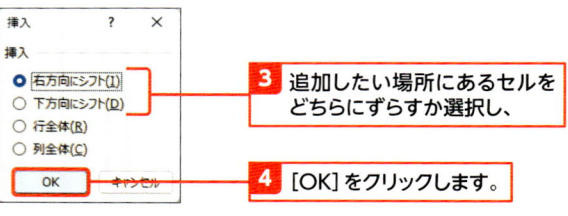

3 追加したい場所にあるセルをどちらにずらすか選択し、

4 [OK]をクリックします。

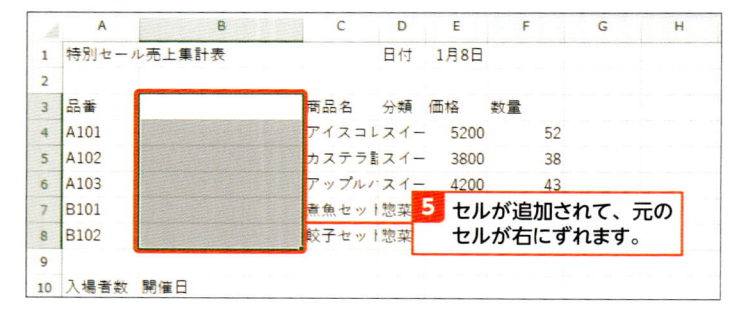

5 セルが追加されて、元のセルが右にずれます。

2 セルを削除する

 **解説** **セルを削除する**

セルを後から削除するときは、隣接するセル
をずらして削除したセルを埋めます。削除時
にセルをどちらの方向からずらすか指定できま
す。また、［行全体］や［列全体］を選択す
ると、セルではなく、行や列が削除されます。

1 削除するセルやセルの範囲を選択し、

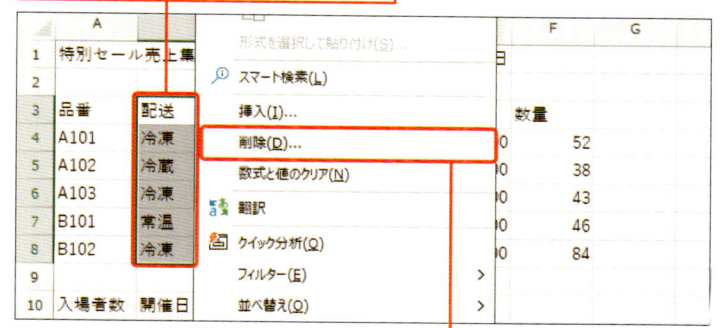

2 選択したセルやセルの範囲のいずれかを
右クリックして、［削除］をクリックします。

 **Memo** **リボンの
ボタン操作では？**

セルを削除するには、セルを選択後［ホーム］
タブ→［削除］の ✕ →［セルの削除］をクリッ
クする方法もあります。

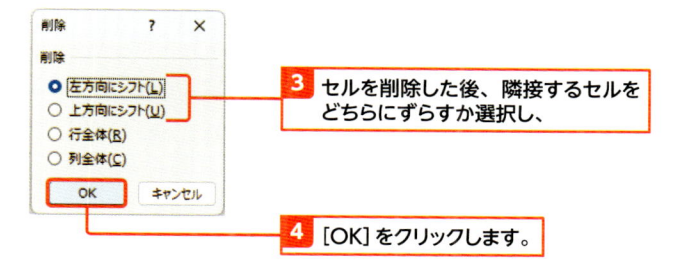

3 セルを削除した後、隣接するセルを
どちらにずらすか選択し、

4 ［OK］をクリックします。

5 セルが削除されて、右側のセルが
左にずれます。

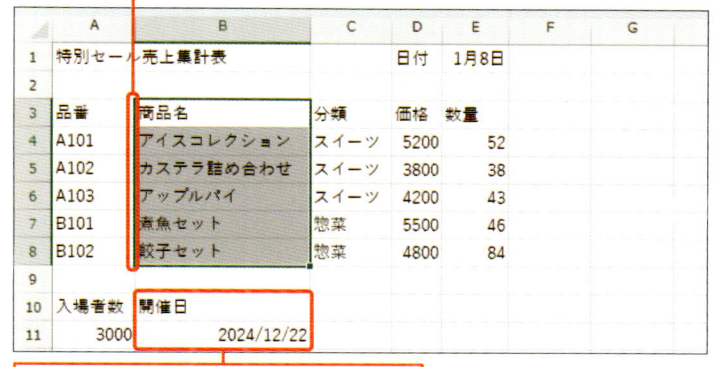

 **Memo** **データを消す**

セル自体を削除するのではなく、セルに入力
されているデータを削除するには、セルを選
択して Delete キーを押します。また、セルに
設定した飾りを消す方法は、p.142を参照し
てください。

削除対象のセル以外のセルは残っています。

セルにコメントを追加する

練習用ファイル： 📁 19_特別セール売上集計表.xlsx

ここで学ぶのは

▶ コメント

▶ コメントの表示

▶ メモ

セルに付せんを貼るように覚え書きを残すには、セルにコメントを追加して文字を入力します。コメントには返信もできますので、会話形式で残すことができます。会話形式のコメントは、Excel 2021 以降や、Microsoft 365 の Excel を使用している場合に利用できます。

1 セルにコメントを追加する

解説 コメントを追加する

セルの内容を補足するコメントを追加します。追加したコメントの内容を変更するには、コメントが入力されているセルにマウスポインターを移動し、表示されるコメント内にマウスポインターを移動します。表示される [コメントの編集] をクリックして文字を入力し、[コメントを投稿する] をクリックします。なお、コメントを追加したときに表示されるユーザー名は、[Excelのオプション]ダイアログ（p.42）→[全般]（[基本設定]）→[Microsoft Office のユーザー設定] の [ユーザー名] で指定されているユーザー名になります。

Hint 従来のコメント機能について

Excel 2019 以前のバージョンでは、セルを右クリックして [コメントの挿入] をクリックすると、コメントが追加され、メモを残すことができます。この機能は、Excel 2021 以降では、「メモ」という機能に変わっています。メモを追加するには、セルを右クリックして [新しいメモ] をクリックします。

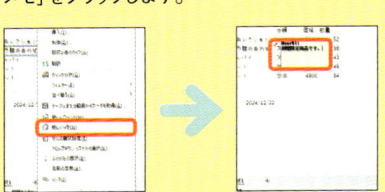

セルB5にコメントを追加します。

1 コメントを追加するセルを右クリックし、

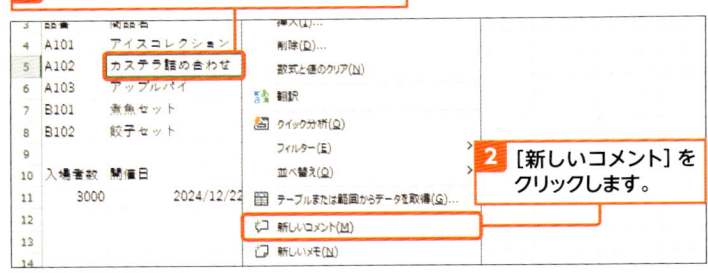

2 [新しいコメント] をクリックします。

3 コメントが表示されます。　　　　**4** 文字を入力します。

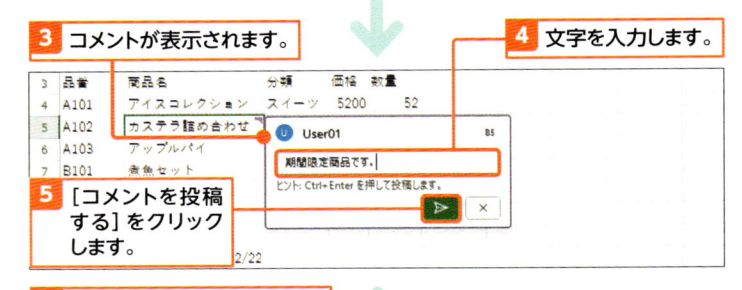

5 [コメントを投稿する] をクリックします。

7 コメントのついたセルには、右上に印が表示されます。　　**6** コメントが追加されました。

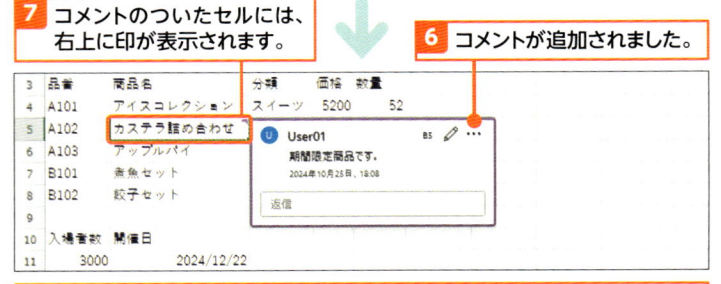

8 コメントがついているセルにマウスポインターを移動すると、コメントの内容が表示されます。

2 セルのコメントを削除する

解説 コメントを削除する

コメントを削除するには、コメントが入力されているセルを右クリックすると表示されるメニューから操作します。または、コメントを削除するセルを選択し、[校閲]タブ→[削除]をクリックします。

Hint コメントに返信する

コメントに返信するには、コメントが含まれるセルにマウスポインターを移動し、[返信]欄に返信内容を入力して[返信を投稿する]をクリックします。コメントは、会話形式で残ります。内容のやり取りを終了するには、[その他のスレッド操作]をクリックし、[スレッドを解決する]をクリックします。解決したスレッドは、[もう1度開く]をクリックしてメッセージのやり取りを再開することもできます。

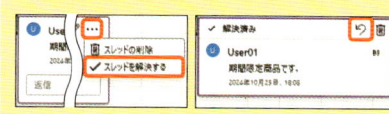

Hint コメントをコピーする

コメントが入力されているセルをコピーすると、コメントごとセルがコピーされます。コメントのみコピーする方法は、p.164を参照してください。

セルB5に追加したコメントを削除します。

1 コメントを追加したセルを右クリックし、

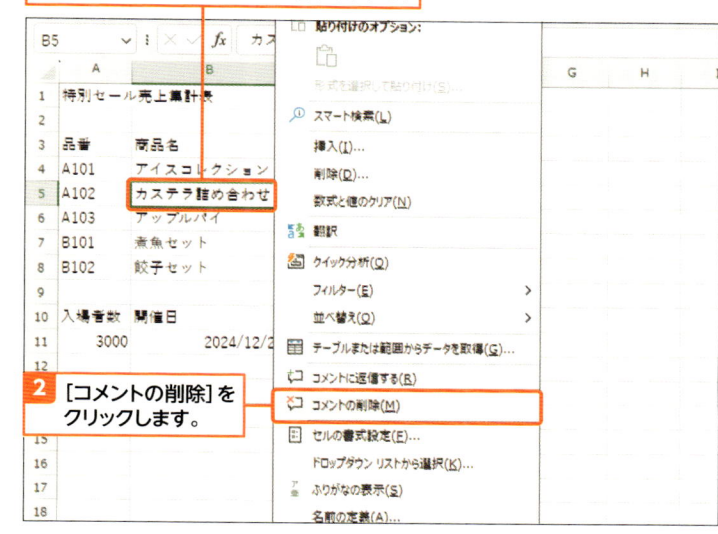

2 [コメントの削除]を
クリックします。

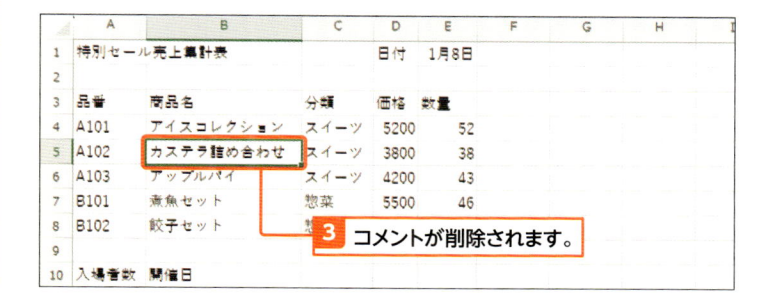

3 コメントが削除されます。

Hint コメントを確認する

複数のコメントの内容を確認するには、[校閲]タブ→[コメントの表示]をクリックします。すると、[コメント]作業ウィンドウが表示され、コメントの内容が表示されます。

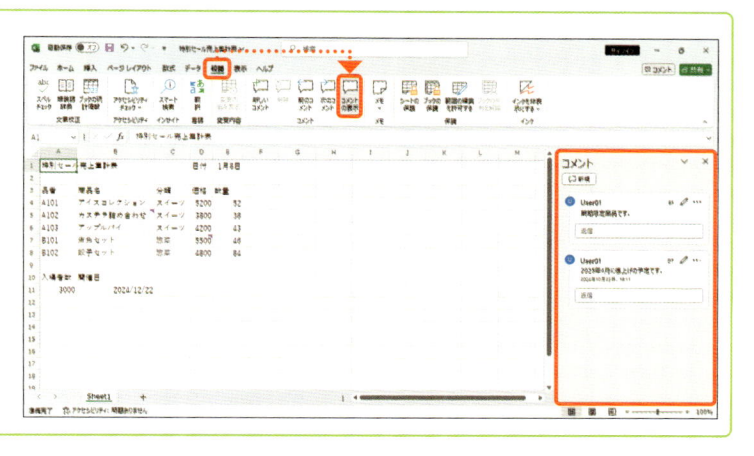

20 データを検索／置換する

ここで学ぶのは

- ▶ データの検索
- ▶ データの置換
- ▶ ワイルドカード

表の中から特定の文字を探すには、検索機能を使って漏れなくチェックしましょう。検索する文字や検索条件を指定して検索します。

また、検索した文字を別の文字に置き換えるには置換機能を使います。検索結果を1つずつ確認しながら置き換えられます。

---

1 データを検索する

解説 ▶ データを検索する

文字を検索するには、検索する文字を入力して検索します。このとき、アクティブセルの位置を基準に検索されますので、最初にセルA1を選択しておくと、上から順に検索結果を確認できます。

また、[検索と置換]ダイアログの[オプション]をクリックすると、検索条件を細かく指定できます。

ショートカットキー

- [検索と置換]ダイアログの[検索]タブを表示
  Ctrl + F

Memo 完全に一致するデータを検索する

[検索する文字列]に入力した文字だけが入ったセルを検索する場合は、手順**5**で[セル内容が完全に同一であるものを検索する]のチェックを付けて検索します。

表の中から「日付」の文字を検索します。

1 セルA1を選択し、

2 [ホーム]タブ→[検索と選択]→[検索]をクリックします。

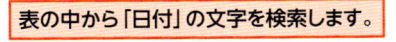

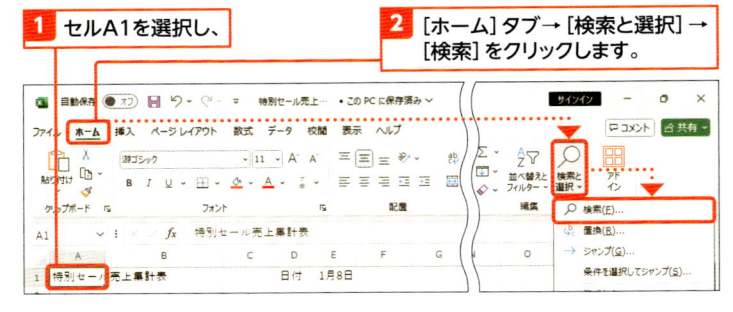

3 [オプション]をクリックします。

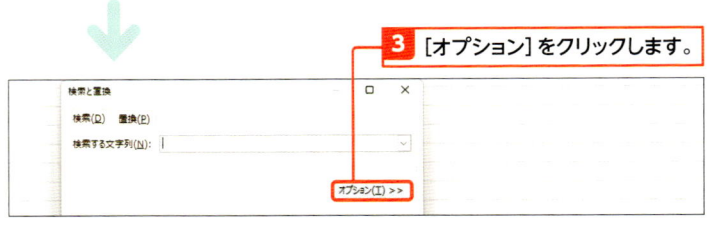

4 [検索する文字列]に検索する文字を入力し、

5 検索条件を指定して、

6 [次を検索]をクリックすると、

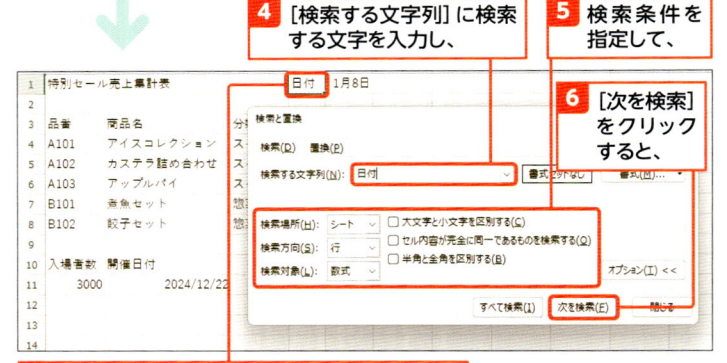

7 文字を検索してアクティブセルが移動します。

2 次のデータを検索する

解説 次の検索結果を表示する

検索を実行した後、続けて次の検索結果を表示するには、[検索と置換] ダイアログの [次を検索] をクリックします。すると、次に検索されたセルにアクティブセルが移動します。[次を検索] をクリックするたびに、次の検索結果が表示されます。

Hint 検索結果一覧を表示する

[検索と置換] ダイアログの [すべて検索] をクリックすると、検索結果の一覧が表示されます。一覧から表示したい項目をクリックすると、クリックした項目のセルがアクティブセルになります。

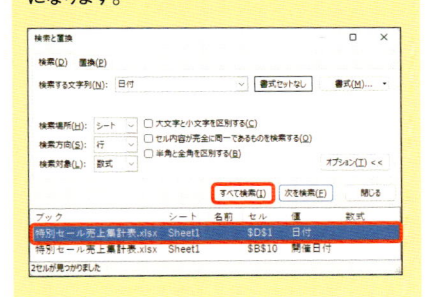

1 前ページの方法で文字を検索します。

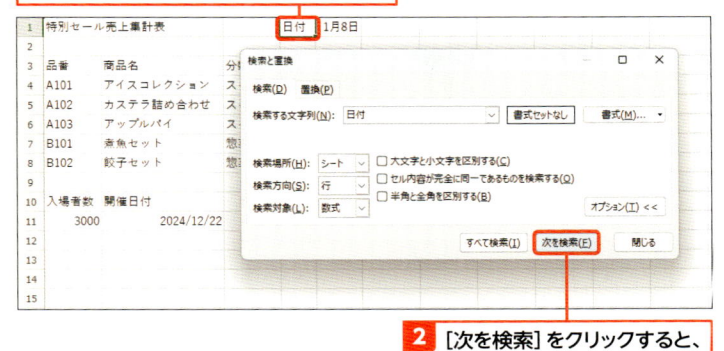

2 [次を検索] をクリックすると、

3 次の検索結果にアクティブセルが移動します。

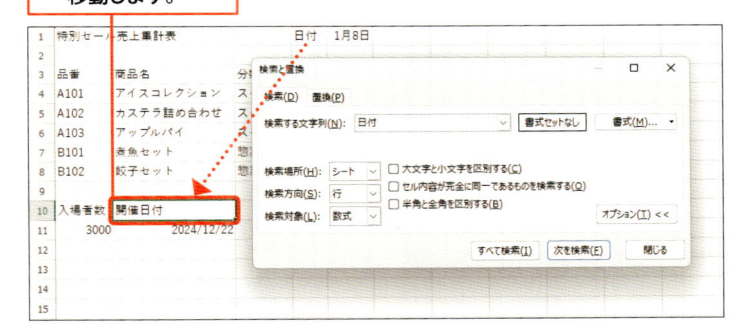

Hint 飾りが付いたセルを検索する

青字の文字やセルの背景が薄い青のセルなど、セルの飾りを検索条件にするには、[検索と置換] ダイアログで検索するセルに設定されている書式を指定します。たとえば、青字でデータが入力されているセルを検索するには、[検索と置換] ダイアログで [書式] をクリックして右図のように操作します。検索する文字列を空欄にして検索をした場合は、青字でデータが入力されているすべてのセルが検索されます。

1 [書式] をクリックします。

[検索する文字列] は空欄にしておきます。

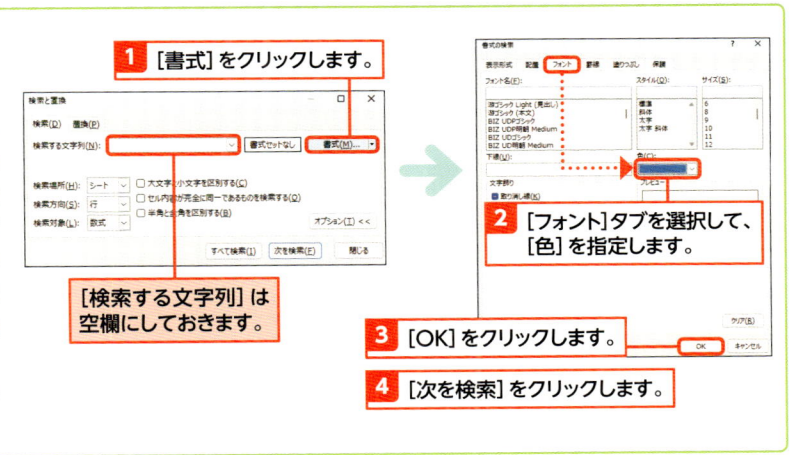

2 [フォント]タブを選択して、[色] を指定します。

3 [OK] をクリックします。

4 [次を検索] をクリックします。

3 データを置き換える

解説 データを置き換える

文字を置き換えるには、検索する文字と置き換える文字を入力して検索します。[オプション]をクリックすると検索条件を細かく指定できます。[次を検索]をクリックすると、検索結果が表示されます。[置換]をクリックすると、データが置き換わって次の検索結果が表示されます。

ショートカットキー

- [検索と置換] ダイアログの [置換] タブを表示
  `Ctrl` + `H`

使える プロ技！ ワイルドカード

ワイルドカードとは、複数の文字や何かの1文字などを表す記号のことです。たとえば、「あ」から始まる文字や「あ」で始まる3文字など、曖昧な条件でデータを検索するときに使います。
また、「*」や「?」が入力されているセル自体を探すには、「~」の記号を使います。たとえば、検索する文字列に「~*」や「~?」のように指定して検索します。

ワイルドカード	意味	指定例
*	任意の文字列	「あ*」 「あ」から始まる文字
		「*ら」 「ら」で終わる文字
		「*た*」 「た」を含む文字
?	任意の1文字	「あ??」 「あ」から始まる3文字
		「あ?た」 「あ」から始まり、 「た」で終わる3文字

必要に応じて検索オプション[セルの内容が完全に同一であるものを検索する]のチェックとオンにして検索します。

「セット」の文字を検索して「詰め合わせ」に置き換えます。

1 セルA1を選択し、

2 [ホーム] タブ→ [検索と選択] → [置換] をクリックします。

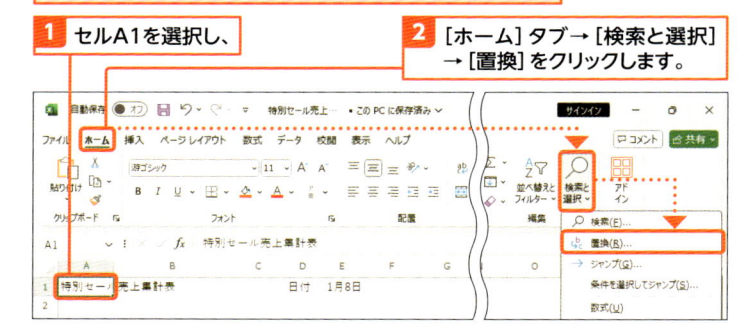

3 [オプション] をクリックします。

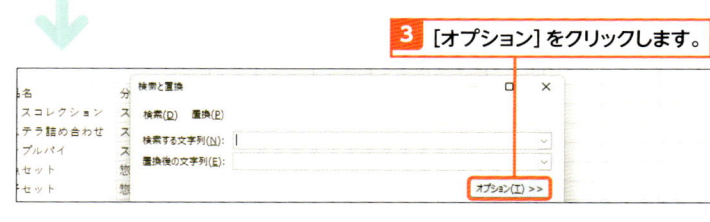

4 [検索する文字列] に検索する文字を入力し、

5 [置換後の文字列] に置き換える文字を入力して、

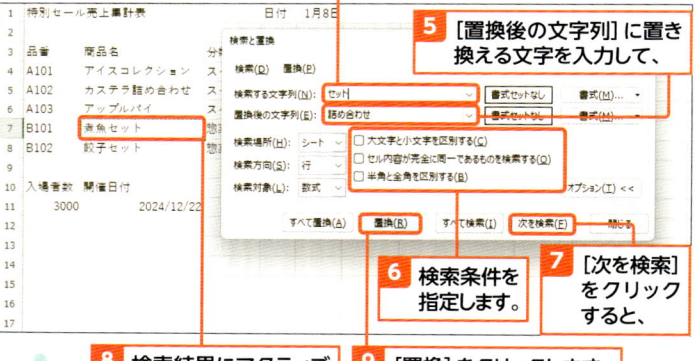

6 検索条件を指定します。

7 [次を検索] をクリックすると、

8 検索結果にアクティブセルが移動します。

9 [置換] をクリックします。

10 データが置き換わります。

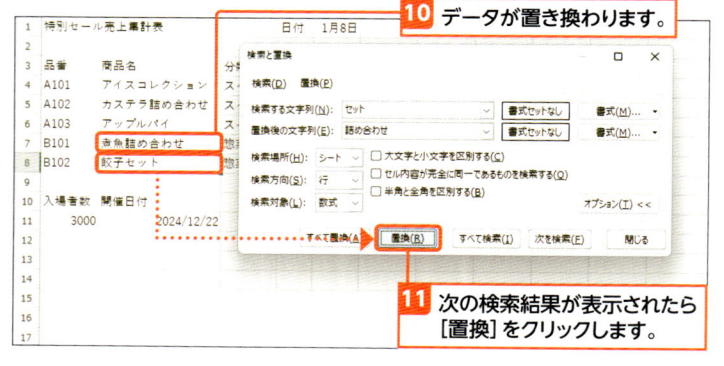

11 次の検索結果が表示されたら[置換]をクリックします。

④ 検索したデータをすべて置き換える

解説　いっぺんに置き換える

データを置き換えるとき、置き換える文字を確認せずにまとめて置き換えるには、検索する文字列と置換後の文字列を指定後、[すべて置換]をクリックします。すると、検索結果がすべて置き換わります。

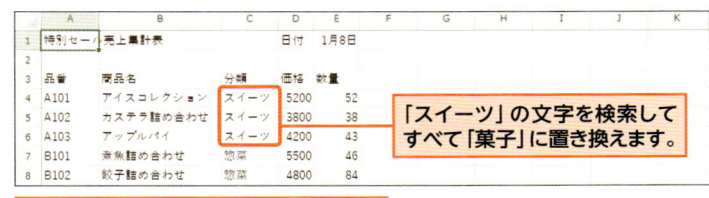

「スイーツ」の文字を検索してすべて「菓子」に置き換えます。

1 前ページの手順**2**で[検索と置換]ダイアログを表示します。

💡 Hint　完全に一致するデータを置き換える

[検索する文字列]に入力した文字だけが入ったセルを対象に置き換えをする場合は、手順**4**で[セル内容が完全に同一であるものを検索する]のチェックを付けて置き換えます。

2 [検索する文字列]に検索する文字を入力し、

3 [置換後の文字列]に置き換える文字を入力し、

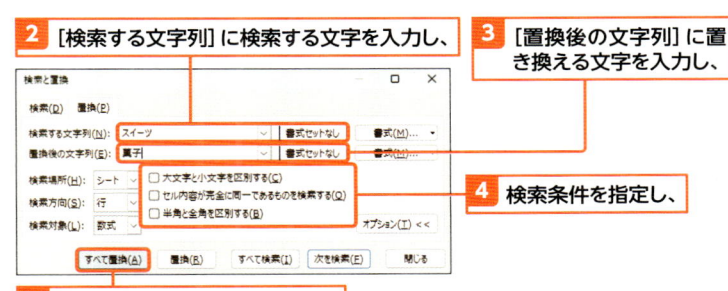

4 検索条件を指定し、

5 [すべて置換]をクリックします。

6 検索された文字がすべて置き換わります。

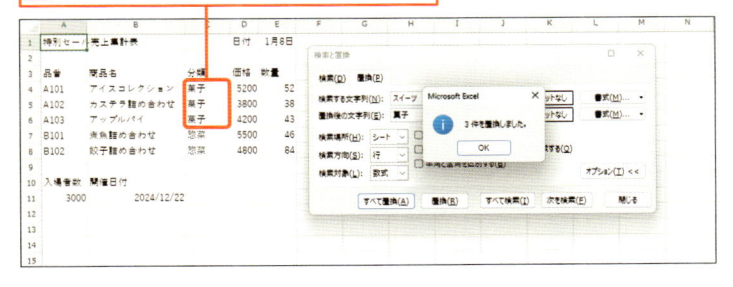

💡 Hint　置換時に文字に飾りを付ける

検索結果を置き換えるときに、セルの文字をオレンジにしたりセルの背景を薄い青にしたりするなど、セルに飾りを付けるには、[検索と置換]ダイアログの[置換後の文字列]の[書式]をクリックして指定します。たとえば、検索された文字をオレンジに置き換えるには、右図のように操作します。[置換後の文字列]を空欄にして置き換えをした場合は、検索されたセルのデータの内容は変わらずに、セルの書式だけが変わります。

1 [書式]をクリックします。

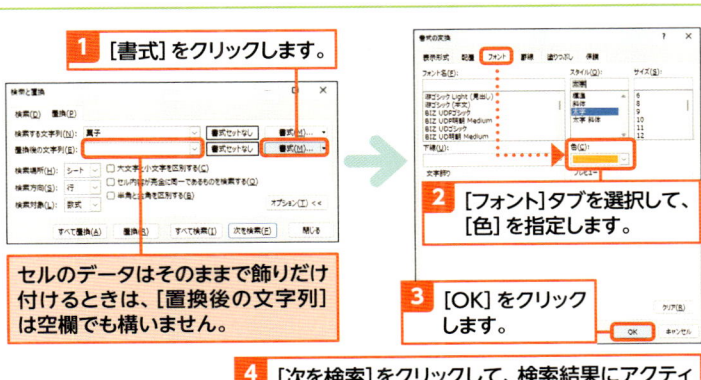

セルのデータはそのままで飾りだけ付けるときは、[置換後の文字列]は空欄でも構いません。

2 [フォント]タブを選択して、[色]を指定します。

3 [OK]をクリックします。

4 [次を検索]をクリックして、検索結果にアクティブセルが移動したら[置換]をクリックします。

Section

21

操作をキャンセルして元に戻す

練習用ファイル： 📁 21_特別セール売上集計表.xlsx

ここで学ぶのは

▶ 元に戻す

▶ やり直し

▶ クイックアクセスツールバー

Excelを使っているときに、間違ってデータを移動してしまったり間違った操作をしてしまったりした場合は、操作を元に戻します。

最大100回前の操作まで戻すことができます。元に戻しすぎた場合は、元に戻す前の状態にも戻せます。

1 操作を元に戻す

解説　元に戻す

[元に戻す] をクリックすると、操作を行う前の状態に戻ります。何度も [元に戻す] をクリックすると、さらに前の状態に戻ります。元に戻しすぎた場合は、[元に戻す] の横の [やり直し] をクリックします。

Memo　数回前まで戻す

何度か前の状態に戻すには、クイックアクセスツールバーの [元に戻す] の横の ∨ をクリックして、戻したい操作をクリックします。

ショートカットキー

● 直前の操作を元に戻す
 Ctrl + Z

● 直前の操作のやり直し
 Ctrl + Y

間違って消したデータを元に戻します。

1 A列の列番号をクリックして選択します。

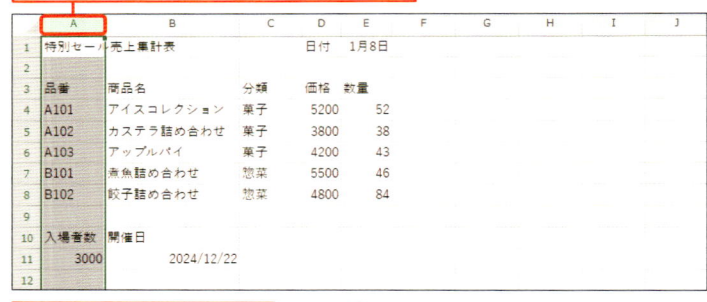

2 Delete キーを押します。

3 データが消えます。

4 クイックアクセスツールバーの [元に戻す] をクリックすると、操作が元に戻ります。

[やり直し] をクリックすると元に戻す前の状態に戻せます。

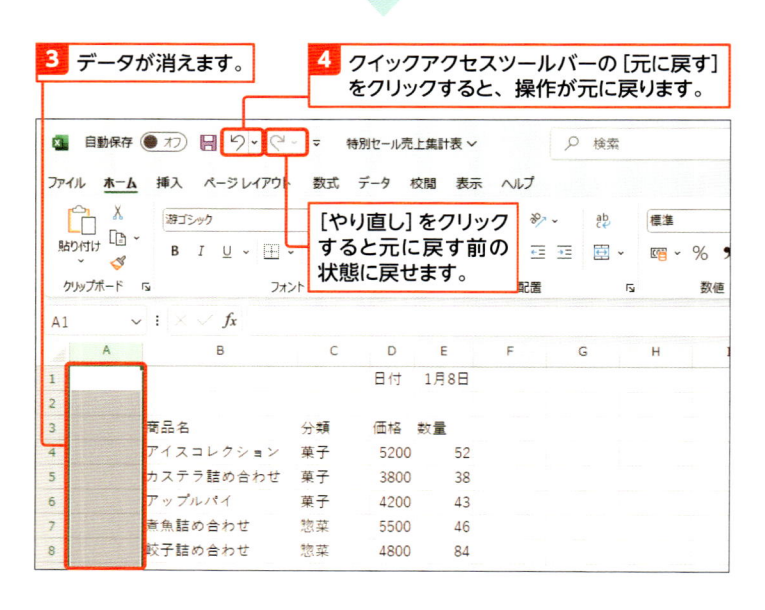

第 3 章

データを速く、正確に入力する

　この章では、入力をより効率化するワザを紹介します。ドラッグ操作だけで入力する方法や、入力時のルールを指定する方法などを覚えます。

　目標は、データの入力を効率化する機能にはどんな種類があるかを知り、場面によってそれらの機能を使いこなせるようになることです。

Section 22

入力を効率化する機能って何?

▶ オートフィル
▶ フラッシュフィル
▶ 入力規則

この章では、入力の効率化に欠かせない機能を紹介します。まずは、どのような機能があるのか見てみましょう。

これらの機能を使うと、データを素早く入力できるだけでなく、入力ミスを減らす効果もあるでしょう。

1 オートフィル

Memo オートフィルを使う

オートフィルは、フィルハンドルをドラッグするだけで、さまざまな項目を自動的に入力できる機能です。たとえば、指定した間隔の数のデータ、連続する日付データ、同じ文字のデータなどを一瞬で入力できます。

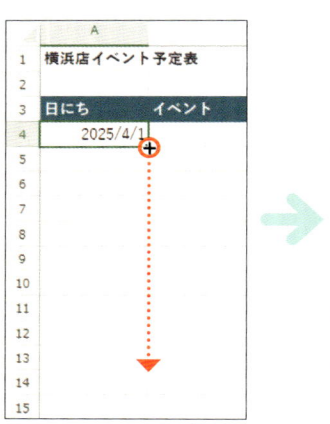

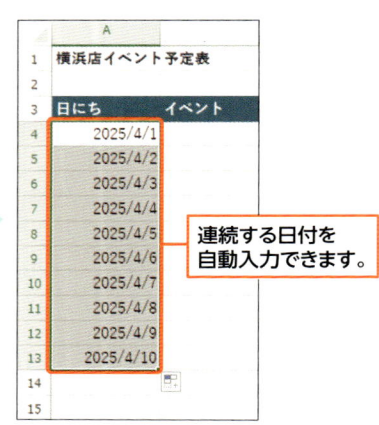

連続する日付を
自動入力できます。

2 フラッシュフィル

Memo フラッシュフィルを使う

フラッシュフィル機能を使うと、データの入力パターンを認識して自動的にデータを入力できます。たとえば、文字データを基に決まったパターンの文字を入力したり、日付データを基に年や月、日のデータを入力したりなどを自動で行えます。

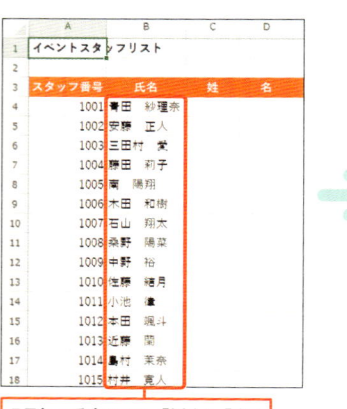

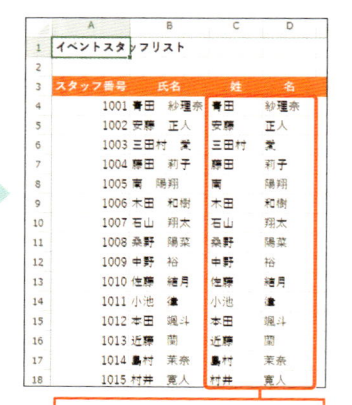

B列の氏名には、「姓」と「名」が空白で区切って入力されています。

C列に「姓」、D列に「名」を自動入力できます。

③ 入力規則

Memo 入力規則を使う

入力規則機能を使うと、データ入力時のルールを指定できます。たとえば、入力できるデータの種類を制限したり、入力候補からデータを選べるようにしたり、日本語入力モードのオンとオフを自動的に切り替えたりできます。

B列にデータを入力するときは、日本語入力モードをオンにします。

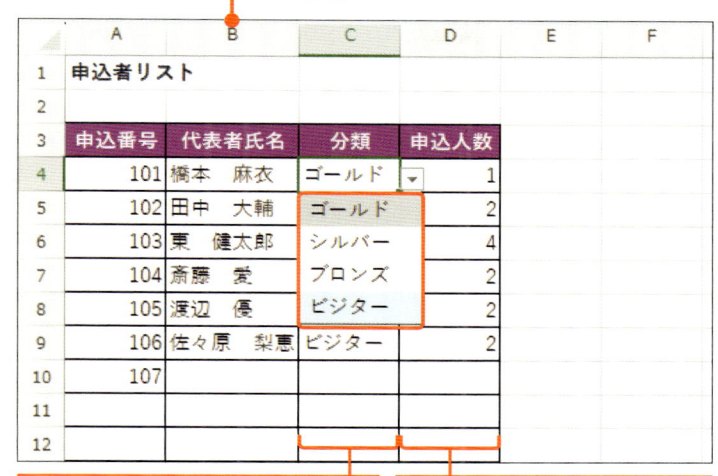

C列にデータを入力するときは、リストから入力候補を選べるようにします。

D列には、1以上4以下の数値しか入力できないようにします。

④ Office クリップボード

Memo Office クリップボードを使う

Officeクリップボードを表示すると、コピーしたデータを複数ためておくことができます。過去にコピーしたデータを貼り付けたりできます。

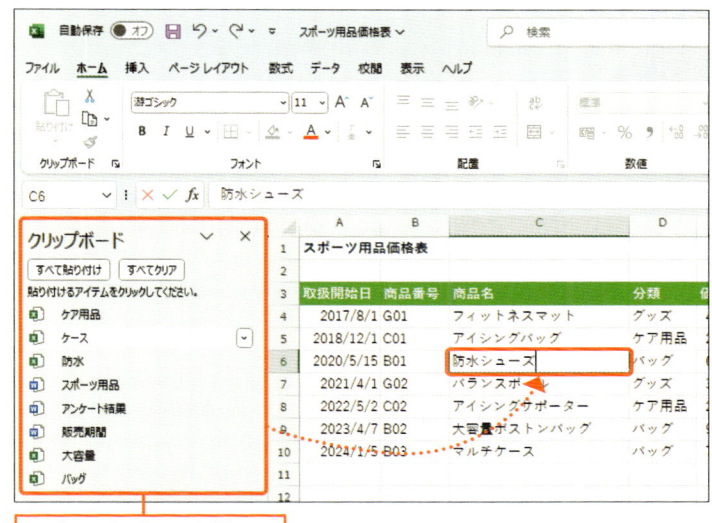

コピーしたデータを選んで貼り付けられます。

Section 23

ドラッグ操作で
セルをコピーする

ここで学ぶのは

▶ フィルハンドル

▶ オートフィル

▶ 連続データ

データを入力するとき、セルの右下のフィルハンドルをドラッグするだけで、さまざまなデータを自動入力できます。
たとえば、同じ文字や連番の数値、連続した月や曜日、日付、独自の項目リストなどを入力できます。

1 ドラッグ操作でデータをコピーする

解説 ▶ セルをコピーする

セルをコピーして同じデータを入力するには、選択したセルの右下に表示される[■]のフィルハンドルにマウスポインターを移動します。マウスポインターの形が[＋]になったら、コピーしたい方向に向かってドラッグします。

フィルハンドル

Hint ▶ 複数のセルをコピーする

複数のセルをコピーするには、複数のセルを選択し、選択したセルの右下のフィルハンドルをドラッグします。

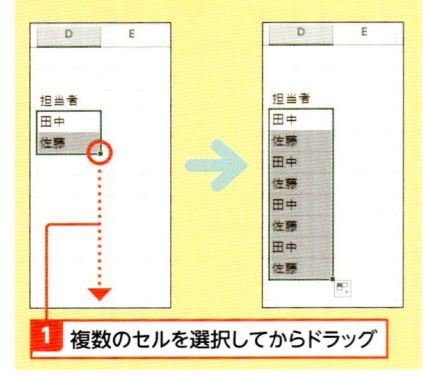

1 複数のセルを選択してからドラッグ

1 セルC4にデータを入力します。

データが入力されている場合はクリックしてアクティブセルにします

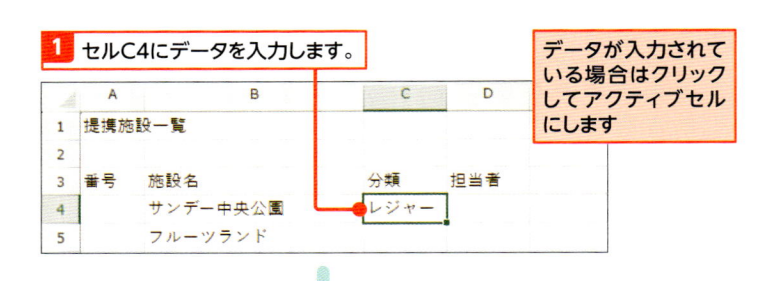

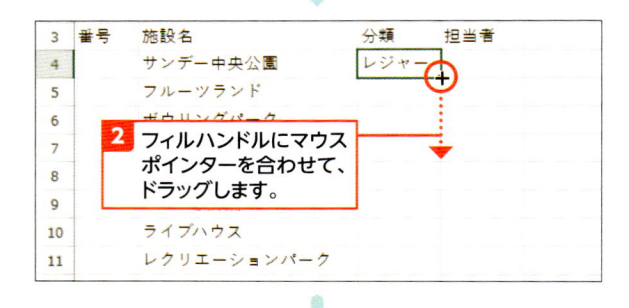

2 フィルハンドルにマウスポインターを合わせて、ドラッグします。

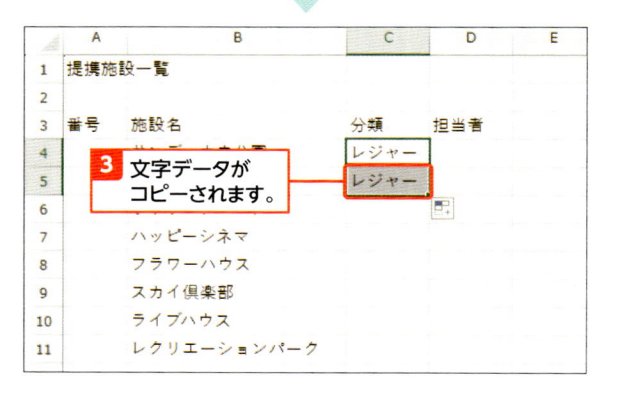

3 文字データがコピーされます。

2 ドラッグ操作で連番を入力する

 **解説** 連番を入力する

「10」「11」「12」……のように連続する数値を入力するには、先頭のセルに最初の数値を入力します。フィルハンドルをドラッグすると同じ数値が入力されますが、フィルハンドルをドラッグした直後に表示される[オートフィルオプション]をクリックして[連続データ]を選択します。

 **Hint** 「1」「3」「5」……
を入力する

決まった間隔の数値を連続して入力するには、最初のセルと次のセルに、指定する間隔を空けて数値を入力します。続いて、2つの数値が入ったセル範囲を選択し、フィルハンドルをドラッグします。

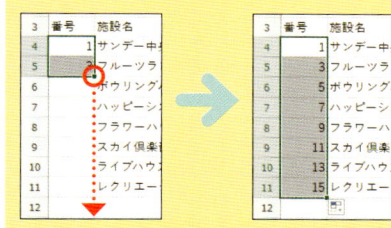

 **Hint** 「第1」「第2」……
のように入力する

「第1課」のように、文字の一部に数字が入っている場合、フィルハンドルをドラッグすると、「第1課」「第2課」……のように1つずつ数字が増えたデータが入力されます。同じデータを入力したい場合は、フィルハンドルをドラッグした直後に表示される[オートフィルオプション]をクリックして[セルのコピー]を選択します。

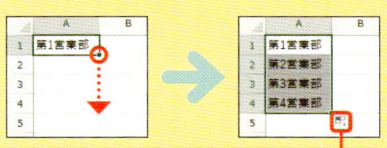

同じデータにしたいときはここをクリックして[セルのコピー]をクリック

1 セルA4に最初の数値のデータを入力します。

データが入力されている場合はクリックしてアクティブセルにします

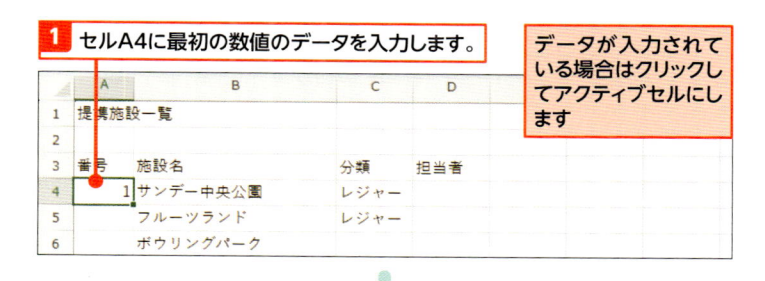

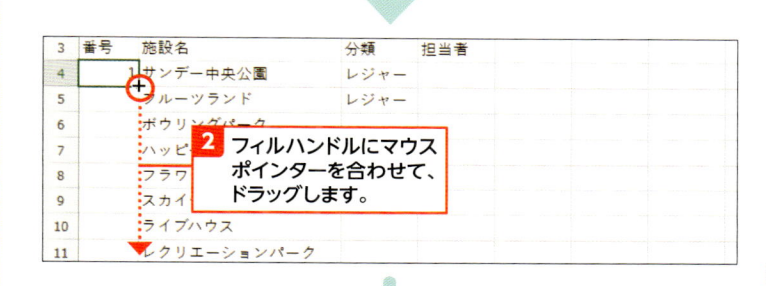

2 フィルハンドルにマウスポインターを合わせて、ドラッグします。

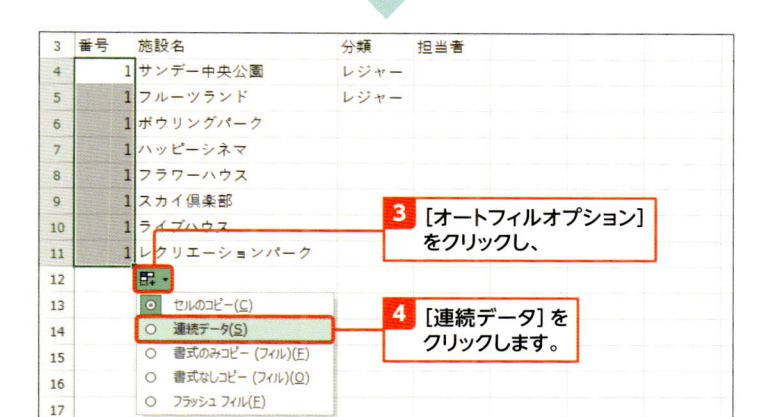

3 [オートフィルオプション]をクリックし、

4 [連続データ]をクリックします。

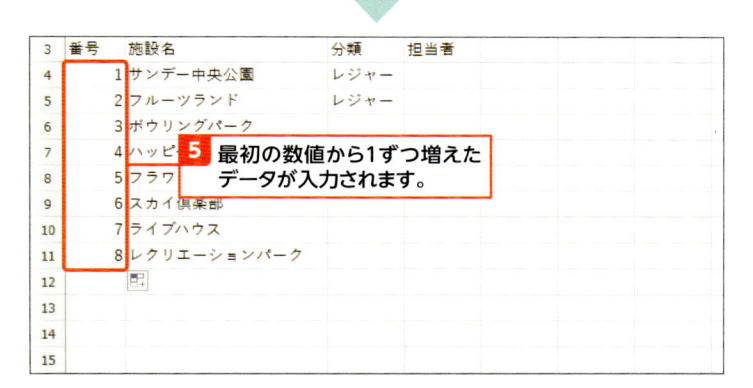

5 最初の数値から1ずつ増えたデータが入力されます。

Section 24

日付や曜日の連続データを自動入力する

練習用ファイル： 24_月間予定表.xlsx

ここで学ぶのは

▶ フィルハンドル
▶ オートフィル
▶ 連続データ

連続した月や曜日、日付を入力するときは、オートフィル機能を使って一気にまとめて入力しましょう。

3日おき、1週間おき、1カ月おきの日付なども、フィルハンドルをドラッグするだけで簡単に入力できて便利です。

1 曜日を連続して自動入力する

解説　連続した曜日を入力する

曜日のデータを入力し、オートフィル機能を使って連続した曜日のデータを入力します。曜日は、「月」「月曜日」のように入力します。「月曜」だとうまくいかないので注意します。

Memo　月の入力

「1月」などの月を入力したセルを選択し、フィルハンドルをドラッグすると、「1月」「2月」「3月」……などの連続した月を入力できます。

Memo　自動入力できるデータ

オートフィル機能で自動入力できるデータは、ユーザー設定リストというところに登録されています。ユーザー設定リストにデータを登録する方法は、p.82で紹介します。

1 セルA4に曜日を入力します。

データが入力されている場合はクリックしてアクティブセルにします。

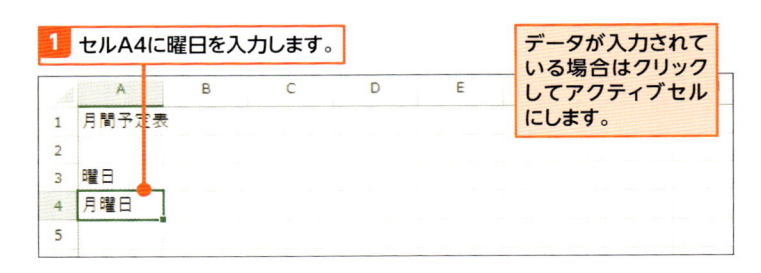

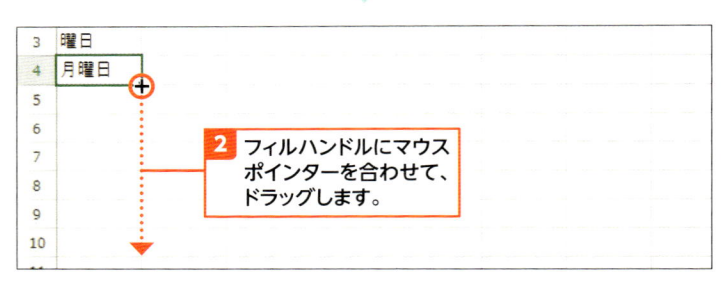

2 フィルハンドルにマウスポインターを合わせて、ドラッグします。

3 連続した曜日が入力されます。

2 日付を連続して自動入力する

 **解説** 連続した日付を入力する

日付を入力したセルを選択し、フィルハンドルをドラッグすると、1日ずつずれた日付のデータが入力されます。先頭のセルに、最初の日付を入力してから操作します。

 **Hint** 1カ月おきなどの日付を入力する

1週間おき、1カ月おき、1年おきの日付を入力するには、フィルハンドルをドラッグすると表示される[オートフィルオプション]をクリックし、日付の間隔を指定します。下の図では「連続データ(月単位)」を指定しています。

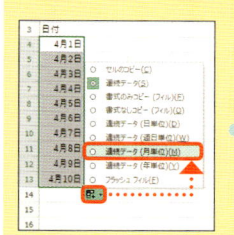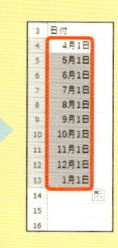

 **Hint** 1日おきなどの日付を入力する

1日おき、2日おきなどの決まった間隔の日付を連続して入力するには、最初のセルと次のセルに、指定する間隔を空けて日付を入力します。続いて、2つの日付が入ったセル範囲を選択し、フィルハンドルをドラッグします。

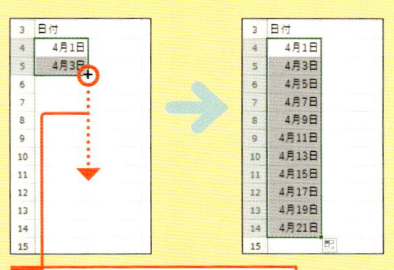

1 間隔を空けた2つの日付を入力しておき、ドラッグ

ドラッグ操作で連続した日付を入力します。

1 日付を「4/1」のように入力し、 Enter キーを押します。

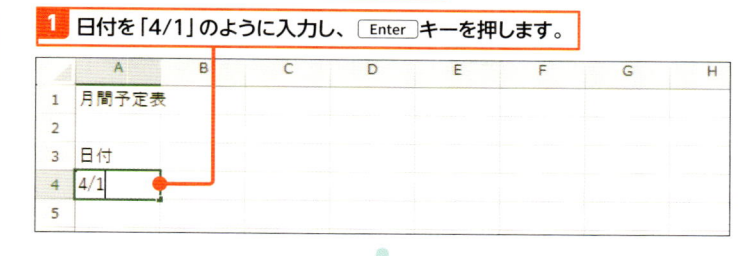

2 日付を入力したセルを選択します。

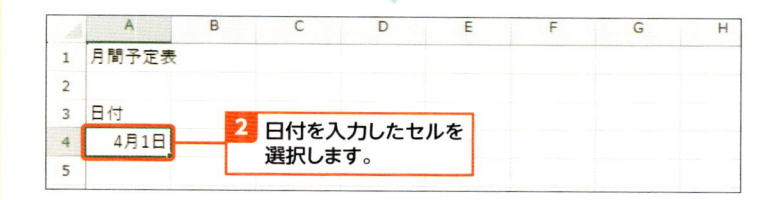

3 フィルハンドルにマウスポインターを合わせて、ドラッグします。

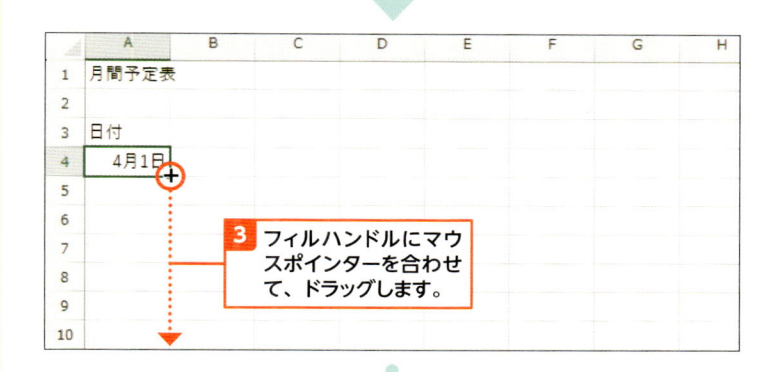

4 最初の日付から1日ずつ増えたデータが入力されます。

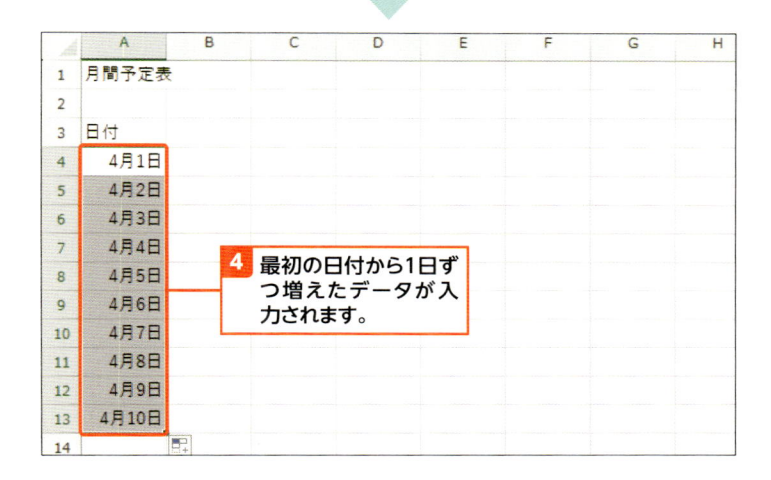

支店名や商品名などを自動入力する

規則性のないデータを、オートフィル機能を使って入力するには、入力するデータをユーザー設定リストに登録しておきます。
ユーザー設定リストに登録したデータは、並べ替えの条件として利用することもでききます。

1 連続データを登録する

解説 連続データを登録する

ユーザー設定リストに、規則性のない連続データを登録します。ここでは、商品名を登録します。入力したい順に沿ってデータを入力します。

Hint セルに入力したデータを登録する

登録しようとしているデータがセルに入力されている場合は、データをインポートできます。[リストの取り込み元範囲]をクリックし、登録するデータのセル範囲を選択して[インポート]をクリックします。

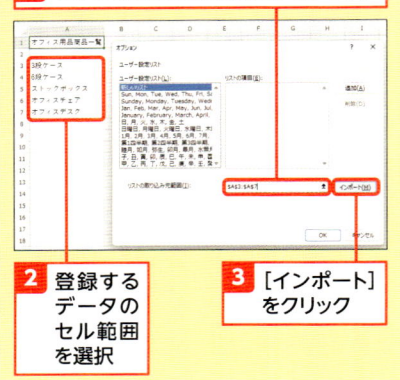

1 [リストの取り込み元範囲]をクリック

2 登録するデータのセル範囲を選択

3 [インポート]をクリック

独自のユーザー設定リストを登録します。

1 p.42の方法で、[Excelのオプション]ダイアログを表示します。

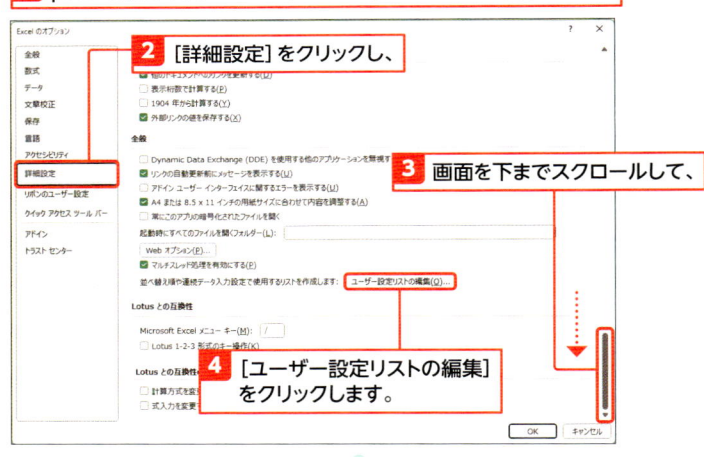

2 [詳細設定]をクリックし、

3 画面を下までスクロールして、

4 [ユーザー設定リストの編集]をクリックします。

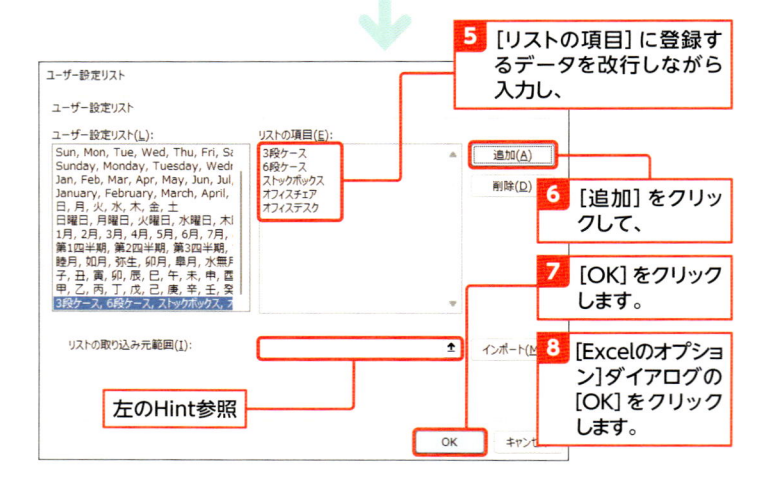

5 [リストの項目]に登録するデータを改行しながら入力し、

6 [追加]をクリックして、

7 [OK]をクリックします。

8 [Excelのオプション]ダイアログの[OK]をクリックします。

左のHint参照

2 連続データを入力する

解説 **連続データを入力する**

ユーザー設定リストに登録した連続データを入力してみましょう。ここでは、ユーザー設定リストに登録した商品名を自動入力します。

Memo **登録した連続データを削除する**

ユーザー設定リストに登録した内容を削除するには、前ページの方法で［ユーザー設定リスト］ダイアログを表示し、削除したいリストをクリックし、［削除］をクリックします。

1 削除したいリストをクリック

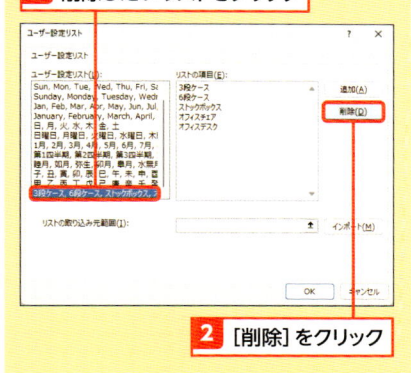

2 ［削除］をクリック

ドラッグ操作でユーザー設定リストのデータを入力します。

1 登録した連続データのいずれかの項目を入力します。

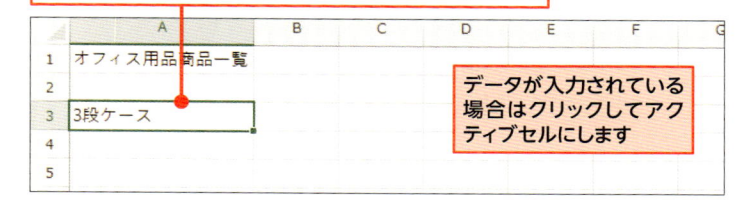

データが入力されている場合はクリックしてアクティブセルにします

2 フィルハンドルにマウスポインターを合わせて、ドラッグします。

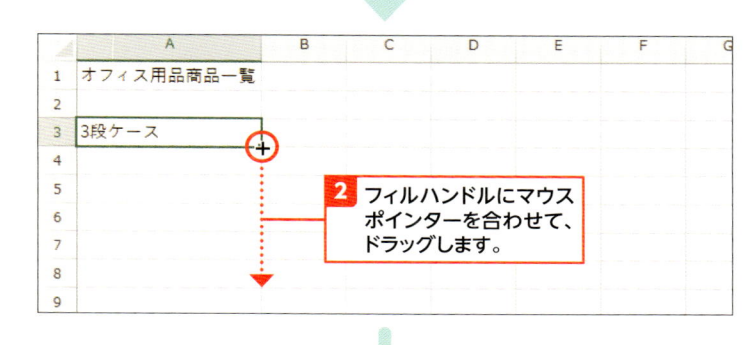

3 登録したデータが入力されます。

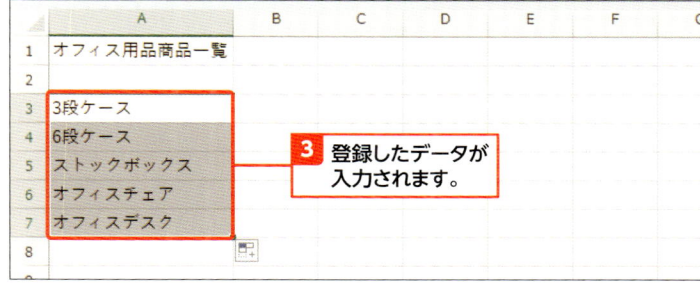

Hint **並べ替え**

ユーザー設定リストに登録した内容は、データの並べ替えの条件としても使えます。たとえば、商品名でデータを並べ替えるときに、あいうえお順やあいうえお順の逆以外の順番でデータを並べ替えたいときは、商品名を並べ替えたい順に沿ってユーザー設定リストに登録しておきます。並べ替えの方法は、p.225で紹介します。

並べ替えの基準として「ユーザー設定リスト」のリストの順番を指定できます。

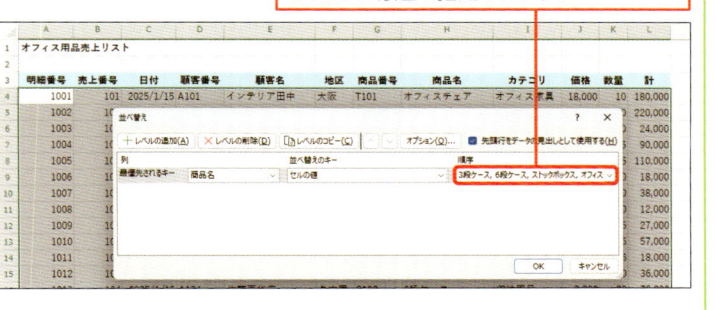

Section 26 入力をパターン化して自動入力する

練習用ファイル： 📁 26_登録者一覧.xlsx

すでに入力されているデータを基に、隣接するセルにデータを入力するとき、**その内容に規則性がある場合は、自動入力が可能**です。
Excelが入力パターンを自動的に認識して入力候補を表示する**フラッシュフィル**の機能を使います。

ここで学ぶのは

▶ フラッシュフィル
▶ 入力パターン
▶ 自動入力

1 文字の入力パターンを指定する

💬 **解説** 文字の入力パターンを伝える

セルに入力されたデータを基に、隣接するセルにデータを入力します。ここでは、B列にメールアドレスが入力されています。それを基に、C列にユーザー名を入力します。入力パターンが決まっている場合は、Excelがそれを認識して自動的にデータを入力できます。

💡 **Hint** 日本語の場合うまく動作しないことがある

フラッシュフィルの機能は、日本語の場合、うまく入力できない場合があります。これは、新しいIMEとの互換性の問題と考えられます。タスクバーの日本語入力モードのアイコンを右クリックし[設定]をクリック。表示画面の[全般]をクリックし、[互換性]欄の[以前のバージョンのMicrosoft IMEを使う]をオンにすると、フラッシュフィル機能で日本語を入力できるようになりますが、設定の変更は、ほかのアプリに影響を及ぼす可能性もあるので、お勧めできません。次のページの下のMemoの方法で利用しましょう。

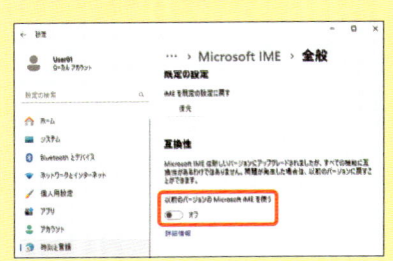

「メールアドレス」を基に「ユーザー名」を自動入力します。

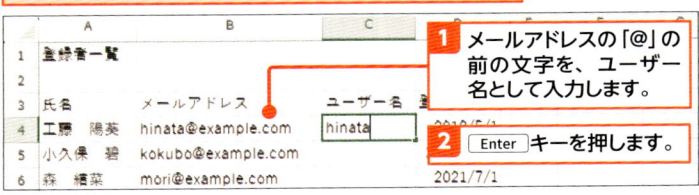

1 メールアドレスの「@」の前の文字を、ユーザー名として入力します。

2 Enter キーを押します。

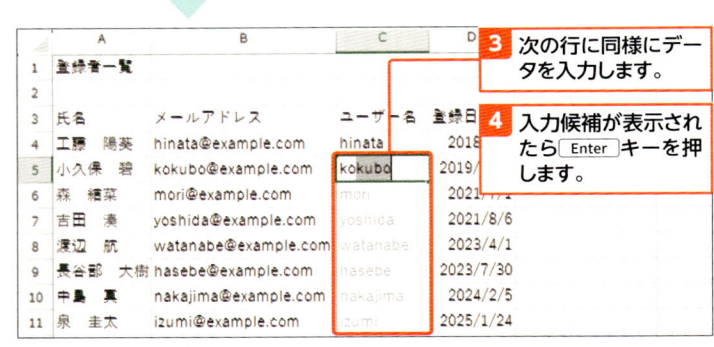

3 次の行に同様にデータを入力します。

4 入力候補が表示されたら Enter キーを押します。

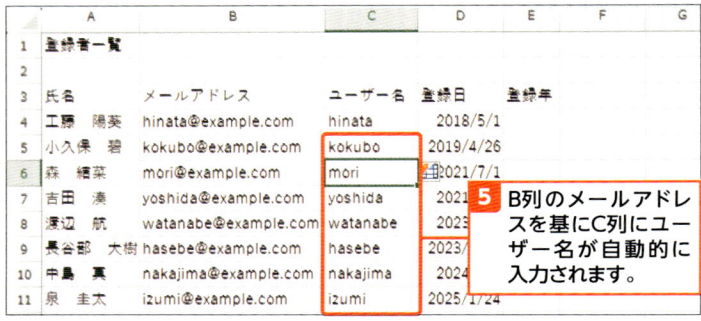

5 B列のメールアドレスを基にC列にユーザー名が自動的に入力されます。

2 日付の入力パターンを指定する

解説　日付の入力パターンを伝える

フラッシュフィル機能は、文字データだけでなく日付のデータを基にデータを入力するときにも使えます。ここでは、D列に入力した登録日の日付を基に、E列に年のデータを入力します。入力パターンをExcelに認識してもらえれば、データを自動入力できます。

Memo　自動入力をキャンセルする

フラッシュフィル機能でデータを自動入力した後に、自動入力をキャンセルするには、フラッシュフィル機能が働いたときに表示される[フラッシュフィルオプション]をクリックし、[フラッシュフィルを元に戻す]を選択します。

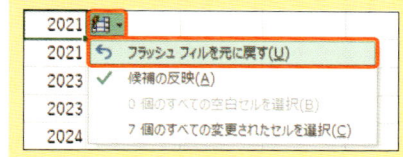

「登録日」の年のデータをE列に自動入力します。

1 セルE4に、「登録日」の年のデータを入力し、Enterキーを押します。

2 次の行に同様のパターンでデータを入力します。

3 入力候補が表示されたらEnterキーを押します。

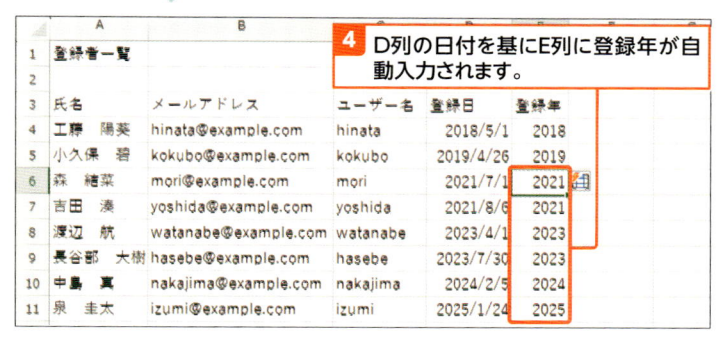

4 D列の日付を基にE列に登録年が自動入力されます。

Memo　入力パターンが自動認識されないときは

入力パターンをExcelに認識してもらえないときは、入力したセルを選択するか入力したセルを含む自動入力したいセル範囲を選択し、[データ]タブ→[フラッシュフィル]をクリックしてみましょう。入力パターンをExcelが認識できた場合は、データが入力されます。

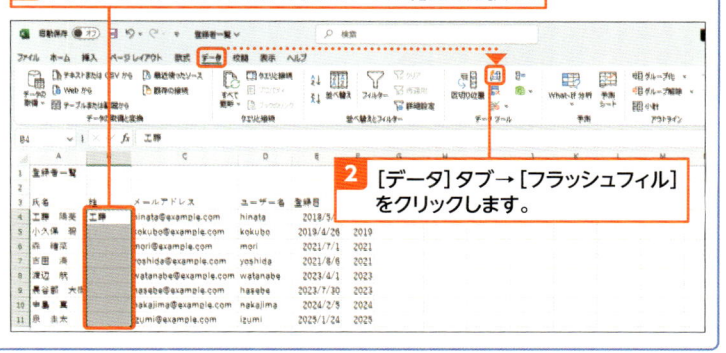

1 入力したセルを含む自動入力したいセル範囲を選択し、

2 [データ]タブ→[フラッシュフィル]をクリックします。

Section

27 入力時のルールを決める

練習用ファイル： 📁 27_ワークショップ受付表.xlsx

ここで学ぶのは

▶ 入力規則
▶ 入力時メッセージ
▶ エラーメッセージ

セルにデータを入力するときや他の人にデータを入力してもらうときに、間違った
データが入力されるのを防ぐには、**入力規則**を決めましょう。
入力規則を指定すると、セルに入力できるデータを制限したり、入力時に補足メッ
セージを表示したりできます。

1 指定できるルールとは？

Memo 入力規則

入力規則の機能を使うと、セルに入力ルー
ルを指定できます。入力できるデータの種類
を限定したり、入力する値をリストから選択す
る方法にしたりできます。

Memo 日本語入力モード

入力規則機能を使うと、セルを選択したとき
に日本語入力モードのオン／オフを自動的に
切り替えられます。日本語入力モードを指定
しておくと、手動で日本語入力モードを切り
替える手間が省けて便利です。p.91で紹介
します。

セルに入力できるデータの種類を選択します（下表参照）。

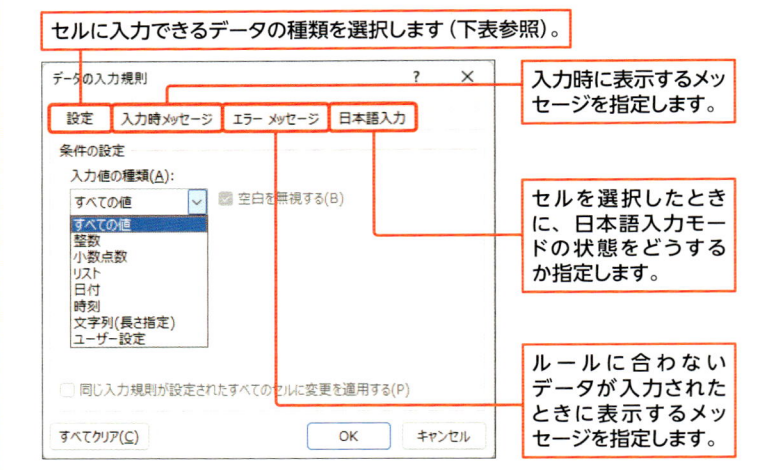

入力時に表示するメッセージを指定します。

セルを選択したときに、日本語入力モードの状態をどうするか指定します。

ルールに合わないデータが入力されたときに表示するメッセージを指定します。

● 入力値の種類

入力値の種類	内容
すべての値	すべてのデータを入力できる。入力値の種類を指定しない場合はこれが選択される
整数	整数を入力できる。「1から10までの数値」「10以上の数値」など入力できる数値の範囲を細かく指定できる
小数点数	整数や小数を入力できる。「1から10までの数値」「10以上の数値」など入力できる数値の範囲を細かく指定できる
リスト	入力候補を表示して、入力候補からデータを選択できるようにする
日付	日付を入力できる。「いつからいつまで」「いつ以降」など、入力できる日付の範囲を細かく指定できる
時刻	時刻を入力できる。「何時から何時まで」「何時以降」など、入力できる時刻の範囲を細かく指定できる
文字列	文字を入力できる。「何文字」「何文字から何文字まで」「何文字以上」など、入力できる文字の長さを指定できる
ユーザー設定	数式を指定して、入力できる内容を限定するときに使う

2 入力規則を設定する

解説　入力規則を設定する

セルに対して、入力時のルールを指定します。ここでは、指定したセル範囲に「1」から「4」までの整数だけが入力できるようなルールを指定します。

入力規則の設定後は、セルにデータを入力してみましょう。入力規則に合わないデータを入力すると、メッセージが表示されます。

Hint　入力規則をコピーする

セルに設定した入力規則だけをコピーするには、貼り付ける形式を指定します。p.164で紹介します。

Memo　入力規則を削除する

入力規則を削除してすべてのデータを入力できるようにするには、入力規則が設定されているセルやセル範囲を選択し、[データ]タブ→[データの入力規則]をクリックします。[データの入力規則]ダイアログで[すべてクリア]をクリックします。

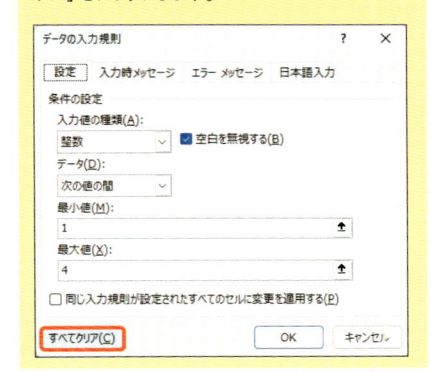

指定した範囲の数値を入力できるようにします。

1 入力規則を指定するセルやセル範囲を選択し、

2 [データ]タブ→[データの入力規則]をクリックします。

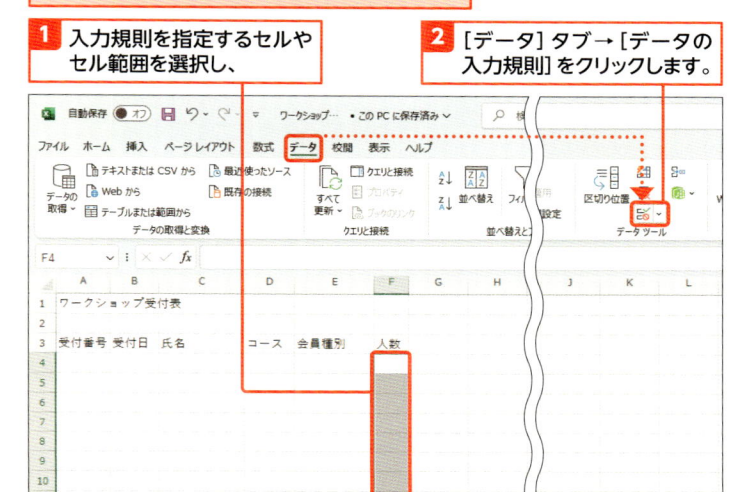

3 [入力値の種類]をクリックし、入力するデータの種類を選択します。

4 [次の値の間]が選択されていることを確認します。

5 [最小値]を指定します。

6 [最大値]を指定します。

7 [OK]をクリックします。

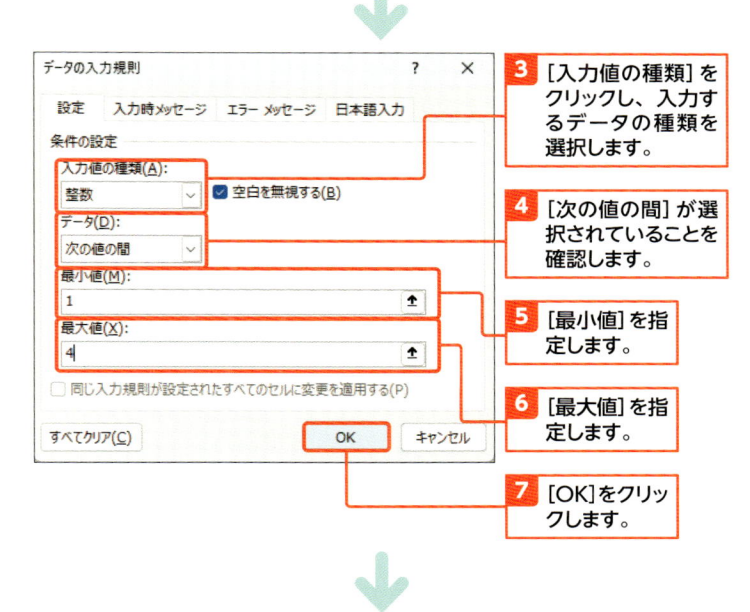

8 入力規則を指定したセルにルール違反のデータを入力すると、

9 エラーメッセージが表示されます。

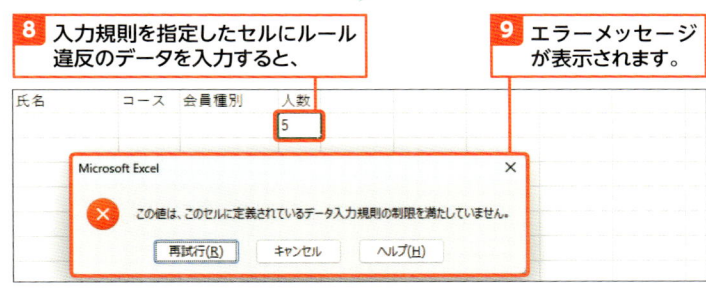

3

データを速く、正確に入力する

ルールに沿ってデータを効率よく入力する

練習用ファイル： 📁 28_ワークショップ受付表.xlsx

ここで学ぶのは
▶ 入力規則
▶ メッセージ
▶ 日本語入力モード

セルにデータを入力するとき、入力候補を表示してそこから入力するデータを選んでもらうには入力規則を使います。
ここでは、入力時に表示するメッセージやルールに合わないデータが入力されたときに表示するメッセージも指定します。

1 入力候補を登録する

解説　入力候補を登録する

セルに入力する値を入力候補から選べるようにします。入力規則の設定で [入力値の種類] から [リスト] を選択し、リストの内容を指定します。[元の値] に入力候補として表示するデータを半角「,」(カンマ) で区切って入力するか、[元の値] 欄をクリックして、入力候補が入力されているセル範囲をドラッグして指定します。

Hint　入力規則が設定されているセルを選択する

どのセルに入力規則を設定したかわからなくなってしまった場合は、入力規則が設定されているセルを選択する方法を試してみましょう。[ホーム] タブの [検索と選択] をクリックし、[データの入力規則] をクリックします。

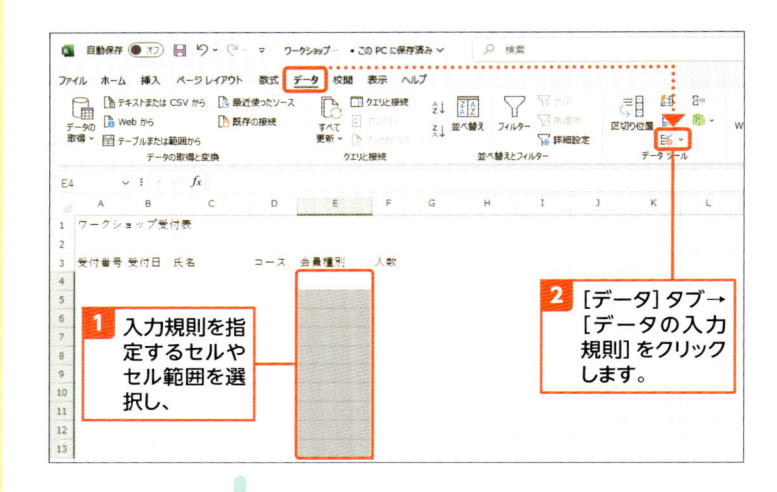

1 入力規則を指定するセルやセル範囲を選択し、

2 [データ] タブ→[データの入力規則] をクリックします。

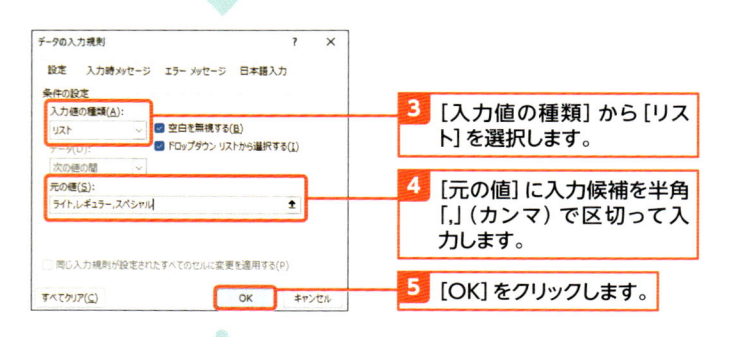

3 [入力値の種類] から [リスト] を選択します。

4 [元の値] に入力候補を半角「,」(カンマ) で区切って入力します。

5 [OK] をクリックします。

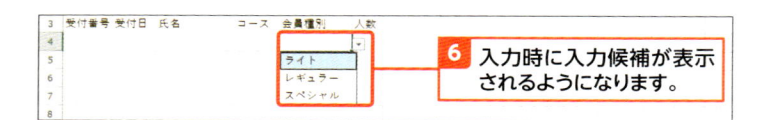

6 入力時に入力候補が表示されるようになります。

2 入力時のメッセージを設定する

解説 メッセージを設定する

入力時メッセージを設定すると、セルを選択したときにメッセージを表示できます。セルにどのような入力ルールが設定されているか表示すると親切です。

1 入力規則を指定するセルやセル範囲を選択し、

2 [データ] タブ→ [データの入力規則] をクリックします。

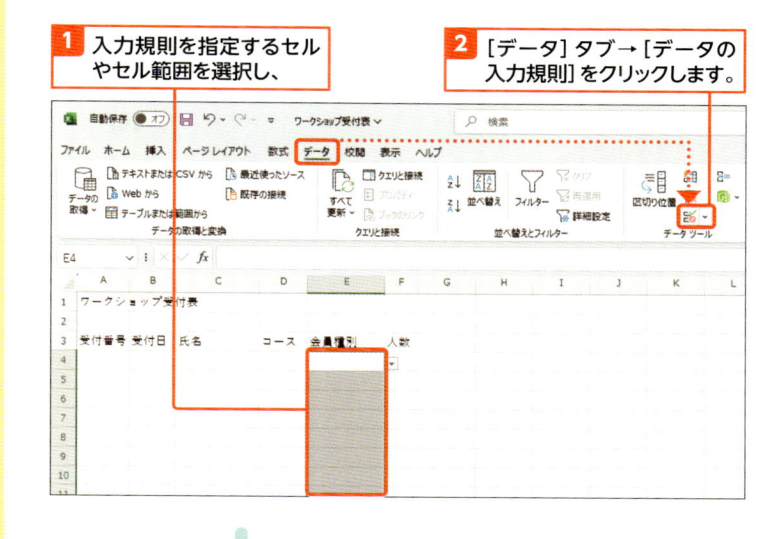

Memo メッセージを確認する

メッセージの設定後は、入力規則を設定したセルをクリックして入力時メッセージが表示されることを確認します。

3 [入力時メッセージ] タブをクリックし、

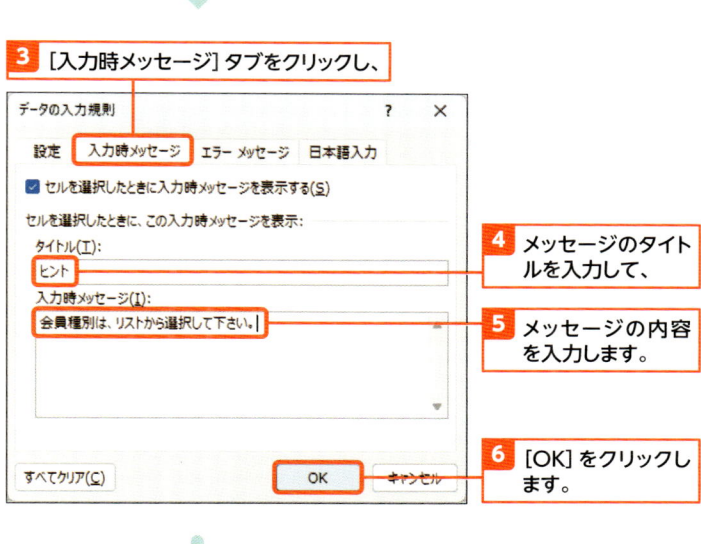

4 メッセージのタイトルを入力して、

5 メッセージの内容を入力します。

6 [OK] をクリックします。

Hint メッセージを消す

入力時のメッセージが表示されたとき、メッセージを非表示にするには、[Esc] キーを押します。

7 入力時にメッセージが表示されるようになります。

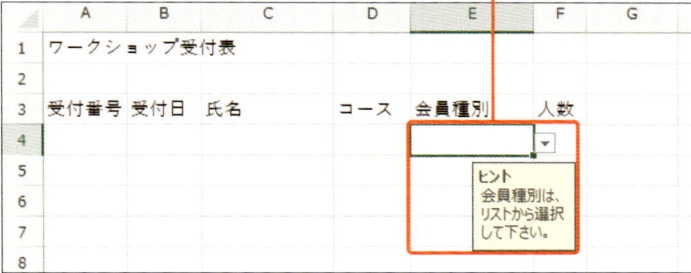

3 ルール違反のメッセージを設定する

 **解説** メッセージを設定する

入力規則に合わないデータが入力されたときに表示する、エラーメッセージを設定します。

 **Memo** メッセージを確認する

メッセージの設定後は、リスト以外の項目を入力しようとして、エラーメッセージが表示されることを確認します。

 **Memo** エラーメッセージのスタイル

エラーメッセージを指定するときは、入力ルールをどの程度厳しくするかに合わせて[停止][注意][情報]のいずれかのスタイルを指定できます。[停止]を選択すると、ルールに合わないデータは入力できなくなります。

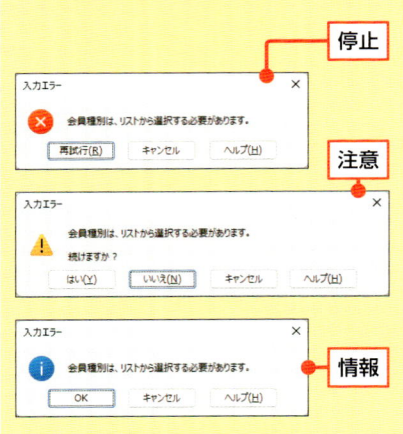

停止

注意

情報

1 入力規則を指定するセルやセル範囲を選択し、

2 [データ]タブ→[データの入力規則]をクリックします。

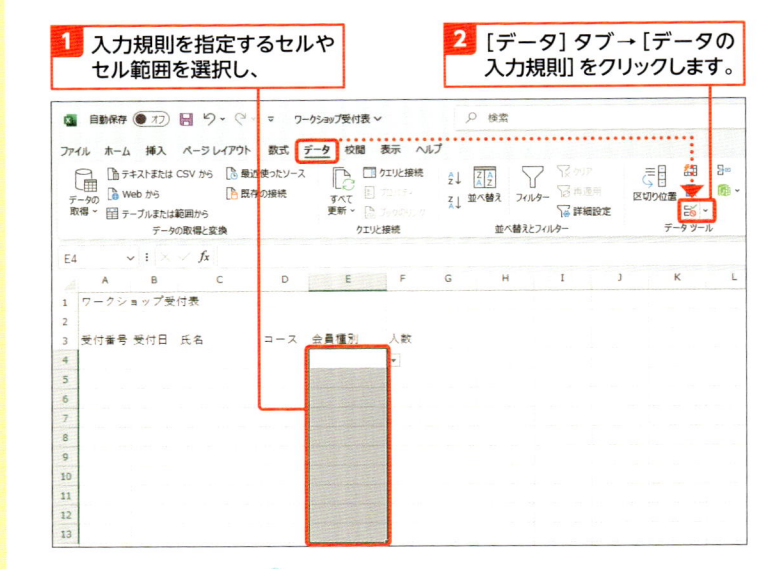

3 [エラーメッセージ]タブをクリックし、

4 スタイルを選択します。

5 メッセージのタイトルを入力します。

6 メッセージの内容を入力します。

7 [OK]をクリックします。

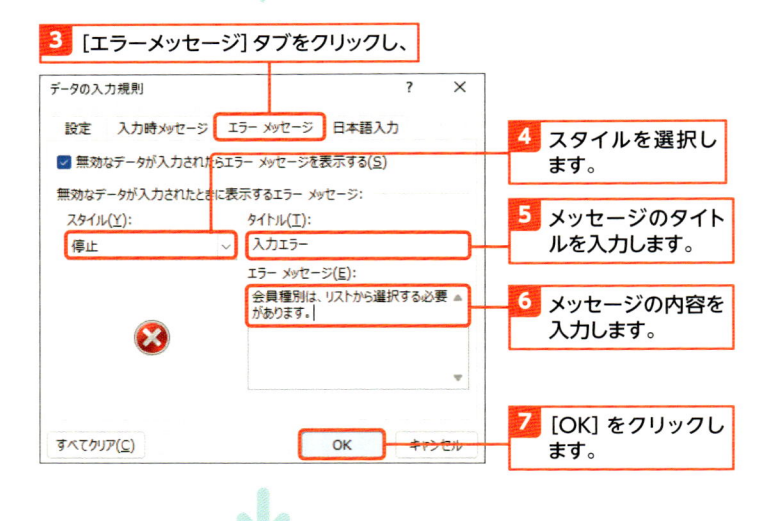

8 入力規則に合わないデータが入力されると、

9 エラーメッセージが表示されます。

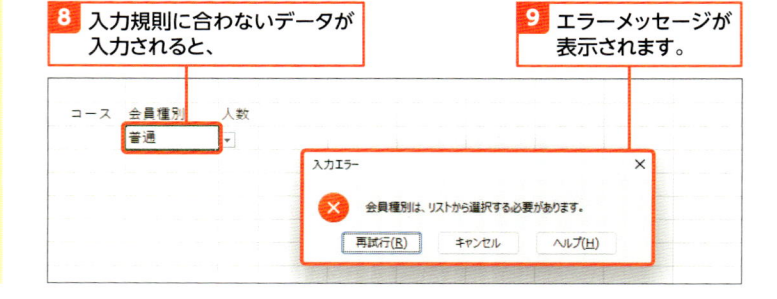

4 日本語入力モードをオンにする

解説 日本語入力モードを
オンにする

セルの入力規則を使って、セルを選択したときの日本語入力モードの状態を指定しましょう。ここでは、氏名を入力するセルをクリックすると、日本語入力モードが自動的にオンになるようにします。

Hint オフと無効の違い

日本語入力モードの設定で[オフ（英語モード）]や[無効]にすると、セルを選択すると日本語入力モードがオフになります。[オフ（英語モード）]は、日本語入力モードを手動でオンに切り替えられますが、[無効]は、オンに切り替えることはできません。

Hint 別々の入力規則が
設定されている場合

別々の入力規則が設定されているセルを選択し、入力規則のルールを追加しようとしたりすると、下図のようなメッセージが表示されます。操作をキャンセルするには、[キャンセル]をクリックします。

1 別々の入力規則が設定されているセルを選択し、入力規則のルールを追加しようとすると、

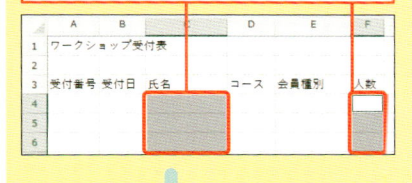

2 注意のメッセージが表示されます。

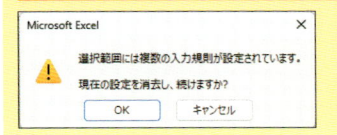

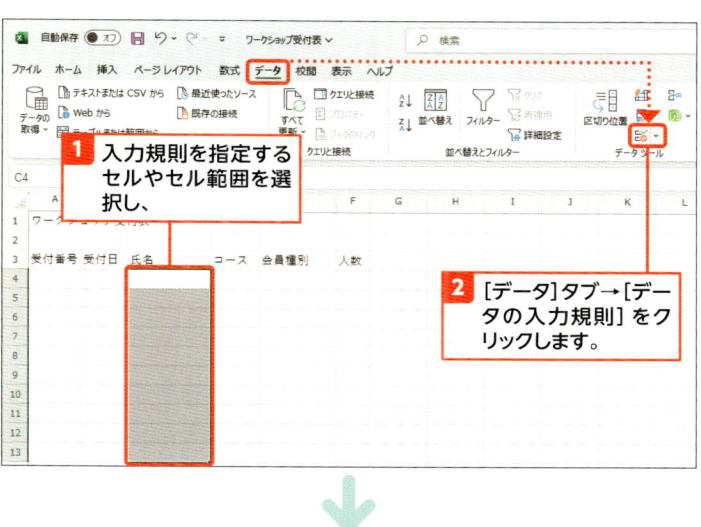

1 入力規則を指定するセルやセル範囲を選択し、

2 [データ]タブ→[データの入力規則]をクリックします。

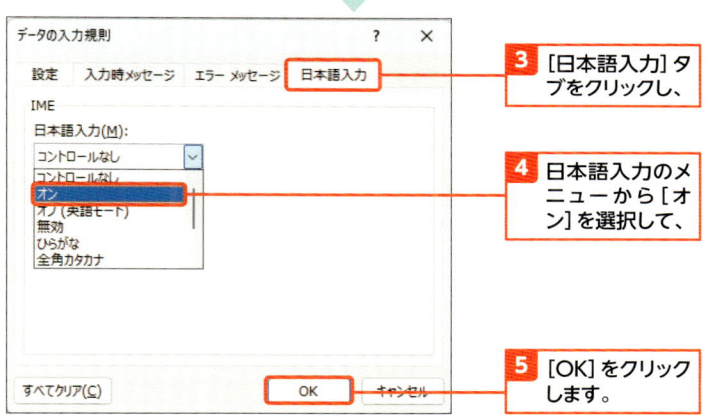

3 [日本語入力]タブをクリックし、

4 日本語入力のメニューから[オン]を選択して、

5 [OK]をクリックします。

6 セルを選択すると、

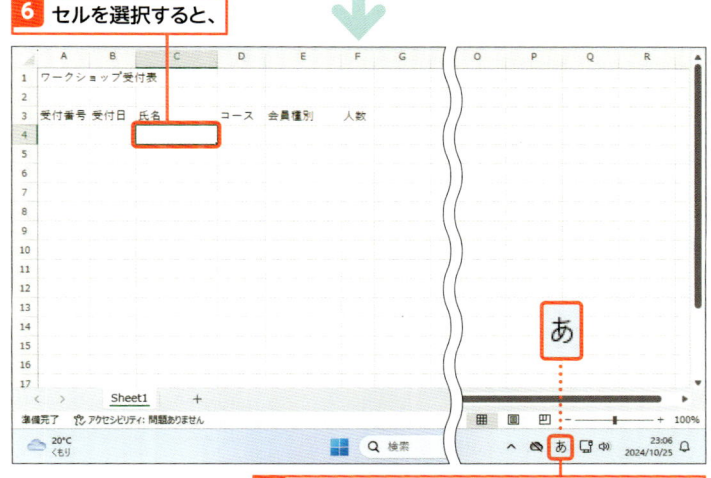

7 日本語入力モードが自動的にオンになります。

ルールに沿ってデータを効率よく入力する

3 データを速く、正確に入力する

Section 29

複数のデータをコピーしておく場所を使う

練習用ファイル： 📁 29_スポーツ用品価格表.xlsx

ここで学ぶのは

▶ データのコピー
▶ クリップボード
▶ Office クリップボード

表を編集するときは、データをコピーしたり、コピーしたデータを貼り付けたりしながら、効率よくデータを入力しましょう。
Office クリップボードを使うと、最大24個まで前のデータをコピーして貯めておくことができます。

1 複数データをコピーする準備をする

💬 解説 Office クリップボードを表示する

Office クリップボードを使うには、まず、Office クリップボードを表示します。
Office クリップボードを閉じるには、Office クリップボードの右上の［閉じる］をクリックします。

💡 Hint Office クリップボードを素早く表示する

Office クリップボードの［オプション］をクリックして［Ctrl + C を2回押してOffice クリップボードを表示］を選択すると、Ctrl を押しながらC キーを2回押すと、Office クリップボードが表示されるようになります。また、［自動的にOffice クリップボードを表示］を選択すると、データのコピーの操作を2回すると、自動的にOffice クリップボードが表示されます。

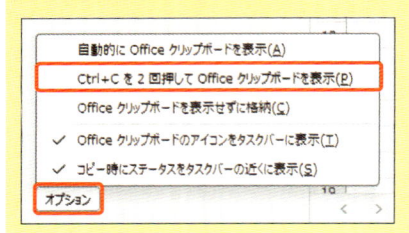

Officeクリップボードを表示します。

1 ［ホーム］タブをクリックし、

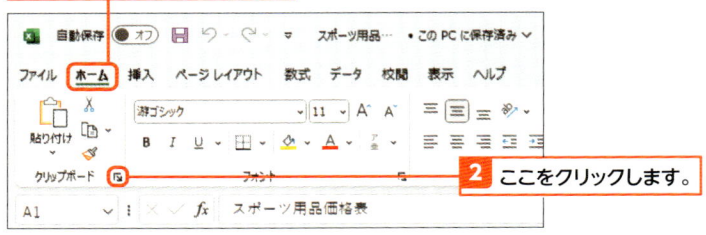

2 ここをクリックします。

3 Officeクリップボードが表示されます。

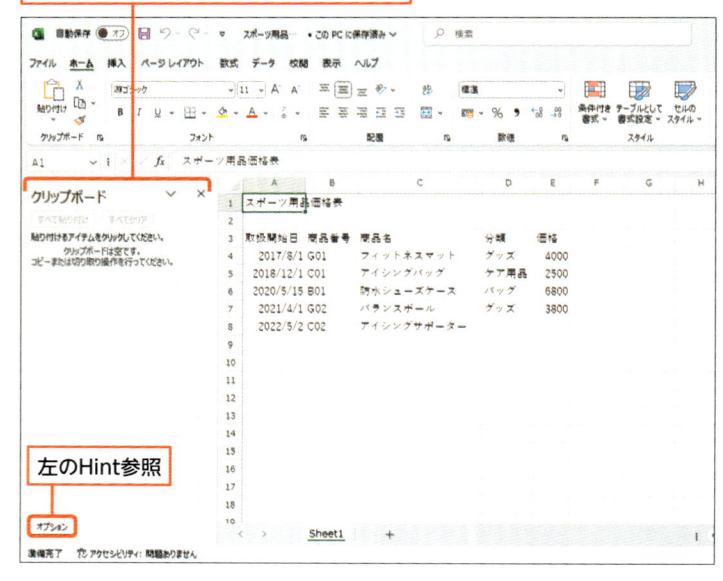

左のHint参照

2 データをコピーする

 **解説** データをコピーする

データをコピーして、Officeクリップボードに
コピーしたデータを貯めましょう。ここでは、
セルに入力されているデータの一部をコピー
します。セルに入力されている内容すべてを
コピーするには、セルを選択して[コピー]を
クリックします。

なお、データは、最大24個まで貯められます。
24個を超えると、古いデータから削除されま
す。

Officeクリップボードにデータをコピーします。

1 コピーしたいデータが入っているセルをダブルクリックし、

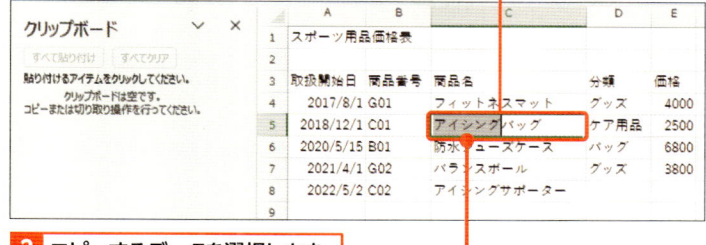

2 コピーするデータを選択します。

3 [ホーム]タブ→[コピー]をクリックします。

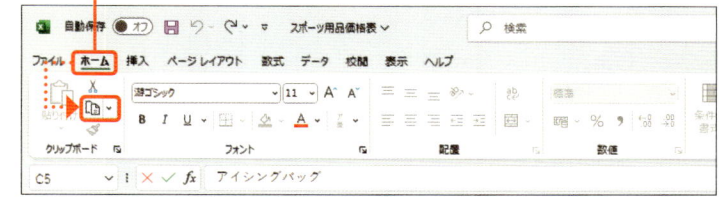

4 Officeクリップボードにデータがコピーされます。

5 同様にデータをコピーすると、Officeクリップ
ボードにデータが貯まります。

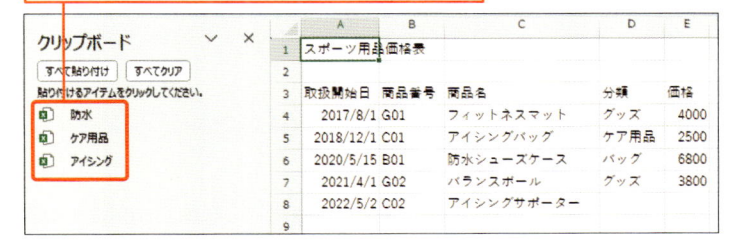

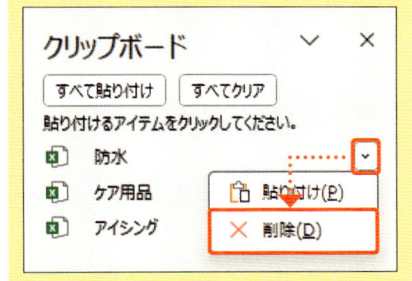 **Memo** コピーしたデータを
削除する

Officeクリップボードにコピーしたデータを
Officeクリップボードから削除するには、削
除する項目にマウスポインターを移動して
をクリックし、[削除]をクリックします。

 **コピーしたデータを使う**

解説 データを貼り付ける

Officeクリップボードにコピーしたデータを貼り付けます。ここでは、指定したセルにデータを貼り付けます。セルに入力されているデータの途中にコピーしたデータを貼り付けるには、セルをダブルクリックし、データを貼り付ける場所にカーソルを移動してから貼り付けます。

Officeクリップボードのデータを貼り付けます。

1 データを貼り付けたいセルをクリックします。

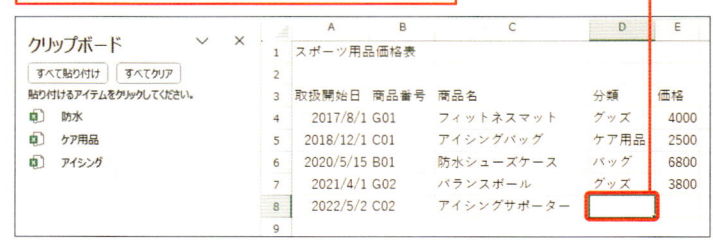

Hint Excel以外のデータもコピーされる

Officeクリップボードには、Excel以外のデータもコピーされます。たとえば、Wordのアプリに切り替えて文字をコピーしたり、Edge（ブラウザー）に切り替えてインターネットのデータをコピーしたりしても、Officeクリップボードに貯まります。

2 貼り付けたいデータをクリックします。

 3 データが貼り付けられます。

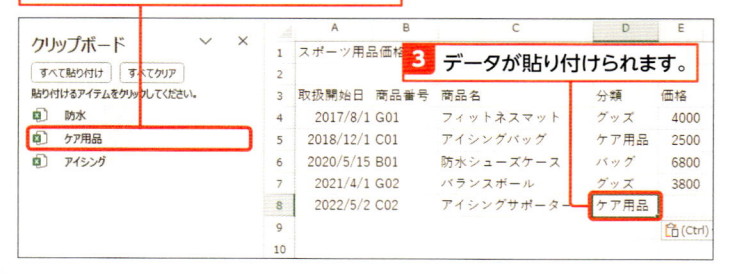

Hint Windows クリップボードで複数の項目をコピーする

Windowsの［設定］ダイアログで、［システム］→［クリップボード］の［クリップボードの履歴］をオンにすると、Windowsのクリップボードに複数の項目をコピーできます。■キー＋Vキーでクリップボードの履歴を表示し、項目を貼り付けられます。Officeのクリップボードは、Office製品をすべて閉じると、クリップボードにコピーした項目はクリアされますが、Windowsクリップボードの場合は、Office以外の他のアプリなどでも、コピーした項目を貼り付けたりできます。

［設定］ダイアログで設定を変更します。

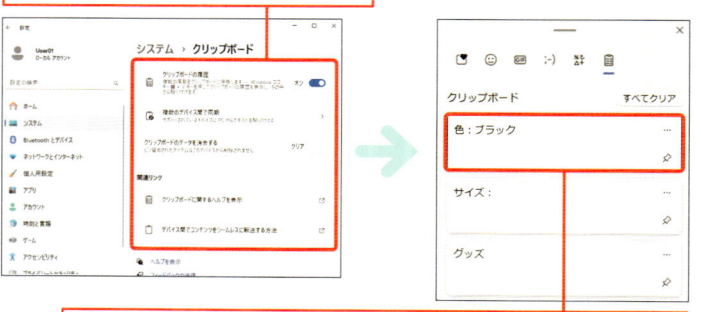

■キー＋Vキーでクリップボードの履歴を表示できます。コピーした項目を固定表示することもできます。

第 **4** 章

計算式や関数を使って計算する

　この章では、計算式の作り方を紹介します。セルのデータを参照するときの書き方、四則演算、関数を使った計算の仕方などを覚えましょう。

　目標は、表のセルのデータを使って簡単な計算式を作れるようになることと、計算式をコピーして使えるようになることです。

30 計算式って何？

この章では、いよいよExcelで計算式や関数を使った式を入力して目的のデータを得る方法を紹介します。
計算式というと数値を扱うように思うかもしれませんが、Excelでは、文字や日付のデータを基に目的のデータを得たりもできます。

1 計算式を作る

計算式の入力

計算式は、必ず「＝」の記号から入力し始めます。計算結果はセルに表示されます。計算式の内容を確認するには、計算式が入っているセルを選択して、数式バーを見ます。

セルA3に、セルA1とセルA2のデータを足した結果を表示します。

計算式の内容

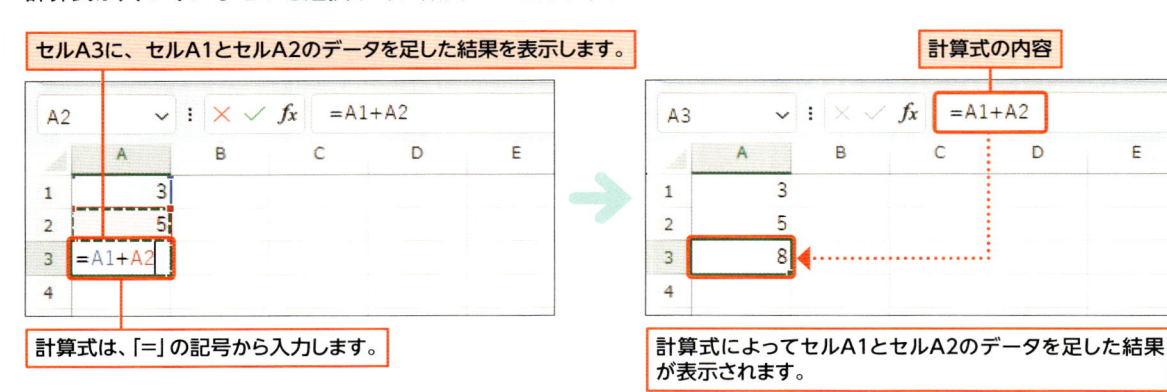

計算式は、「＝」の記号から入力します。

計算式によってセルA1とセルA2のデータを足した結果が表示されます。

参照元のセル

一般的に計算式は、データが入っているセルを参照する形で作ります。参照元のセルのデータが変わると、計算結果も自動的に変わります。

セルA3には、セルA1とセルA2を足した結果を表示する計算式が入力されています。

計算元のセルのデータを変更すると、計算結果も自動的に変わります。

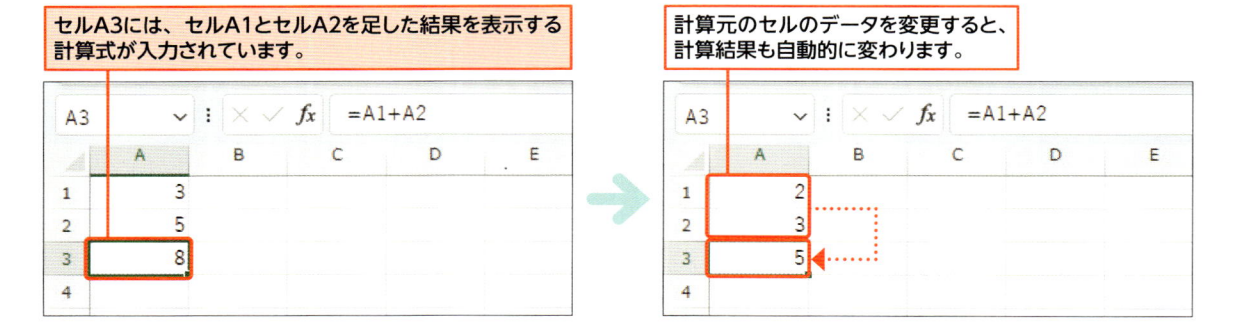

Memo 計算式について

計算式というと、一般的には数値の計算をするものですが、Excelでは、文字や日付データを扱って目的の文字や日付を求める計算式もあります。また、他のセルの値を参照して、その値を表示する計算式もあります。計算式は、「=」の記号から入力します。

Memo 四則演算

足し算、引き算、掛け算、割り算などの四則演算の計算式を入力するには、「+」「-」「*」「/」などの算術演算子を使います（p.100）。

Memo データの参照

他のセルのデータを参照して同じデータを表示するには、セルを参照する計算式を入力します。参照元のセルのデータが変更されると、参照先のセルのデータも変わります。

Key word 関数

Excelでは、計算の目的に応じて使う関数という公式のようなものが数百種類用意されています。関数には、数値や日付、文字のデータを基に目的のデータを得るもの、条件に一致する場合とそうでない場合とで別々の操作をするもの、別表から該当するデータを探してそのデータを表示するものなど、さまざまなものがあります。

四則演算

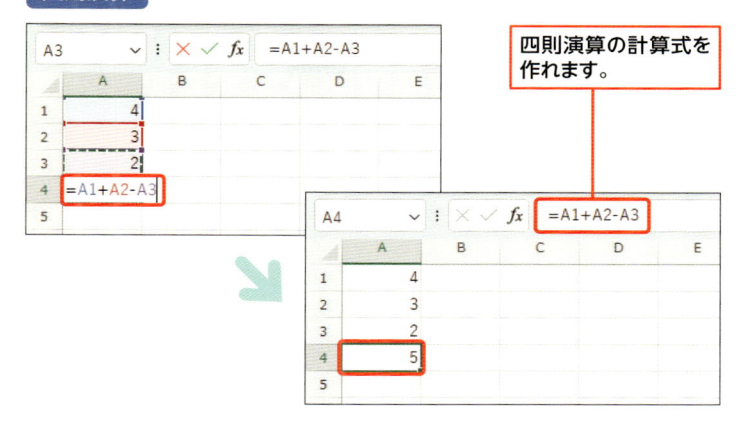

四則演算の計算式を作れます。

データの参照

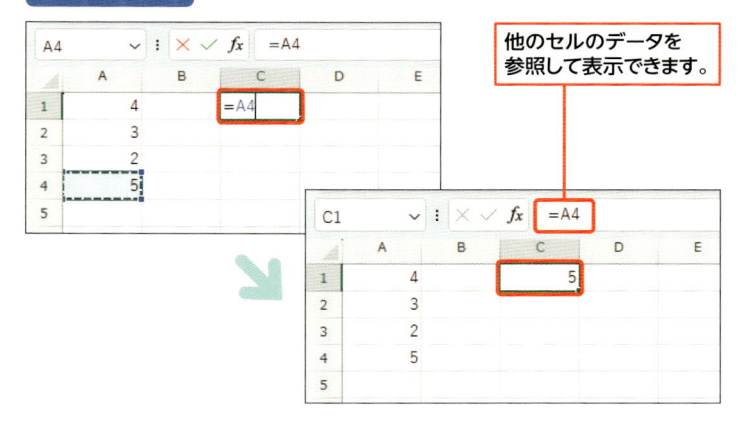

他のセルのデータを参照して表示できます。

関数

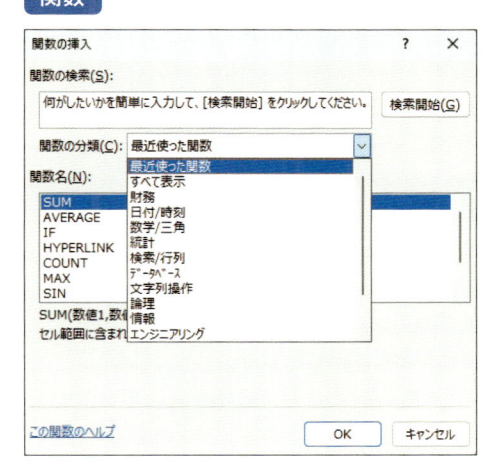

関数を使うと、目的別のさまざまな計算ができます。

Section

31

他のセルのデータを参照して表示する

練習用ファイル： 📁 31_計算の練習.xlsx

ここで学ぶのは

▶ 計算式

▶ データの参照

▶ 数式バー

他のセルのデータを参照してそのセルと同じデータを表示するには、セルを参照する計算式を入力します。

参照元のセルのデータが変更された場合は、計算式を入力しているセルに表示されるデータも自動的に変わります。

1 セルのデータを参照する

解説 セルのデータを参照する

セルを参照する計算式を入力します。計算式を入力するには、まず、「=」の記号を入力します。次に、参照元のセルをクリックします。すると、「=A4」などの計算式が入力されます。

計算式を削除するには、計算式が入力されているセルをクリックし、Delete キーを押します。

Memo 計算式の内容を見る

計算式を入力すると、セルには、計算結果が表示されます。計算式の内容を表示するには、計算式を入力したセルをクリックします。数式バーを見ると、計算式の内容が表示されます。

Hint 他のシートのセルを参照する

他のシートのセルのデータを参照するには、「=」を入力した後、他のシートのシート見出しをクリックしてシートを切り替え、セルをクリックします。すると、「=シート名!セル番地」のような計算式が入力されます。Enter キーを押すと、計算式が確定します。

セルA4に入力した文字を参照する計算式を作成します。

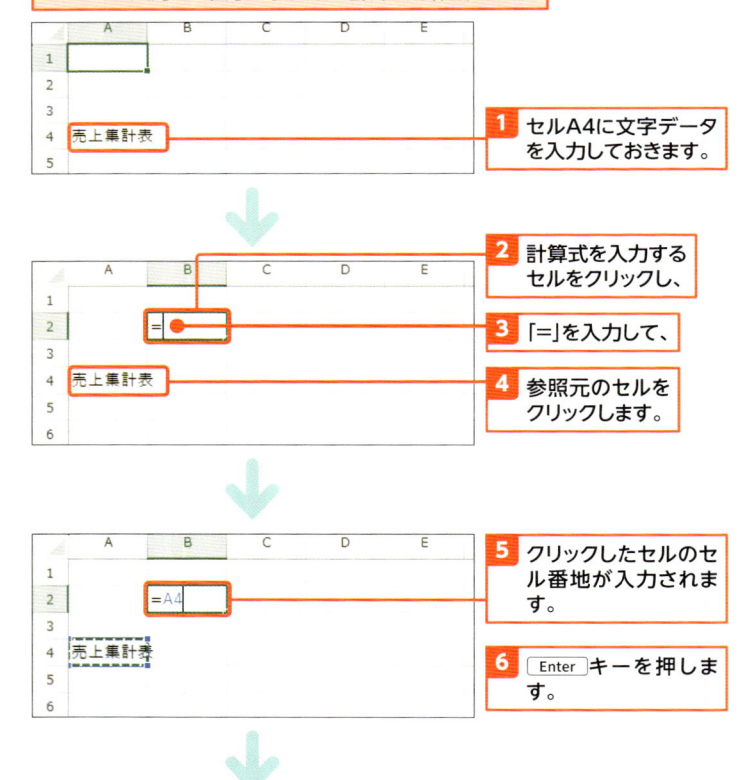

1 セルA4に文字データを入力しておきます。

2 計算式を入力するセルをクリックし、

3 「=」を入力して、

4 参照元のセルをクリックします。

5 クリックしたセルのセル番地が入力されます。

6 Enter キーを押します。

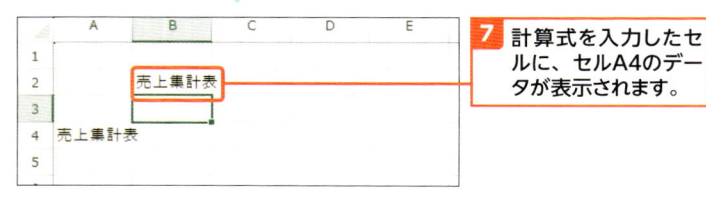

7 計算式を入力したセルに、セルA4のデータが表示されます。

2 参照元のデータを変更する

解説 参照元のデータを変更する

前のページでは、セルを参照する計算式を入力しましたが、ここでは、参照元のセルのデータを変更してみましょう。データを変更すると、そのセルを参照しているセルに表示される内容もすぐに変わります。

Hint 参照元セルを変更する

計算式が入力されているセルをダブルクリックすると、計算元のセルに枠が付きます。外枠部分にマウスポインターを移動して、外枠をドラッグすると参照元セルを変更できます。

1 計算式が入力されているセルをダブルクリックします。

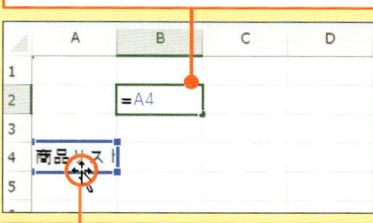

2 外枠をドラッグして参照元セルを変更できます。

セルA4のデータを変更します。

セルB2は、セルA4のデータを参照しています。

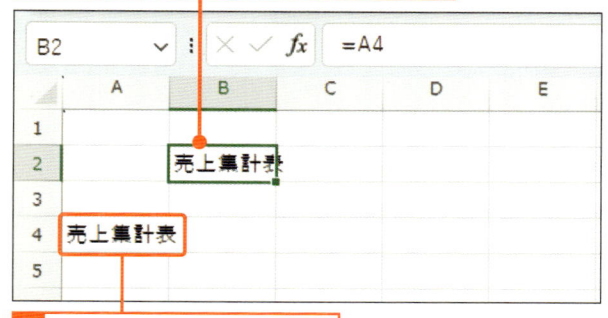

1 参照元のセルをクリックします。

2 データを上書きして修正します。

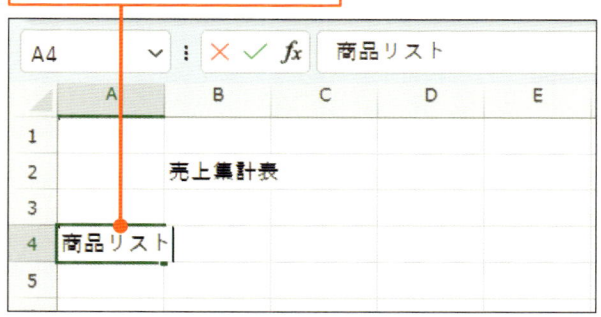

3 Enter キーを押します。

4 セルを参照する式を入力している側の表示も自動的に変わります。

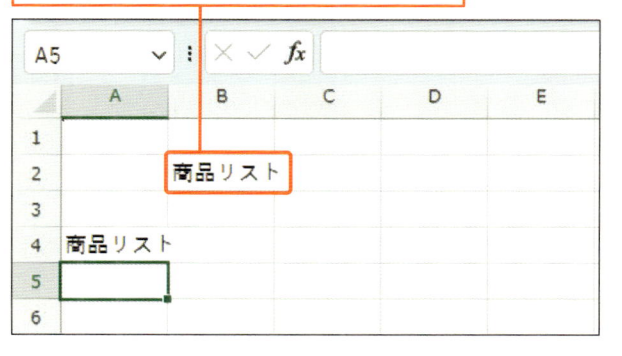

Section

32

四則演算の計算式を入力する

練習用ファイル：📁 32_計算の練習.xlsx 32_参加費集計表.xlsx

足し算、引き算、掛け算、割り算など、四則演算の基本的な計算式を入力してみましょう。
四則演算の計算式を入力するには、算術演算子を使います。また、比較演算子についても知っておきましょう。

ここで学ぶのは

▶ 計算式の入力

▶ 演算子の優先順位

▶ 比較演算子

4

計算式や関数を使って計算する

---

1 四則演算の計算式を作る

解説 四則演算の計算式を入力する

セルC1に計算式を入力し、セルA1とセルB1のデータを足した結果を表示します。同様にセルC2に、セルA2からセルB2のデータを引いた結果を表示します。セルC3には、セルA3とセルB3のデータを掛けた結果を表示します。セルC4には、セルA4のデータをセルB4のデータで割った結果を表示します。

Memo 算術演算子

Excelで足し算、引き算、掛け算、割り算をするには、次のような算術演算子の記号を使います。

記号	内容
+	足し算
-	引き算
*	掛け算
/	割り算

1 セル範囲A1:B4に数値を入力します。

2 計算式を入力するセルをクリックし、

3 「=」を入力します。

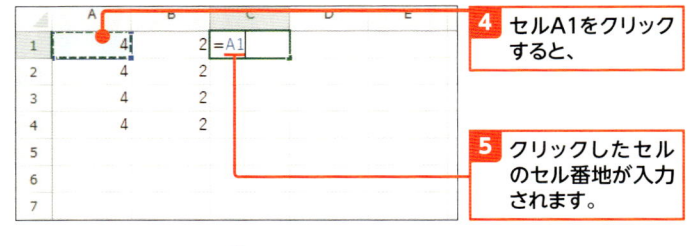

4 セルA1をクリックすると、

5 クリックしたセルのセル番地が入力されます。

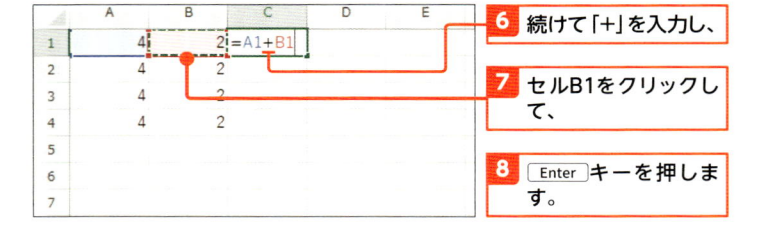

6 続けて「+」を入力し、

7 セルB1をクリックして、

8 Enter キーを押します。

Hint 数値を使った計算

計算式を作るときは、一般的に「=A1+A2」のように計算するデータが入っているセルを参照しますが、数値を直接指定して「=2+3」のように作ることもできます。ただし、数値を直接指定した場合は、計算するデータを変更するには、計算式を書き換える必要があります。

Hint べき乗の計算

3の2乗などのべき乗の計算をするには、「^」の記号を使います。たとえば、「=A1^A2」のように入力します。

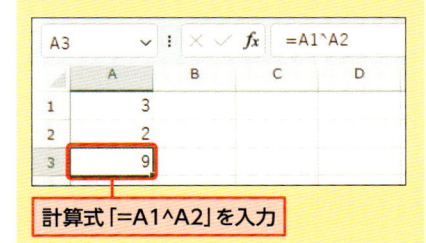

計算式「=A1^A2」を入力

9 計算式が入力され、計算結果が表示されます。

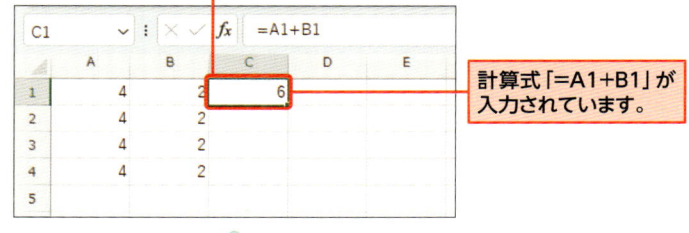

計算式「=A1+B1」が入力されています。

10 同様の方法で、その他の計算式を入力します。

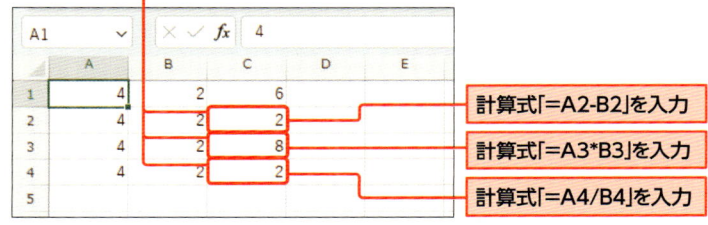

計算式「=A2-B2」を入力
計算式「=A3*B3」を入力
計算式「=A4/B4」を入力

11 計算元のセルのデータを書き換えると、

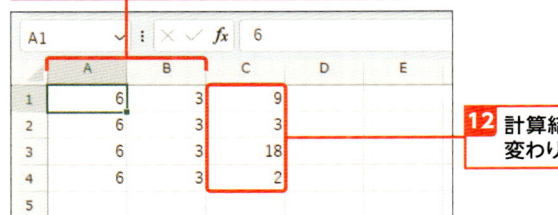

12 計算結果が自動的に変わります。

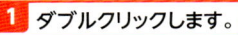

Hint 計算式を修正する

計算式が入力されているセルをダブルクリックすると、計算式で参照しているセルに色の枠が付きます。色の外枠にマウスポインターを移動してドラッグすると、参照元のセルを変更できます。また、計算式が入力されているセルをクリックし、数式バーをクリックしても同様に操作できます。

1 ダブルクリックします。

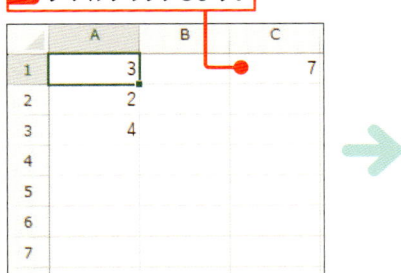

2 色付きの外枠をドラッグします。

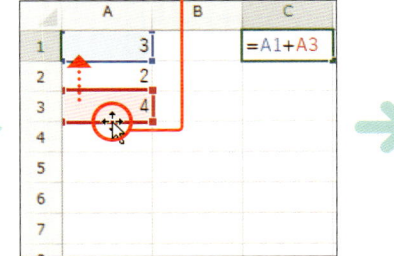

3 参照元を変更できます。

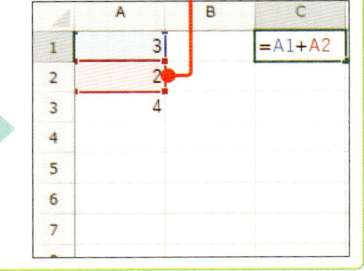

2 算術演算子の優先順位を知る

四則演算の計算式を入力する

4

計算式や関数を使って計算する

解説 算術演算子の優先順位

複数のセルを使って計算をするとき、同じ演算子を使う場合は左から右に順番に計算されます。しかし、違う演算子を使う場合は、演算子の優先順位に注意します。演算子の優先順位は算数と同じで、「*(掛け算)」「/(割り算)」は、「+(足し算)」「-(引き算)」より優先されます。「=B3+B4*B5」の計算式で、足し算を優先したい場合は「=(B3+B4)*B5」のように()で囲みます。

Hint 参照元セルの表示

計算式が参照しているセルを表示するには、計算式が入力されているセルをクリックし、[数式]タブ→[参照元のトレース]をクリックします。すると、参照元セルがわかるように矢印が表示されます。矢印を消すには、[トレース矢印の削除]をクリックします。

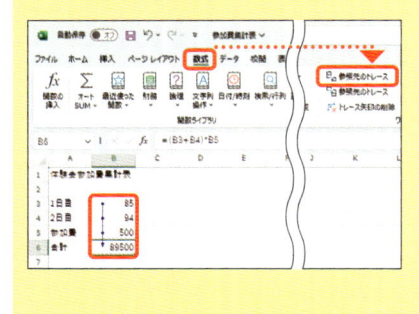

体験会の1日目と2日目の参加者数を足して、参加費を掛けた金額を表示します。

1 表の見出しや数値を入力します。

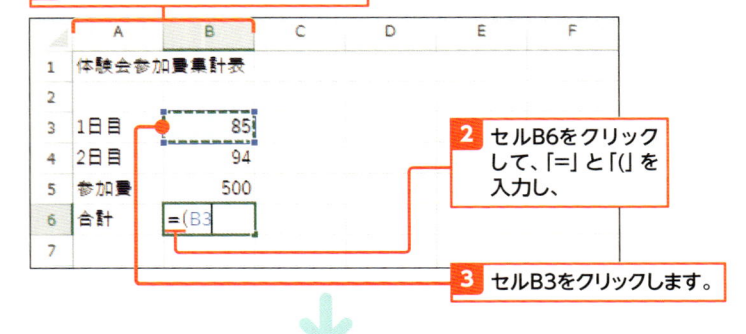

2 セルB6をクリックして、「=」と「(」を入力し、

3 セルB3をクリックします。

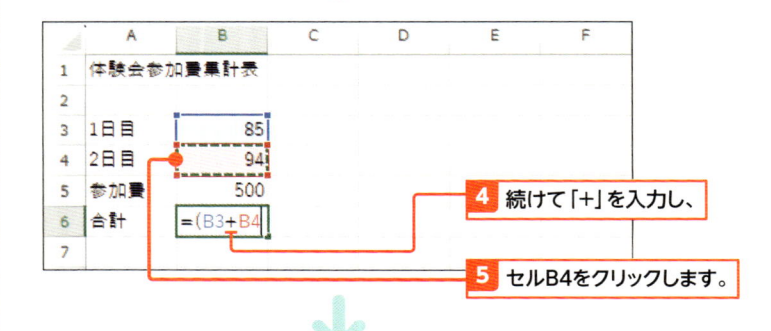

4 続けて「+」を入力し、

5 セルB4をクリックします。

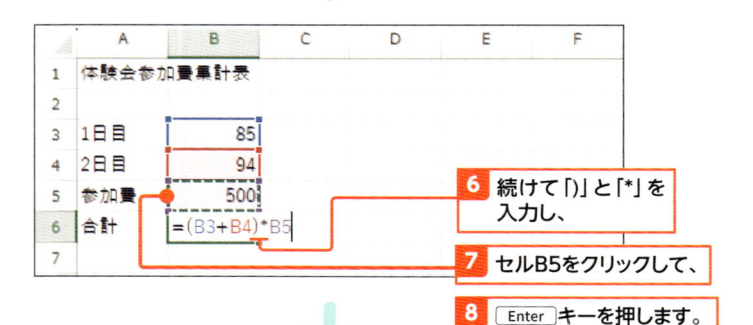

6 続けて「)」と「*」を入力し、

7 セルB5をクリックして、

8 Enter キーを押します。

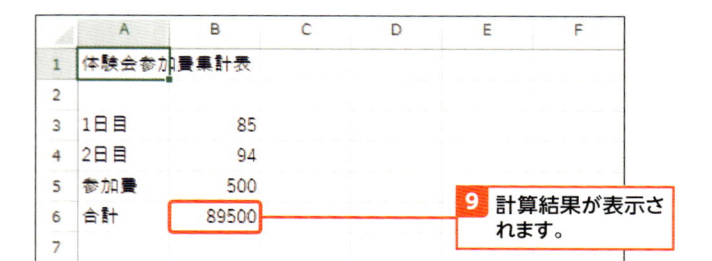

9 計算結果が表示されます。

3 比較演算子を使う

解説 大きさを比較する

データの大きさを比較するには、比較演算子を使います。比較演算子では「TRUE（合っている）」「FALSE（合っていない）」のいずれかの答えが返ります。これらの答えは、指定した条件に合うかどうかで操作を分ける計算式などで使います（p.126）。
使用できる比較演算子は下のMemoを参照してください。

Hint 指数表記と有効桁数

Excelでは、12桁以上の数値を入力すると、「○×10の○乗」のような指数表記になります。たとえば、「123456789012」は、「1.23457×10の11乗」となって「1.23457E+11」のように表示されます。指数表記を通常の表示に戻したい場合は、数値の表示形式を[数値]にします（p.153）。なお、Excelでは、計算対象の数値として扱える有効桁数は15桁までです。

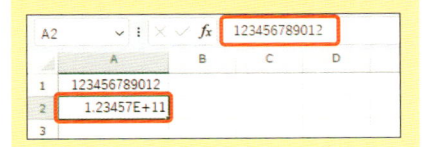

セルA1のデータがセルA2のデータ以上かどうかを判定します。

1 セル範囲A1:A2に数値を入力しておきます。

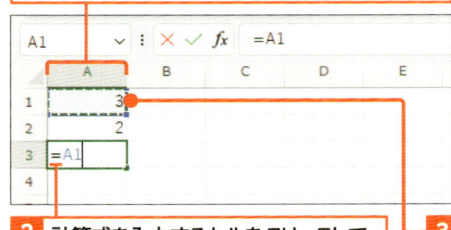

2 計算式を入力するセルをクリックして、「＝」を入力し、

3 セルA1をクリックします。

4 続けて「>=」を入力し、

5 セルA2をクリックして、

6 Enter キーを押します。

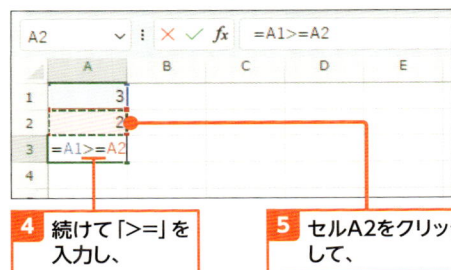

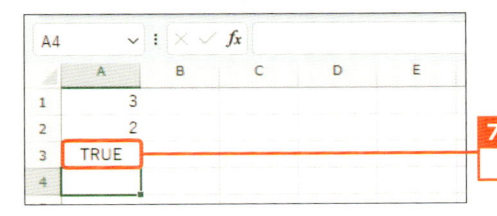

7 判定結果が表示されます。

Memo 比較演算子

比較演算子には、右の表のようなものがあります。

比較演算子	内容	指定例	意味
=	等しい	=A1=A2	セルA1のデータとセルA2のデータが同じ場合は「TRUE」、そうでない場合は「FALSE」を返す
<>	等しくない	=A1<>A2	セルA1のデータとセルA2のデータが違う場合は「TRUE」、そうでない場合は「FALSE」を返す
>	より大きい	=A1>A2	セルA1のデータがセルA2のデータより大きい場合は「TRUE」、そうでない場合は「FALSE」を返す
>=	以上	=A1>=A2	セルA1のデータがセルA2のデータ以上の場合は「TRUE」、そうでない場合は「FALSE」を返す
<	より小さい	=A1<A2	セルA1のデータがセルA2のデータより小さい場合は「TRUE」、そうでない場合は「FALSE」を返す
<=	以下	=A1<=A2	セルA1のデータがセルA2のデータ以下の場合は「TRUE」、そうでない場合は「FALSE」を返す

Section 33 計算結果がエラーになった！

練習用ファイル： 📁 33_施設利用費計算表.xlsx

ここで学ぶのは

▶ エラー値
▶ エラーの種類
▶ エラーチェックルール

正しい計算式を入力していない場合や、計算式の参照元のセルに計算に必要なデータが見つからない場合などは、**エラー**になります。
ここでは、**エラーの種類**について紹介します。また、**エラーを修正する方法**も知っておきましょう。

1 エラーとは？

Excelでは、さまざまなエラーを自動的にチェックしています。エラーが疑われるとエラーの可能性を示す緑色のエラーインジケーターが表示されます。エラーを確認して必要に応じて修正します。どのようなエラーをチェックするかは、下のHintを参照してください。

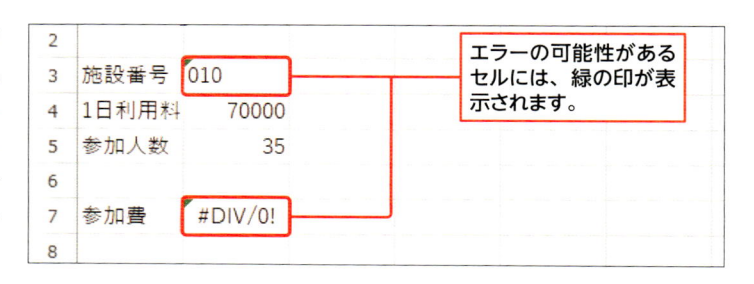

エラーの可能性があるセルには、緑の印が表示されます。

Hint エラーチェックルール

どのようなエラーをチェックするかは、[Excelのオプション] ダイアログ (p.42) で指定できます。[数式]をクリックし、[エラーチェックルール]で確認しましょう。なお、設定内容は、Excelのバージョンなどによって異なります。

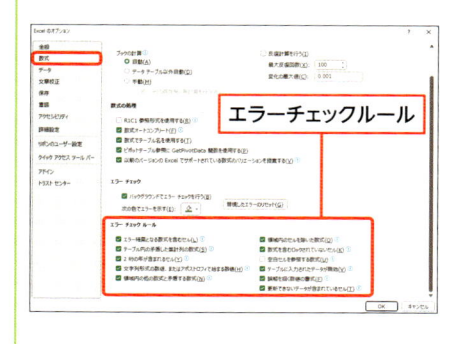

エラーチェックルール

エラーの種類	内容
エラー結果となる数式を含むセル	計算結果にエラー値が表示されたセルなどに表示される
テーブル内の矛盾した集計列の数式	テーブルの列に計算式を入力した場合、他の計算式のパターンと違う計算式が入力されたセルなどに表示される
2桁の年が含まれるセル	文字列として入力した日付の年が2桁のセルなどに表示される
文字列形式の数値、またはアポストロフィで始まる数値	文字列として入力した数字が含まれるセルなどに表示される
領域内の他の数式と矛盾する数式	横方向や縦方向に同じパターンの計算式が入力されているとき、隣接するセルの計算式とは違うパターンの計算式が入力されたセルなどに表示される
領域内のセルを除いた数式	合計を表示する計算式などで、明細データが入力されていると思われるセル範囲が計算対象になっていない場合などに表示される
数式を含むロックされていないセル	計算式が入力されているセルにもかかわらず、セルのロックが外れているセルなどに表示される
空白セルを参照する数式	空白セルを参照した計算式が入力されたセルなどに表示される
テーブルに入力されたデータが無効	テーブルの列に入力されている内容と矛盾する入力規則などが設定されているセルなどに表示される
誤解を招く数値の書式	セルを参照する計算式などに、参照元のセルとは違う表示形式が設定されているなど、誤解を招く可能性があるセルなどに表示される
更新できないデータが含まれているセル	外部のデータで、更新できないデータ型が含まれているときなどに表示される

2 エラー値について

4

計算式や関数を使って計算する

解説 エラーの内容を確認する

[エラーのトレース]をクリックしてエラーの内容を確認します。ここでは、セルB4の1日利用料をセルB5の参加人数で割るはずの計算式が、セルC5（空白のセル）で割り算する計算式になっているためエラーになっています。

セルB7には数式「=B4/C5」が入力されています。

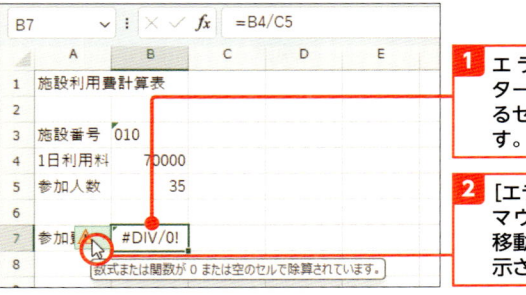

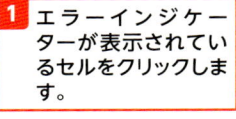 **1** エラーインジケーターが表示されているセルをクリックします。

2 [エラーのトレース]にマウスポインターを移動するとヒントが表示されます。

3 [エラーのトレース]をクリックします。

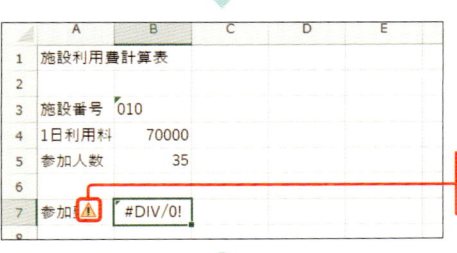

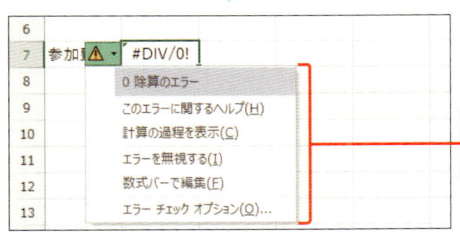

4 エラーの内容を確認します。

 Memo エラーとして表示される値

エラーとして表示される値には、右の表のような種類があります。

● エラー値

エラー値	内容
#DIV/0!	0で割り算したり、空白セルを参照して割り算したりすると表示される
#N/A	参照元セルが計算の対象として使えない場合などに表示される
#NAME?	関数の名前が間違っている場合などに表示される
#NULL!	参照元のセルやセル範囲の指定が間違っている場合などに表示される
#NUM!	関数などで答えが見つからない場合などに表示される
#REF!	参照元セルを削除してしまって計算ができない場合などに表示される
#VALUE!	計算対象のデータが参照元セルに入力されていない場合などに表示される
#SPILL!	スピル機能（p.134）を使用して計算式を入力したとき、同じ式が入力される他のセルに何かデータが入力されている場合などに表示される

3 エラーを修正する

解説 エラーを修正する

[エラーのトレース]をクリックしてエラーを修正しましょう。ここでは、セルB4の1日利用料をセルC5ではなくセルB5の参加人数で正しく割り算するようにしましょう。数式バーで修正します。

Memo [エラーのトレース]で修正する

エラーの内容によっては、[エラーのトレース]をクリックすると、エラーを修正する項目が表示されます。その場合、エラーを修正する項目を選択すると、エラーが修正されます。

Hint 循環参照エラー

計算式を入力しているセル自体を参照して計算式を作ると、循環参照エラーが表示されます。循環参照エラーが表示されたら、[数式]タブ→[エラーチェック]の ∨ →[循環参照]からエラーの原因のセルをクリックして計算式を修正しましょう。

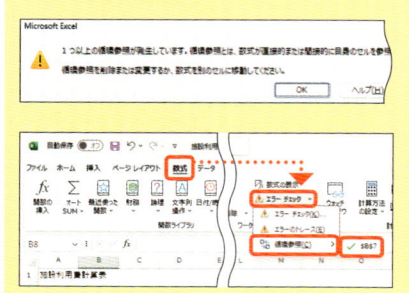

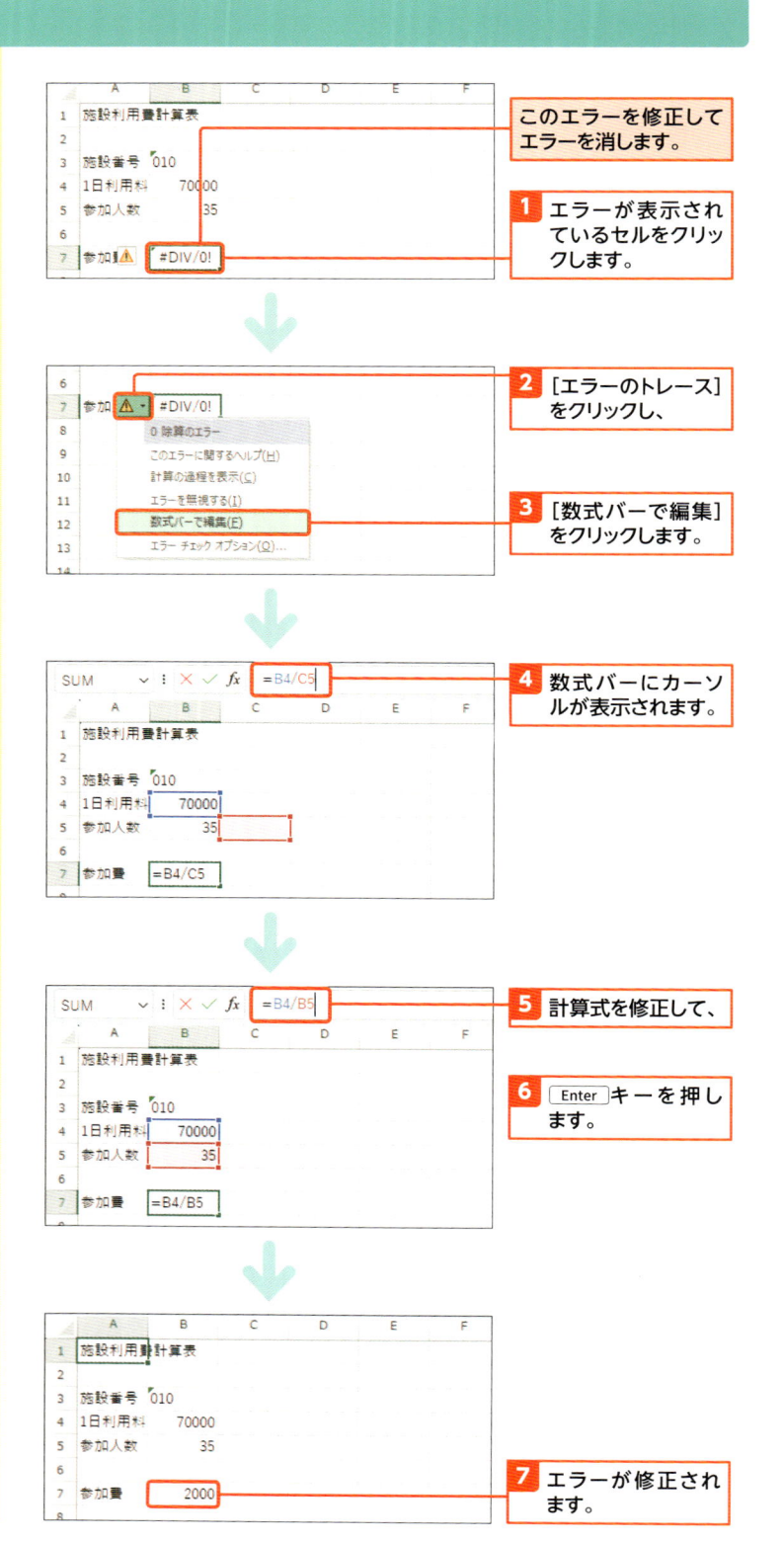

このエラーを修正してエラーを消します。

1 エラーが表示されているセルをクリックします。

2 [エラーのトレース]をクリックし、

3 [数式バーで編集]をクリックします。

4 数式バーにカーソルが表示されます。

5 計算式を修正して、

6 Enter キーを押します。

7 エラーが修正されます。

4 エラーを無視する

解説 ▶ エラーを無視する

数字を数値としてではなく文字のデータとして入力している場合は、エラーインジケーターが表示されます。ここでは、施設番号として0から始まる数字を入力するため、数字を文字として入力しています（p.51）。エラーの可能性がない場合は、エラーを無視すると、エラーインジケーターが消えます。

このエラーを無視してエラーの印を消します。

1 エラーが表示されているセルをクリックします。

2 ［エラーのトレース］をクリックして、

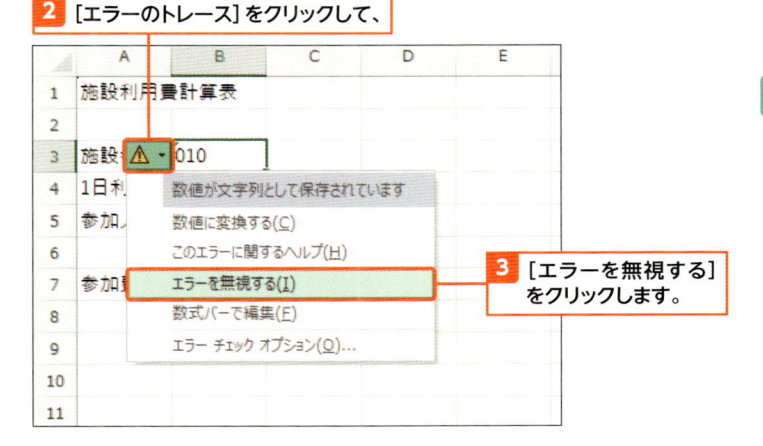

3 ［エラーを無視する］をクリックします。

Hint ▶ エラーを再表示する

エラーを無視してエラーインジケーターを消した後、再度、エラーインジケーターを表示するには、［Excelのオプション］ダイアログ（p.42）を表示し、［数式］を選択して［エラーチェック］の［無視したエラーのリセット］をクリックします。

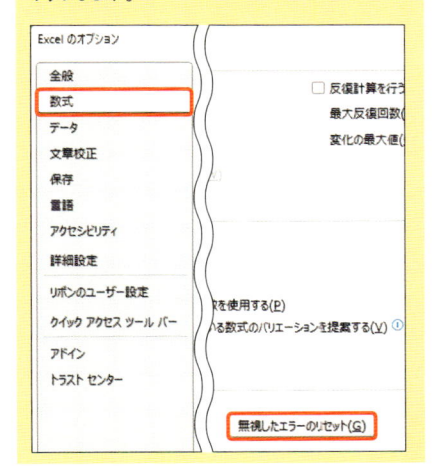

4 エラーが無視され、エラーの印が消えます。

34 計算式をコピーする

練習用ファイル：📁 34_計算の練習.xlsx

ここで学ぶのは

▶ 計算式のコピー

▶ フィルハンドル

▶ 相対参照

同じ行や列に似たような計算式を作るときは、計算式をコピーして作ると効率よく入力できます。

計算式をコピーすると、計算式で参照しているセルの位置も自動的に変わります。その様子を確認しながら入力しましょう。

1 計算式をコピーする

解説 計算式をコピーする

セルC1に「=A1+B1」の計算式を入力して下方向にコピーします。計算式が入力されているセルをクリックし、フィルハンドルをコピーしたい方向に向かってドラッグします。

時短のコツ ダブルクリックでコピーする

計算式を下方向にコピーするとき、フィルハンドルをダブルクリックすると、隣接するセルにデータが入力されている最終行まで一気に計算式をコピーできます。

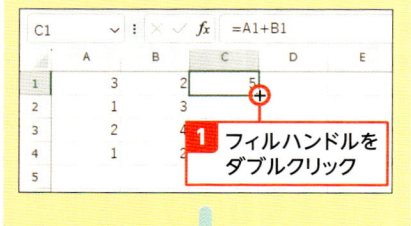

1 フィルハンドルをダブルクリック

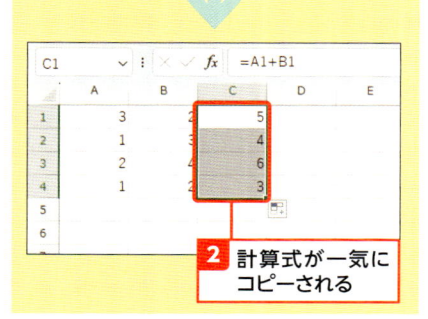

2 計算式が一気にコピーされる

セルC1に入力した計算式をセル範囲C2:C4にコピーします。

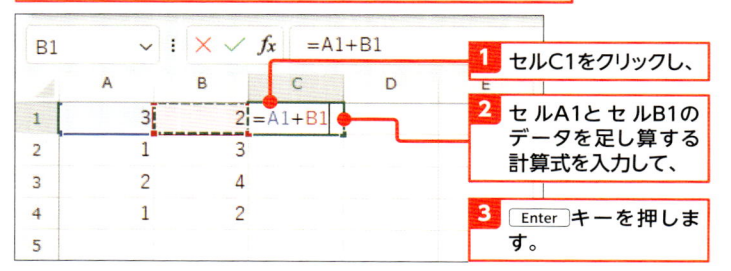

1 セルC1をクリックし、

2 セルA1とセルB1のデータを足し算する計算式を入力して、

3 Enter キーを押します。

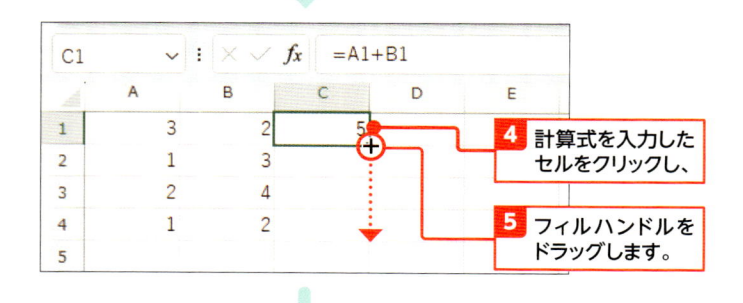

4 計算式を入力したセルをクリックし、

5 フィルハンドルをドラッグします。

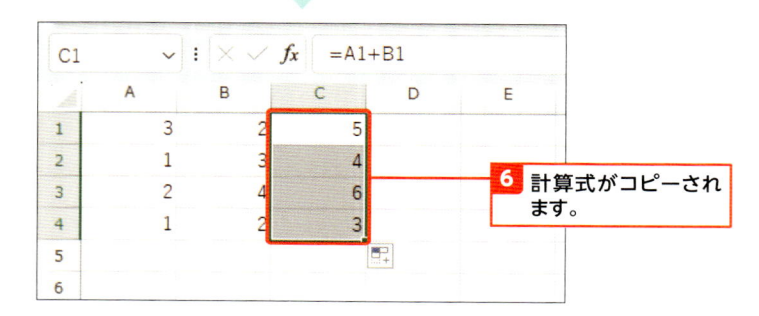

6 計算式がコピーされます。

2 コピーした計算式を確認する

解説 計算式を確認する

セルC1に入力した計算式は、セルA1とセルB1のデータを足し算するものです。式をコピーすると、コピー先に合わせて計算に使う参照元のセルの場所がずれます。

セル範囲C2:C4にコピーした計算式の内容を確認します。

1 セルC2をクリックすると、

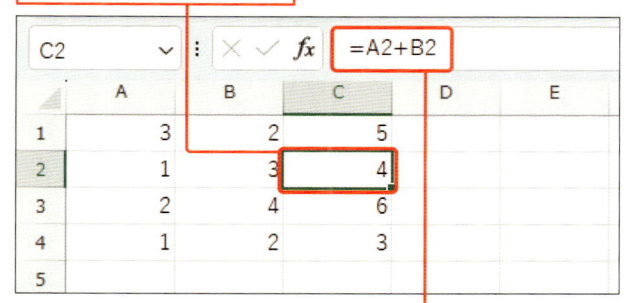

2 コピーした計算式の内容が、「=A2+B2」になっていることが確認できます。

3 セルC3をクリックすると、

C3		✕ ✓	*fx*	=A3+B3	
	A	B	C	D	E
1	3	2	5		
2	1	3	4		
3	2	4	6		
4	1	2	3		
5					

4 コピーした計算式の内容が、「=A3+B3」になっていることが確認できます。

5 セルC4をクリックすると、

C4		✕ ✓	*fx*	=A4+B4	
	A	B	C	D	E
1	3	2	5		
2	1	3	4		
3	2	4	6		
4	1	2	3		
5					

6 コピーした計算式の内容が、「=A4+B4」になっていることが確認できます。

Key word 相対参照

セルを参照方法には、相対参照、絶対参照（p.111）、複合参照（p.113）があります。相対参照とは、セルを参照するときに「A1」などのようにセル番地だけを指定する方法です。相対参照で指定されたセルは、計算式をコピーすると、コピー先に応じて自動的にセルの位置がずれます。

35 計算式をコピーしたらエラーになった！

練習用ファイル： 35_入場者数集計表.xlsx

ここで学ぶのは

▶ エラー値

▶ 相対参照

▶ 絶対参照

前のセクションで紹介したように、計算式をコピーすると参照元のセルの位置がずれることで、正しい計算結果が表示されます。

ただし、中には、参照元のセルの位置がずれると困るケースもあります。ここでは、その対処方法を知りましょう。

1 エラーになるケースとは？

解説 コピーした計算式がエラーになるケース

ここでは、セルに入力した計算式を下方向にコピーします。セルC4には、会社員の入場者数が全体人数の何パーセントを占めるのか、割合を表示するため、会社員の人数を全体の人数で割り算する計算式を入力します。この計算式を下方向にコピーして、学生、自営業、その他の比率を求めようとすると、エラーになります。

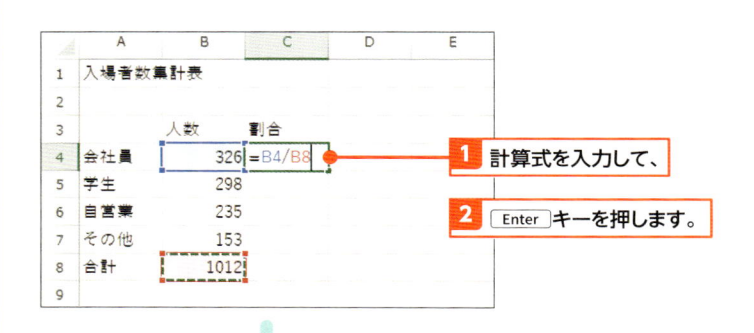

1 計算式を入力して、

2 Enter キーを押します。

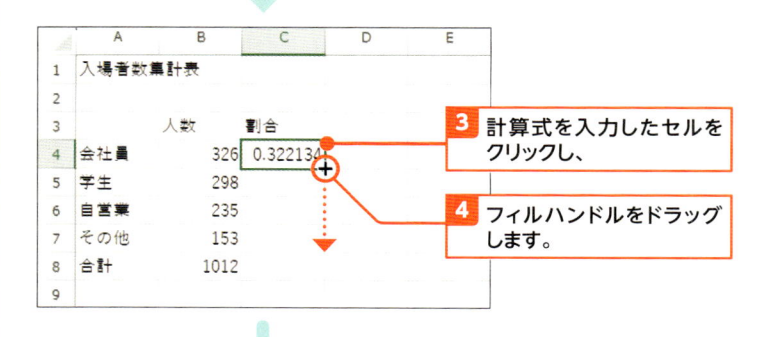

3 計算式を入力したセルをクリックし、

4 フィルハンドルをドラッグします。

Memo エラーの原因

コピーした計算式のエラーの原因を確認しましょう。原因は、会社員、学生、自営業、その他のそれぞれの人数を、全体の人数のセルで割り算したいのに、全体の人数を参照するセルがずれてしまっているためです。たとえば、セルC5の計算式を見ると、本来は「=B5/B8」としたいのに、「=B5/B9」になっています。空欄のセルB9のデータで割り算しているためエラーが表示されます。

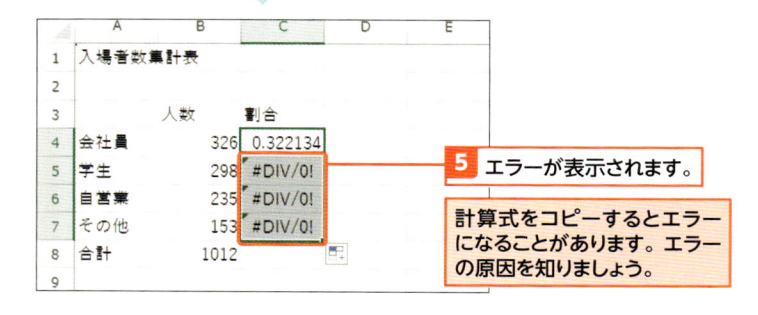

5 エラーが表示されます。

計算式をコピーするとエラーになることがあります。エラーの原因を知りましょう。

2 セルの参照方法を変更する

解説　参照方法を変更する

計算式をコピーしても、参照元のセルの位置をずらさないようにするには、セルの参照方法を絶対参照にします。ここでは、セルC4に、会社員の人数を全体の人数で割り算する計算式「=B4/B8」を入力しています。この計算式を下方向にコピーしても、常にセルB8のデータで割られるようにセルB8の参照方法を変更します。

Memo　セル B4 は？

会社員の人数を参照しているセルB4は、計算式をコピーしたときに学生の人数、自営業の人数、その他の人数がそれぞれ参照されるように（参照元のセルの位置がずれるように）します。そのため、参照方法は変更せずに相対参照（p.109）のままにします。

Key word　絶対参照

セルの参照方法には、相対参照（p.109）、絶対参照、複合参照（p.113）があります。絶対参照は、セルを参照するときに「$A$1」などのようにセル番地の列と行の前に「$」を付けて指定する方法です。絶対参照で指定されたセルは、計算式を縦方向や横方向にコピーしても参照元のセルの場所がずれません。

前ページの操作に続けて、セルC4の計算式を修正して、計算式をコピーしてもエラーにならないようにします。

1 間違った計算式が入力されているセルの計算式を消します。

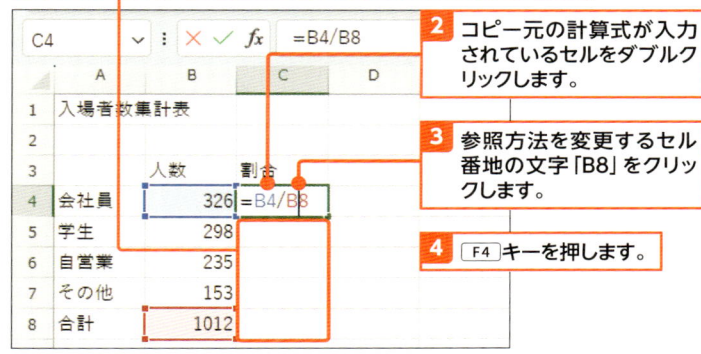

2 コピー元の計算式が入力されているセルをダブルクリックします。

3 参照方法を変更するセル番地の文字「B8」をクリックします。

4 F4 キーを押します。

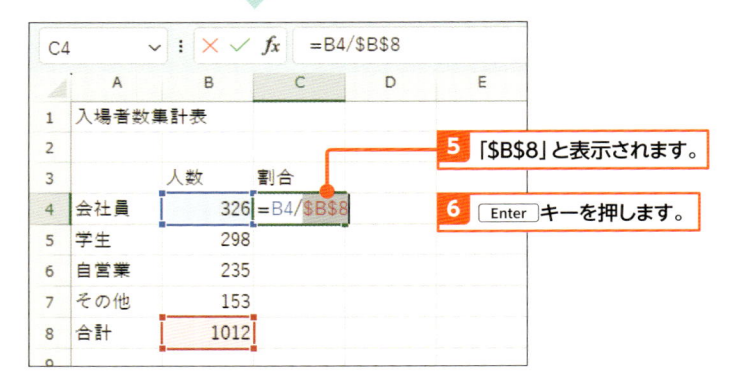

5 「$B$8」と表示されます。

6 Enter キーを押します。

7 計算式が修正されました。

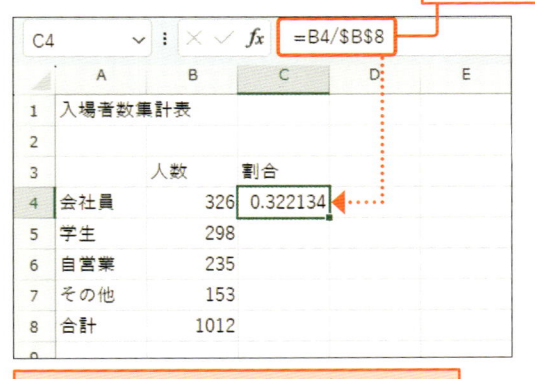

$B$8と指定すると、計算式をコピーしても常にセルB8のデータを参照するようになります。

計算式をコピーしたらエラーになった！

3 計算式をコピーする

解説 計算式をコピーする

前のページで、計算式をコピーしてもセル B8 は参照元がずれないようにセルの参照方法を変更しました。変更した計算式を下方向にコピーします。コピーした計算式の内容を確認しましょう。常にセル B8 のデータで割る式になっています。

前ページの操作に続けて、計算式をコピーして正しい結果になるか確認します。

1 セルC4をクリックし、

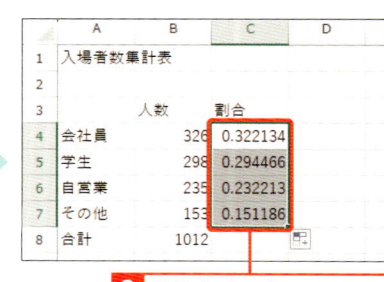

2 フィルハンドルをドラッグします。

3 計算式がコピーされます。

Hint スピルの機能を使った場合

スピルの機能を使って、絶対参照の参照方法を使わずに計算式を入力することができます。p.135 で紹介します。

4 セルC5をクリックして、

5 計算式の内容を確認します。

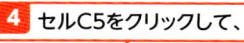
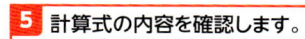

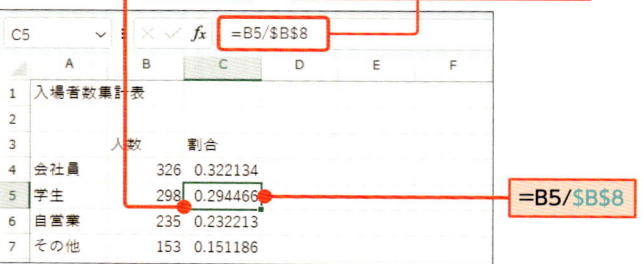

=B5/$B$8

Hint パーセント表示

数値をパーセント表示にする方法は、p.155 で紹介します。

6 セルC6をクリックして、

7 計算式の内容を確認します。

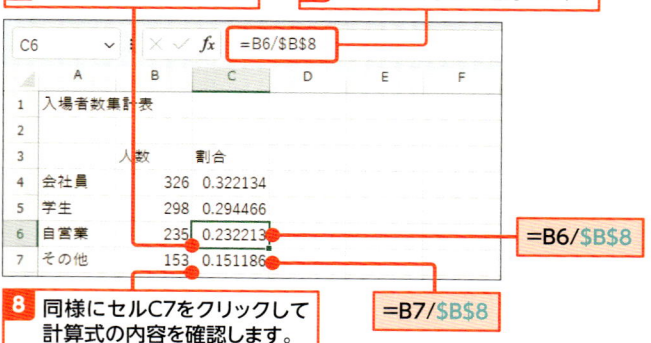

=B6/$B$8

8 同様にセルC7をクリックして計算式の内容を確認します。

=B7/$B$8

 **使えるプロ技！** **複合参照**

複合参照とは、セルを参照するときに「$A1」「A$1」などのようにセル番地の列または行のいずれかの前に「$」を付けて指定する方法です。
複合参照は、計算式を横方向と縦方向の両方にコピーする場合などに知っておくと便利な参照方法です。使う頻度はあまり高くないので、一度にすべて理解する必要はありません。ここでは、こういう参照方法もあるのか、という程度に知っておきましょう。

下の例は、セル B4 に入力した計算式をコピーして、プリペイドカードの購入代金（価格×枚数）金額一覧を表示します。

● 複合参照の指定方法

意味	参照方法	内容
列のみ固定	$A1	列番号の前だけに「$」を付けます。この場合、計算式を横方向にコピーしても、参照元セルの列の位置がずれません。
行のみ固定	A$1	行番号の前だけに「$」を付けます。この場合、計算式を縦方向にコピーしても、参照元セルの行の位置がずれません。

失敗例

1 計算式を横方向にコピーします。

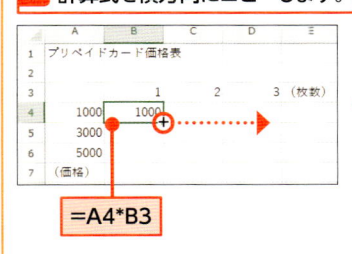

`=A4*B3`

プリペイドカードの購入金額を計算します。セル B4 には、1,000 円のカードを 1 枚購入するときの料金を表示します。セル A4 の価格とセル B3 の枚数を掛けた金額を計算します。

2 計算式を縦方向にコピーします。

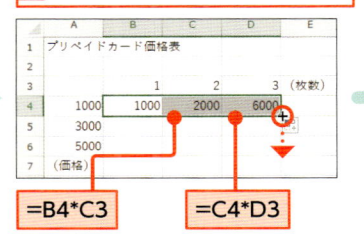

`=B4*C3`　`=C4*D3`

価格のセルは、セル A4 を参照したいのにセル番地がずれてしまい正しい結果になりません。たとえば、セル D4 は、1,000 円のプリペイドカードが 3 枚でいくらかを表示したいのに、答えが「6,000」になってしまっています。

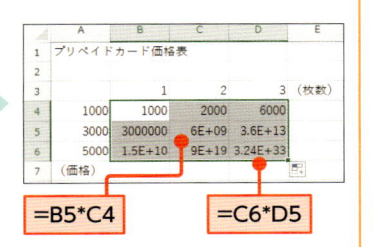

`=B5*C4`　`=C6*D5`

価格のセルは A 列、枚数のセルは 3 行目を参照したいのにセル番地がずれてしまい正しい結果になりません。なお、「6E+09」などの表示は、数値が指数表記で表示されたものです（p.103）。

成功例

1 計算式を横方向にコピーします。

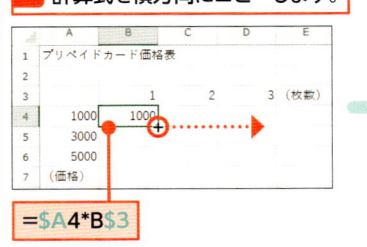

`=$A4*B$3`

価格を参照するときは、参照元のセルの A 列の位置がずれないように列のみ固定します。枚数を参照するときは、参照元の 3 行目の位置がずれないように行のみ固定します。

2 計算式を縦方向にコピーします。

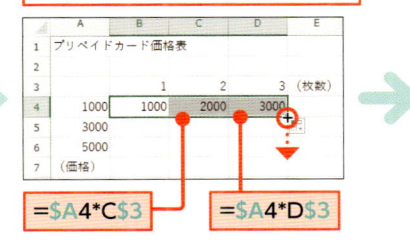

`=$A4*C$3`　`=$A4*D$3`

価格のセルの参照元は常に A 列と固定されているので正しい結果が表示されます。

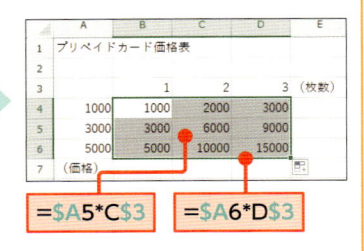

`=$A5*C$3`　`=$A6*D$3`

価格のセルの参照元は常に A 列、枚数のセルの参照元は常に 3 行目を参照するよう固定されているので正しい結果が表示されます。

なお、スピルの機能を使う場合、複合参照の参照方法を使わずに計算式を入力することができます。p.135 で紹介します。

関数って何？

ここで学ぶのは

▶ 関数の入力方法

▶ 関数の書式

▶ 引数

関数を使うと、指定したセルの合計を表示したり漢字のふりがなを表示したりするなど、難しそうな計算も簡単に行えます。
関数の書き方は関数の種類によって違いますので、すべて覚える必要はありません。
必要なときにヘルプや関数の解説書などを利用しましょう。

1 関数とは？

関数とは、計算の目的に応じて使う公式のようなものです。Excelには、数百種類もの関数が用意されています。単純な計算だけでなく、条件に一致する場合とそうでない場合とで別々の操作をするもの (p.126)、別表から該当するデータを探してそのデータを表示するものなど (p.128)、さまざまなタイプのものがあります。

合　計

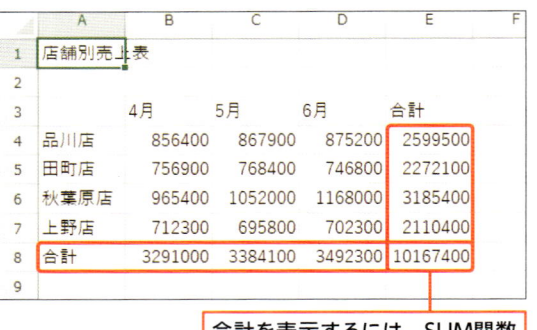

合計を表示するには、SUM関数を使います。

ふりがな

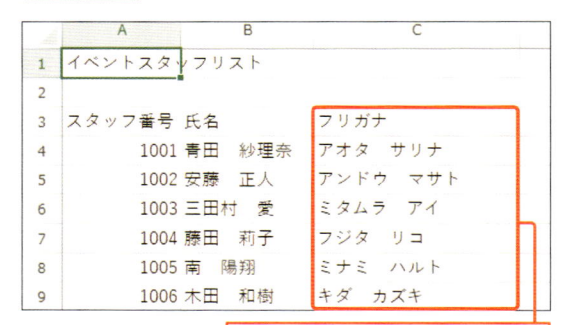

漢字のふりがなを表示するには、PHONETIC関数を使います。

条件分岐

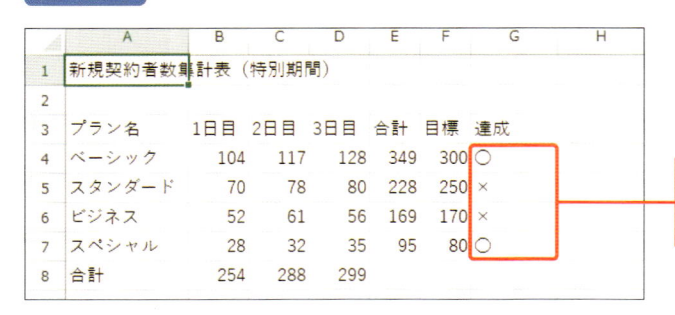

合計のデータが目標以上なら「○」、そうでない場合は「×」を表示するには、IF関数を使います。

関数を入力するときは「＝」の後に関数名を入力します。続いて、()で囲って、計算に必要な引数 (ひきすう) という情報を指定します。

＝ 関数名 (引数)

② 関数の入力方法を知る

Memo 関数の入力方法

関数を入力する方法は、いくつもあります。たとえば、よく使う関数は、[ホーム]タブから入力できます。また、関数を入力するのを手伝ってくれる[関数の挿入]ダイアログから入力できます。また、[数式]タブのボタンからも入力できます。

[ホーム]タブ

[ホーム]タブ→[オートSUM]から入力できます。

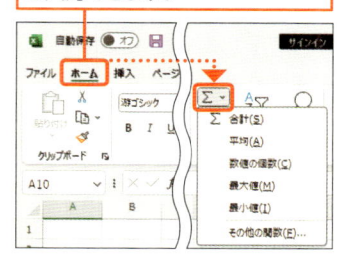

[関数の挿入]ダイアログ

[関数の挿入]ダイアログで入力できます。

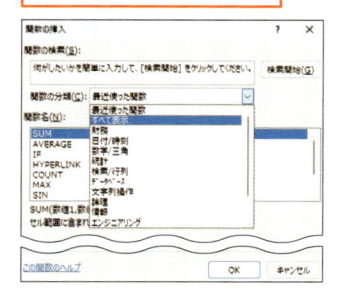

 **Hint** 新しい関数

Excel 2021以降や、Microsoft 365のExcelを使用している場合は、スピル機能(p.134)に対応した次のような関数を利用できます。

関数名	主な使用用途
FILTER	リストを基に、リスト以外の場所に、指定した条件に一致するデータを抽出して表示する
SORT	リストを基に、リスト以外の場所に、指定した列を基準にデータを並べ替えて表示する
SORTBY	リストを基に、リスト以外の場所に、指定した複数の列を基準にデータを並べ替えて表示する
UNIQUE	リストを基に、リスト以外の場所に、重複しないデータのみを表示する
SEQUENCE	指定した範囲に、連続データをまとめて入力する
RANDARRAY	指定した範囲に、ランダムなデータをまとめて入力する

また、Excel 2024やMicrosoft 365のExcelを使用している場合は、次のような新しい関数を利用できます。文字列の区切り記号を利用して文字列を操作する関数や、配列(セル範囲などの複数の値のまとまりを扱うためのしくみ)のデータを操作する関数、インターネット上の画像を表示する関数、独自の関数を作成する関数などがあります。

関数名	主な使用用途
TEXTBEFORE	指定した区切り文字の前の文字を返す
TEXTAFTER	指定した区切り文字の後ろの文字を返す
TEXTSPLIT	指定した区切り文字を基に文字を分割し、スピル形式で表示する
VSTACK	配列を縦に並べたより大きい配列を返し、スピル形式で表示する
HSTACK	配列を横に並べたより大きい配列を返し、スピル形式で表示する
TOROW	配列を行の形式で返し、スピル形式で表示する
TOCOL	配列を列の形式で返し、スピル形式で表示する
WRAPROWS	1行または1列の配列を指定した列数で折り返し、スピル形式で表示する
WRAPCOLS	1行または1列の配列を指定した行数で折り返し、スピル形式で表示する
TAKE	配列の先頭や末尾から指定した範囲を返し、スピル形式で表示する
DROP	配列の先頭や末尾から指定した範囲を除いた範囲を返し、スピル形式で表示する
CHOOSEROWS	配列から指定した行を返し、スピル形式で表示する
CHOOSECOLS	配列から指定した列を返し、スピル形式で表示する
EXPAND	配列の範囲を広げて、スピル形式で表示する
IMAGE	インターネット上の画像を表示する
LAMBDA	独自の関数を作成する

Section

37 合計を表示する

ここで学ぶのは

▶ SUM 関数
▶ 合計を求める
▶ ステータスバー

合計を求めて表示する SUM（サム）関数は、［ホーム］タブ→［オート SUM］から簡単に入力できます。

SUM関数の引数には、合計をするセルやセル範囲を指定します。セルやセル範囲は、ドラッグ操作で簡単に指定できます。

1 合計を表示する

解説　合計を表示する

［ホーム］タブ→［オート SUM］をクリックすると、SUM関数が入力され、合計を求めるセル範囲に色枠が付きます。ここでは、「=SUM(B4:B7)」の計算式が入力されます。これは、セル範囲B4:B7の合計を表示するというものです。

合計を求めるセル範囲が認識されない場合や、セル範囲が意図と違う場合は、Enterキーを押す前に、合計を求めるセル範囲を直接ドラッグして選択し直します。

Memo　計算式をコピーする

関数を使って作った計算式もコピーすることもできます。たとえば、入力した計算式をコピーするには、下図の操作のように、フィルハンドルをドラッグします。

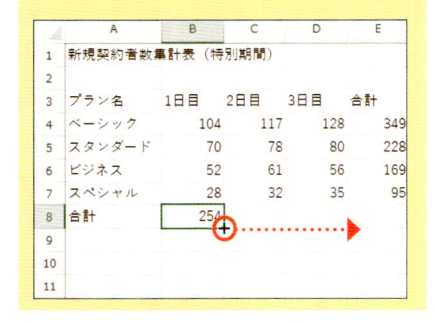

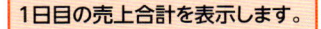
1日目の売上合計を表示します。

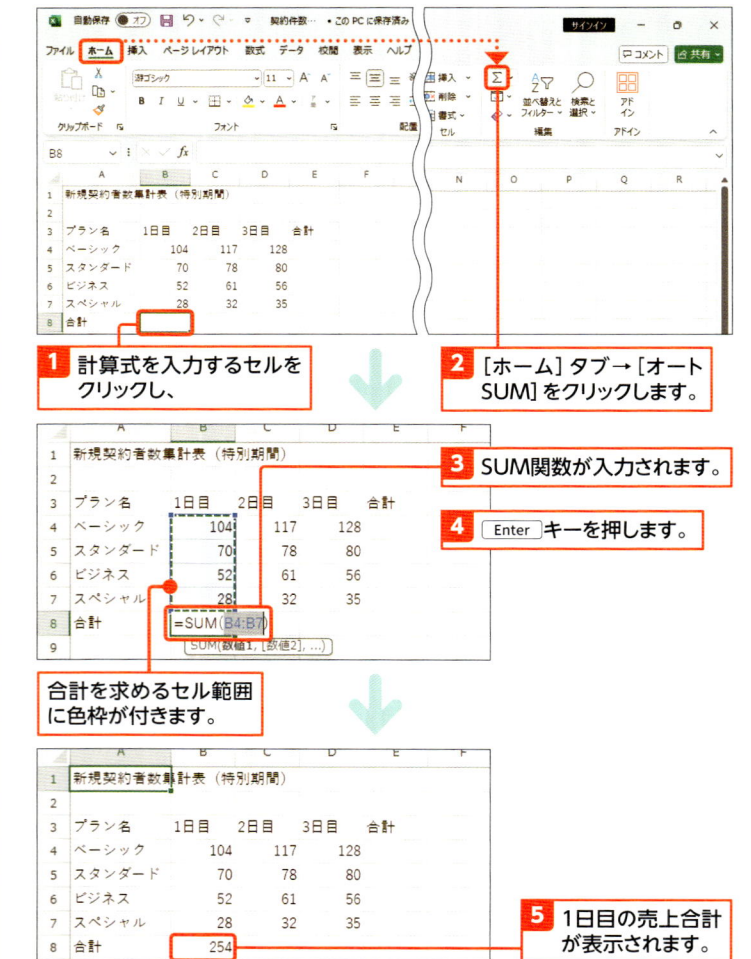

1 計算式を入力するセルをクリックし、

2 ［ホーム］タブ→［オートSUM］をクリックします。

3 SUM関数が入力されます。

4 Enter キーを押します。

合計を求めるセル範囲に色枠が付きます。

5 1日目の売上合計が表示されます。

2 縦横の合計を一度に表示する

解説 まとめて計算する

縦横の合計を表示するときは、合計を求めるセル範囲と合計を表示するセルを選択してから［ホーム］タブ→［オートSUM］をクリックします。すると、縦横の合計が一気に表示されます。

Hint 計算式を入力せずに結果を表示する

セルやセル範囲を選択すると、選択したセル範囲のデータの合計や平均、データの個数などが画面下部のステータスバーに表示されます。計算式を入力しなくてもそれらの計算結果を確認できます。また、ステータスバーにどんな内容を表示するかは、ステータスバーを右クリックして表示されるメニューで指定できます。

1 「合計を求めるセル範囲」と「計算結果を表示するセル」を含むセル範囲を選択します。

2 ［ホーム］タブ→［オートSUM］をクリックします。

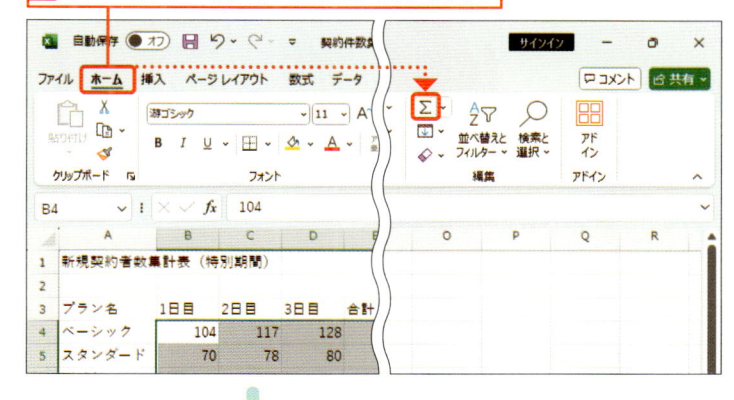

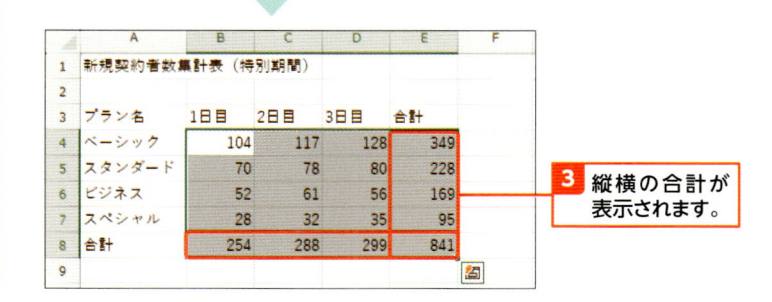

3 縦横の合計が表示されます。

● SUM 関数の書式

書式	=SUM(セル範囲)	
引数	セル範囲	合計を求めるセル範囲を入力します。
説明		SUM関数では、引数に合計を求めるセル範囲を入力します。たとえば、セル範囲A1:A5の合計を求める場合は、「=SUM(A1:A5)」と入力します。セル範囲は「,」（カンマ）で区切って複数指定できます。たとえば、セルA1とセルA3の合計を求めるには、「=SUM(A1,A3)」と入力します。

解説 複数のセルの合計を計算する

合計を求めるセル範囲は、複数指定することもできます。ここでは、セルE4とセルI4のデータの合計を表示します。セルJ4を選択して[ホーム]タブ→[オートSUM]をクリックすると、「=SUM(I4,E4)」の計算式が入力されます。これは、セルI4とセルE4のデータの合計を表示するものです。

Hint 横か縦だけ合計する

横の合計、または縦の合計をまとめて計算するときは、合計を表示するセル範囲を選択して操作します。たとえば、ここで紹介した表の場合、上期合計を表示する範囲を選択して[ホーム]タブ→[オートSUM]をクリックします。

1 合計を表示するセル範囲を選択します。

2 クリックします。

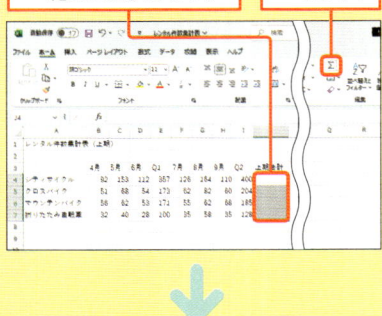

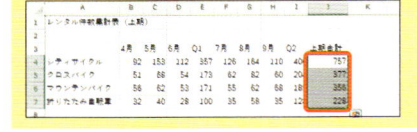

上期合計に、4月～6月の合計と7月～9月の合計を足した結果を表示します。

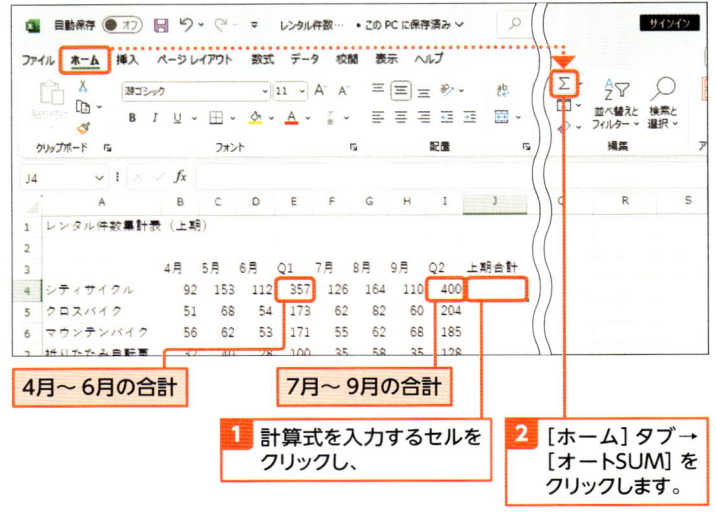

4月～6月の合計

7月～9月の合計

1 計算式を入力するセルをクリックし、

2 [ホーム]タブ→[オートSUM]をクリックします。

3 SUM関数が入力されます。

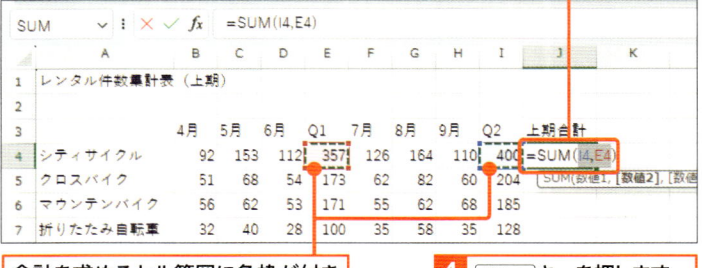

合計を求めるセル範囲に色枠が付きます。

4 Enter キーを押します。

5 2つの合計を足した結果が表示されます。

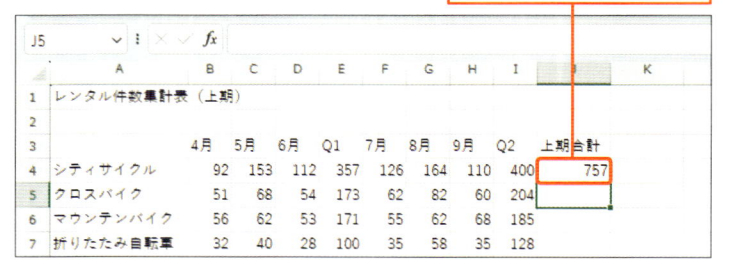

4 関数の計算式を修正する

 **解説** 引数を修正する

合計を求めるセル範囲を変更して、4月～6月、7月～9月のデータの合計を表示します。関数が入力されているセルをダブルクリックすると、引数に指定されているセルに色枠が付きます。色枠の外枠部分をドラッグするとセルをずらせます。四隅のハンドルをドラッグすると、セル範囲を広げたり縮めたりできます。ここでは、前のページにあった4月～6月の合計が表示されているE列と、7月～9月の合計が表示されているI列の計算式を消した場合を想定して、計算式を修正します。

> 前ページに続けて、SUM関数の計算式を修正して、各月のデータを個別に足した結果が表示されるようにします。

1 関数が入力されているセルをダブルクリックします。

2 合計を求めるセル範囲に色枠が付きます。

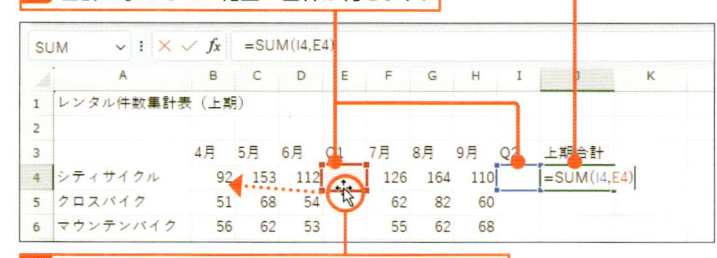

3 セルE4に表示されている枠にマウスポインターを移動し、セルB4へドラッグします。

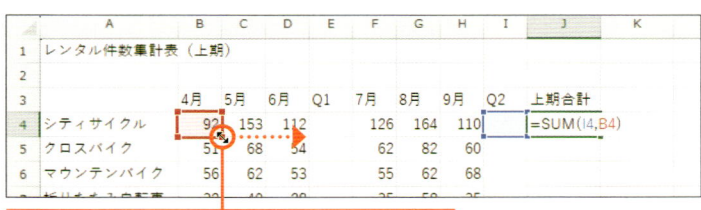

4 枠の右下隅にマウスポインターを移動して、ドラッグしてセルD4まで枠を広げます。

5 同様に、青い色枠の位置と大きさを変更します。

6 [Enter] キーを押します。

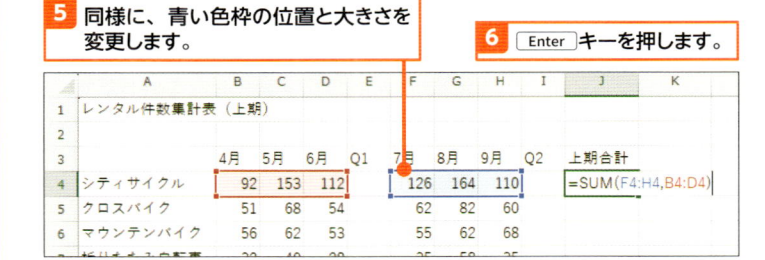

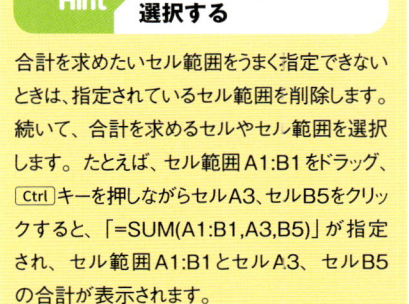 **Hint** セルやセル範囲を選択する

合計を求めたいセル範囲をうまく指定できないときは、指定されているセル範囲を削除します。続いて、合計を求めるセルやセル範囲を選択します。たとえば、セル範囲A1:B1をドラッグ、[Ctrl] キーを押しながらセルA3、セルB5をクリックすると、「=SUM(A1:B1,A3,B5)」が指定され、セル範囲A1:B1とセルA3、セルB5の合計が表示されます。

7 各月のデータを足した結果が表示されます。

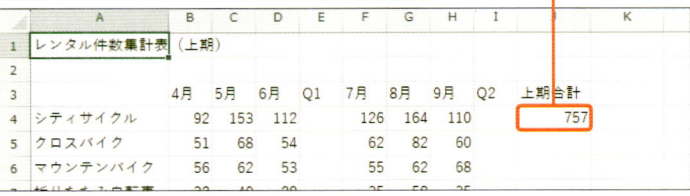

平均を表示する

練習用ファイル： 📁 38_店舗別売上表.xlsx

ここで学ぶのは

▶ AVERAGE 関数
▶ 平均を求める
▶ 関数のヘルプ

平均を表示するには、平均を求めるセルの合計をセルの数で割り算する方法がありますが、AVERAGE（アベレージ）関数を使うともっと簡単に表示できます。
AVERAGE関数の書き方は、SUM関数と同じです。引数には、平均を求めるデータが入っているセル範囲を指定します。

1 平均を表示する

💬 解説　平均を表示する

平均を表示するにはAVERAGE関数を入力します。[ホーム]タブ→[オートSUM]の ˅ →[平均]をクリックすると、Excelが平均を求めるセル範囲を認識して、そのセル範囲に色枠が付きます。セル範囲が意図と違う場合は、平均を求めるセル範囲を直接ドラッグして選択し直します。

4月の売上の平均を表示します。

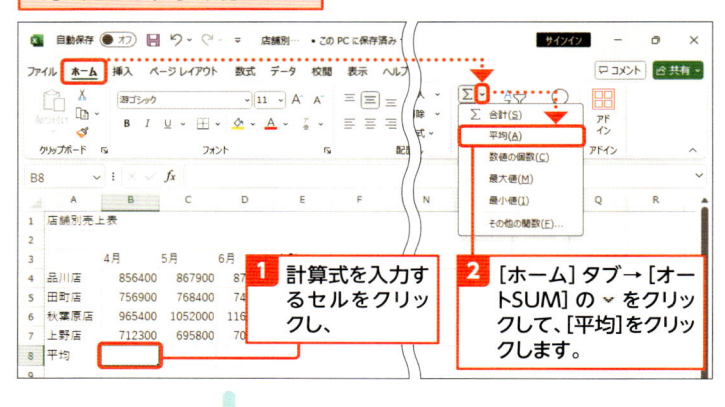

1 計算式を入力するセルをクリックし、

2 [ホーム]タブ→[オートSUM]の ˅ をクリックして、[平均]をクリックします。

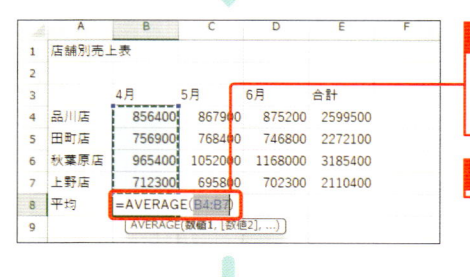

3 AVERAGE関数が入力され、平均を求めるセル範囲が認識されます。

4 Enter キーを押します。

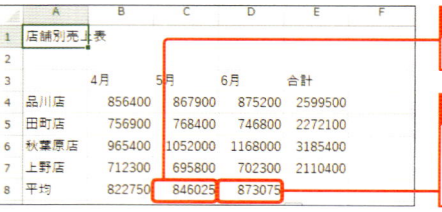

5 売上平均が表示されます。

6 p.108の方法で計算式をコピーして、5月と6月の平均を表示します。

2 平均を一度に表示する

解説　まとめて入力する

平均を表示する計算式をまとめて入力します。計算式を入力するセルを選択してから操作します。計算式を入力した後は、計算式の内容が間違っていないか必ず確認しましょう。

Hint　空白セルと「0」の扱い

AVERAGE関数では、平均を求めるセル範囲に空白セルが含まれる場合、そのセルは平均を求める対象から外れて無視されます。また、平均を求めるセル範囲に「0」が含まれる場合は、「0」は計算対象になるので注意してください。

Memo　関数のヘルプ

関数の引数の指定方法などを調べるには、関数のヘルプを表示しましょう。入力した計算式からヘルプのページを表示できます。関数が入力されているセルをクリックし、数式バーで関数名をクリックし、表示される関数名をクリックします。

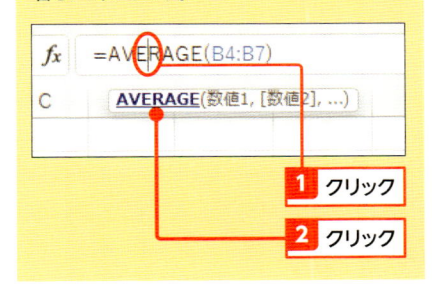

月別の平均をまとめて表示します。

1 平均を表示するセルを選択し、

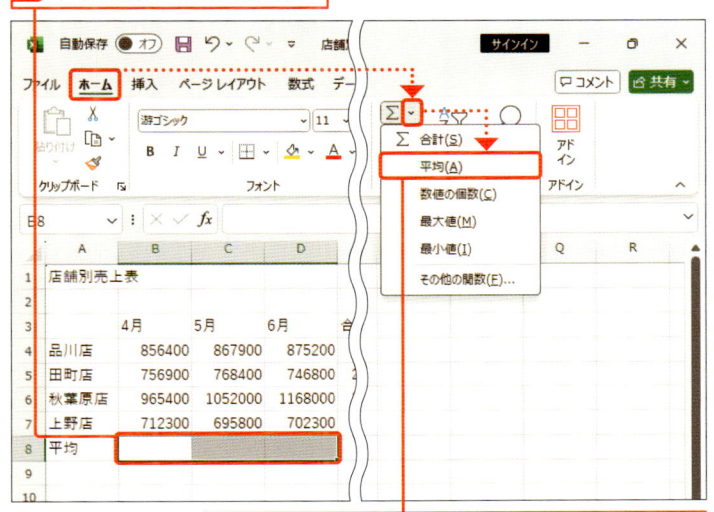

2 [ホーム]タブ→[オートSUM]の ˇ をクリックして、[平均]をクリックします。

3 月別の平均が表示されます。

● AVERAGE 関数の書式

書式	=AVERAGE(セル範囲)	
引数	セル範囲	平均を求めるセル範囲を入力します。
説明		AVERAGE関数では、引数に平均を求めるセル範囲を入力します。たとえば、セル範囲A1:A5の平均を求める場合は、「=AVERAGE (A1:A5)」と入力します。セル範囲は「,」(カンマ)で区切って複数指定できます。たとえば、セルA1とセルA3の平均を求めるには、「=AVERAGE (A1,A3)」と入力します。

39 氏名のふりがなを表示する

漢字のふりがなの情報を他のセルに表示するには、PHONETIC（フォネティック）関数を使う方法があります。
PHONETIC関数では、ふりがながカタカナで表示されますが、ひらがななどに変更することもできます。

ここで学ぶのは

▶PHONETIC 関数
▶ふりがなの表示
▶ふりがなの修正

1 漢字のふりがなを表示する

解説 ふりがなを表示する

PHONETIC 関数を使って漢字のふりがなを表示します。引数には、漢字が入力されているセルを指定します。ここでは、氏名のセルを選択します。

なお、PHONETIC 関数で表示されるのは、Excel に直接入力したときの漢字の読みです。詳しくは右ページ下のHintも参照してください。

 ショートカットキー

● [関数の挿入] ダイアログの表示
関数を入力するセルをクリックし、
Shift + F3

時短のコツ 関数を素早く見つける

[関数の挿入]ダイアログで関数を見つけるときは、[関数名]欄のいずれかの関数をクリックした後、探したい関数名の先頭数文字のキーを押します。すると、探したい関数を素早く見つけられます。

氏名のふりがなを表示します。

1 計算式を入力するセルをクリックし、

2 数式バーの [関数の挿入]をクリックします。

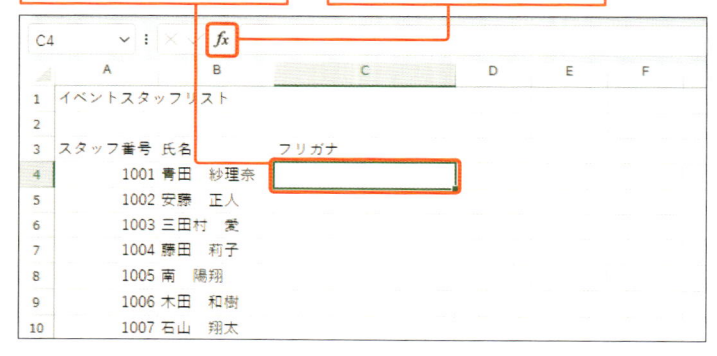

3 関数の分類の[すべて表示]を選択し、

4 [関数名] から [PHONETIC] を探してクリックします。

5 [OK]をクリックします。

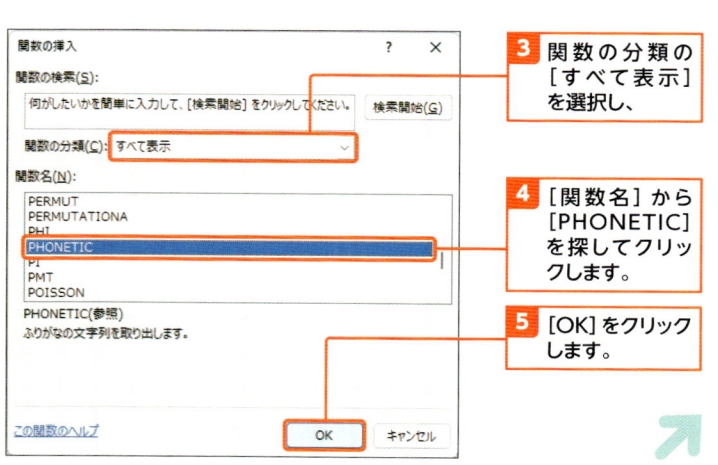

Hint ひらがなで表示する

PHONETIC関数で表示したふりがなをひらがなで表示するには、下図の方法で漢字が入力されているセルのふりがなの表示方法を変更します。ポイントは、漢字が入力されているセルに対して設定を変更することです。

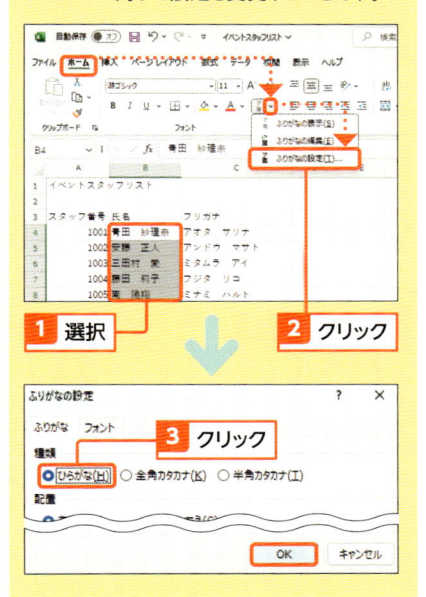

6 [参照] 欄をクリックし、セルB4をクリックします。

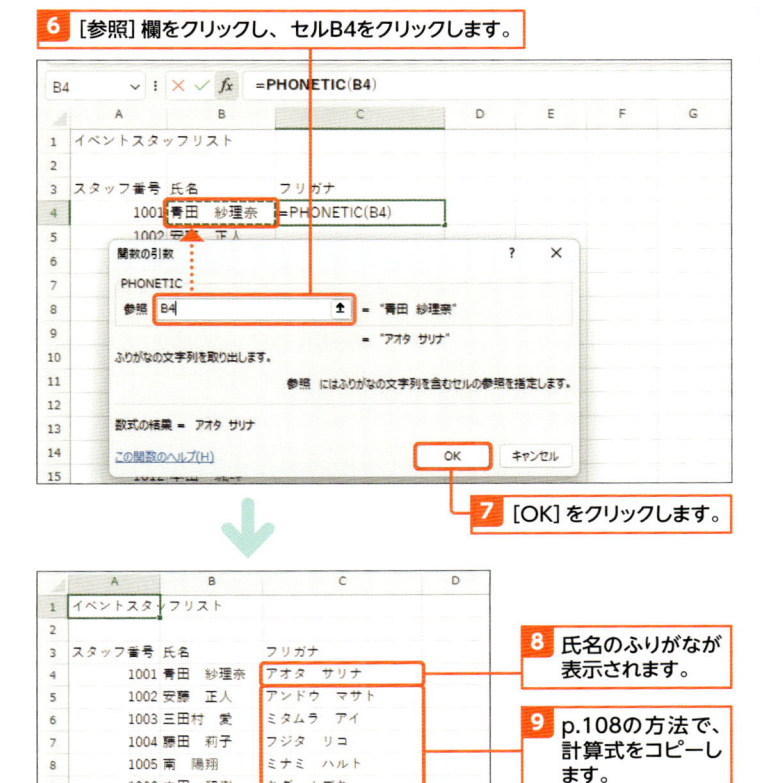

7 [OK] をクリックします。

8 氏名のふりがなが表示されます。

9 p.108の方法で、計算式をコピーします。

Hint ふりがなを修正する

PHONETIC関数を使うと漢字の読みを表示できますが、漢字を入力するときに本来の読みと違う読みで変換した場合は正しい読みが表示されません。また、データを他のアプリからコピーして貼り付けした場合などは、ふりがなの情報がない場合もあります。その場合は、右図の方法でふりがなを編集します。

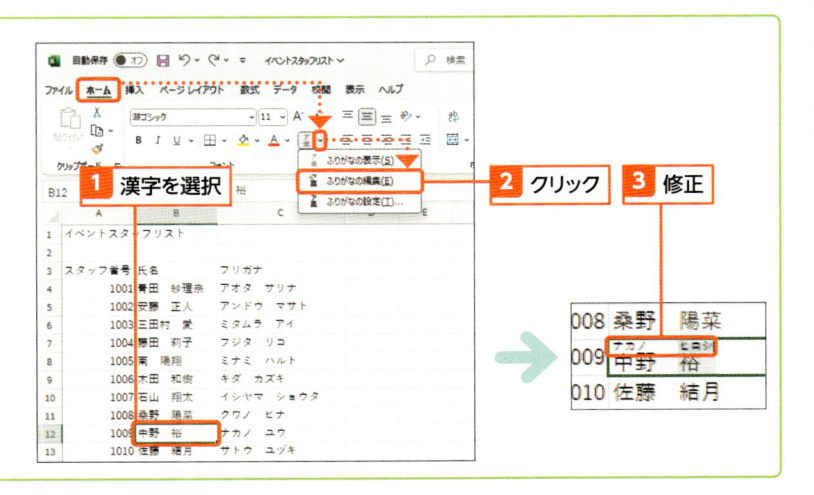

● PHONETIC 関数の書式

書式	=PHONETIC(文字列)	
引数	文字列	ふりがなを表示する文字列を指定します。
説明	PHONETIC関数の引数には、漢字が入力されているセルを指定します。	

数値を四捨五入する

ここで学ぶのは

▶ ROUND 関数
▶ ROUNDUP 関数
▶ ROUNDDOWN 関数

練習用ファイル： 📁 40_タイムセール商品リスト.xlsx

計算をした結果、小数点以下の桁数が表示されるような場合、数値を指定した桁数で四捨五入して処理するには、ROUND（ラウンド）関数を使います。
また、数値を指定した桁数で切り捨てて処理するにはROUNDDOWN関数、切り上げて処理するにはROUNDUP関数を使います。

1 四捨五入した結果を表示する

解説 四捨五入する

数値を指定した桁数で四捨五入するには、ROUND関数を使います。ここでは、価格に割引率を掛けた割引額の小数点以下第1位で四捨五入した結果を表示します。

Memo 他の方法で小数点以下の桁数を変える

小数点以下のデータが入力されているセルを選択して［ホーム］タブ→［小数点以下の表示桁数を増やす］、または［小数点以下の表示桁数を減らす］をクリックすると、小数点以下の桁数を四捨五入して、小数点以下何桁まで表示するか見た目を調整できます。ただし、この方法は、あくまで見た目の調整です。実際のデータは変わりません。そのため、計算結果が間違っているように見えることもあるので注意が必要です。端数のある数値の実際のデータを四捨五入してきっちりと処理するには、ROUND関数などを使います。

割引額の端数を四捨五入して処理します。

1 計算式を入力するセルをクリックし、

2 数式バーの［関数の挿入］をクリックします。

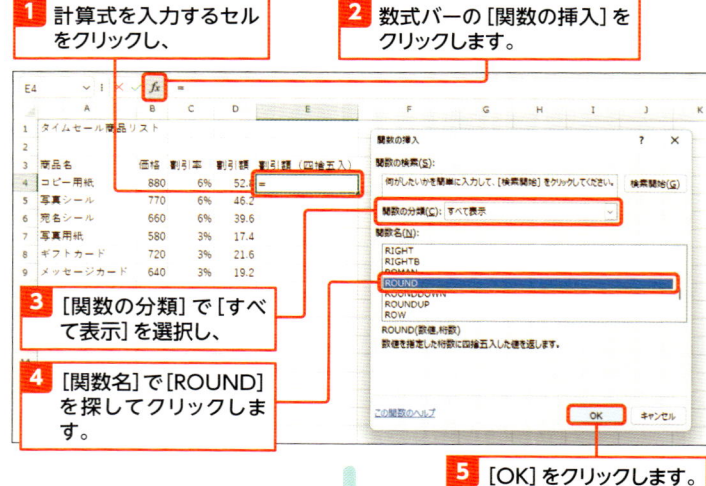

3 ［関数の分類］で［すべて表示］を選択し、

4 ［関数名］で［ROUND］を探してクリックします。

5 ［OK］をクリックします。

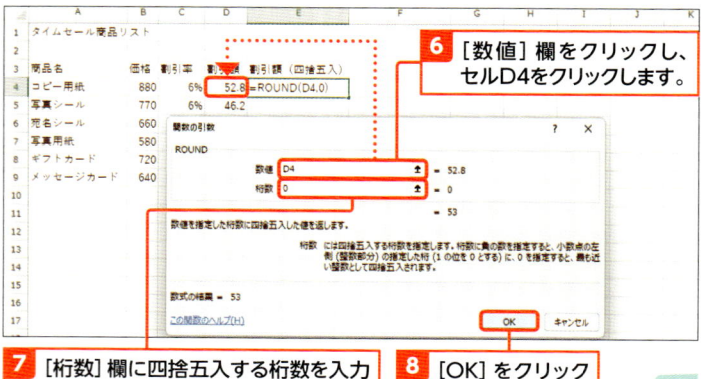

6 ［数値］欄をクリックし、セルD4をクリックします。

7 ［桁数］欄に四捨五入する桁数を入力します。ここでは、「0」を入力します。

8 ［OK］をクリックします。

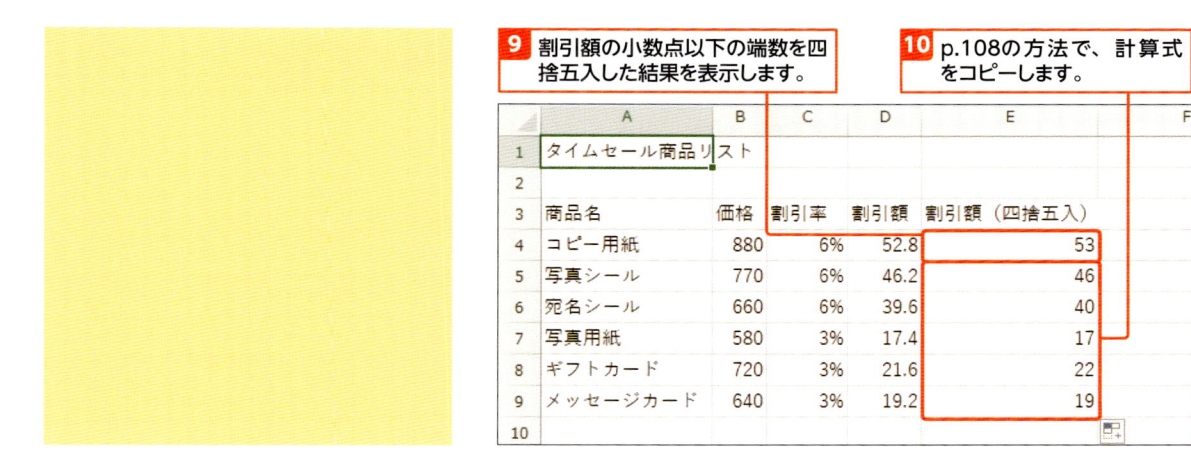

9 割引額の小数点以下の端数を四捨五入した結果を表示します。

10 p.108の方法で、計算式をコピーします。

● ROUND 関数の書式

書式	=ROUND(数値 , 桁数)	
数値	端数を四捨五入する数値を指定します。	
桁数	四捨五入した結果の桁数を指定します。以下の表を参照してください。	

引数	桁数	内容	入力例	結果
	2	小数点以下第3位で四捨五入する	=ROUND(555.555,2)	555.56
	1	小数点以下第2位で四捨五入する	=ROUND(555.555,1)	555.6
	0	小数点以下第1位で四捨五入する	=ROUND(555.555,0)	556
	-1	1の位で四捨五入する	=ROUND(555.555,-1)	560
	-2	10の位で四捨五入する	=ROUND(555.555,-2)	600

● ROUNDDOWN 関数／ ROUNDUP 関数の書式

書式	=ROUNDDOWN(数値 , 桁数)／=ROUNDUP(数値 , 桁数)	
数値	端数を切り捨てる(切り上げる)数値を指定します。	
桁数	切り捨てた(切り上げた)結果の桁数を指定します。以下の表を参照してください。	

引数	桁数	内容	入力例	結果
	2	小数点以下第3位以下を切り捨て／切り上げ	=ROUNDDOWN(999.999,2)	999.99
			=ROUNDUP(111.111,2)	111.12
	1	小数点以下第2位以下を切り捨て／切り上げ	=ROUNDDOWN(999.999,1)	999.9
			=ROUNDUP(111.111,1)	111.2
	0	小数点以下を切り捨て／切り上げ	=ROUNDDOWN(999.999,0)	999
			=ROUNDUP(111.111,0)	112
	-1	1の位以下を切り捨て／切り上げ	=ROUNDDOWN(999.999,-1)	990
			=ROUNDUP(111.111,-1)	120
	-2	10の位以下を切り捨て／切り上げ	=ROUNDDOWN(999.999,-2)	900
			=ROUNDUP(111.111,-2)	200

Section 41

条件に合うデータを判定する

練習用ファイル：📁 41_契約件数集計表.xlsx

ここで学ぶのは

▶ 条件分岐

▶ IF 関数

▶ 比較演算子

セルのデータが指定した条件に一致するかどうかを判定し、判定結果に応じて別々の操作をしたりするには IF（イフ）関数を使います。

IF 関数は、最初は難しいと感じるかもしれませんが、さまざまな場面で役立つとても便利な関数です。ぜひ覚えましょう。

1 条件分岐とは？

IF 関数を使うと、条件分岐を利用した計算式を作成できます。条件分岐とは、指定したセルのデータが指定した条件に一致するかどうかを判定し、その結果によって表示する文字や実行する操作などを変えることです。条件分岐をするには、条件の指定方法がポイントです。多くの場合は、比較演算子（p.103）を使って「TRUE」か「FALSE」の答えを求めて条件に合うかを判定します。

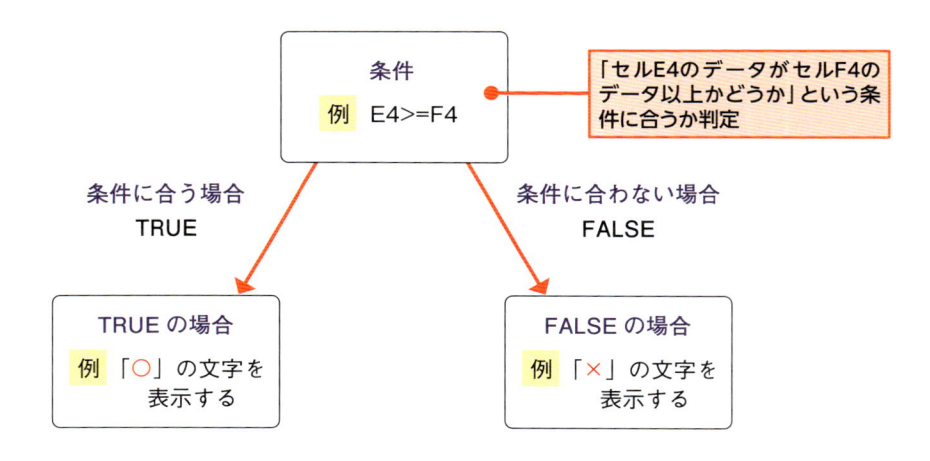

● IF 関数の書式

書式	**=IF(論理式 , 値が真の場合 , 値が偽の場合)**	
引数	論理式	条件判定に使う条件式を指定します。
	値が真の場合	論理式の結果が TRUE の場合に行う内容を指定します。
	値が偽の場合	論理式の結果が FALSE の場合に行う内容を指定します。
説明	IF関数には、3つの引数があります。最初に条件を指定します。次に、条件に合う場合に行う内容を書きます。続いて、条件に合わない場合に行う内容を書きます。	

② 条件に合うデータを判定する

解説　データを判定する

セルG4に計算式を入力します。ここでは、F列に入力した目標とE列の合計を比較し、セルE4のデータがセルF4のデータ以上だったら「○」と表示し、そうでない場合は「×」を表示します。

論理式　E4>=F4
値が真の場合　"○"
値が偽の場合　"×"

Memo　文字を表示する

計算式の中で文字列を指定するときは、文字列を「"」（ダブルクォーテーション）で囲みます。今回の計算式の例では、「=IF(E4>=F4,"○","×")」となっていて、表示する○と×が「"」で囲まれています。なお、[関数の引数]ダイアログで文字を指定した場合は、文字の前後に自動的に「"」が表示されます。

Hint　空欄にする

条件に合う場合や合わない場合に、セルを空欄にするには、「"」（ダブルクォーテーション）を2つ連続して入力します。たとえば、「=IF(E4>=F4,"","×")」のように指定すると、条件に合う場合は空欄、合わない場合は「×」が表示されます。

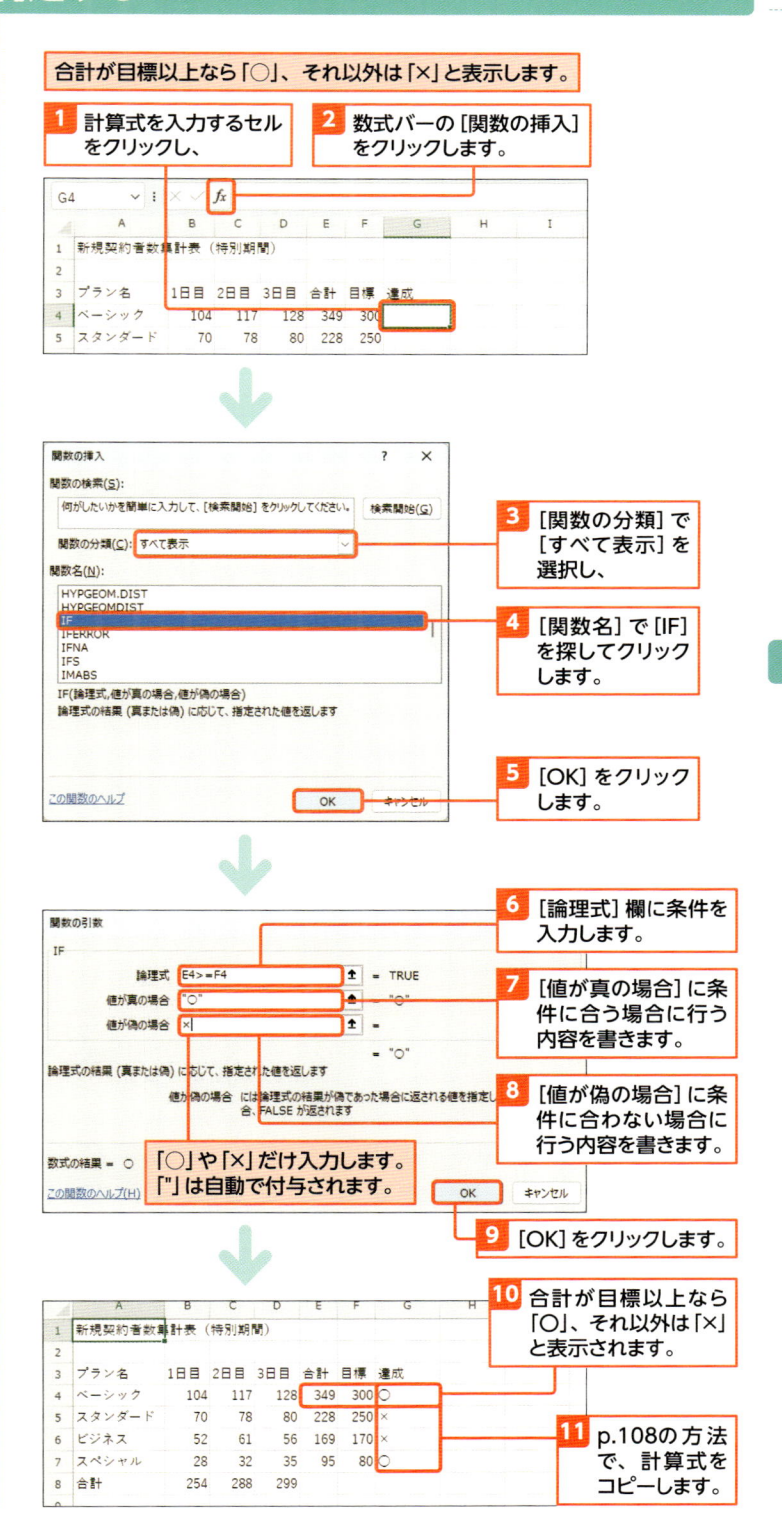

合計が目標以上なら「○」、それ以外は「×」と表示します。

1 計算式を入力するセルをクリックし、
2 数式バーの[関数の挿入]をクリックします。
3 [関数の分類]で[すべて表示]を選択し、
4 [関数名]で[IF]を探してクリックします。
5 [OK]をクリックします。
6 [論理式]欄に条件を入力します。
7 [値が真の場合]に条件に合う場合に行う内容を書きます。
8 [値が偽の場合]に条件に合わない場合に行う内容を書きます。
9 [OK]をクリックします。
「○」や「×」だけ入力します。「"」は自動で付与されます。
10 合計が目標以上なら「○」、それ以外は「×」と表示されます。
11 p.108の方法で、計算式をコピーします。

Section 42
商品番号に対応する商品名や価格を表示する

練習用ファイル： 42_予約注文リスト.xlsx

ここで学ぶのは

▶ XLOOKUP 関数
▶ VLOOKUP 関数
▶ IF 関数

商品番号などを入力すると、商品名や価格などが自動的に表示されるようにするには、XLOOKUP関数やVLOOKUP関数を使います。この関数を使うには、IDやコード、商品名や価格などの情報をまとめた別表を準備する必要があります。

1 XLOOKUP や VLOOKUP 関数を使ってできること

XLOOKUP関数やVLOOKUP関数では、入力された検索値（商品番号など）に対応するデータ（商品名や価格など）を検索して表示できます。
どちらも同じようなことができますが、引数で指定できる内容などは、若干異なります。

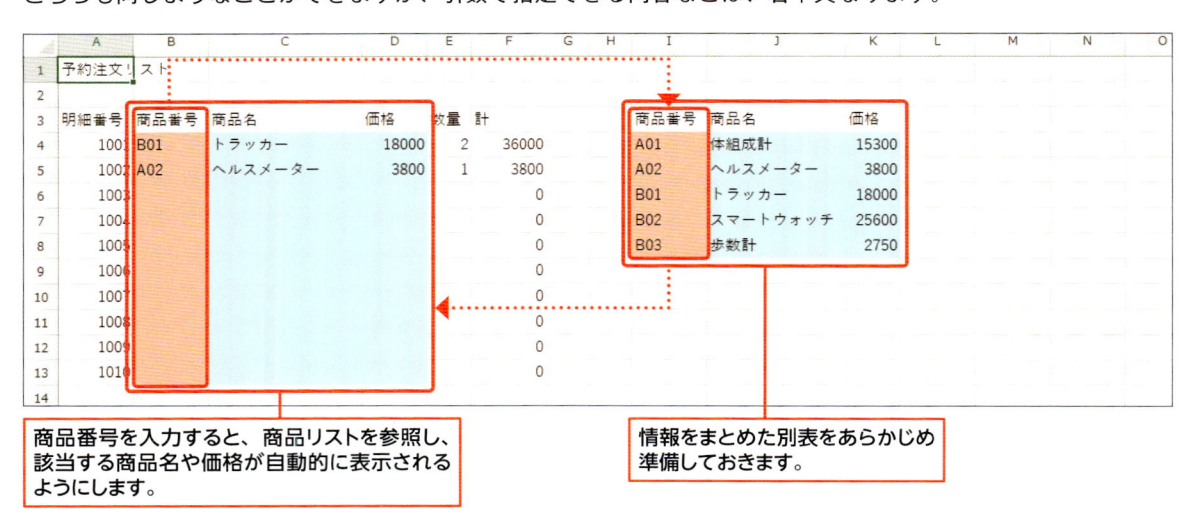

商品番号を入力すると、商品リストを参照し、該当する商品名や価格が自動的に表示されるようにします。

情報をまとめた別表をあらかじめ準備しておきます。

2 別表を準備する

XLOOKUPやVLOOKUPを使用するには、情報を参照するのに使う別表をあらかじめ準備しておく必要があります。
XLOOKUP関数の場合、別表の列の位置を気にする必要はありませんが、VLOOKUP関数の場合は、別表の一番左の列に検索値（検索のキーワードとして使う番号やID、コードなどの内容）を入力します。ここでは、商品番号を左端に入力しています。

3 XLOOKUP 関数で商品名や価格を表示する

● XLOOKUP 関数の書式

書式	=XLOOKUP(検索値 , 検索範囲 , 戻り値の範囲 , 見つからない場合 , 一致モード , 検索方法)	
引数	検索値	検索のキーワードとして使うデータを指定します。
	検索範囲	検索するデータが入力されているセル範囲を指定します。
	戻り値の範囲	検索値に対応した戻り値のデータが入力されているセル範囲を指定します。
	見つからない場合	検索値に合うデータが見つからない場合に返すデータを指定します。検索値に合うデータが見つからない場合、この引数のデータを省略している場合は、「#N/A」が返ります。
	一致モード	データの検索方法を指定します。省略時は「0」とみなされます。「0」は、完全一致の場合のみデータを返し、見つからない場合、「#N/A」や、引数の「見つからない場合」で指定した内容を返します。その他の設定値については、ヘルプを参照してください。
	検索方法	検索するときの方向などを指定します。省略時は、「1」とみなされます。「1」は、先頭の項目から検索が実行されます。その他の設定値については、ヘルプを参照してください。
説明	XLOOKUP関数は、引数の [一致モード] の指定する内容によって主に2通りの目的で使えます。商品番号を基に商品名や価格などを表示する場合は、完全一致の「0」を指定します。数値の大きさによって成績評価を付ける場合などはそれ以外の値を指定する方法を使います。なお、引数 [検索範囲] で指定するセル範囲と、引数 [戻り値の範囲] で指定するセル範囲は、同じ行数（列数）で指定します。	

解説 データを判定する

XLOOKUP 関数を使用して、B列に入力されている商品番号を基に、別表からその商品番号に対応する商品名や価格を表示します。ここでは、式を縦方向にコピーしたときに、[検索範囲] [戻り値の範囲] のセル範囲がずれないように絶対参照で指定しています。また、検索値が見つからない場合は、セルに何も表示されないようにしています。なお、引数の「見つからない場合」に指定した内容は、スピルの機能によって入力される計算式で正しく表示されない場合があります。思うような表示にならない場合は、スピルの機能は使わずに、列ごとに計算式を入力するとよいでしょう。また、セル結合をして作成した表などでは、スピルの機能を利用するとエラーが発生することもあるため注意します。

商品番号に対応する商品名を表示します。

1 計算式を入力するセルをクリックし、

2 数式バーの [関数の挿入] をクリックします。

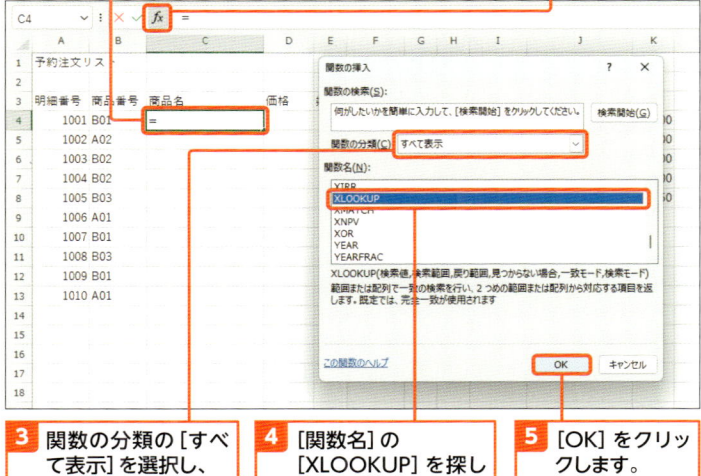

3 関数の分類の [すべて表示] を選択し、

4 [関数名] の [XLOOKUP] を探してクリックします。

5 [OK] をクリックします。

Hint　スピルの機能

XLOOKUP関数は、スピル（p.134）の機能に対応する関数なので、この例では、セルC4に商品名を表示する計算式を入力すると、隣接する右の価格のセルに同じ計算式を自動的に入力できます。商品名だけを表示する計算式を入力する場合は、「=XLOOKUP(B4,$I$4:$I$8,$J$4:$J$8,"")」のように指定します。

6 引数の［検索値］欄をクリックし、別表からデータを探すために使う項目（ここではセルB4）を指定します。

7 ［検索範囲］欄をクリックし、別表の検索するデータが入力されているセル範囲（ここでは「セル範囲I4:I8」）を指定します。範囲が入力されたら F4 キーを押して絶対参照にします。

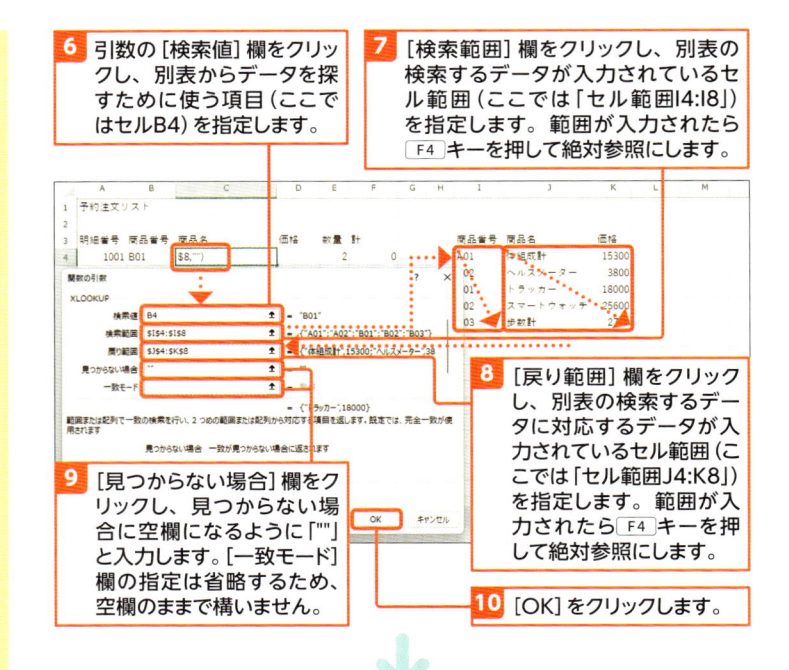

8 ［戻り範囲］欄をクリックし、別表の検索するデータに対応するデータが入力されているセル範囲（ここでは「セル範囲J4:K8」）を指定します。範囲が入力されたら F4 キーを押して絶対参照にします。

9 ［見つからない場合］欄をクリックし、見つからない場合に空欄になるように「""」と入力します。［一致モード］欄の指定は省略するため、空欄のままで構いません。

10 ［OK］をクリックします。

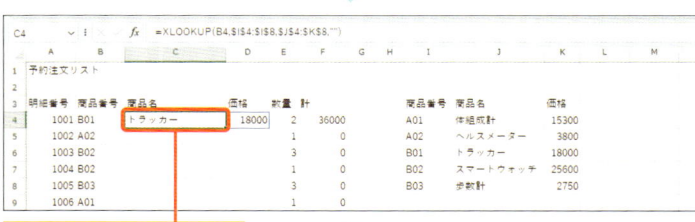

11 結果が表示されます。

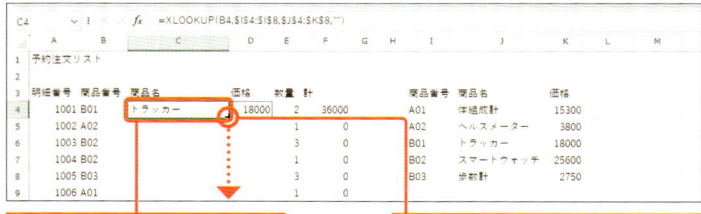

12 計算式を入力したセルをクリックします。

13 フィルハンドルをドラッグして計算式をコピーします。

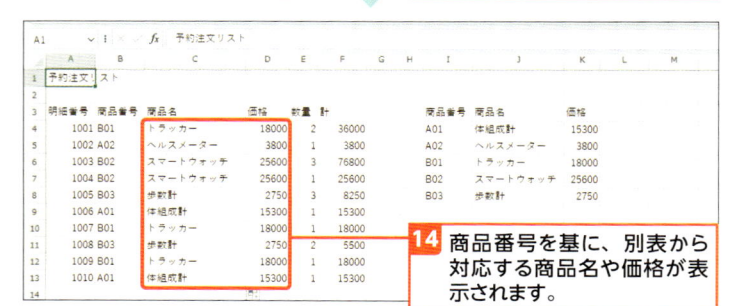

14 商品番号を基に、別表から対応する商品名や価格が表示されます。

● VLOOKUP 関数の書式

書式	**=VLOOKUP(検索値, 別表の範囲, 列番号, 検索方法)**	
引数	**検索値**	検索のキーワードとして使うデータを指定します。
	別表の範囲	別表の範囲を指定します。
	列番号	検索値に合うデータが見つかったとき、別表の左から何列目のデータを返すか指定します。
	検索方法	近似一致の場合は「TRUE」、完全一致の場合は「FALSE」を指定します。省略時は「TRUE」と見なされます。「TRUE」を指定した場合、別表に完全に一致するデータがない場合は、検索値未満で最も大きなデータが検索結果とみなされます。
説明	VLOOKUP関数は、引数の[検索方法]に「TRUE」または「FALSE」を指定することで2通りの目的で使われます。商品番号を基に商品名や価格などを表示する場合は、完全一致の「FALSE」を指定します。数値の大きさによって成績評価を付ける場合などは近似一致の「TRUE」を指定します。	

💬 **解説** ▶ **データを判定する**

B列に入力されている商品番号を基に、別表からその商品番号に対応する商品名を表示します。VLOOKUP関数の引数の[検索値]には、商品番号のセルを指定します。[範囲]は別表の範囲を指定します。このときのポイントは、後で計算式をコピーしても別表の範囲がずれないように絶対参照で指定することです。続いて、[列番号]を指定します。商品名は別表の左から2列目なので「2」を指定します。[検索方法]は、「FALSE」です。検索方法については、上の関数の書式を参照してください。

商品番号に対応する商品名を表示します。

1 計算式を入力するセルをクリックし、

2 数式バーの[関数の挿入]をクリックします。

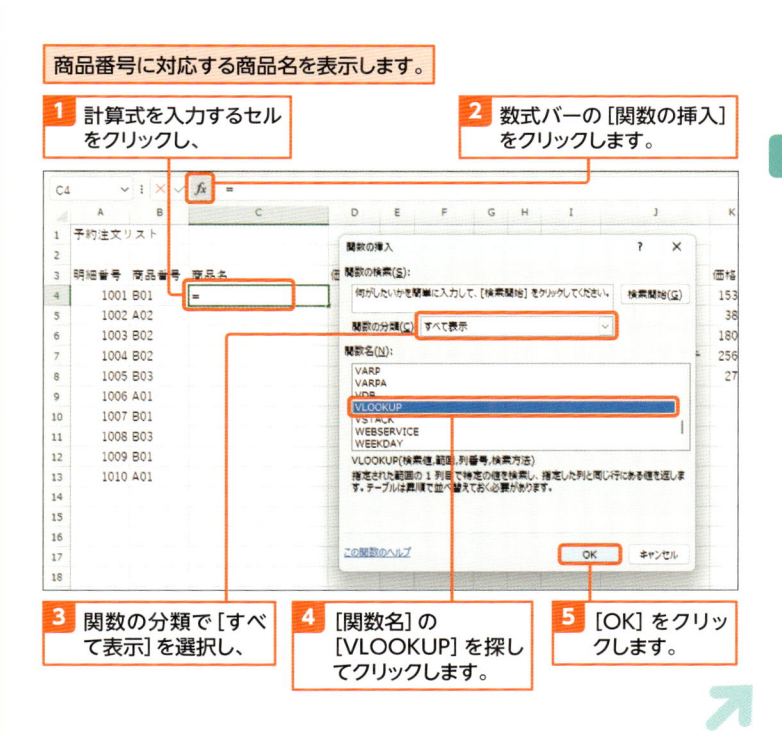

3 関数の分類で[すべて表示]を選択し、

4 [関数名]の[VLOOKUP]を探してクリックします。

5 [OK]をクリックします。

Hint エラーが表示される場合

VLOOKUP関数では、[検索値]として指定したセルに検索値が入力されていない場合、エラーになります。エラーにならないようにする方法は、左ページのプロ技を参照してください。また、VLOOKUP関数を入力した計算式をコピーしたらエラーが表示される場合は、別表の範囲を絶対参照で指定しているか確認しましょう。

4

計算式や関数を使って計算する

Hint 別表に名前を付ける

セル範囲に独自の名前を付けておくと、計算式の中で使えます。たとえば、VLOOKUP関数を使うとき、別表に「商品リスト」という名前を付けていた場合、別表の範囲を名前で指定できます。セル範囲に付けた名前は、計算式をコピーしてもそのセル範囲がずれないので、別表部分の参照方法を絶対参照にする手間が省けます。

=IF(B4="","",VLOOKUP(B4, 商品リスト,2,FALSE))　　※1行で入力

6 引数の[検索値]欄をクリックし、別表からデータを探すために使う項目(ここではセルB4)を指定します。

7 [範囲]欄をクリックし、別表の範囲(ここでは「セル範囲I4:K8」)をドラッグして指定します。範囲が入力されたら F4 キーを押して絶対参照にします。

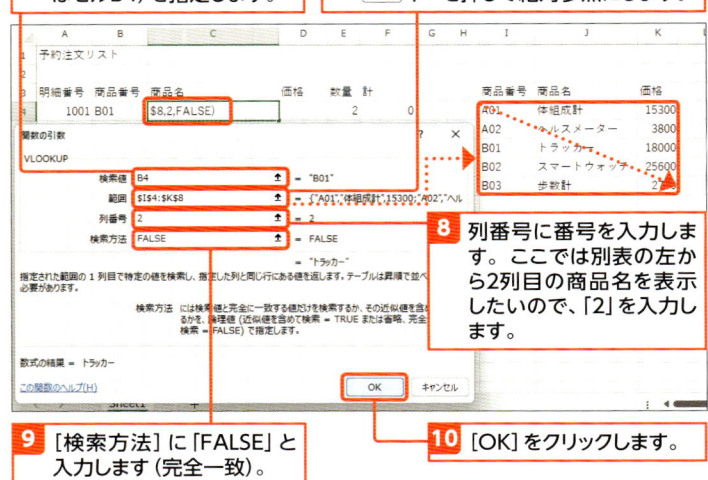

8 列番号に番号を入力します。ここでは別表の左から2列目の商品名を表示したいので、「2」を入力します。

9 [検索方法]に「FALSE」と入力します(完全一致)。

10 [OK]をクリックします。

11 結果が表示されます。

12 同様に価格の計算式を指定します。今度は列番号は「3」を入力します。
=VLOOKUP(B4,$I$4:$K$8,3,FALSE)

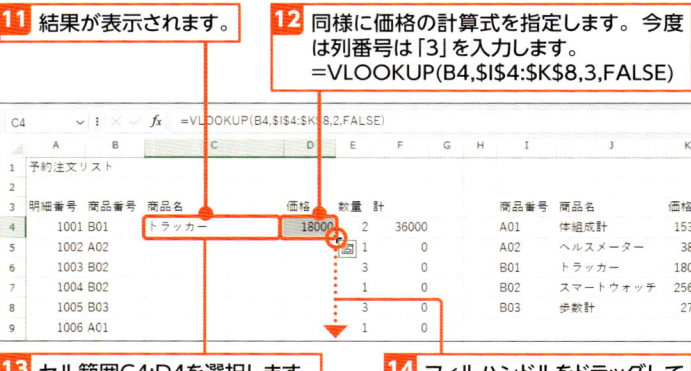

13 セル範囲C4:D4を選択します。

14 フィルハンドルをドラッグして計算式をコピーします。

15 商品番号を基に、別表から対応する商品名や価格が表示されます。

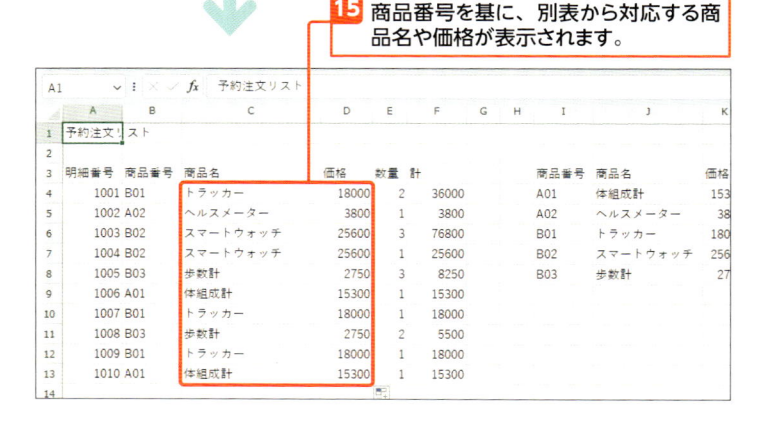

商品名や価格が表示されない場合

商品番号が未入力の場合は、右の画面のようにエラーが表示されます。VLOOKUP関数の計算式を、検索値が入力されていない場合もエラーにならないように修正しましょう。ここでは、IF関数と組み合わせて計算式を作ります。IF関数で検索値のセルが空欄の場合は空欄を表示し、空欄でない場合は、VLOOKUP関数で求めた結果を表示します。また、「計」の計算式も修正します。商品番号が未入力の場合は空欄にして、データが入力されている場合は「価格×数量」の計算結果を表示します。

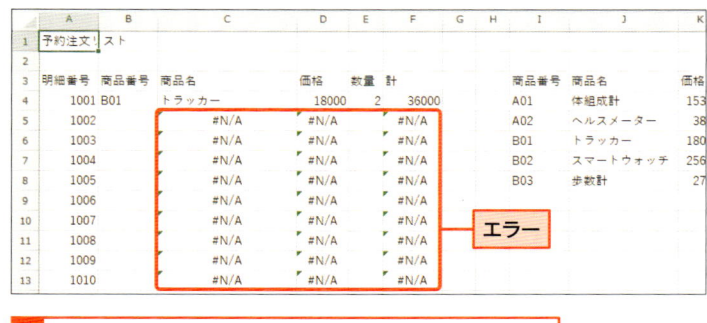

1 計算式をそれぞれ次のように修正します。
「商品名」の計算式
=IF(B4="","",VLOOKUP(B4,$I$4:$K$8,2,FALSE))
「価格」の計算式
=IF(B4="","",VLOOKUP(B4,$I$4:$K$8,3,FALSE))

2 計算式をコピーします。

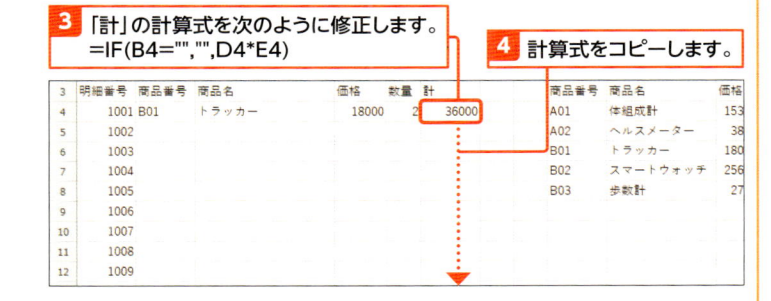

3 「計」の計算式を次のように修正します。
=IF(B4="","",D4*E4)

4 計算式をコピーします。

Hint XLOOKUP関数とVLOOKUP関数

XLOOKUP関数とVLOOKUP関数は、いずれも、商品番号に対応する商品名や価格などを表示できますが、次のような違いがあります。XLOOKUP関数は、式の入力方法が感覚的にわかりやすくて便利ですが、Excel 2019以前のバージョンのExcelでは使用できませんので、注意が必要です。XLOOKUP関数が入力されているブックをExcel 2019以前のバージョンのExcelで開くと、結果は表示されますが、式の内容は変換されて表示されます。式の編集には制限があります。

XLOOPUP関数
・Excel 2021以降やMicrosoft 365のExcelを使用している場合に利用できる。
・スピル機能に対応しているので、商品番号に対応する商品名や価格などの計算式をまとめて入力できる。
・検索値が見つからなかった場合のデータを、関数の引数として指定できるため、検索値が未入力だった場合にエラーを回避するための対策が楽になる。
・検索値を見つけるために利用する別表を作るとき、検索値を入力するセルを左端の列にする必要はないため、別表のレイアウトを比較的自由に決められる。

VLOOKUP関数
・Excel 2019以前のバージョンのExcelでも同様に使用できる。

43 スピルって何？

ここで学ぶのは

- ▶ 計算式
- ▶ スピル
- ▶ スピル演算子

Excel 2021以降やMicrosoft 365のExcelを使用している場合は、式をコピーしなくても、隣接するセルに同じ式を一気に入力できるスピルという機能を利用できます。スピルとは、「ものが溢れ出る」「こぼれる」という意味です。入力した計算式が、まるでこぼれだすように隣接する他のセルに自動的に入力されるようなイメージです。

1 四則演算の計算式を入力する

Hint 従来の計算方法を使用する

スピルの機能は、Excel 2021以降やMicrosoft 365のExcelを使用している場合に利用できます。ただし、本書では、「スピルの機能は、Excel 2019以前のバージョンのExcelでは利用できないこと」「現在では、従来の式の入力方法の方が一般的に利用されていること」「はじめてExcelを使用する人には式の意味が理解しづらいこと」などの理由で、スピル機能が使える場面でも、従来からの方法で計算式を入力する方法を紹介しています。

Hint スピルの計算式の修正

スピル機能を利用して入力された計算式の中で、実際に式を入力したセル以外のセルをクリックすると、数式バーには、式の内容がグレーで表示されます。グレーの式はゴーストと呼ばれます。計算式を修正する場合は、ゴーストのセルではなく、実際に式を入力したセルを選択して計算式を入力します。

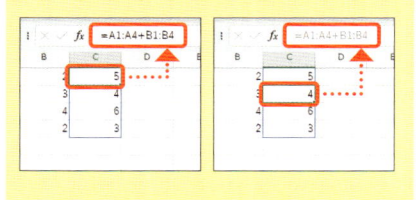

A列とB列の値を足し算する計算式をまとめて入力します。

1 計算式を入力するセルをクリックし、「=」を入力します。

2 セル範囲A1:A4をドラッグし、「+」を入力します。

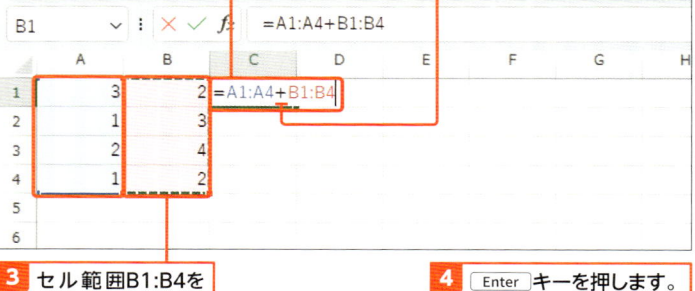

3 セル範囲B1:B4をドラッグします。

4 Enter キーを押します。

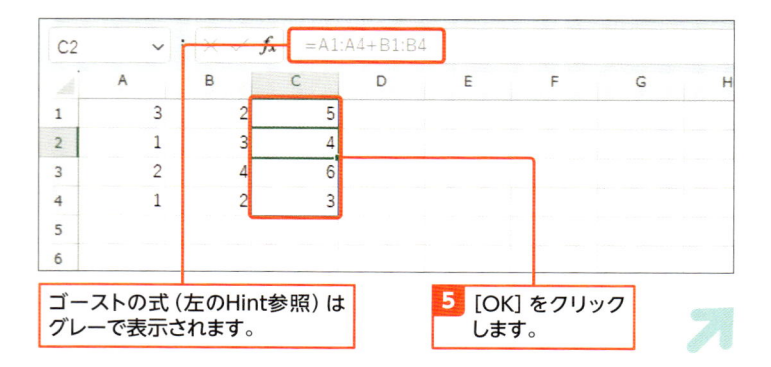

ゴーストの式（左のHint参照）はグレーで表示されます。

5 [OK]をクリックします。

4

計算式や関数を使って計算する

2 絶対参照を使わずに簡単に計算式を入力する

解説 スピル機能を使用した計算式

ここでは、p.112で紹介した計算式（セルの参照方法として絶対参照を使用する例）と同じ計算結果を表示しています。スピルの機能を利用した計算式を入力します。

Hint 「#SPILL！」エラーについて

スピル機能を利用して入力される計算式のセル範囲内に、何か他のデータが入力されている場合は、「#SPILL!」のエラーが表示されます。

Hint スピル範囲演算子「A1#」

関数の中には、スピル機能に対応した関数もあります（p.115参照）。それらの関数を使うとたとえば、指定したリストから条件に一致するデータのみ抽出したり、指定した範囲に自動的に数値を入力したりできます。

これらの関数は計算式の内容によって、計算結果が表示されるセル範囲が変わる場合があります。関数の引数にそのセル範囲を指定すると、「セル番地＃」のように表示される場合があります。「＃」は、スピル範囲演算子といいます。スピル演算子を利用することで、スピル機能を利用した計算式によって返るセル範囲全体を引数として指定できます。たとえば、COUNTA関数は、引数に指定したセル範囲内の空白ではないセルの個数を数えられますが、COUNTA関数の引数に、スピル機能に対応しているUNIQUE関数を使って求めたセル範囲を指定すると、次のような計算式になります。UNIQUE関数は、複数のデータから重複しない値を返す関数です。

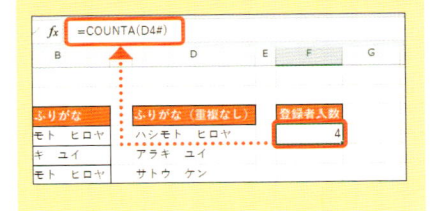

職業別の入場者数の割合を求める計算式をまとめて入力します。

1 計算式を入力するセルをクリックし、「＝」を入力します。

2 セル範囲B4:B7をドラッグし、「/」を入力します。

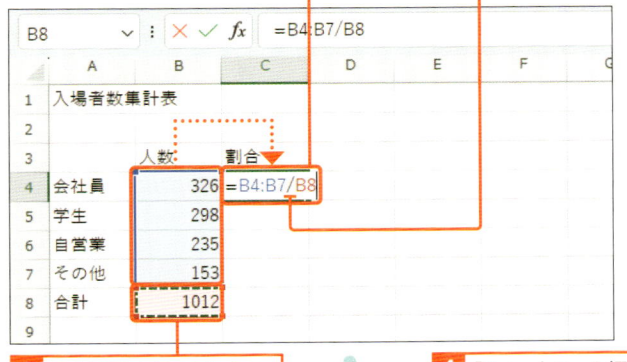

3 セルB8をクリックします。

4 「Enter」キーを押します。

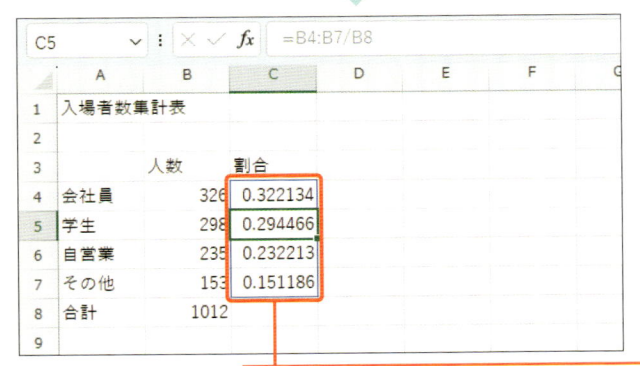

5 複数のセルに同じ式をまとめて入力できました。

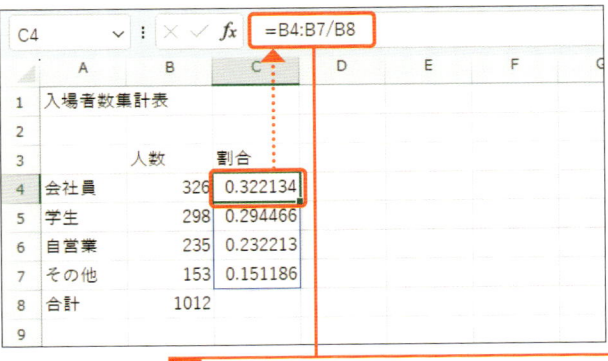

6 式を入力したセルをクリックすると、式の内容を確認できます。

3 複合参照を使わずに簡単に計算式を入力する

解説 スピル機能を使用した計算式

ここでは、p.113で紹介した計算式（セルの参照方法として複合参照を使用する例）と同じ計算結果を表示しています。スピルの機能を利用した計算式を入力します。

Hint スピルを使った計算式の注意点

スピル機能は、Excel 2021以降やMicrosoft 365のExcelで使用できます。Excel 2019以前のバージョンのExcelでも同じブックを使用する場合は、スピル機能を利用せずに通常の計算式を使用した方が、混乱がなくてよいでしょう（下のHint参照）。また、セル結合したセルにスピル機能を利用した計算式を入力するとエラーが発生することもあるので注意します。

Hint Excel 2019以前のバージョンのExcelと「@」

スピル機能を利用した計算式やスピルに対応した関数を使った計算式を含むブックを、Excel 2019以前のバージョンのExcelで開いた場合、それらの計算式は、配列数式（複数のセルの値を対象に計算をしたりする時に使う計算式の種類）などに変換されます。変換された式を変更すると、正しい結果が表示されない場合もあるので注意します。

また、Excel 2019以前のバージョンで使われていた関数の中には、スピルに対応した関数もあります。その場合、同じ計算式でもExcel 2019以前のバージョンで入力した式と、Excel 2021以降で入力した式では、結果が異なることもあります。Excel 2019以前のバージョンで作成した関数を含むブックを、Excel 2021以降で開いた場合に、結果が異なる可能性がある場合は、その部分に共通部分演算子と呼ばれる「@」演算子が表示されます。「@」を消すと、スピルが発生して計算結果が変わることがあるので注意してください。

価格と枚数を掛け算する計算式をまとめて入力します。

1 計算式を入力するセルをクリックし、「=」を入力します。

2 セル範囲A4:A6をドラッグし、「*」を入力します。

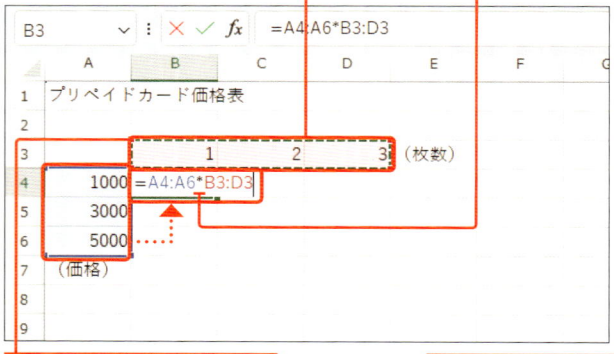

3 セル範囲B3:D3をドラッグします。

4 Enter キーを押します。

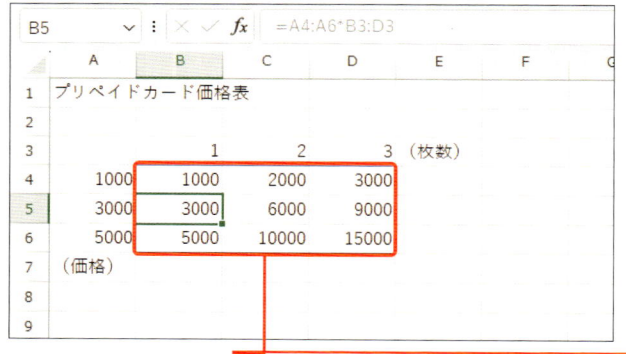

5 複数のセルに同じ式をまとめて入力できました。

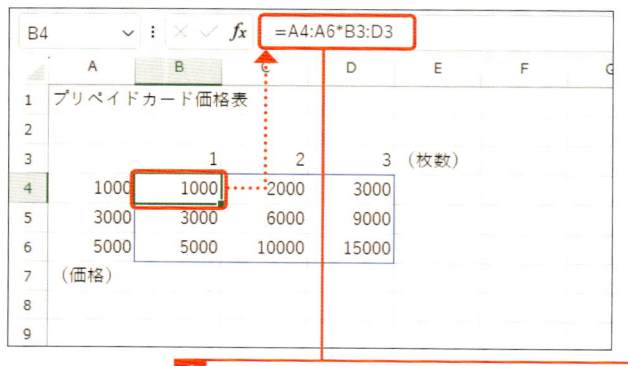

6 式を入力したセルをクリックすると、式の内容を確認できます。

第 5 章

表全体の見た目を整える

この章では、表全体の見た目を整える方法を紹介します。セルに飾りを付けたり、数値や日付の表示の仕方を変えたりする方法を覚えます。

目標は、セルの書式とは何かを理解することです。数値に桁区切りカンマを付けたり、日付の曜日を表示したりできるようになりましょう。

Section 44 書式って何?

この章では、セルに書式を設定する方法を紹介します。書式とは、文字やセルの飾り、データの表示方法などを指定するものです。

セルをコピーするときは、データではなく書式情報だけをコピーすることもできます（p.162）。

1 書式とは？

表を作るときは、セルにデータを入力しますが、セルには、データ以外にさまざまなものを設定できます。たとえば、書式、入力規則（p.86）、コメント（p.68）などを設定できます。

書式とは、文字の形や色、大きさ、配置、セルの色や罫線などの飾りのことです。また、数値や日付をどのように表示するかを指定するものです。

セルのデータと各種設定

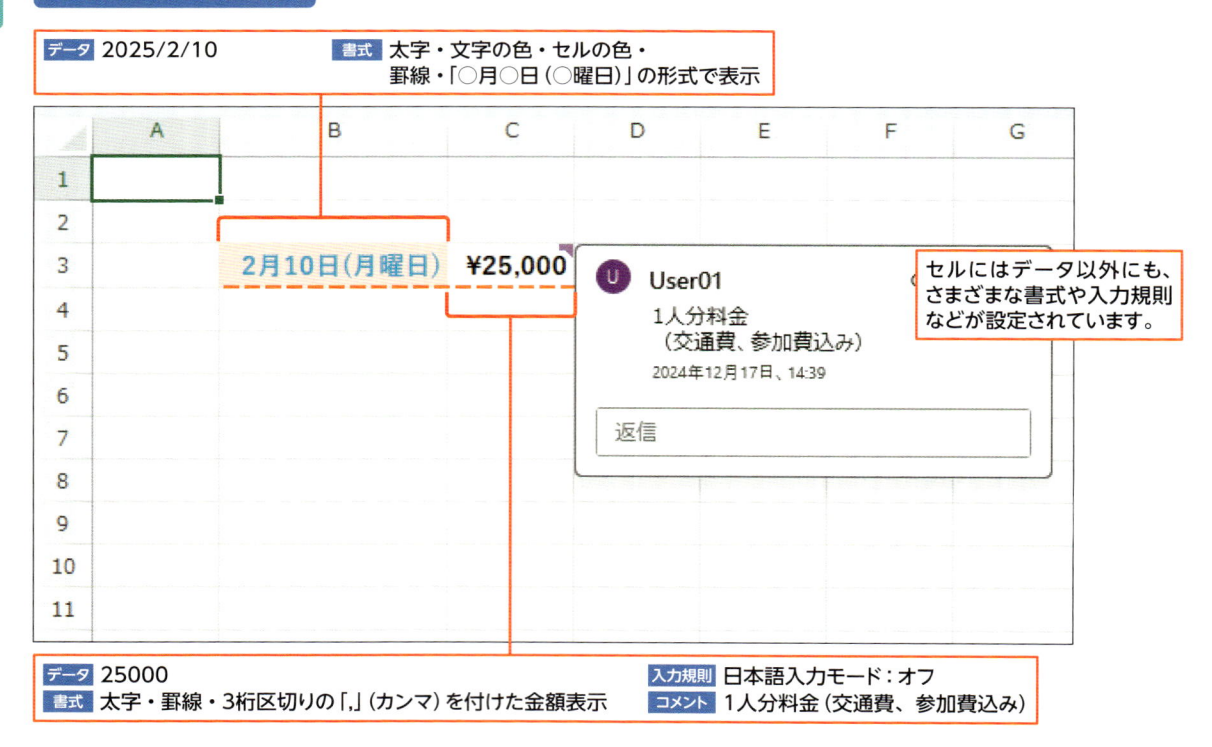

| データ | 2025/2/10 | | 書式 | 太字・文字の色・セルの色・罫線・「○月○日（○曜日）」の形式で表示 |

2月10日（月曜日）　¥25,000

User01
1人分料金
（交通費、参加費込み）
2024年12月17日、14:39

返信

セルにはデータ以外にも、さまざまな書式や入力規則などが設定されています。

| データ | 25000 | | 入力規則 | 日本語入力モード：オフ |
| 書式 | 太字・罫線・3桁区切りの「,」（カンマ）を付けた金額表示 | | コメント | 1人分料金（交通費、参加費込み） |

2 書式の種類を知る

Memo 書式の設定方法

[ホーム] タブ→ [フォント] グループには、文字やセルに飾りを付けるボタンなどがあります。[配置] グループには、文字の配置を指定するボタン、[数値] グループには、数値や日付をどのように表示するか指定するボタンなどがあります。

Memo [セルの書式設定] ダイアログ

[ホーム] タブの [フォント] [配置] [数値] の [ダイアログボックス起動ツール] 🖾 をクリックすると、それぞれ、[セルの書式設定] ダイアログの [フォント] タブ、[配置] タブ、[表示形式] タブが表示されます。

Key word アクセシビリティ

アクセシビリティとは、作成した資料などが、年齢や健康状態、障碍の有無、利用環境の違いなどに関わらず、誰にとってもわかりやすいものかを意味するものです。[校閲] タブの [アクセシビリティチェック] をクリックすると、[アクセシビリティ] タブと [ユーザー補助アシスタント] の作業ウィンドウが表示されます。作業ウィンドウには、アクセシビリティチェックの結果が表示されます。たとえば、セルの背景色と文字の色の組み合わせによって、文字が見づらい箇所がないかなどがチェックされ、問題点が表示されます。チェックされた内容を修正することで、アクセシビリティを考慮することができます。

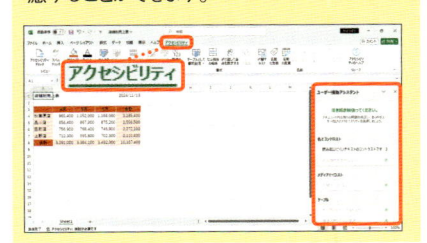

よく使う書式

[ホーム] タブでよく使う書式を設定できます。

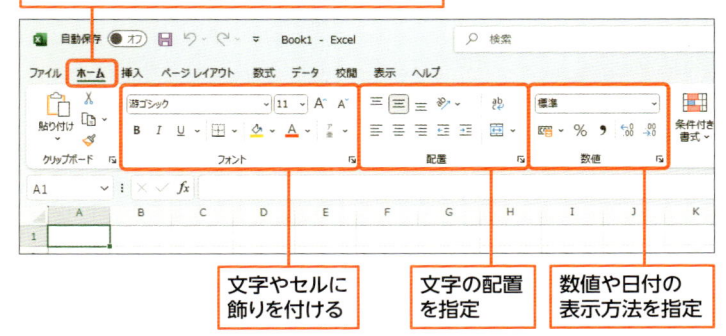

文字やセルに
飾りを付ける

文字の配置
を指定

数値や日付の
表示方法を指定

さまざまな書式

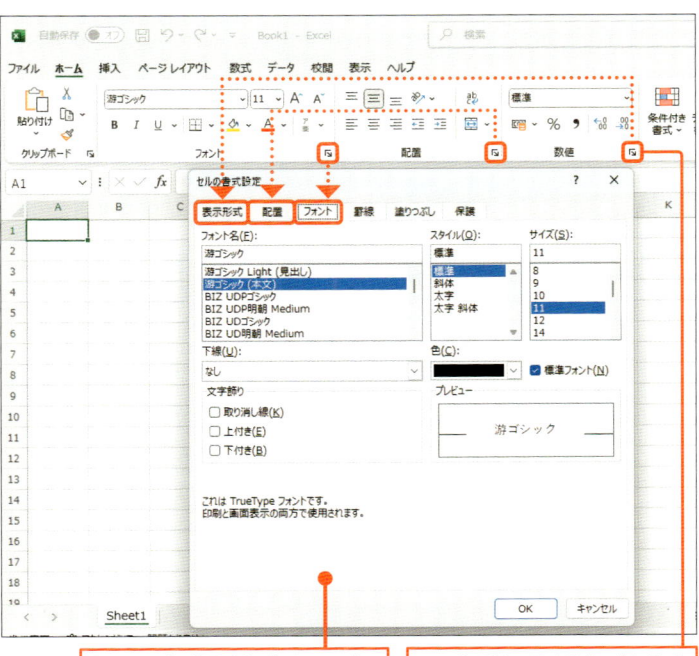

[セルの書式設定] ダイアログで
さまざまな書式を設定できます。

ここをクリックすると、[セルの
書式設定] ダイアログのそれ
ぞれのタブが表示されます。

45 全体のデザインのテーマを選ぶ

練習用ファイル： 45_文具コーナー売上表.xlsx

ここで学ぶのは

▶ デザインのテーマ

▶ テーマの変更

▶ 配色

テーマとは、Excelブック全体の基本デザインを決めるものです。テーマの一覧から気に入ったものを選んで指定します。テーマによってフォントや色合いなどが変わりますので、全体のイメージが大きく変わります。なお、テーマの内容は、Excelのバージョンなどによって異なります。

1 テーマとは？

テーマとは、文字の形や、文字や図形などに設定する色の組み合わせ、図形の質感などのデザイン全体を決める設定です。テーマを変えると、デザインのイメージが変わります。

テーマは、通常「Office」というテーマが指定されています。Excelを仕事で使う場合などは、このテーマのままで使うことが多いでしょう。テーマを変えると、選んだテーマによっては表やグラフなどが見づらくなることもあるので注意しましょう。

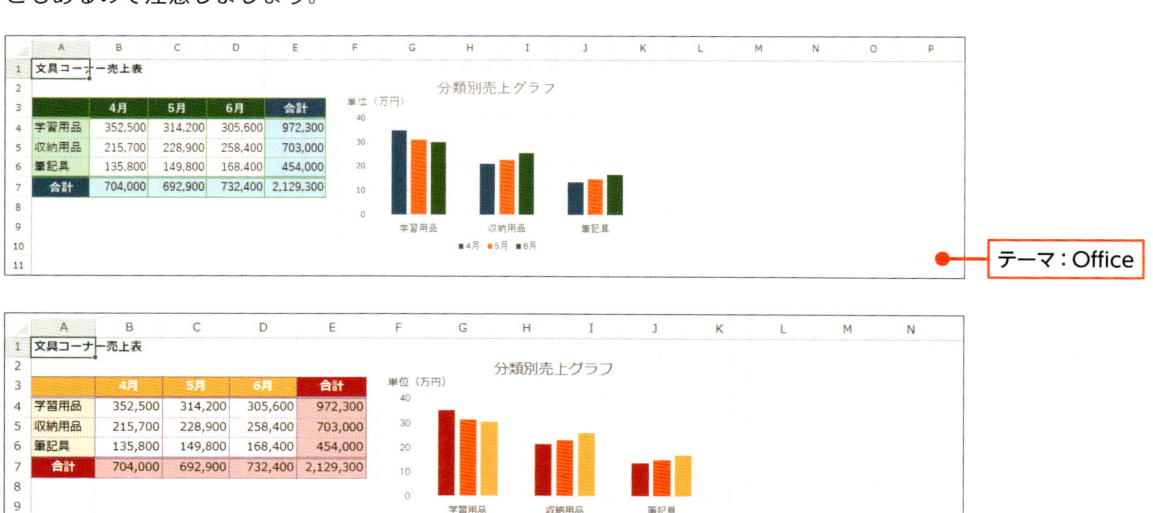

テーマ：Office

テーマ：イオン

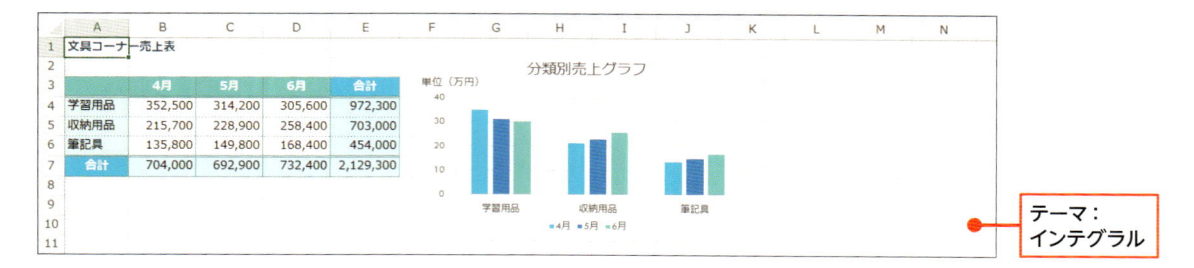

テーマ：
インテグラル

2 テーマを変更する

解説 ▷ テーマを変える

デザインのテーマを変えます。テーマを変えると、デザインだけでなく行の高さなども変わるため、表のレイアウトや列幅を修正したりする手間が発生する場合もあります。そのため、テーマは、なるべく早めの段階で指定するとよいでしょう。なお、選択したテーマによっては、ファイルサイズが大きくなることがあります。

Memo ▷ 色合いが変わる

テーマを変えると、文字や図形の色などを変えるときに表示される色の一覧も変わります。

テーマ：Office
で表示される色
の一覧

テーマ：ギャラ
リーで表示され
る色の一覧

Hint ▷ テーマの一部を変える

[ページレイアウト] タブ→ [配色] を選択するとテーマの色合いだけ変わります。[ページレイアウト] タブ→ [フォント] を選択するとテーマのフォントだけ変わります。[ページレイアウト] タブ→ [効果] を選択すると図形の質感などの効果だけ変わります。

> 変更前のテーマは「Office」が適用されています。

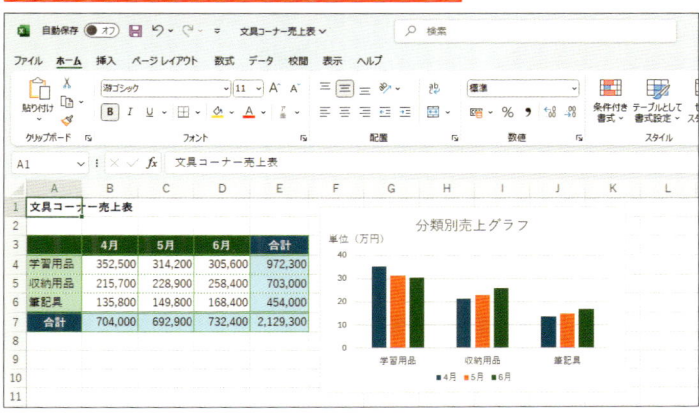

1 [ページレイアウト] タブ→ [テーマ] をクリックします。

2 いずれかのテーマにマウスポインターを移動すると、

3 テーマを適用したイメージが表示されます。

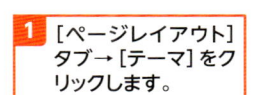

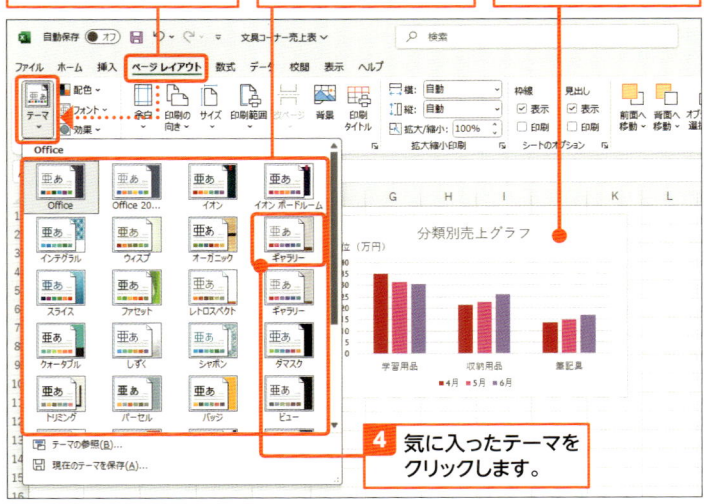

4 気に入ったテーマをクリックします。

5 テーマが「ギャラリー」に変更されました。

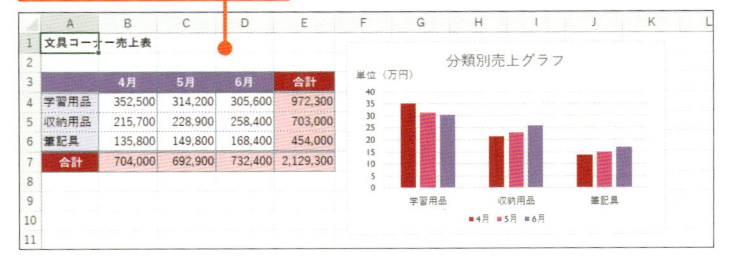

Section 46

文字やセルに飾りを付ける

練習用ファイル：📁 46_支店別売上集計表.xlsx

ここで学ぶのは

▶ 飾りの設定
▶ 文字の色
▶ スタイル

表の見出しの文字やセルに飾りを付けて、他のデータと簡単に区別できるようにしましょう。

複雑な書式を設定する必要はありません。太字や色などの簡単な飾りを付けるだけで見栄えが整えられます。

1 文字に飾りを付ける

解説 文字に飾りを付ける

書式を設定するときは、最初に対象のセルやセル範囲を選択します。続いて、飾りを指定します。［ホーム］タブ→［太字］をクリックすると、太字のオンとオフを交互に切り替えられます。

Key word フォント

文字の形のことをフォントといいます。日本語の文字のフォントを指定するときは、通常は、日本語のフォントを選択するとよいでしょう。

Memo 書式をまとめて削除する

セルの書式情報だけをまとめて削除するには、下図のように対象のセルを選択し、［ホーム］タブ→［クリア］→［書式のクリア］をクリックします。すると、セルのデータはそのまま残り、書式情報だけが削除されます。

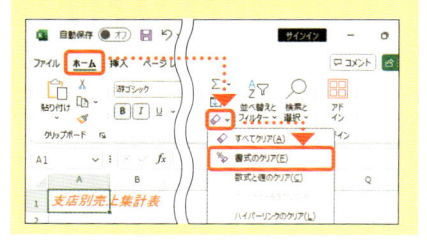

1 書式を設定するセルを選択し、

文字を太字にして、大きさを変えます。

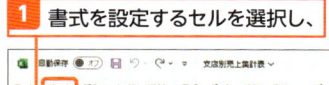

2 ［ホーム］タブ→［太字］をクリックします。

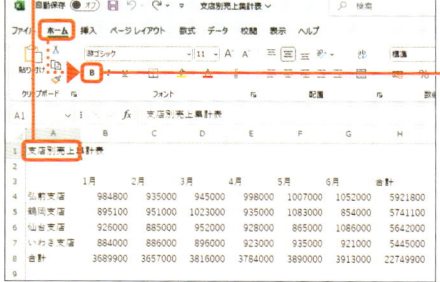

3 ［フォントサイズ］の ⌄ をクリックし、文字の大きさをクリックします。

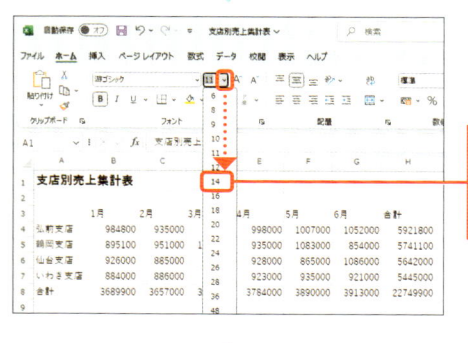

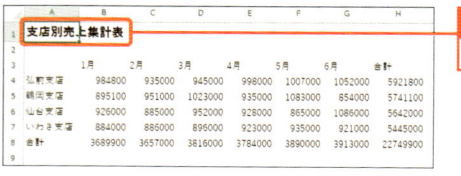

4 文字が太字になり、大きくなりました。

2 文字とセルの色を変更する

解説 色を変える

文字の色やセルの色を変えます。セルの色を元に戻すには、一覧から[塗りつぶしなし]をクリックします。

Hint さまざまな飾りを付ける

文字の大きさや色などの複数の飾りをまとめて設定するときは、[セルの書式設定]ダイアログを表示します（p.139）。[フォント]タブでさまざまな飾りを指定できます。

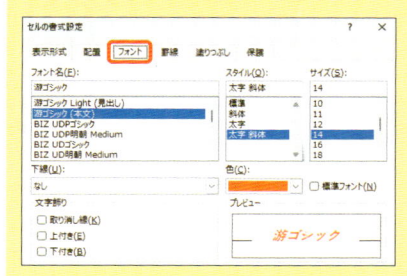

Hint スタイル機能を使う

書式を設定するセルやセル範囲を選択し、[ホーム]→[セルのスタイル]をクリックするとスタイルの一覧が表示されます。スタイルとは、複数の飾りの組み合わせが登録されたものです。利用するスタイルをクリックすると、スタイルが設定されます。

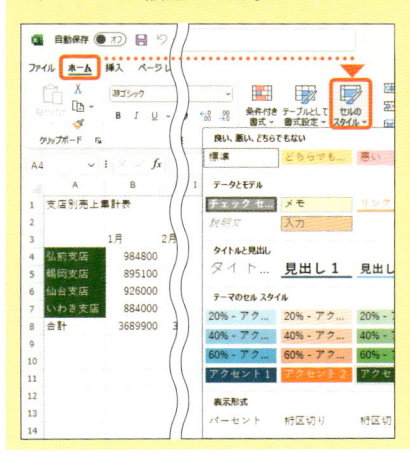

1 書式を設定するセルを選択します。

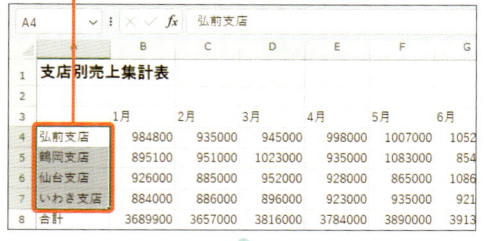

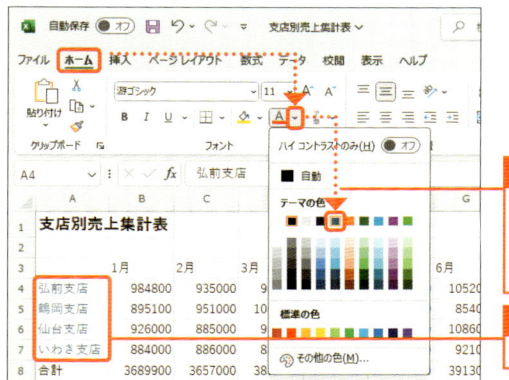

2 [ホーム]タブ→[フォントの色]の∨をクリックし、色をクリックします。

3 文字に色が付きます。

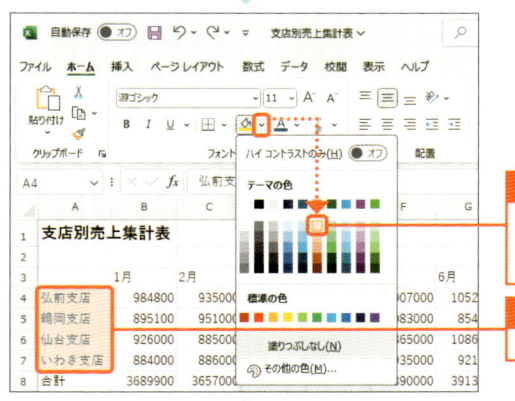

4 [塗りつぶしの色]の∨をクリックし、色をクリックします。

5 セルに色が付きます。

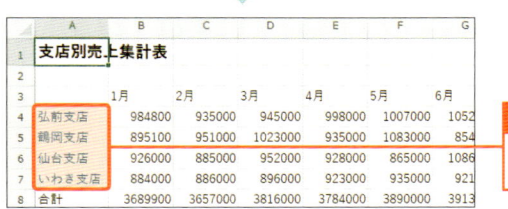

6 文字とセルの色が変更されました。

47 文字の配置を整える

練習用ファイル：📁 47_特別セール売上集計表.xlsx

ここで学ぶのは

▶ 文字の配置

▶ 折り返して表示

▶ 縮小して表示

表の見出しをセルの中央に配置したりするには、セルに対して文字の配置を指定します。

文字を少し右に字下げして表示するには、インデントという字下げの機能を使います。1文字ずつ文字をずらせます。

1 文字の配置を変更する

解説 横位置を指定する

文字をセルの中央に配置します。元の配置に戻すには、もう一度［中央揃え］をクリックしてボタンが押されていない状態にします。

文字を字下げするには、［インデントを増やす］ をクリックします。クリックするたびに少しずつ右にずれます。元に戻すには、［インデントを減らす］ をクリックします。

1 文字の配置を指定するセルやセル範囲を選択し、

2 ［ホーム］タブ→［中央揃え］をクリックします。

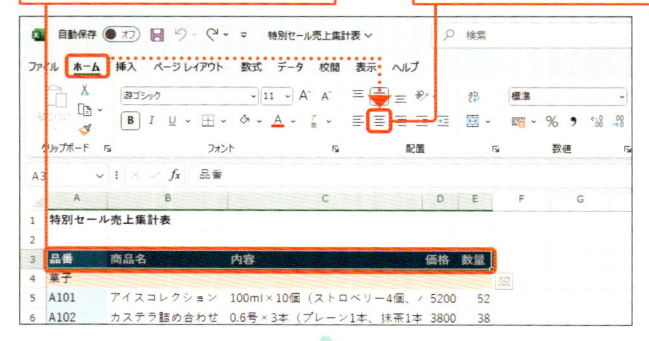

3 文字が中央揃えになります。

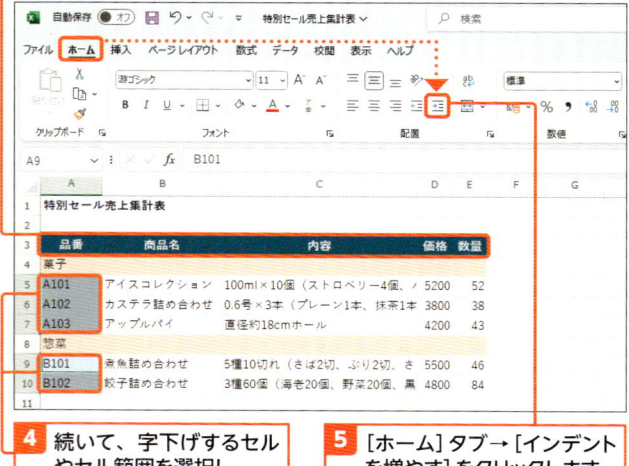

4 続いて、字下げするセルやセル範囲を選択し、

5 ［ホーム］タブ→［インデントを増やす］をクリックします。

Memo 縦位置を指定する

行の高さが高いときに、文字を行の上揃え、中央揃え、下揃えにするには、対象のセルを選択して［ホーム］タブ→［上揃え］ 、［上下中央揃え］ 、［下揃え］ のいずれかをクリックします。

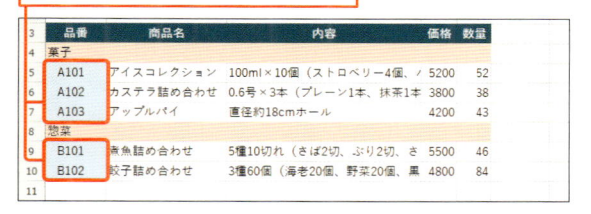

6 文字が1文字、字下げされます。

2 文字を折り返して表示する

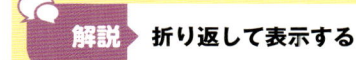

解説 折り返して表示する

セルからはみ出した文字をセル内に収めるには、文字を折り返して表示するか、文字を自動的に縮小して表示するか指定する方法があります。ここでは、文字を折り返して表示します。

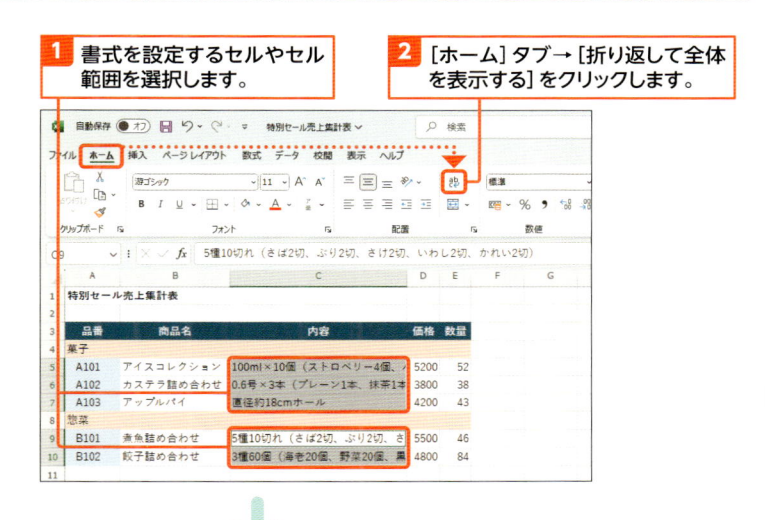

1 書式を設定するセルやセル範囲を選択します。

2 [ホーム]タブ→[折り返して全体を表示する]をクリックします。

3 文字が折り返してセル内に収まります。

Memo セルの途中で改行する

セルの途中で改行して文字を入力するには、改行する箇所で [Alt] + [Enter] キーを押します。

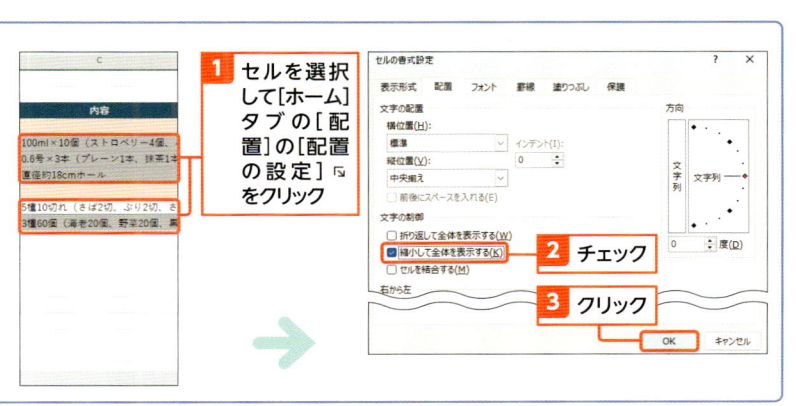

Memo 文字を縮小して収める

セルからはみ出した文字を自動的に縮小して収めるには、対象のセルを選択して[セルの書式設定]ダイアログ（p.139）を表示します。[配置]タブ→[折り返して全体を表示する]をオフにして[縮小して全体を表示する]をクリックします。

1 セルを選択して[ホーム]タブの[配置]の[配置の設定]をクリック

2 チェック

3 クリック

Section

48

セルを結合して1つにまとめる

練習用ファイル： 📁 48_特別セール売上集計表.xlsx

ここで学ぶのは

▶ セルの結合

▶ 横方向の結合

▶ 結合の解除

複雑な表を作りたい場合などは、**セルとセルを1つにまとめたり**しながらレイアウトを整えます。

セルにデータを入力してからレイアウトを調整すると、後でデータを修正する手間が発生してしまう可能性があるので注意します。

---

1 セルを結合する

解説 ▶ セルを結合する

セルを結合して1つにまとめて表示します。文字を結合したセルの中央に配置するには、[ホーム] タブ→ [セルを結合して中央揃え] をクリックします。

結合しようとする複数のセルにデータが入っている場合、左上のセルのデータ以外は消えてしまうので注意します。

Memo ▶ 結合を解除する

結合したセルを解除して元のようにバラバラの状態にするには、結合したセルを選択し、[ホーム] タブ→ [セルを結合して中央揃え] をクリックして、ボタンをオフにします。

1 結合するセル範囲を選択し、

2 [ホーム] タブ→ [セルを結合して中央揃え] をクリックします。

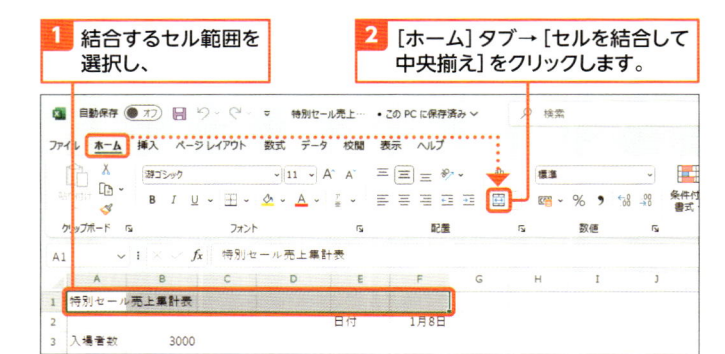

3 セルが結合して、文字が中央揃えになります。

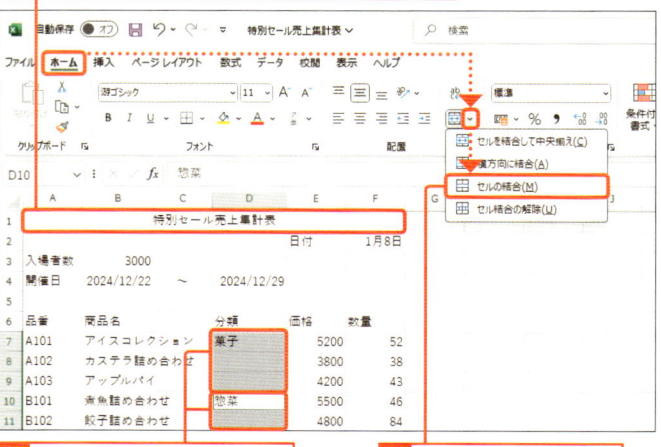

4 続いて、結合するセル範囲を選択します。2つ目以降は Ctrl キーを押しながら選択します。

5 [ホーム] タブ→ [セルを結合して中央揃え] の ∨ → [セルの結合] をクリックします。

6 セルが結合します。今度は文字は左寄せのままです。

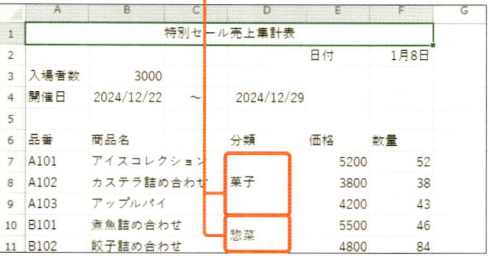

2 セルを横方向に結合する

解説 横方向に結合する

横長の入力欄を作る場合などは、セルを横方向にのみ結合します。このとき、結合するセルを1行ずつ選択する必要はありません。セル範囲を選択して操作すると、その範囲内のセルを横方向にのみ結合できます。

Hint 文字を縦書きにする

縦方向に結合したセルの文字を縦書きにするには、セルを選択し、[ホーム]タブ→[方向]→[縦書き]をクリックします。

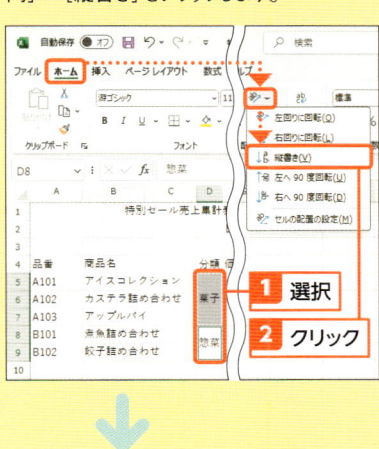

1 選択
2 クリック

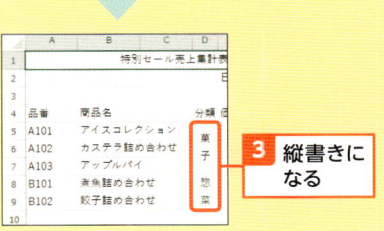

3 縦書きになる

複数のセル範囲を選択し、セルを横方向にのみ結合します。

1 結合するセル範囲を選択します。

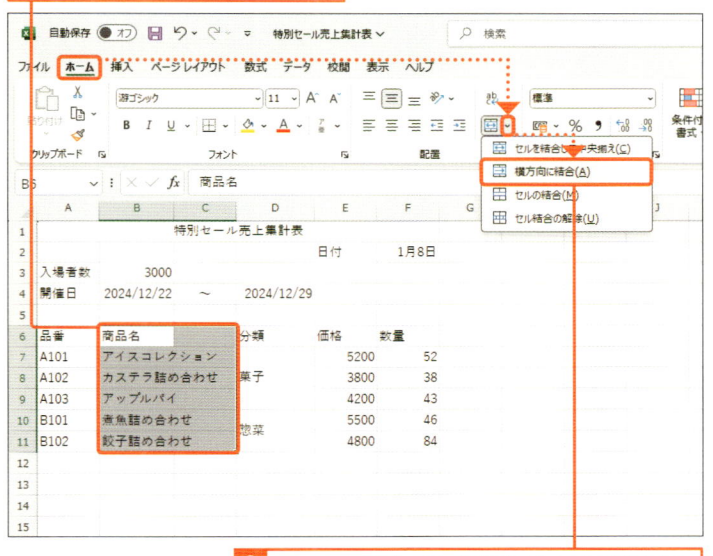

2 [ホーム]タブ→[セルを結合して中央揃え]の⌄→[横方向に結合]をクリックします。

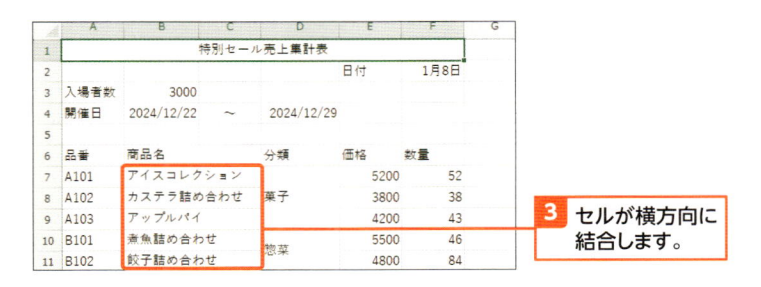

3 セルが横方向に結合します。

Section

49

表に罫線を引く

練習用ファイル： 49_ワークショップ受付表.xlsx

ここで学ぶのは

▶ 罫線
▶ 罫線の色
▶ 罫線の太さ

セルを区切っているグレーの線は、通常は印刷しても表示されない設定になっています。

表の文字や数値などを線で区切って表示するには、セルに罫線を引く必要があります。

1 表に罫線を引く

解説 表全体に罫線を引く

セルに罫線を引くには、対象のセル範囲を選択して罫線の種類を指定します。表全体に線を引くには、[格子]の罫線を選びます。

Hint セル範囲を選択する

セル範囲を選択するとき、セル範囲の端のセルを選択した後、[Shift]キーを押しながら別の端のセルを選択する方法もあります。たとえば下図のように、セルA3をクリックし、[Shift]キーを押しながらセルE9をクリックすると、セル範囲A3:E9が選択されます。

1 クリック

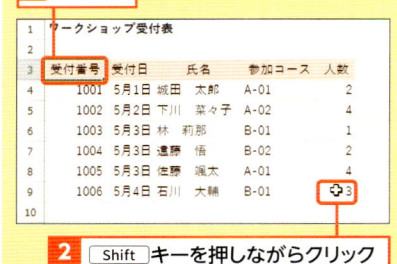

2 [Shift]キーを押しながらクリック

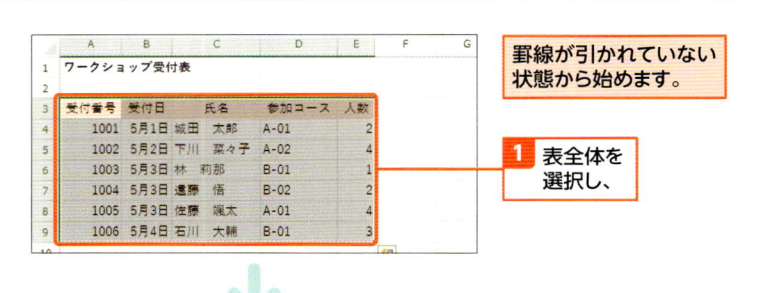

罫線が引かれていない状態から始めます。

1 表全体を選択し、

2 [ホーム]タブ→[罫線]の∨→[格子]をクリックします。

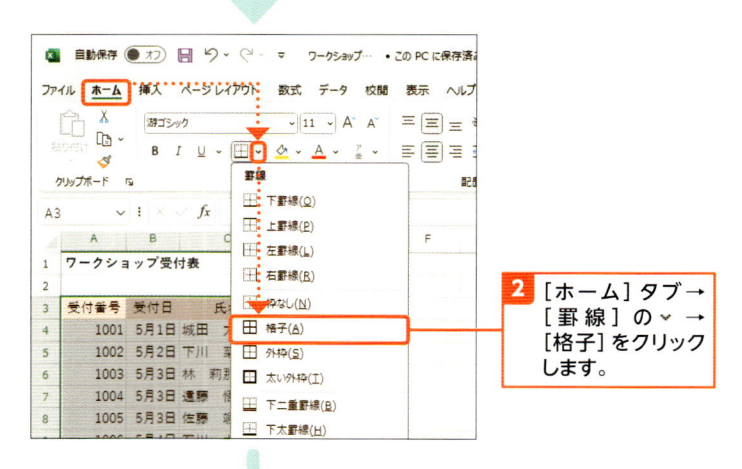

3 表全体に黒い実線の罫線が引かれます。

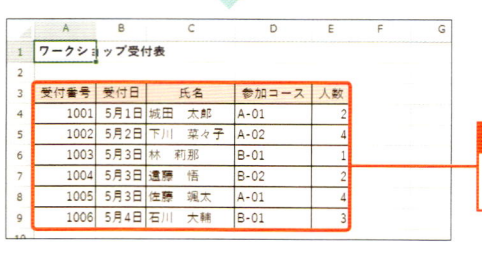

2 セルの下や内側に罫線を引く

 解説 指定した場所に引く

罫線を引く対象のセルやセル範囲を選択し、線を引く場所を指定します。[ホーム]タブ→[罫線]の一覧に線を引く場所が表示されない場合は、[その他の罫線]をクリックして指定します。

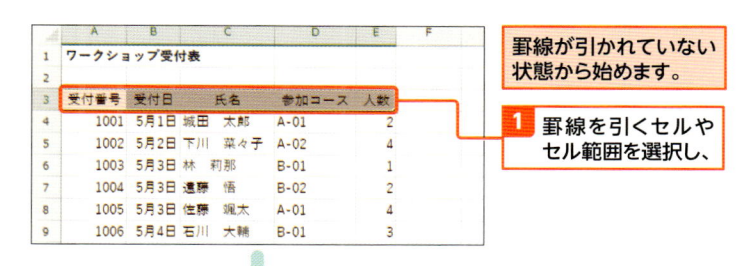

罫線が引かれていない状態から始めます。

1 罫線を引くセルやセル範囲を選択し、

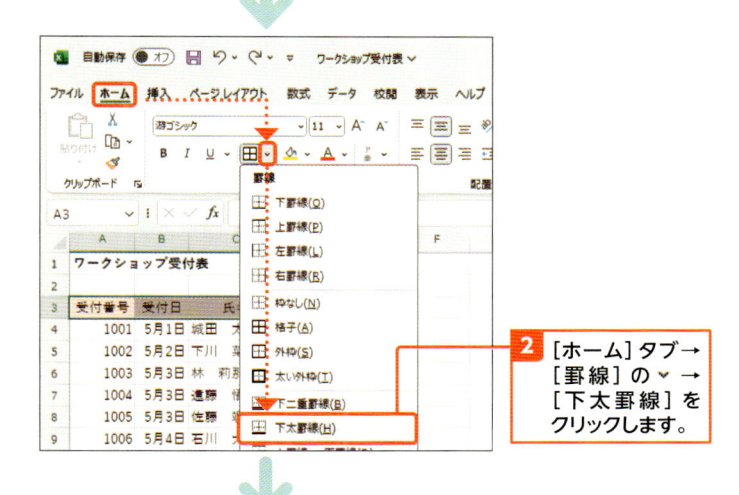

2 [ホーム]タブ→[罫線]の∨→[下太罫線]をクリックします。

 ショートカットキー

● 空白列や空白行で区切られていないデータが入力されている領域全体を選択

表内のいずれかのセルをクリックし、
[Ctrl]+[Shift]+[*]
([*]はテンキー以外)

3 選択した範囲の下に実線の太罫線が引かれます。

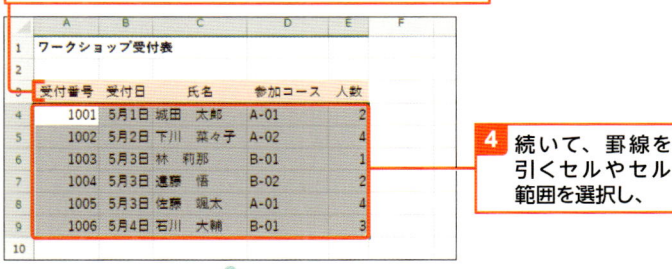

4 続いて、罫線を引くセルやセル範囲を選択し、

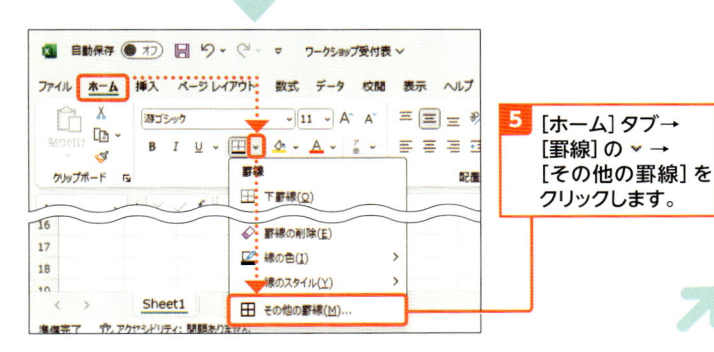

5 [ホーム]タブ→[罫線]の∨→[その他の罫線]をクリックします。

Memo ▶ 罫線を消す

罫線を消すには、対象のセルやセル範囲を選択し[ホーム]タブ→[罫線]の ∨ →[枠なし]をクリックします。

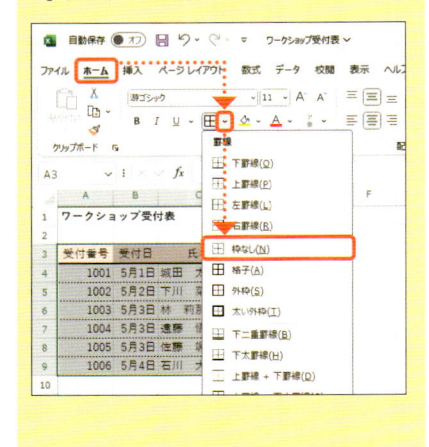

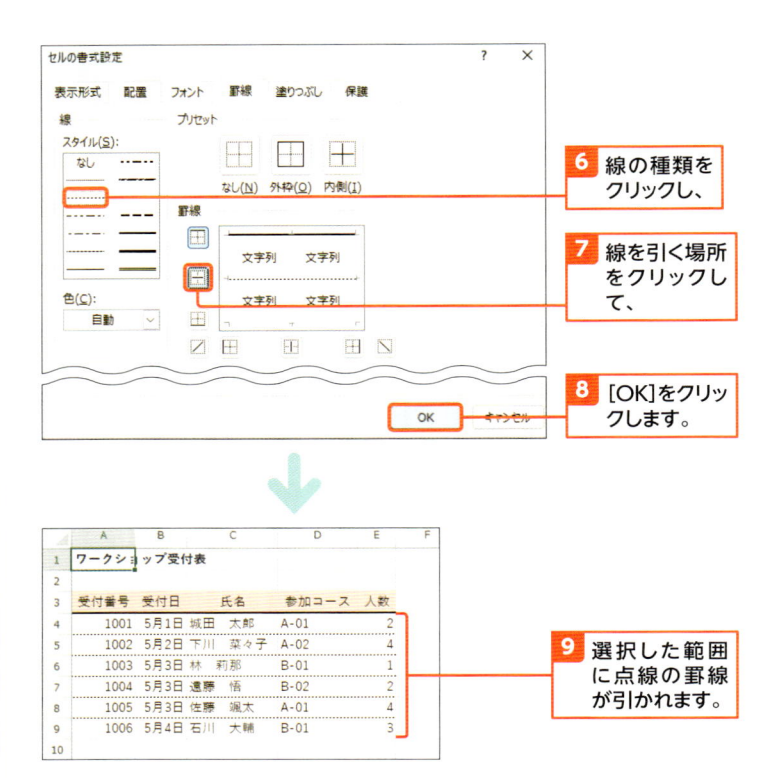

6 線の種類をクリックし、

7 線を引く場所をクリックして、

8 [OK]をクリックします。

9 選択した範囲に点線の罫線が引かれます。

③ 罫線の色を変更する

解説 ▶ 線の種類を指定する

[セルの書式設定]ダイアログを使うと、線の種類、色、太さなどを細かく指定できます。線の種類を指定したら、線を引く場所を指定します。

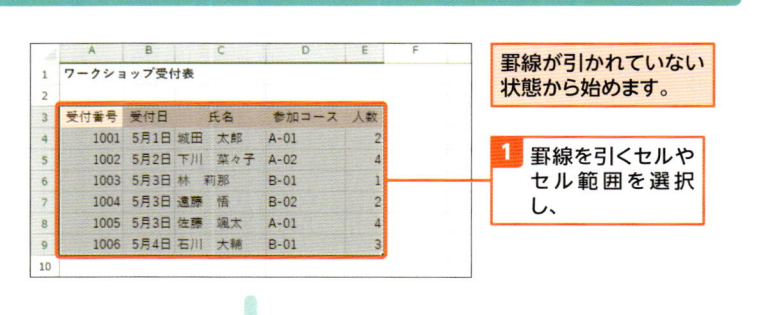

罫線が引かれていない状態から始めます。

1 罫線を引くセルやセル範囲を選択し、

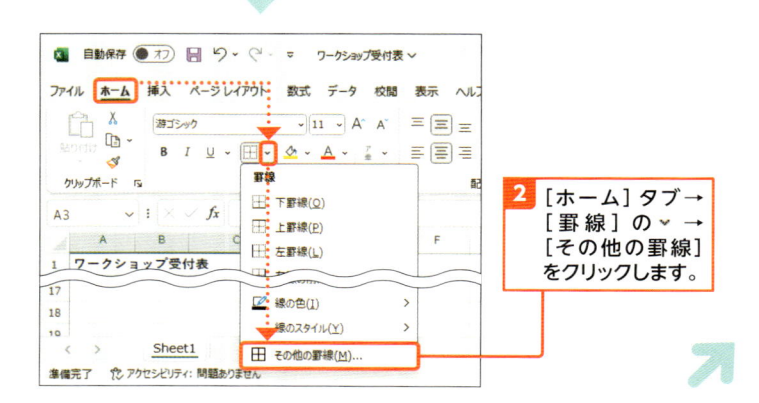

2 [ホーム]タブ→[罫線]の ∨ →[その他の罫線]をクリックします。

Hint 対角線に引く

線を引く場所を指定する際に下図の場所をク
リックすると、セルに斜めの線を引けます。
表の隅の部分などに斜めの線を表示したりす
るときに使います。

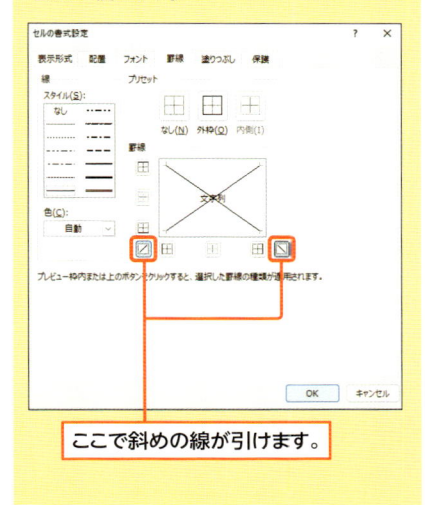

ここで斜めの線が引けます。

3 線の種類をクリックし、

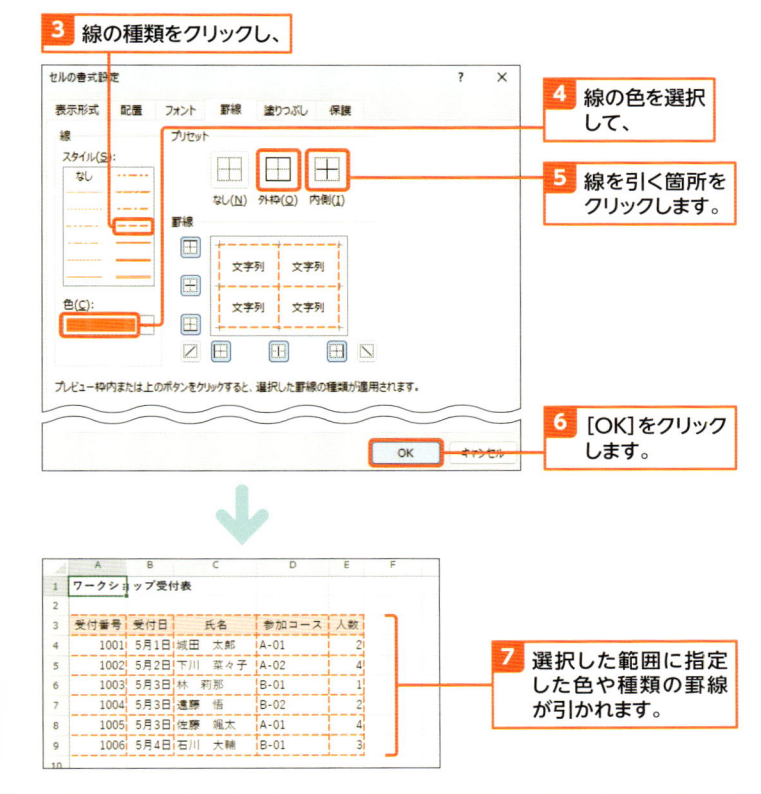

4 線の色を選択
して、

5 線を引く箇所を
クリックします。

6 [OK]をクリック
します。

7 選択した範囲に指定
した色や種類の罫線
が引かれます。

Hint ドラッグ操作で
罫線を引く

ここでは、マウスで格子状の線を引く方法を
紹介します。右図の方法で、マウスポインター
の形を確認しながらドラッグして罫線を引きま
す。罫線を引く操作が終わったら、[Esc]キー
を押して、罫線を引くモードを解除します。
また、[ホーム]タブ→[罫線]の ∨ →[罫線
の作成]をクリックすると、四角形の線を引く
状態になります。
マウスで罫線を引くとき、線の色やスタイルを
変えるには、[ホーム]タブ→[罫線]の ∨ →
[線の色]や[線のスタイル]などを選択して
罫線の色やスタイルを指定します。続いて、
線を引く場所をドラッグします。

1 [ホーム]タブ→[罫線]の ∨ →
[罫線グリッドの作成]をクリック
します。

2 罫線を引く場所に
マウスポインターを
移動します。

3 斜めにドラッグします。

4 格子状に罫線が引かれます。

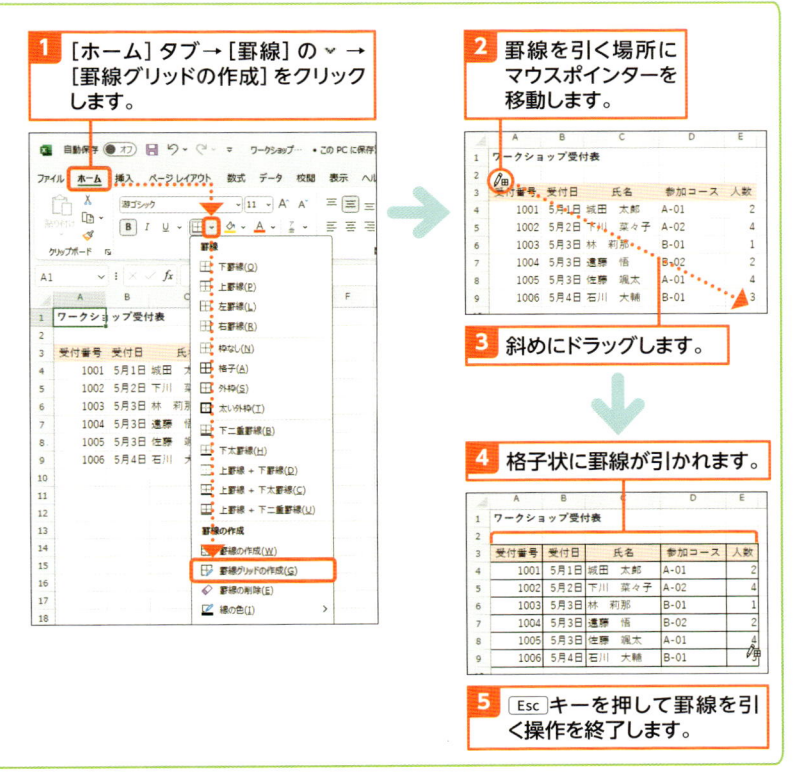

5 [Esc]キーを押して罫線を引
く操作を終了します。

Section

50 表示形式って何？

ここで学ぶのは

▶ 表示形式
▶ 数式バー
▶ セルの書式設定

数値や日付をどのように表示するかは、セルの表示形式を指定することで自由に変えられます。
たとえば、「1500」を「1,500」「¥1,500」と表示したり、「2025/11/10」を「11月10日」「11/10（月）」「令和7年11月10日」と表示したりできます。

1 表示形式とは？

📝 Memo 表示形式の指定

表示形式を指定すると、数値や日付の表示方法を指定できます。右の図は、数値や日付が入力されているセルの表示形式を変更して表示方法を変えた例です。たとえば、「1500」は「¥1,500」「1,500.00」などと表示できます。いずれも元のデータは変更せずに表示形式で表示方法を変更しています。

📝 Memo 実際のデータ

表示形式を変えても実際のデータの内容は変わりません。データ内容を確認するには、セルを選択して数式バーを確認します。

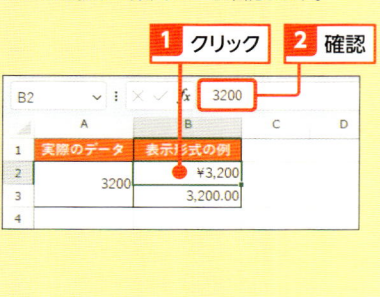

正の整数

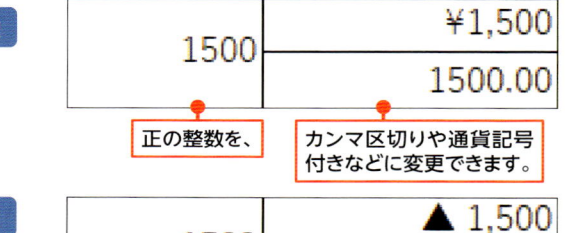

正の整数を、 カンマ区切りや通貨記号付きなどに変更できます。

負の整数

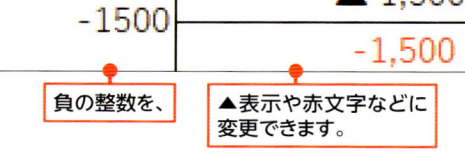

負の整数を、 ▲表示や赤文字などに変更できます。

小数

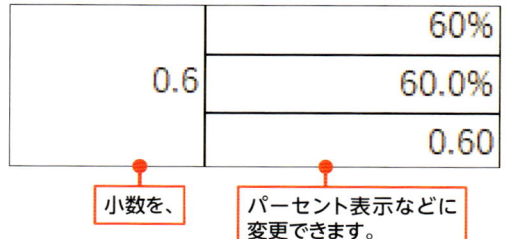

小数を、 パーセント表示などに変更できます。

日付

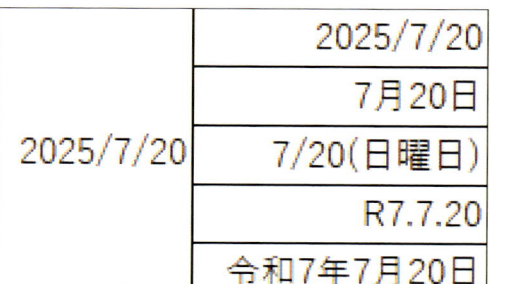

日付を、 年の表示を省略したり、和暦などに変更できます。

2 表示形式の設定方法を知る

Memo [ホーム] タブ

表示形式を設定するには、対象のセルを選択してから [ホーム] タブ→ [数値] グループのボタンで指定できます。よく使う表示形式を簡単に指定できます。

Memo 一覧から選ぶ

[ホーム] タブ→ [数値の書式] から、数値や日付の表示形式を選択できます。

Memo [セルの書式設定] ダイアログ

[セルの書式設定] ダイアログの [表示形式] タブでは、表示形式を細かく指定できます。データの分類を選択して、表示内容を設定します。[ユーザー定義] では、記号を使って独自の表示形式を設定できます (p.157)。

[ホーム] タブ

よく使う表示形式は [ホーム] タブの [数値] グループで指定できます。

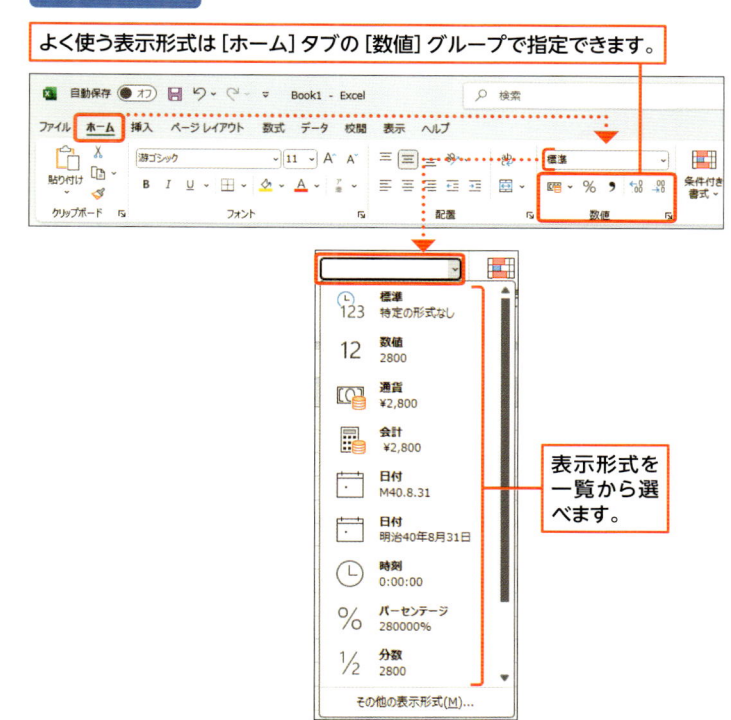

表示形式を一覧から選べます。

[セルの書式設定] ダイアログ

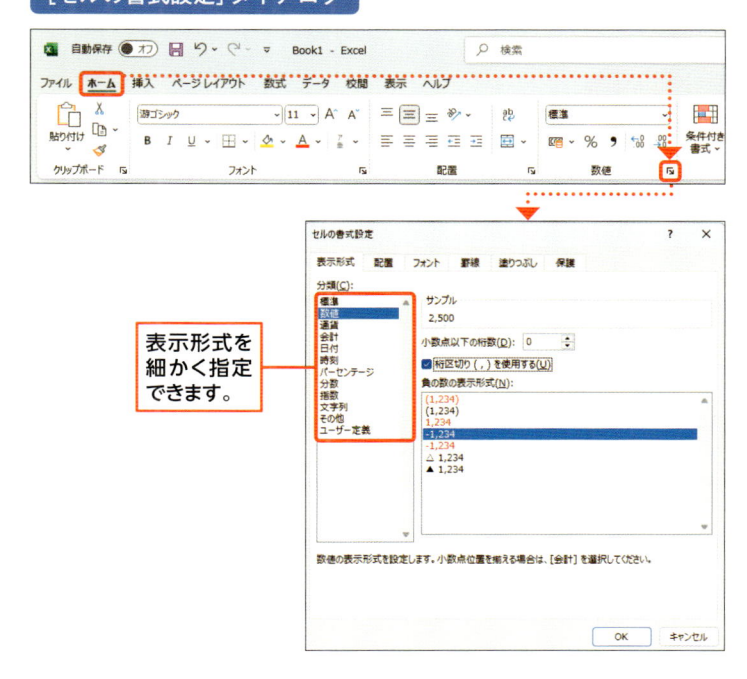

表示形式を細かく指定できます。

Section

51

数値に桁区切りの
カンマを付ける

練習用ファイル：📁 51_文具コーナー売上表.xlsx 📁 51_研修会収支表.xlsx

ここで学ぶのは

▶ 数値の表示形式
▶ 桁区切りカンマ
▶ ユーザー定義

表の数値を読み取りやすくするためには、適切な表示形式を設定する必要があります。数値の桁が大きい場合は、桁区切り「,」(カンマ)を付けます。割合を示す数値などは、パーセント表示にします。

1 数値に桁区切りカンマを表示する

解説 「,」(カンマ)を表示する

数値に3桁ごとの区切りの「,」(カンマ)を表示します。数値が読み取りやすくなりますので、大きな数字を扱うときは、忘れずに設定しましょう。

1 対象のセルやセル範囲を選択し、

2 [ホーム] タブ→ [桁区切りスタイル] をクリックします。

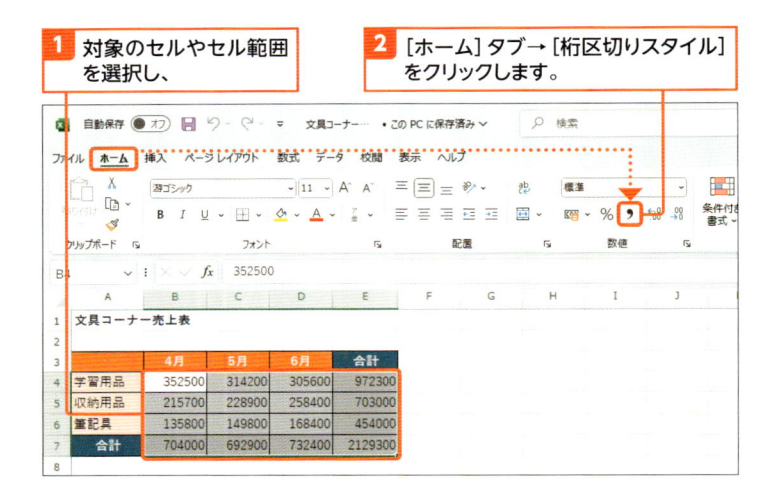

💡 Hint 通貨表示

数値に通貨表示形式を設定すると、通貨の記号と桁区切り「,」(カンマ)が表示されます。通貨の記号は [通貨表示形式] の ∨ をクリックして選択できます。

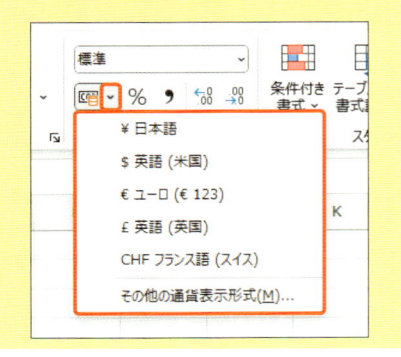

3 3桁ごとの区切りのカンマが表示されます。

4 続いて、対象のセルやセル範囲を選択し、

5 [ホーム] タブ→ [通貨表示形式] をクリックします。

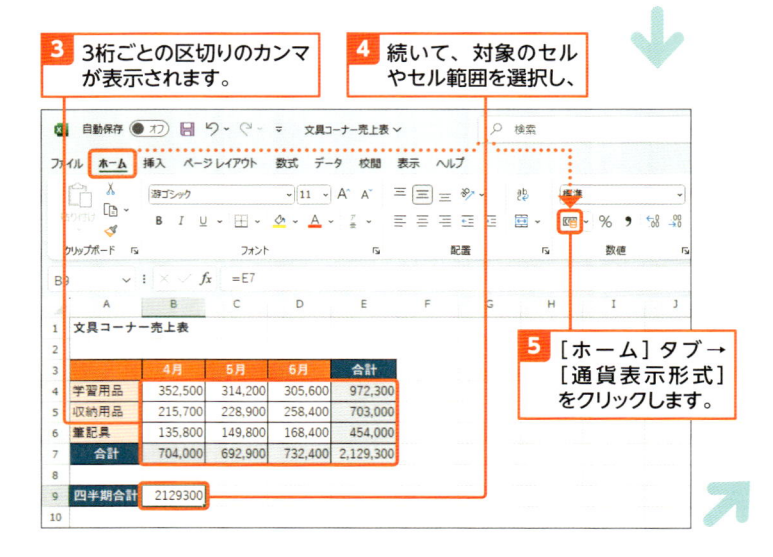

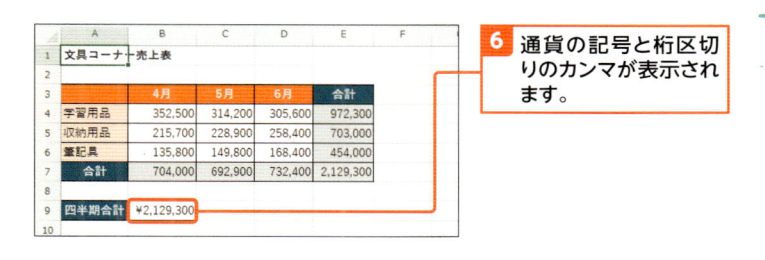

6 通貨の記号と桁区切りのカンマが表示されます。

2 数値をパーセントで表示する／小数点以下の桁数を揃える

解説 パーセント表示

数値をパーセント表示にします。「1」は「100%」、「0.5」は、「50%」のように表示されます。

1 対象のセルやセル範囲を選択し、

2 [ホーム]タブ→[パーセントスタイル]をクリックします。

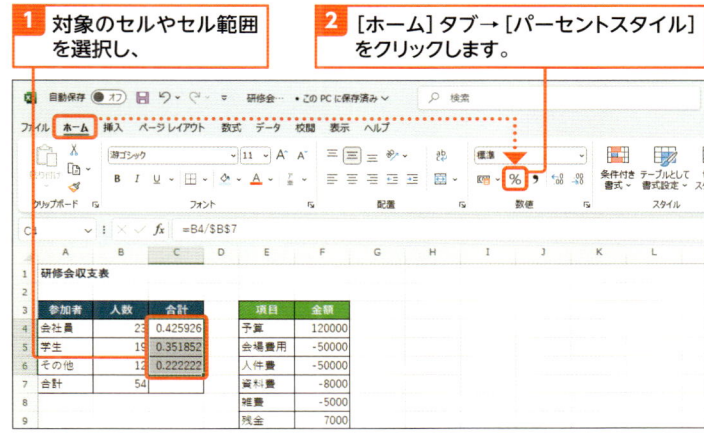

3 数値がパーセント表示になります。

4 [ホーム]タブ→[小数点以下の表示桁数を増やす]をクリックします。

解説 小数点以下の桁

小数点以下の表示桁数を調整します。この方法で調整すると、見た目が四捨五入されて桁が揃います。ただし、実際のデータは変わりません。そのため、計算結果が間違っているように見える場合もあるので注意します（p.124）。

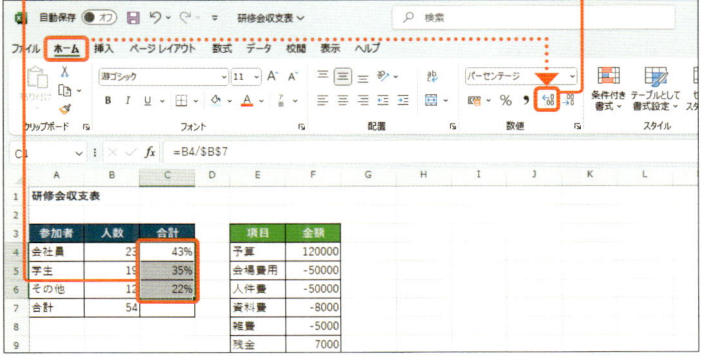

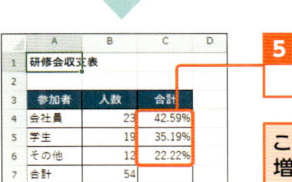

5 数値の小数点以下の表示桁数が増えます。

ここでは、[小数点以下の表示桁数を増やす]を2回クリックしています。

3 マイナスの数を赤で表示する

解説 負の数の表示形式

マイナスの数値の表示形式を指定します。マイナスの数値は、先頭に「-」が付いたものや赤字で表示するものなど、一覧から選択できます。

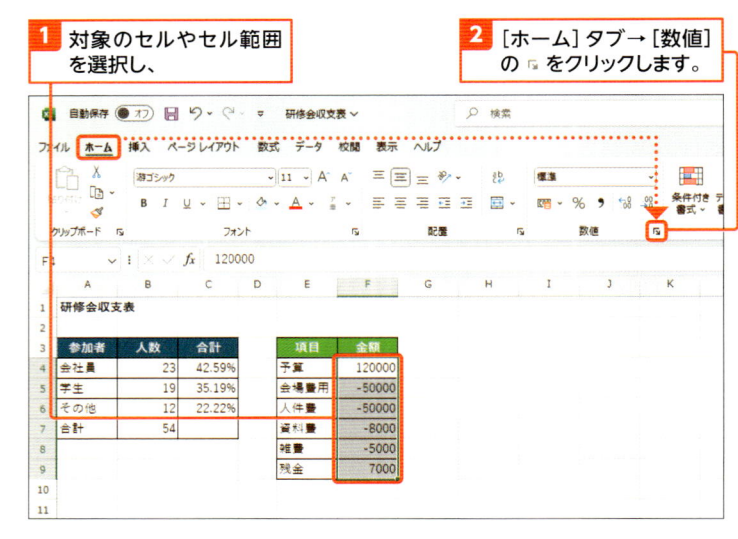

1 対象のセルやセル範囲を選択し、

2 [ホーム]タブ→[数値]の をクリックします。

Hint 会計表示

数値を会計表示にすると、通貨記号が左に表示されます。数値の右側に少し空白が表示されます。また、「0」は、「¥-」のように表示されます。

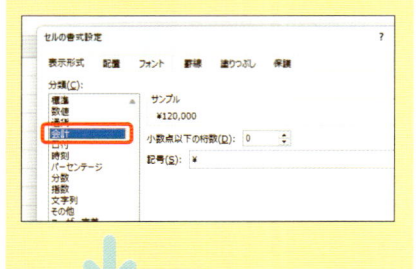

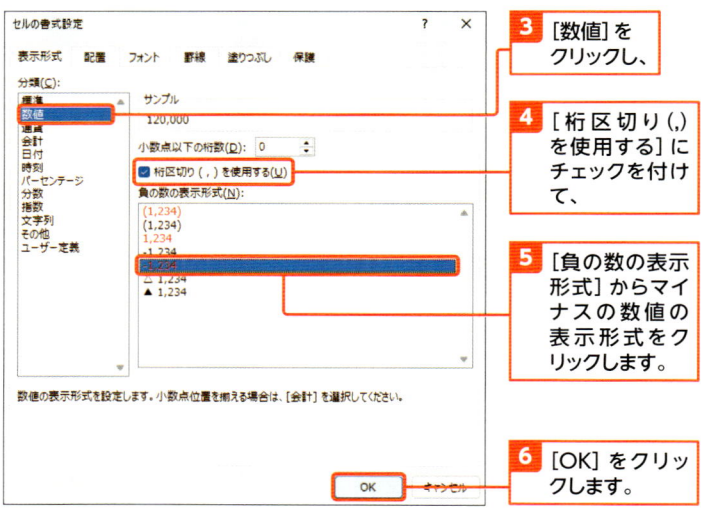

3 [数値]をクリックし、

4 [桁区切り(,)を使用する]にチェックを付けて、

5 [負の数の表示形式]からマイナスの数値の表示形式をクリックします。

6 [OK]をクリックします。

項目	金額
予算	¥ 120,000
会場費用	¥ -50,000
人件費	¥ -50,000
資料費	¥ -8,000
雑費	¥ -5,000
残金	¥ 7,000

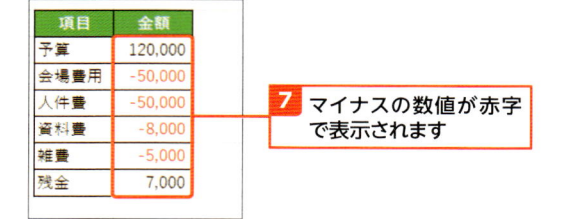

項目	金額
予算	120,000
会場費用	-50,000
人件費	-50,000
資料費	-8,000
雑費	-5,000
残金	7,000

7 マイナスの数値が赤字で表示されます

4 数値を千円単位で表示する

💬 **解説** 千円単位や百万円単位

数値の桁が大きい場合などは、千円単位や百万円単位にすると見やすくなることがあります。これらの表示形式は、ユーザー定義の書式を設定します。数値の表示形式の最後に「,」を付けると千円単位、「,,」を付けると百万円単位になります。

📢 **使える プロ技!** 表示方法を独自に指定する

数値の表示形式を細かく指定するには、ユーザー定義の書式を設定します。ユーザー定義の書式は、以下のような記号を使って指定します。

● 数値の書式を設定するときに使う主な記号

記号	内容
0	数値の桁を表す。数値の桁が「0」を指定した桁より少ない場合は、その場所に「0」を表示する。小数点より左側の桁が指定した桁数より多い場合は、すべての桁が表示される
#	数値の桁を表す。数値の桁が「#」を指定した桁より少ない場合は、その場所に「0」は表示しない。小数点より左側の桁が指定した桁数より多い場合は、すべての桁が表示される
?	数値の桁を表す。数値の桁が「?」を指定した桁より少ない場合は、その場所にスペースが表示される。小数点より左側の桁が指定した桁数より多い場合は、すべての桁が表示される
.	小数点を表示する
,	桁区切り「,」(カンマ)を表示する。また、千単位や百万円単位などで数値を表示するときに使う

● 表示形式の指定例

表示形式	実際のデータ	表示される内容
0000.00	4.5	0004.50
#,###	13000	13,000
#,###	0	
#,##0	0	0
0.??	21.555	21.56
0.??	21.5	21.5

1 対象のセルやセル範囲を選択し、

2 [ホーム]タブ→[数値]の 🔲 をクリックします。

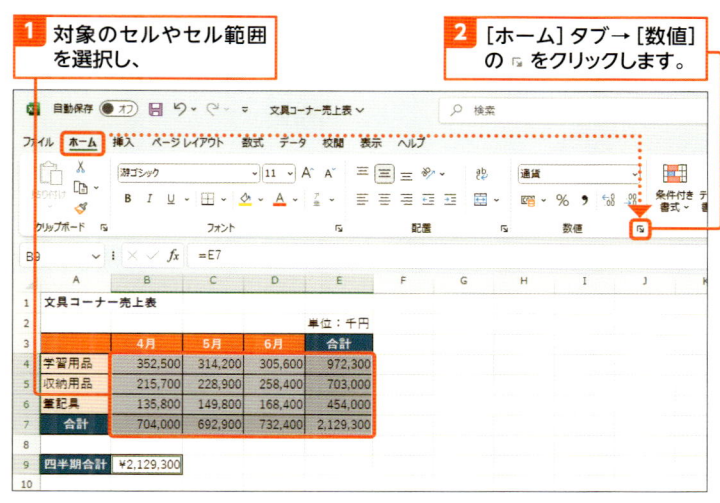

3 [ユーザー定義]をクリックし、

4 [種類]に「#,##0,」と入力して、

5 [OK]をクリックします。

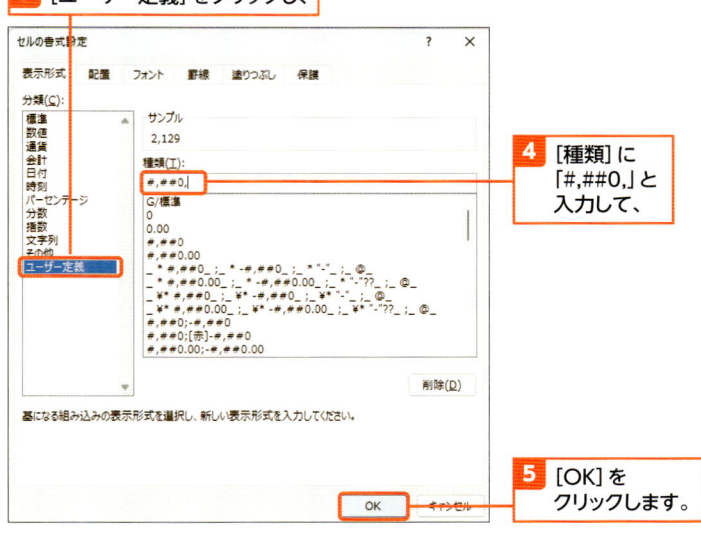

6 数値が千円単位で表示されます。

練習用ファイル： 📁 52_予定表_横浜店.xlsx

日付の表示方法も、「2025/3/20」「3月20日」や「令和7年3月20日」など、さまざまなものがあります。

また、ユーザー定義の書式を設定すると「3月20日（木）」のように、日付に曜日の情報を自動的に表示したりもできます。

ここで学ぶのは

▶ 日付の表示形式
▶ シリアル値
▶ ユーザー定義

1 日付の年を表示する

解説 日付の表示形式を選択する

日付を「8/1」のように入力すると、今年の8/1の日付が入力され、「8月1日」のように表示されます。年の情報を表示するには、日付の表示形式を選択します。

「2025/8/1」を「2025/08/01」のように、月や日を2桁で表示するには、ユーザー定義の書式を設定します（p.161）。

Memo 実際のデータを確認する

日付の表示形式を変えても実際に入力されている日付のデータは変わりません。日付のデータを確認するには、日付が入力されているセルをクリックして数式バーを見ます。

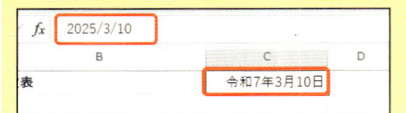

Hint 月や日を2桁で表示する

「R07.01.15」のように、年や月、日を2桁で表示するには、ユーザー定義の書式を設定します（p.161）。

日付を「2025/4/1」のような形式で表示します。

1 対象のセルやセル範囲を選択し、

2 ［ホーム］タブ→［数値の書式］の∨をクリックし、［短い日付形式］をクリックします。

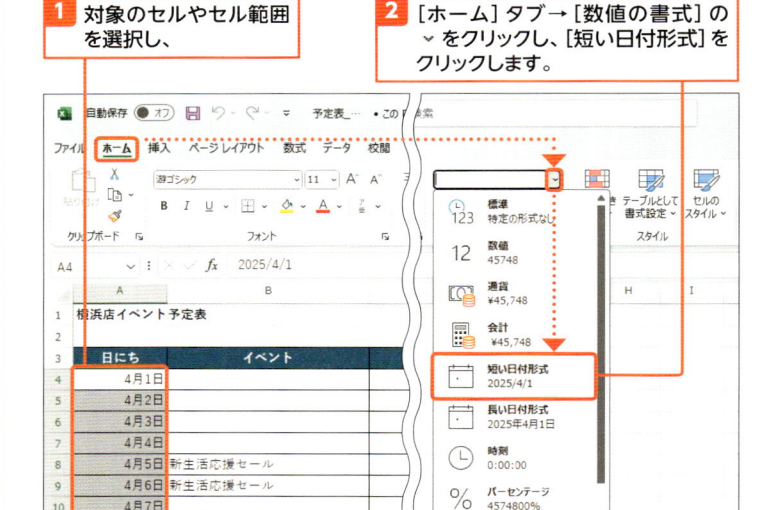

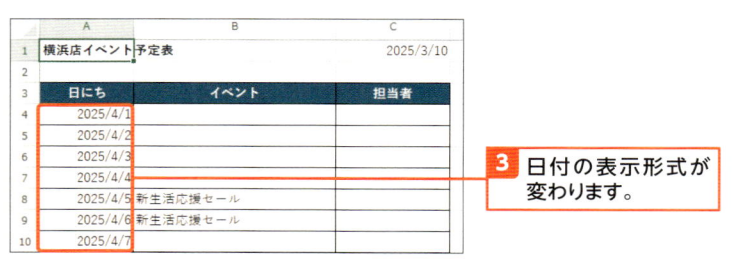

3 日付の表示形式が変わります。

Hint 日付を和暦で表示する

日付を元号から表示するには、日付の表示形式で和暦を指定します。元号は、漢字もしくはアルファベットで表示する形式が選択できます。

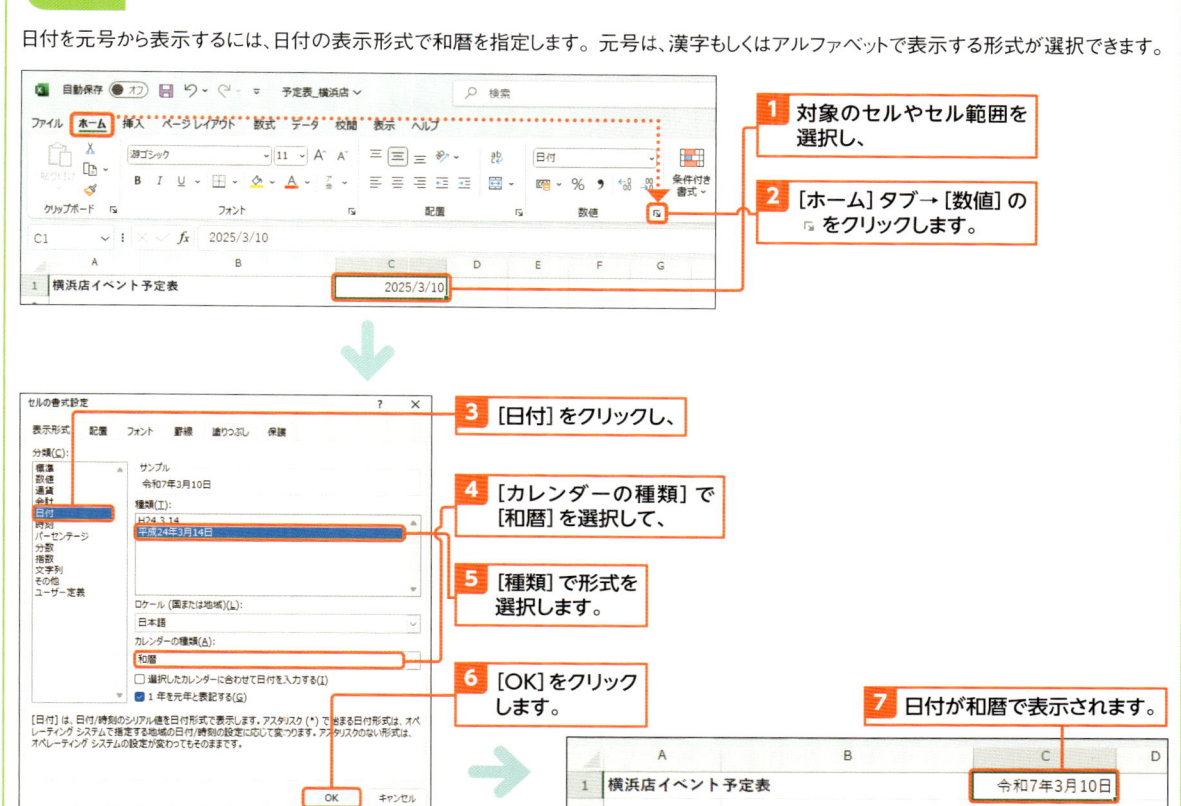

1 対象のセルやセル範囲を選択し、

2 [ホーム]タブ→[数値]の ⤡ をクリックします。

3 [日付]をクリックし、

4 [カレンダーの種類]で[和暦]を選択して、

5 [種類]で形式を選択します。

6 [OK]をクリックします。

7 日付が和暦で表示されます。

シリアル値

日付や時刻のデータは、実際には、シリアル値という数値で管理されています。具体的には、1900/1/1 の日付が「1」、1900/1/2 が「2」のように、1 日経過すると数値が 1 つずつ増えます。時刻は小数部で管理されます。

日付や時刻のデータが入力されているセルの書式を解除してしまったりすると、表示形式が「標準」に戻るので、日付や時刻が表示されていたはずのセルに、シリアル値の数値が直接表示されてしまうことがあります。この場合、日付や時刻を再入力する必要はありません。日付や時刻の表示形式を元に戻すと、正しい日付が表示されます。

日付や時刻を扱うときにシリアル値を意識する必要はありませんが、日付や時刻のセルに数値が表示されてしまった場合のトラブルに対応できるように、シリアル値の存在を知っておきましょう。

1 日付の書式を解除すると、

2 シリアル値が表示されます。

2 日付に曜日を表示する

 **解説** 曜日を表示する

日付に曜日の情報を表示するには、ユーザー定義の表示形式を設定します。ユーザー定義は、記号を使って指定します。「m」は月を1桁または2桁で、「d」は日を1桁または2桁で表示する記号です。「aaa」は曜日の情報を「土」のように表示する記号です。記号の意味は、次ページの表を参照してください。

 **Memo** 「####」が表示された場合

日付が列幅内に収まらないとき、「####」と表示されることがあります。その場合は、列幅を広げると表示されます。

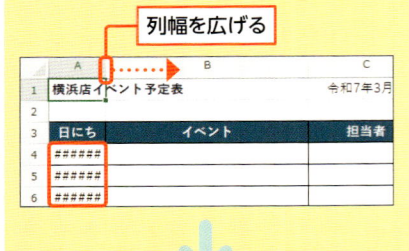

日付を「4/1（火）」のような形式で表示します。

1 対象のセルやセル範囲を選択し、

2 ［ホーム］タブ→［数値］の 5 をクリックします。

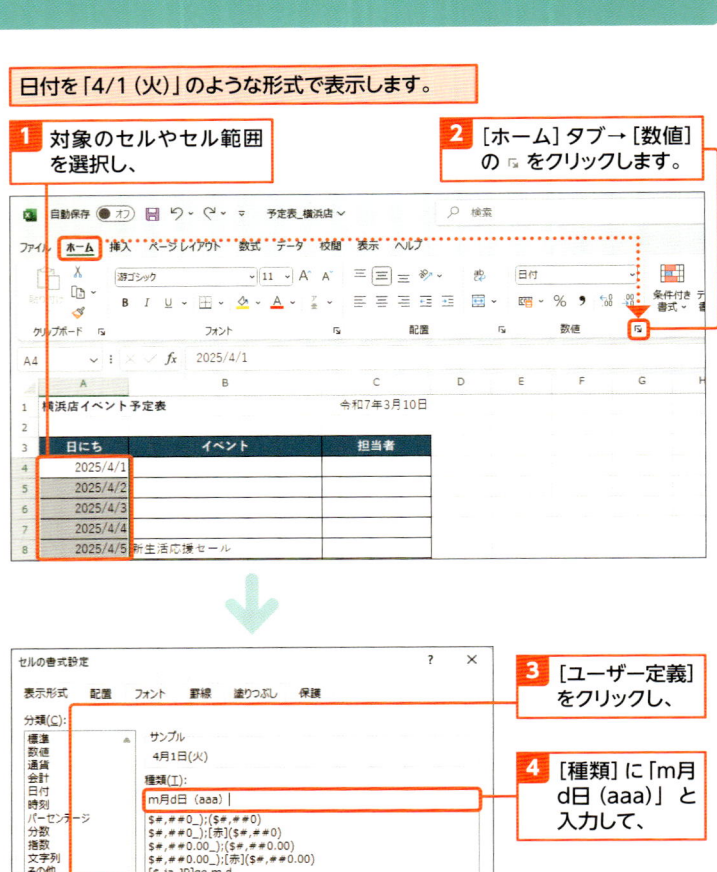

3 ［ユーザー定義］をクリックし、

4 ［種類］に「m月d日 (aaa)」と入力して、

5 ［OK］をクリックします。

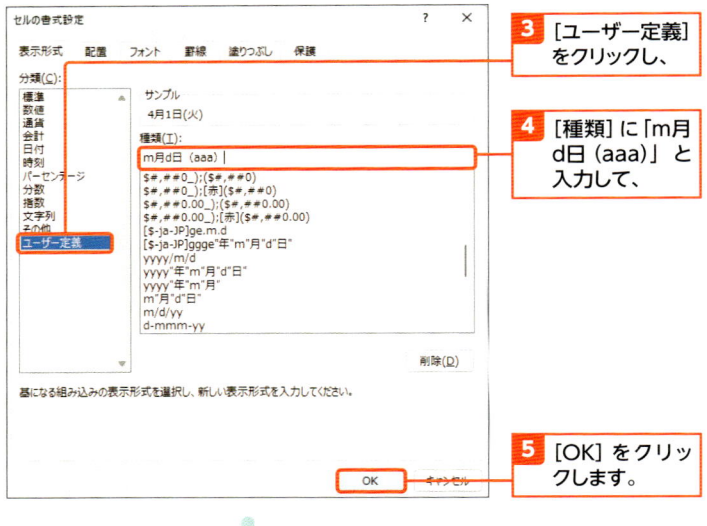

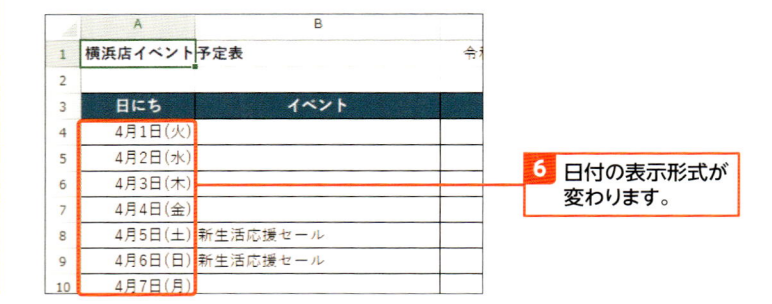

6 日付の表示形式が変わります。

5 表全体の見た目を整える

3 独自の形式で日付を表示する

日付や時刻の表示方法を独自に指定するには、ユーザー定義の表示形式を設定します。それには、ここで紹介するような記号を使って指定します。記号をすべて覚える必要はありません。必要なときは、指定例を見て設定しましょう。

● 日付の書式を設定するときに使う主な記号

記号	内容
yy	年を2桁で表示する
yyyy	年を4桁で表示する
e	年を年号で表示する
ee	年を年号で2桁で表示する
g	元号を「H」「R」のように表示する
gg	元号を「平」「令」のように表示する
ggg	元号を「平成」「令和」のように表示する
m	月を1桁または2桁で表示する（1月～9月は1桁、10月～12月は2桁）
mm	月を2桁で表示する（1月の場合は「01」のように表示）
mmm	月を「Jan」「Feb」のように表示する
mmmm	月を「January」「February」のように表示する
mmmmm	月を「J」「F」のように表示する
d	日を1桁または2桁で表示する（1日～9日は1桁、10日～31日は2桁）
dd	日を2桁で表示する（1日の場合は「01」のように表示）
ddd	曜日を「Sun」「Mon」のように表示する
dddd	曜日を「Sunday」「Monday」のように表示する
aaa	曜日を「日」「月」のように表示する
aaaa	曜日を「日曜日」「月曜日」のように表示する

● 時刻の書式を設定するときに使う主な記号

記号	内容
h	時を1桁または2桁で表示する（0時～9時は1桁、10時～23時は2桁）
[h]	時を経過時間で表示する
hh	時を2桁で表示する（1時の場合は「01」のように表示）
m	分を1桁または2桁で表示する（0分～9分は1桁、10分～59分は2桁）
[m]	分を経過時間で表示する
mm	分を2桁で表示する（1分の場合は「01」のように表示）
s	秒を1桁または2桁で表示する（0秒～9秒は1桁、10秒～59秒は2桁）
[s]	秒を経過時間で表示する
ss	秒を2桁で表示する（1秒の場合は「01」のように表示）
AM/PM	12時間表示で時を表示する
am/pm	12時間表示で時を表示する
A/P	12時間表示で時を表示する
a/p	12時間表示で時を表示する

● 日付の表示形式の指定例

表示形式	実際のデータ	表示される内容
yyyy/m/d	2025/1/20	2025/1/20
yyyy/mm/dd	2025/1/20	2025/01/20
m"月"d"日"(aaaa)	2025/1/20	1月20日（月曜日）
gee.mm.dd	2025/1/20	R07.01.20

● 時刻の表示形式の指定例

表示形式	実際のデータ	表示される内容
h:mm	2025/1/20 19:15:00	19:15
hh:mm AM/PM	2025/1/20 19:15:00	07:15 PM
yyyy/m/d h:mm	2025/1/20 19:15:00	2025/1/20 19:15
h"時"mm"分"ss"秒"	2025/1/20 19:15:00	19時15分00秒

Memo 表示形式の設定を
コピーする

他のセルに設定されている表示形式と同じ表示形式を適用したい場合は、p.163の方法でセルの書式をコピーできます。

他のセルの書式だけを
コピーして使う

練習用ファイル：📁 53_契約件数集計表.xlsx

セルには、データだけでなく書式や入力規則、コメントなどさまざまな情報を入れられます。
セルをコピーすると、通常はすべての情報がコピーされます。データはそのままで書式だけコピーしたりすることもできます。

1 書式のコピーとは？

書式のコピーとは、セルをコピーして他のセルに貼り付けるときに、データではなく書式情報だけを貼り付けることです。書式だけをコピーした場合は、コピー先のデータの内容は変わりません。

セルに設定されている書式をコピーして、

他のセルに貼り付けられます。

複数のセル範囲の書式をコピーして、

まとめて貼り付けることもできます。

Memo　書式コピーの方法

書式のコピーには、右の表の方法があります。場合によって使い分けましょう。

方法	内容
［貼り付け］	貼り付け時に貼り付ける方法を指定する（次ページ）
キー操作	貼り付けた後に貼り付ける内容を指定する（次ページ）
［貼り付けのオプション］	貼り付けた後に貼り付ける内容を指定する（次ページ）
フィルハンドル	貼り付けた後に貼り付ける内容を指定する（次ページ）
［書式のコピー／貼り付け］	書式のコピー先をマウスで指定する（p.164）

2 他のセルの書式をコピーする

解説 書式をコピーする

ボタンを使って、セルの書式情報をコピーします。この方法は、離れた場所のセルに書式をコピーするときに使うと便利です。

Hint 貼り付け後に指定する

ボタンやキー操作（p.58）でセルをコピーして貼り付けると、[貼り付けのオプション]が表示されます。[貼り付けのオプション]→[書式設定]を選択すると、データの内容は元に戻って書式情報だけが貼り付きます。

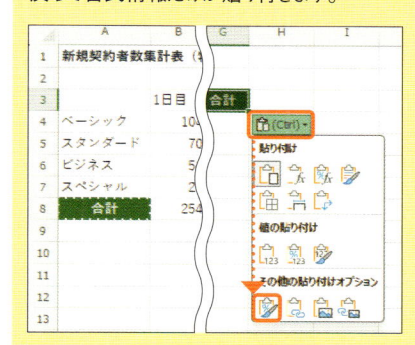

Hint ドラッグ操作では？

セルをコピーするとき、フィルハンドルをドラッグすると、[オートフィルオプション]が表示されます。[オートフィルオプション]→[書式のみコピー（フィル）]を選択すると、セルのデータは元に戻り、書式情報だけがコピーされます。隣接するセルにコピーするときに使うと便利です。

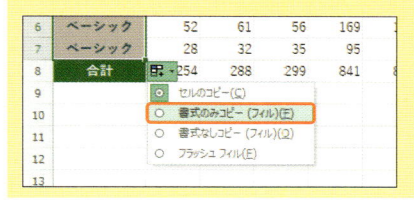

1 書式のコピー元のセルを選択し、

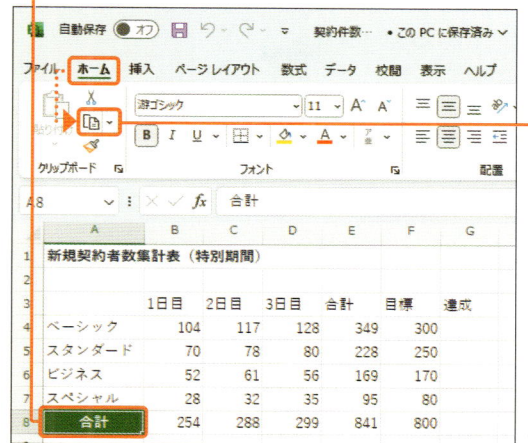

2 [ホーム]タブ→[コピー]をクリックします。

3 書式のコピー先のセルやセル範囲を選択し、

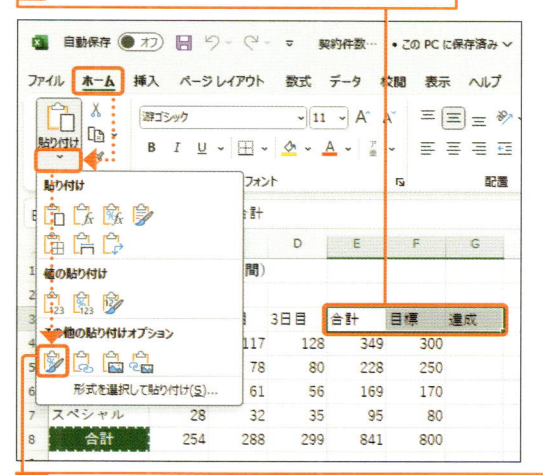

4 [ホーム]タブ→[貼り付け]の ∨ →[書式設定]をクリックします。

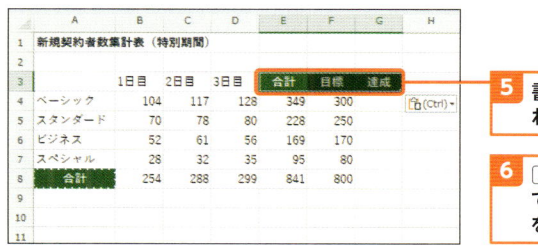

5 書式が貼り付けられます。

6 Esc キーを押して、コピーの状態を解除します。

3 他のセルの書式を連続してコピーする

解説 連続してコピーする

コピーする書式が設定されているセルを選択し、[書式のコピー／貼り付け]をクリックすると、書式のコピー先を指定するモードになり、コピー先を選択すると書式情報がコピーされます。[書式のコピー／貼り付け]をダブルクリックすると、連続コピーができます。

Hint [形式を選択して貼り付け]

セルのコメントや入力規則の設定だけを指定して貼り付けるには、p.58の方法でセルをコピーして貼り付けるときに[貼り付け]の ⌄ をクリックして[形式を選択して貼り付け]をクリックします。[形式を選択して貼り付け]ダイアログが表示されるので、コピーする内容を指定して[OK]をクリックします。

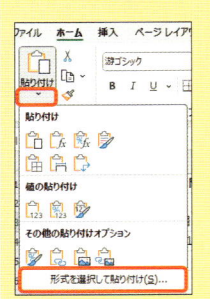

Hint データだけをコピーする

セルの書式ではなく、データだけをコピーするにはセルの値を貼り付けます。それには、p.58の方法でセルをコピーして貼り付けるときに[貼り付け]の ⌄ をクリックして[値]をクリックします。

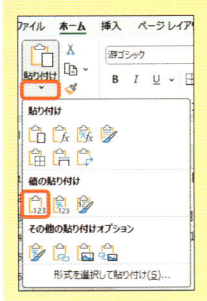

1 書式のコピー元のセルを選択し、

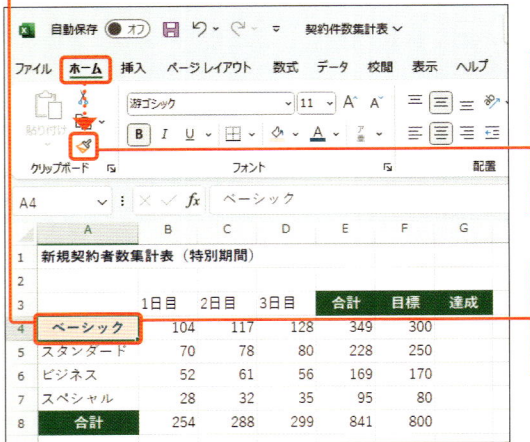

2 [ホーム]タブ→[書式のコピー／貼り付け]をダブルクリックします。

文字を太字にし、文字の色やセルの色、配置を変更しています。

3 マウスポインターの形が ⊕ に変わり、書式をコピーするモードになります。

4 書式のコピー先のセルをドラッグします。

5 書式が貼り付けられます。

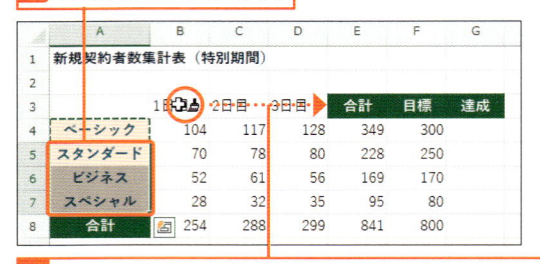

6 続けて、書式のコピー先のセルをドラッグしていきます。

7 [Esc]キーを押して、書式コピーの状態を解除します。

第 6 章

表の数値の動きや
傾向を読み取る

　この章では、指定したデータを自動的に目立たせる条件付き書式を紹介します。1万円以上の数値を自動的に強調する方法などを覚えます。

　目標は、ルールに基づいてセルを強調するときは条件付き書式を使う、という鉄則を知ることです。

ここで学ぶのは

▶ 条件付き書式
▶ アイコン
▶ スパークライン

この章では、数値の大きさや文字の内容、日付に応じて、自動的に書式を設定する機能を紹介します。

表のデータを強調するために、書式を設定するセルを自分で探して選択したりする必要はありません。

1 条件付き書式

Memo 書式設定との違い

条件付き書式は、条件に一致するデータに自動的に書式が付きます。そのため、データの内容が変更されたときもその内容に応じて自動的に書式が設定されます。一方、手動でセルに設定した書式は、そのセルのデータが変わっても変わりません。表のデータを自動強調するには、条件付き書式を設定しましょう。

条件付き書式を使うと、指定した条件に合うかどうかを判定して、条件に合うデータだけ自動的に書式が設定されるようにできます。条件は複数指定することもできます。

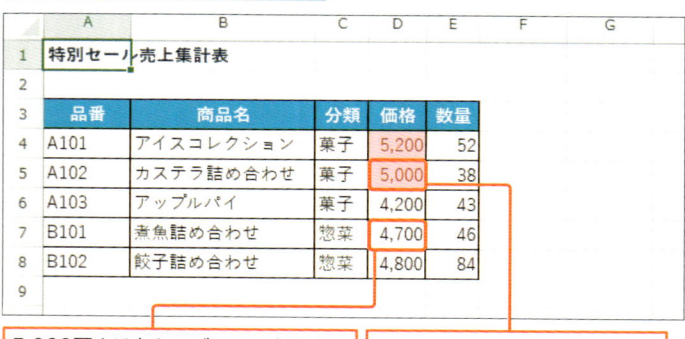

5,000円以上の数値が自動的に強調されるようにします。

	品番	商品名	分類	価格	数量
4	A101	アイスコレクション	菓子	5,200	52
5	A102	カステラ詰め合わせ	菓子	3,800	38
6	A103	アップルパイ	菓子	4,200	43
7	B101	煮魚詰め合わせ	惣菜	5,500	46
8	B102	餃子詰め合わせ	惣菜	4,800	84

1 特別セール売上集計表

セルのデータが変更されると

	品番	商品名	分類	価格	数量
4	A101	アイスコレクション	菓子	5,200	52
5	A102	カステラ詰め合わせ	菓子	5,000	38
6	A103	アップルパイ	菓子	4,200	43
7	B101	煮魚詰め合わせ	惣菜	4,700	46
8	B102	餃子詰め合わせ	惣菜	4,800	84

1 特別セール売上集計表

5,000円より小さいデータに変更すると、自動的に強調されなくなります。

5,000円以上のデータに変更すると、自動的に強調されます。

日付を条件に設定

	A	B
1	横浜店イベント予定表	
2		
3	日にち	イベント
4	2025/4/1(火)	
5	2025/4/2(水)	
6	2025/4/3(木)	
7	2025/4/4(金)	
8	2025/4/5(土)	新生活応援セール
9	2025/4/6(日)	新生活応援セール
10	2025/4/7(月)	
11	2025/4/8(火)	
12	2025/4/9(水)	
13	2025/4/10(木)	
14	2025/4/11(金)	
15	2025/4/12(土)	北海道展

今週の日付などが自動的に強調されるようにできます。

アイコンを表示

数値の大きさに応じて別々のアイコンを自動的に表示できます。

	A	B	C	D	E	F
1	カタログギフト売上一覧（Q1）					
2						
3		4月	5月	6月	合計	
4	カード	✔ 854,000	✔ 924,000	✔ 887,000	2,665,000	
5	グルメ	✔ 743,000	❚ 685,000	✔ 697,000	2,125,000	
6	旅行	❚ 517,000	❚ 486,500	❚ 498,000	1,501,500	
7	家電	✖ 268,000	✖ 229,000	✖ 246,000	743,000	
8	合計	2,382,000	2,324,500	2,328,000	7,034,500	
9						

Memo 条件付き書式の種類

条件付き書式の条件の指定方法には、さまざまなものがあります。また、条件付き書式の中には、数値の大きさの違いをわかりやすく表示するものもあります。たとえば、横棒の長さ、アイコン、色で区別したりもできます。

2 スパークライン

スパークラインを使うと、表の各行ごとの数値の動きをグラフのようなイメージでわかりやすく表示できます。スパークラインには、折れ線、縦棒、勝敗の3つのタイプがあります。

Memo グラフとの違い

表の数値の大きさが行によって大きく違う場合、それをグラフにして同じ数値軸で表現したとしても行ごとの数値の推移が読み取りづらいことがあります。これに対して、スパークラインは、行ごとに数値軸が設定されるので、行ごとの数値の推移がわかりやすくなります。

折れ線

数値の推移を折れ線グラフのように表示します。

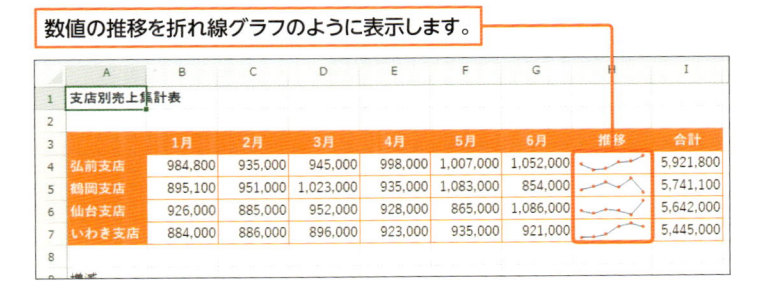

	A	B	C	D	E	F	G	H	I
1	支店別売上集計表								
2									
3		1月	2月	3月	4月	5月	6月	推移	合計
4	弘前支店	984,800	935,000	945,000	998,000	1,007,000	1,052,000		5,921,800
5	鶴岡支店	895,100	951,000	1,023,000	935,000	1,083,000	854,000		5,741,100
6	仙台支店	926,000	885,000	952,000	928,000	865,000	1,086,000		5,642,000
7	いわき支店	884,000	886,000	896,000	923,000	935,000	921,000		5,445,000
8									

6

表の数値の動きや傾向を読み取る

セルの内容に応じて
自動的に書式を設定する

ここで学ぶのは

▶ 条件付き書式
▶ 条件の指定方法
▶ 優先順位

セルに対して条件付き書式を設定するには、書式を設定する条件と書式の内容を指定します。
どのような条件を指定できるかを知りましょう。条件を一覧から選択したり、一から作ったりする方法があります。

1 条件の指定方法とは？

[ホーム] タブ→ [条件付き書式] をクリックすると、条件付き書式の設定に関するさまざまなメニューが表示されます。どのような項目があるかを確認しましょう。

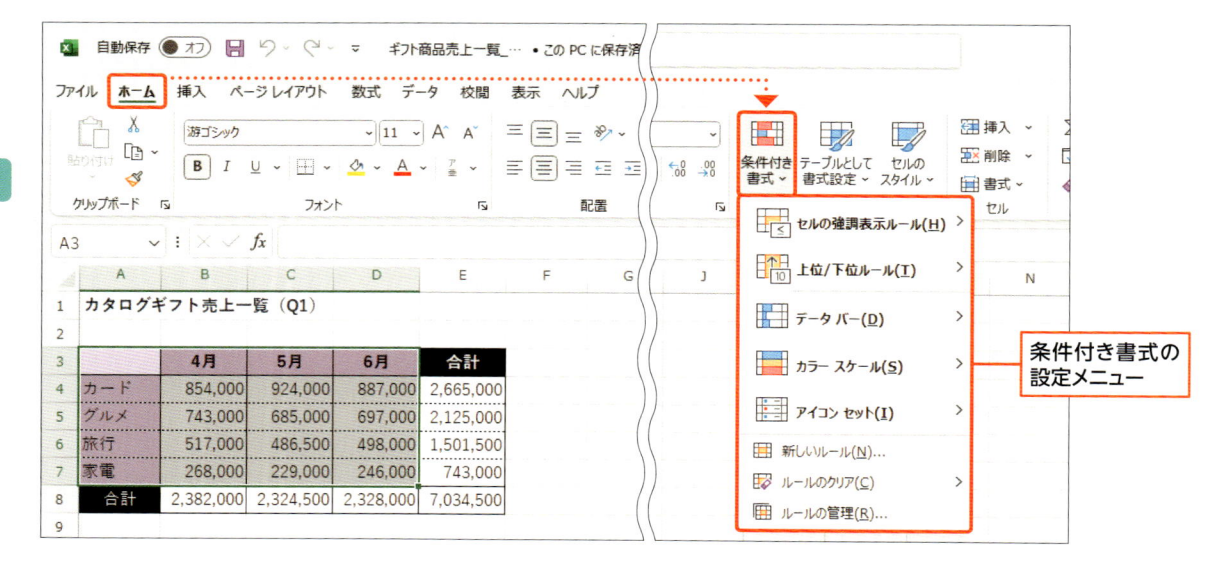

条件付き書式の
設定メニュー

Hint 条件付き書式ルールの管理

対象のセルに、どのような条件付き書式が設定されているかを確認するには、[条件付き書式ルールの管理] ダイアログを使います。このダイアログでは、条件付き書式の条件や書式を変更したり、複数のルールを設定しているときのルールの優先順位などを指定したりできます。

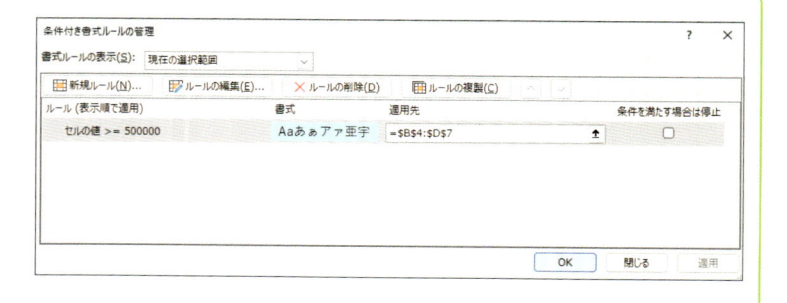

2 指定できる条件とは？

Hint 新しく条件付き書式を作る

[ホーム]タブ→[条件付き書式]→[新しいルール]をクリックすると、新しい条件付き書式のルールを設定するダイアログが表示されます。ここでは、ルールの種類を指定して、種類に応じて条件の内容を細かく指定できます。

Memo 条件の指定例

条件付き書式で設定できる条件は、セルに入力されているデータの種類によって違います。たとえば、次のようなものがあります。

データの種類	指定内容例
数値	○○より大きい
	○○から○○まで
	○○以上
	重複するデータ
	上位○まで
	上位○%
	平均値より上
文字	○○を含む
	○○から始まる
	○○で終わる
	重複するデータ
日付	今日
	先月
	○○以降
	○○から○○まで
	重複するデータ

条件を指定するには、[セルの強調表示ルール]や[上位／下位ルール]から項目を選択します。すると、選択した項目に応じて条件の内容を指定する画面が表示されます。

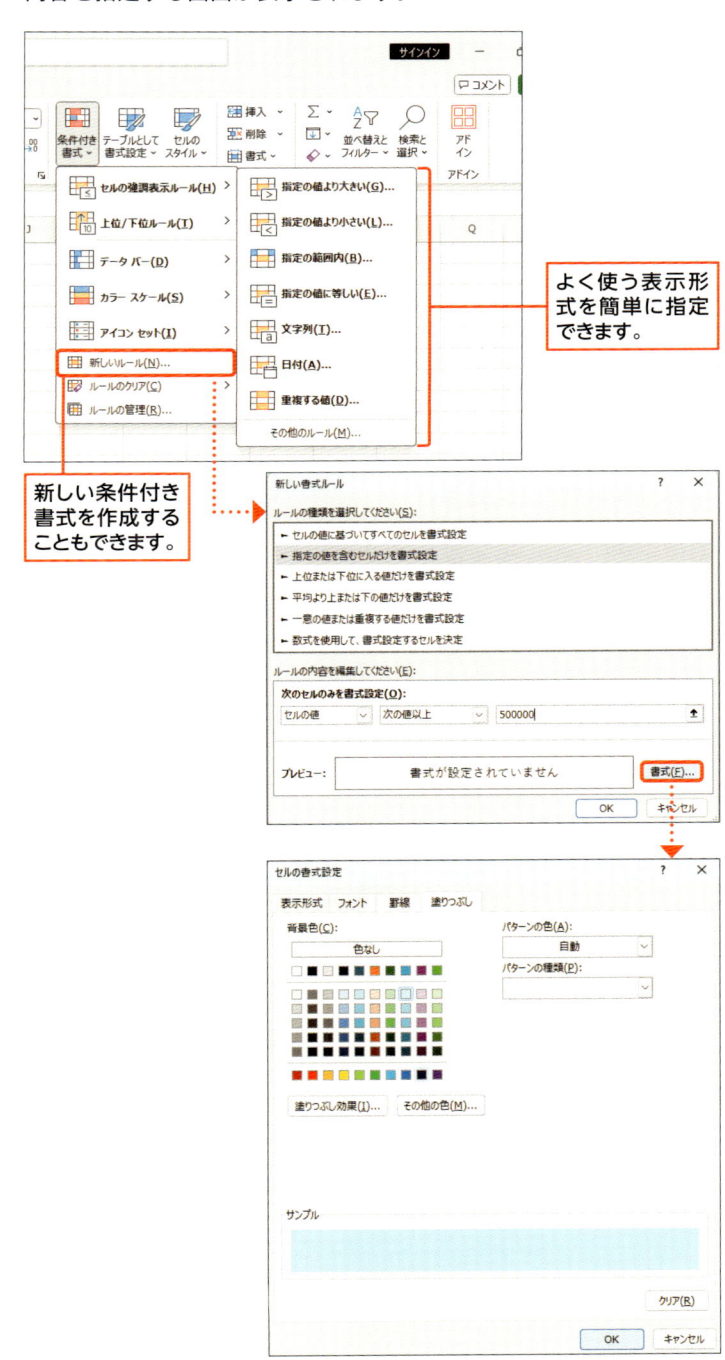

よく使う表示形式を簡単に指定できます。

新しい条件付き書式を作成することもできます。

練習用ファイル： 📁 56_出荷数記録.xlsx

ここで学ぶのは

▶ 条件付き書式
▶ 文字列
▶ 条件の指定方法

指定したキーワードを含むデータや指定した文字から始まるデータなどを自動的に目立たせます。
ここでは、文字が入力されているセルに対して条件付き書式を指定する方法を知りましょう。

---

1 指定した文字を含むデータを強調する

💬 **解説** 条件付き書式を設定する

指定した文字が含まれるデータが自動的に強調されるようにしましょう。条件付き書式を設定して条件の文字を入力します。

💡 **Hint** 条件付き書式が設定されている場所

なお、どのセルに条件付き書式が設定されているかわからない場合は、条件付き書式が設定されているセル範囲を自動的に選択する機能を使いましょう。それには、[ホーム]タブ→[検索と選択]→[条件付き書式]をクリックします。

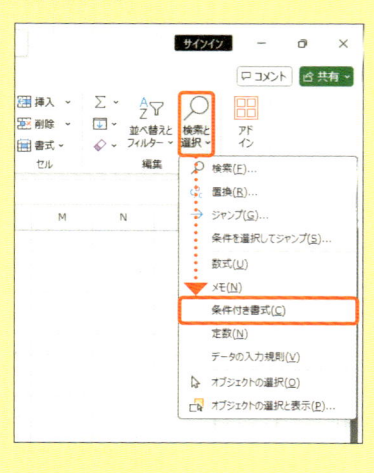

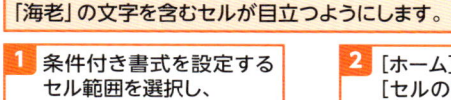

「海老」の文字を含むセルが目立つようにします。

1 条件付き書式を設定するセル範囲を選択し、

2 [ホーム]タブ→[条件付き書式]→[セルの強調表示ルール]→[文字列]をクリックします。

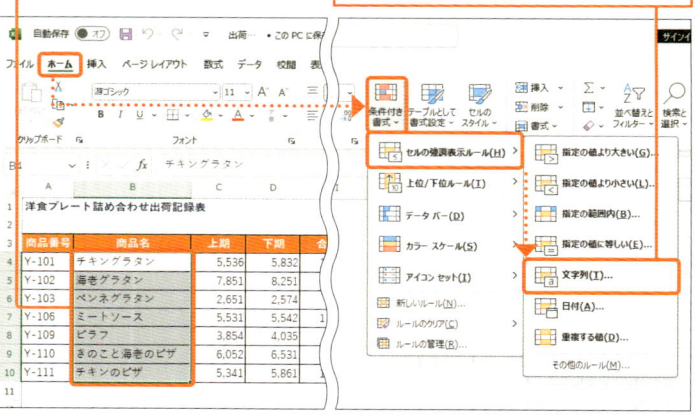

3 どの文字を含むデータを強調するか入力し、

4 [書式]を選択して、

5 [OK]をクリックします。

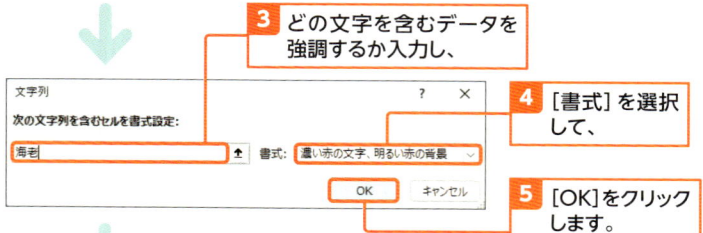

文字列

次の文字列を含むセルを書式設定:

海老　　　　　　書式: 濃い赤の文字、明るい赤の背景

OK　　キャンセル

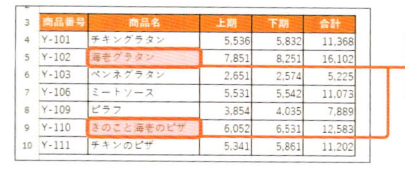

6 条件に合うデータのセルに書式が適用されました。

2 値を変更する

Hint 「○○」から始まる／で終わるデータ

「○○から始まる」「○○で終わる」のような条件を指定するには、対象のセルを選択した後 [ホーム] タブ→ [条件付き書式] → [セルの強調表示ルール] → [その他のルール] をクリックします。続いて、ルールの内容で [特定の文字列] を選択して条件を指定します（下図）。[書式] をクリックして条件に合うときの書式を指定します。[OK] を押して設定画面を閉じると、条件付き書式が設定されます。

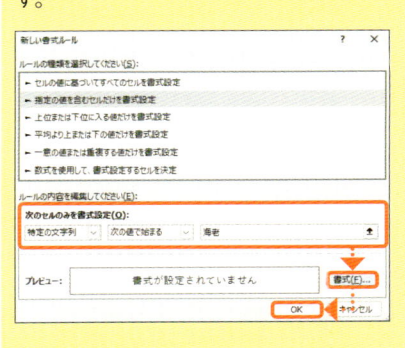

前ページの続きで、条件付き書式を設定したセル範囲のデータを変えると、書式が適用されることを確認します。

	A	B	C	D	E	F
1	洋食プレート詰め合わせ出荷記録表					
2						
3	商品番号	商品名	上期	下期	合計	
4	Y-101	チキングラタン	5,536	5,832	11,368	
5	Y-102	海老グラタン	7,851	8,251	16,102	
6	Y-103	ペンネグラタン	2,651	2,574	5,225	
7	Y-106	ミートソース	5,531	5,542	11,073	
8	Y-109	ピラフ	3,854	4,035	7,889	
9	Y-110	きのこと海老のピザ	6,052	6,531	12,583	
10	Y-111	チキンのピザ	5,341	5,861	11,202	
11						

1 条件付き書式を設定したいずれかのセルをダブルクリックします。

条件付き書式が設定されている範囲

3	商品番号	商品名	上期	下期	合計	
4	Y-101	チキングラタン	5,536	5,832	11,368	
5	Y-102	海老グラタン	7,851	8,251	16,102	
6	Y-103	ペンネグラタン	2,651	2,574	5,225	
7	Y-106	ミートソース	5,531	5,542	11,073	
8	Y-109	レタスと海老のピラフ	3,854	4,035	7,889	
9	Y-110	きのこと海老のピザ	6,052	6,531	12,583	
10	Y-111	チキンのピザ	5,341	5,861	11,202	

2 ここでは、図のように「海老」を含む文字を入力して Enter キーを押します。

	A	B	C	D	E	F
1	洋食プレート詰め合わせ出荷記録表					
2						
3	商品番号	商品名	上期	下期	合計	
4	Y-101	チキングラタン	5,536	5,832	11,368	
5	Y-102	海老グラタン	7,851	8,251	16,102	
6	Y-103	ペンネグラタン	2,651	2,574	5,225	
7	Y-106	ミートソース	5,531	5,542	11,073	
8	Y-109	レタスと海老のピラフ	3,854	4,035	7,889	
9	Y-110	きのこと海老のピザ	6,052	6,531	12,583	
10	Y-111	チキンのピザ	5,341	5,861	11,202	
11						

3 データが条件に一致すると、書式が適用されます。

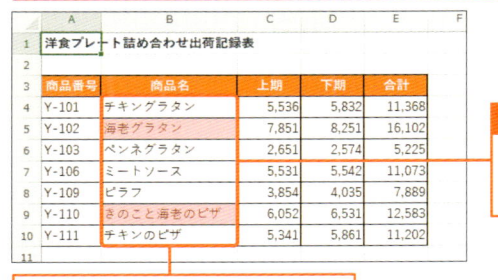

Hint 条件付き書式を解除する

条件付き書式の設定を解除するには、条件付き書式が設定されているセル範囲を選択し、[ホーム] タブ→ [条件付き書式] → [選択したセルからルールをクリア] をクリックします。シートに設定されている条件付き書式をまとめて解除したい場合は、事前にセル範囲を選択する必要はありません。[ホーム] タブ→ [条件付き書式] → [シート全体からルールをクリア] をクリックします。

また、セル範囲に複数の条件付き書式を設定している場合、一部の条件付き書式を解除することもできます。それには、まず条件付き書式が設定されているセル範囲を選択し、[ホーム] タブ→ [条件付き書式] → [ルールの管理] をクリックします。続いて、[条件付き書式ルールの管理] ダイアログで解除するルールを選択し、[ルールの削除] をクリックします。

Section

57

指定した期間の日付を自動的に目立たせる

練習用ファイル：📁 57_予定表_横浜店.xlsx

ここで学ぶのは

▶ 条件付き書式

▶ 日付

▶ 条件の指定方法

「先週」や「今日」、「過去7日間」など、指定した日付のデータを自動的に目立たせます。

指定した期間の日付のデータを強調するときの、条件の指定方法を知りましょう。

1 指定した期間の日付を強調する

解説 条件付き書式を設定する

今週の日付データが自動的に強調されるようにしましょう。日付を条件に指定した場合、日付が変わるとそれに応じてデータが強調されたりされなかったりします。たとえば、今日の日付を強調する設定にしているとき、明日になれば、強調される日付も変わります。

注意 データが強調されない場合

ここでは、今週の日付が強調されるようにしましたが、セル範囲A4:A33に今週の日付が入力されていない場合は飾りが付きません。その場合は、セル範囲A4:A33のいずれかのセルをクリックし、操作を確認している時点の今週の日付を入力してみてください。

Hint パソコンの日付

条件付き書式の日付の条件は、パソコンの日付を基に判定されます。パソコンの日付の設定が間違っているときは、正しい結果にならないので注意します。

今週の日付データを強調します。

1 条件付き書式を設定するセル範囲を選択し、

2 [ホーム]タブ→[条件付き書式]→[セルの強調表示ルール]→[日付]をクリックします。

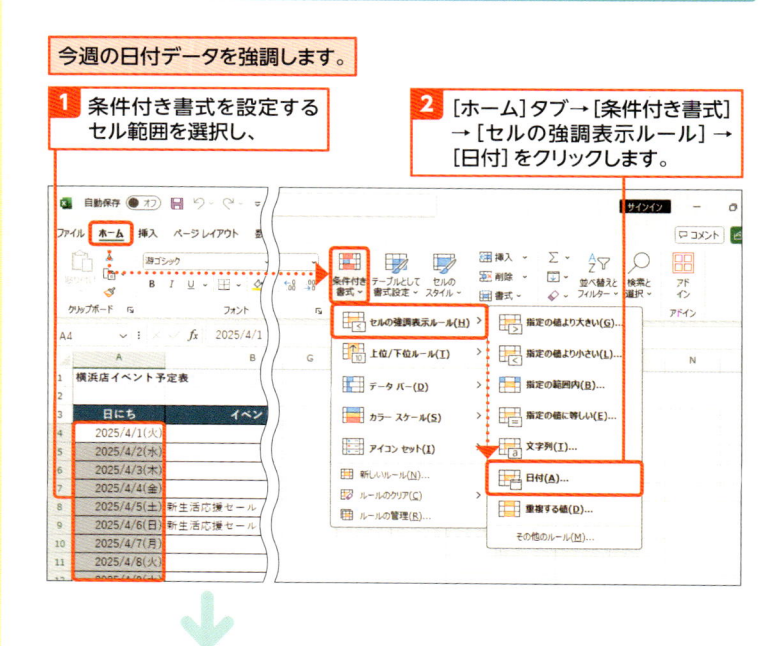

3 日付の期間で[今週]を選択します。

4 [書式]を選択します。

5 [OK]をクリックします。

6 条件に合うデータのセルに書式が適用されました。

書式が適用されない場合は、セルのデータに今週の日付を入力してください。

2 ルールを変更する

解説 指定した日付以降の
データ

前ページで指定した条件付き書式ルールを
変えます。ここでは、指定したE付以降の日
付が自動的に強調されるようにします。

前ページの続きで、2025/4/10以降のデータが強調されるように変更します。

1 条件付き書式を設定する
セル範囲を選択し、

2 [ホーム]タブ→[条件付き書式]→
[ルールの管理]をクリックします。

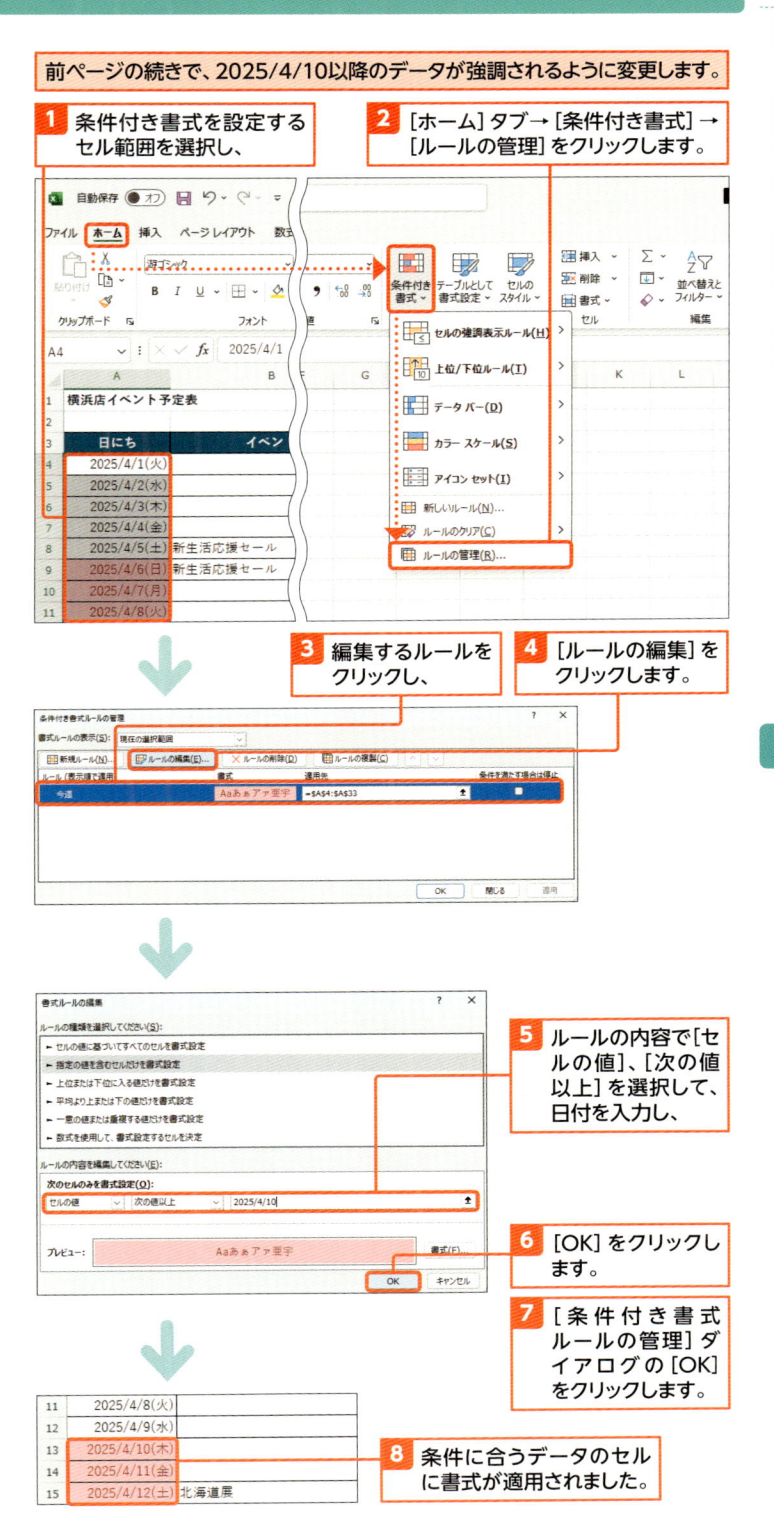

3 編集するルールを
クリックし、

4 [ルールの編集]を
クリックします。

Hint 日付の期間を指定する

いつからいつまでのように、日付の期間を条
件にするには、手順**5** [次の値の間]を選
択し、期間の最初の日付と最後の日付を指
定します。

5 ルールの内容で[セ
ルの値]、[次の値
以上]を選択して、
日付を入力し、

6 [OK]をクリックし
ます。

7 [条件付き書式
ルールの管理]ダ
イアログの[OK]
をクリックします。

8 条件に合うデータのセル
に書式が適用されました。

1万円以上の値を自動的に目立たせる

練習用ファイル： 📁 58_販売会商品リスト.xlsx

ここで学ぶのは

▶ 条件付き書式
▶ 数値
▶ 複数条件の指定方法

表の数値を見ただけでは、数値の大きさを瞬時に見分けることは難しいものです。条件付き書式を設定すると、値の大きい数値を自動的に強調したりできます。「指定の値より大きい」「指定の値以上」などの条件を指定できます。

1 1万円より大きいデータを目立たせる

解説 **1万円より大きい値を強調する**

条件付き書式を設定し、1万円より大きい値が自動的に強調されるようにします。書式を設定するルールの種類として[指定の値より大きい]を指定します。

Memo **指定の値より小さい値を強調する**

指定した値より小さい値を強調する場合は、手順 **2** で[指定の値より小さい]をクリックして、値を指定します。

1 条件付き書式を設定するセル範囲を選択し、

2 [ホーム]タブ→[条件付き書式]→[セルの強調表示ルール]→[指定の値より大きい]をクリックします。

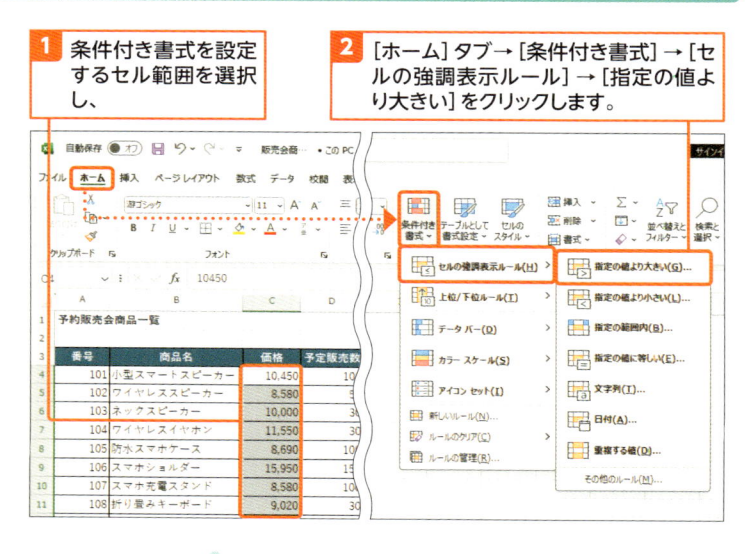

3 数値を入力し、

4 [書式]を選択して、

5 [OK]をクリックします。

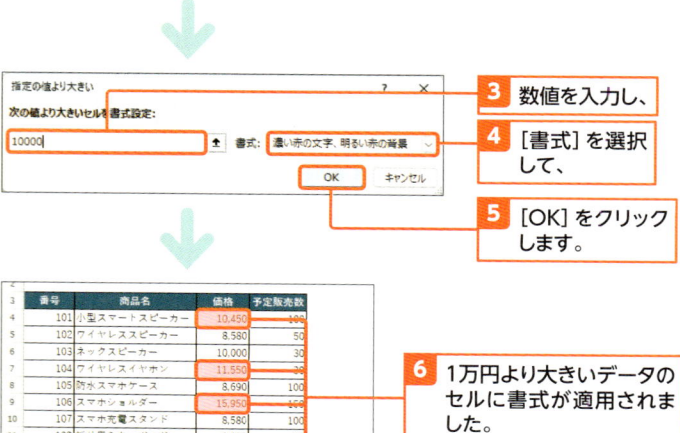

6 1万円より大きいデータのセルに書式が適用されました。

174

2 1万円以上のデータを目立たせる

解説 1万円以上の値を強調する

1万円以上の値を強調する条件付き書式を設定します。[セルの強調表示ルール]の中に適当なルールがない場合は、[その他のルール]を選択してルールを指定します。ここでは、1万円以上の値を強調するため、ルールの内容として[セルの値][次の値以上]「10000」を指定します。

Hint 複数のルールを指定する

5,000円以上は緑の文字、10,000円以上は青の文字にする、という条件付き書式を設定するには、「セルの値が5,000円以上の場合は、緑」「セルの値が10,000円以上の場合は、青」のように条件付き書式を2つ設定します。さらに、p.173の方法で、[条件付き書式ルールの管理]ダイアログを開き、条件の優先順位を指定します。この例では、「10,000円以上は青の文字にする」の優先順位を上にします。それには、条件をクリックした後、ボタンをクリックして優先順位を指定します。優先順位が違うと、正しい結果にならないので注意します。

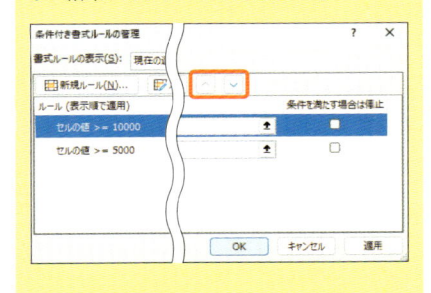

1 前ページでセル範囲C4:C13に条件付き書式を設定した場合は、p.171の方法で、条件付き書式の設定を解除しておきます。

2 条件付き書式を設定するセル範囲を選択し、

3 [ホーム]タブ→[条件付き書式]→[セルの強調表示ルール]→[その他のルール]をクリックします。

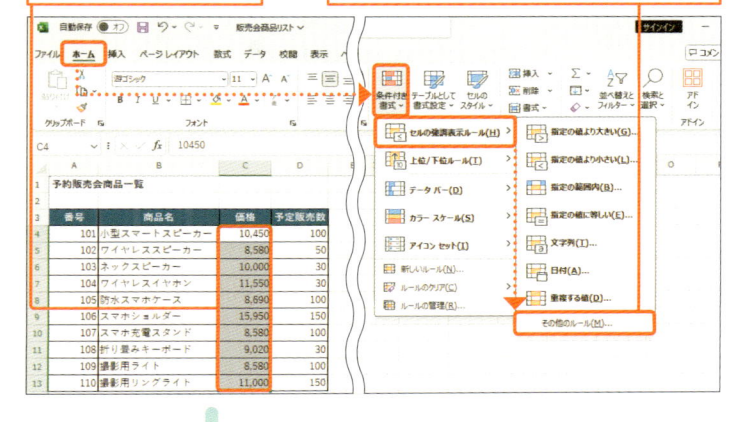

4 ルールの内容で[セルの値]、[次の値以上]を選択して、数値を入力し、

5 [書式]をクリックします。

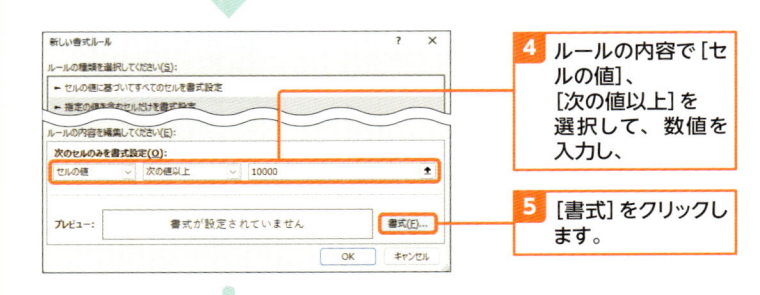

6 [塗りつぶし]タブをクリックし、

7 背景色の色をクリックして、

8 [OK]をクリックします。

9 [新しい書式ルール]ダイアログの[OK]をクリックします。

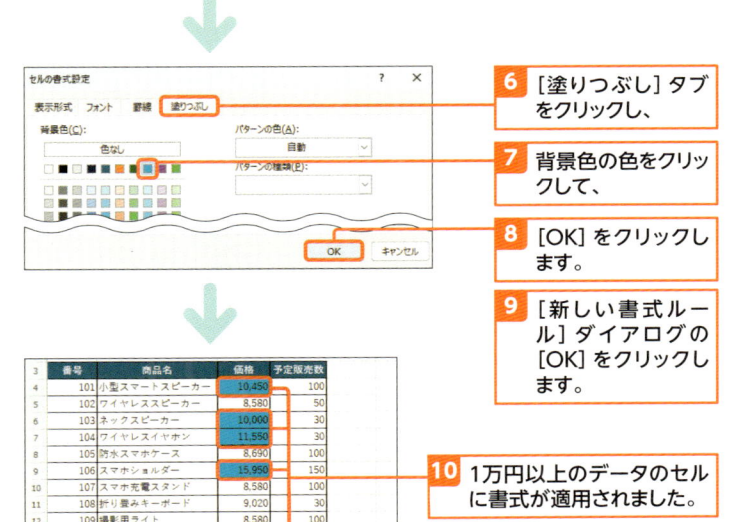

10 1万円以上のデータのセルに書式が適用されました。

59 数値の大きさを表すバーを表示する

練習用ファイル： 📁 59_出荷数記録.xlsx

条件付き書式には、数値の大きさに応じて棒グラフのようなバーを表示する**データバー**があります。

データバーを表示すると、数値の大きさの推移や傾向がひと目でわかって便利です。

1 数値の大きさを表すバーを表示する

解説 ▶ データバーを表示する

数値のデータが入っているセル範囲を選択し、データバーの色を選択します。データバーの色にマウスポインターを合わせると、その色のデータバーを表示したイメージが表示されます。それを確認して色を選択しましょう。

1 データバーを表示するセル範囲を選択し、

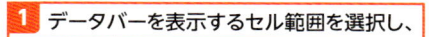

2 [ホーム]タブ→[条件付き書式] → [データバー] →データバーの色をクリックします。

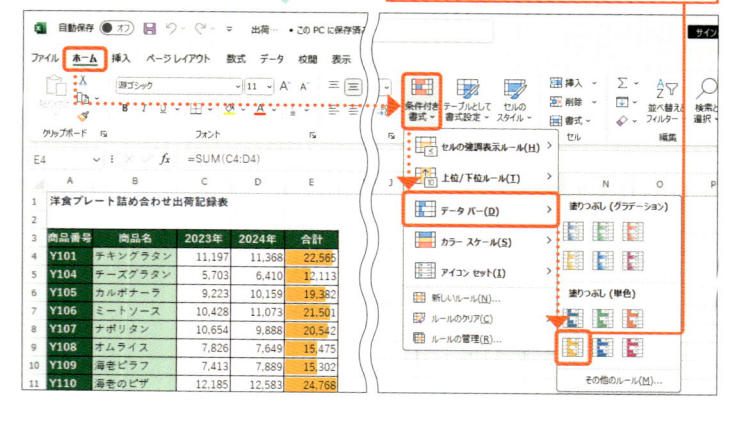

3 データバーが表示されます。

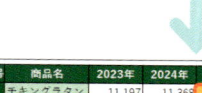

② バーの表示方法を変更する

解説 最小値を指定する

データバーの表示方法は変更できます。ここでは最小値を指定しています。最小値を超えるセルには、その数値の大きさに応じてデータバーが表示されます。

なお、最小値を超える数値がない場合や、極端に大きい数値がある場合などは、思うようにデータバーが表示されないこともあるので注意しましょう。

Memo 新規にデータバーを表示する

ここでは、設定済みの条件付き書式のルールを編集してデータバーの表示方法を変更しました。新規にデータバーのルールを設定するには、対象のセル範囲を選択して、[ホーム]タブ→[条件付き書式]→[データバー]→[その他のルール]をクリックして指定します。

Hint 棒のみ表示する

データバーの表示方法を指定するダイアログで、[棒のみ表示]のチェックをオンにすると、数値は表示されずにデータバーだけが表示されます。

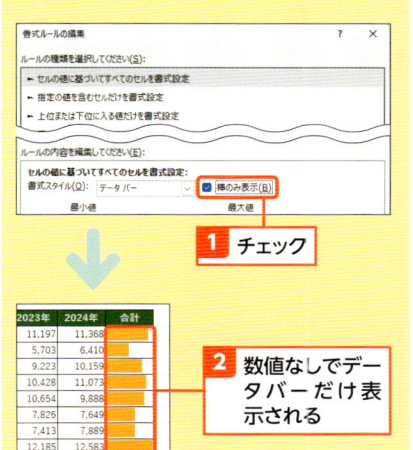

1 チェック

2 数値なしでデータバーだけ表示される

前ページの続きで、データバーを表示する最小値を「2万」とします。

1 条件付き書式が設定されているセル範囲を選択し、

2 [ホーム]タブ→[条件付き書式]→[ルールの管理]をクリックします。

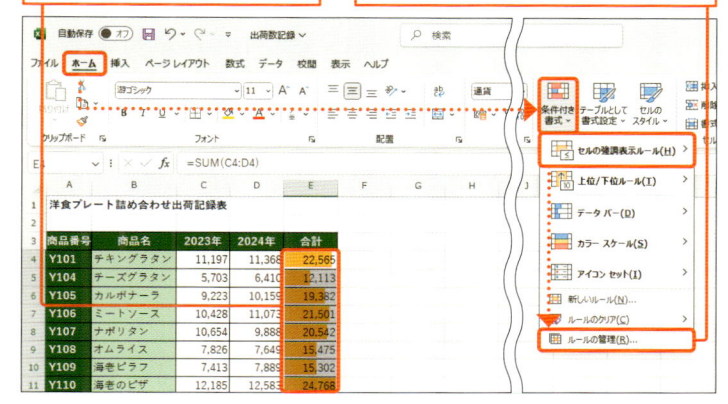

3 編集するルールをクリックし、

4 [ルールの編集]をクリックします。

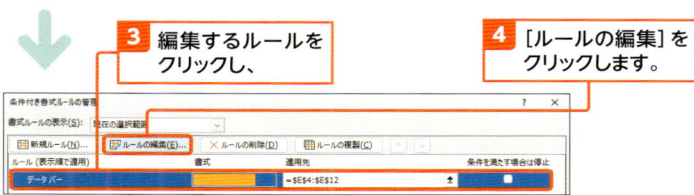

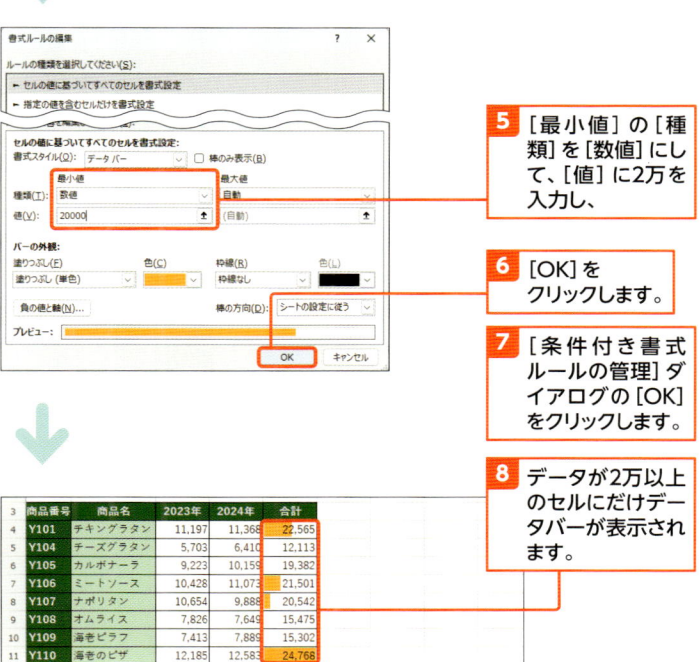

5 [最小値]の[種類]を[数値]にして、[値]に2万を入力し、

6 [OK]をクリックします。

7 [条件付き書式ルールの管理]ダイアログの[OK]をクリックします。

8 データが2万以上のセルにだけデータバーが表示されます。

60 数値の大きさによって色分けする

練習用ファイル： 📁 60_ギフト商品売上一覧_年間2.xlsx

条件付き書式には、数値の大きさに応じてセルを色分けするカラースケールがあります。

たとえば、数値が大きいほどセルの色を濃くしたりできますので、数値の大きさや傾向などをひと目で把握できて便利です。

ここで学ぶのは

▶ 条件付き書式
▶ カラースケール
▶ ルールの編集

1 数値の大きさを色で表現する

解説 カラースケールを表示する

数値のデータが入っているセル範囲を選択し、カラースケールの色を選択します。カラースケールの色にマウスポインターを合わせると、そのカラースケールを表示したイメージが表示されます。それを確認して色を選択しましょう。

Memo 2色と3色

カラースケールには、2色のものと3色のものがあります。単純に数値の大小をわかりやすくするには2色を選ぶとよいでしょう。大きい数値、中央くらいの数値、小さい数値がわかるようにするには3色を選ぶとよいでしょう。

1 カラースケールを表示するセル範囲を選択し、

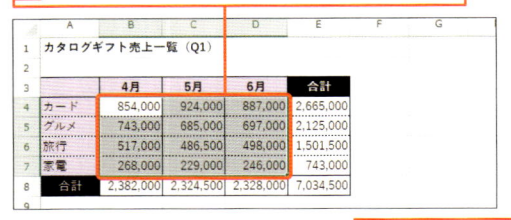

2 [ホーム] タブ→ [条件付き書式] → [カラースケール] →カラースケールの色をクリックします。

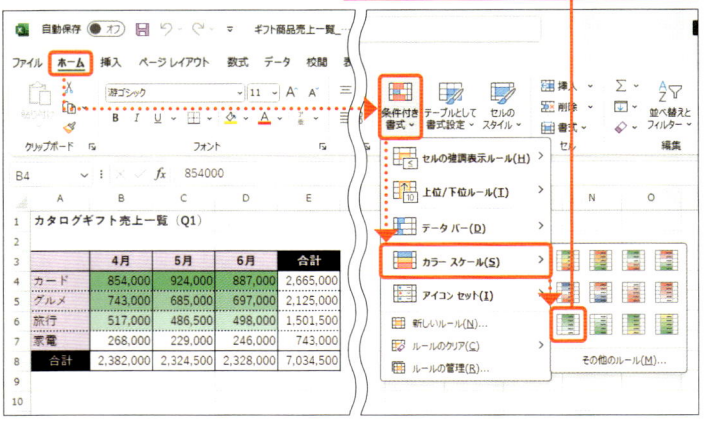

 3 数値が大きければ濃い色が、小さければ薄い色が付きます。

2 色の表示方法を変更する

解説 ▶ 最小値を指定する

カラースケールの色の表示方法は変更できます。ここでは、最小値を指定しています。最小値を超えるセルには、その数値の大きさに応じて色が表示されます。

なお、最小値を超える数値がない場合や、極端に大きい数値がある場合などは、思うように色分けされないので注意しましょう。

Memo 新規にカラースケールを表示する

ここでは、設定済みの条件付き書式のルールを編集してカラースケールの表示方法を変更しました。新規にカラースケールのルールを設定するには、対象のセル範囲を選択して、[ホーム]タブ→[条件付き書式]→[データバー]→[その他のルール]をクリックして指定します。

前ページの続きで、カラースケールを表示する最小値を「70万」円とします。

1 条件付き書式が設定されているセル範囲を選択し、

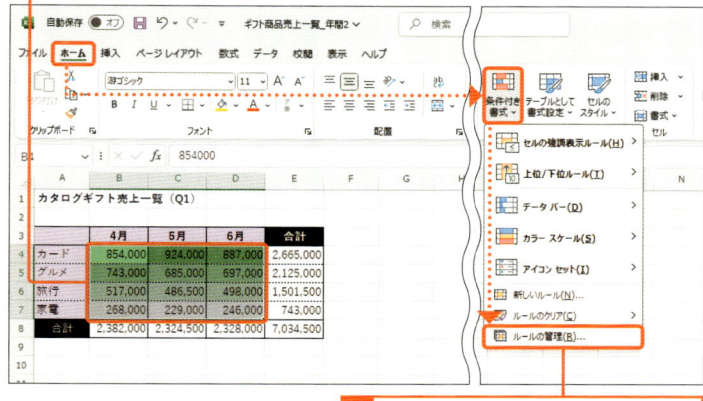

2 [ホーム]タブ→[条件付き書式]→[ルールの管理]をクリックします。

3 編集するルールをクリックし、

4 [ルールの編集]をクリックします。

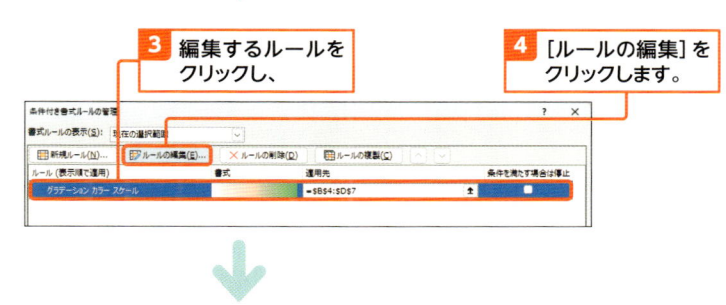

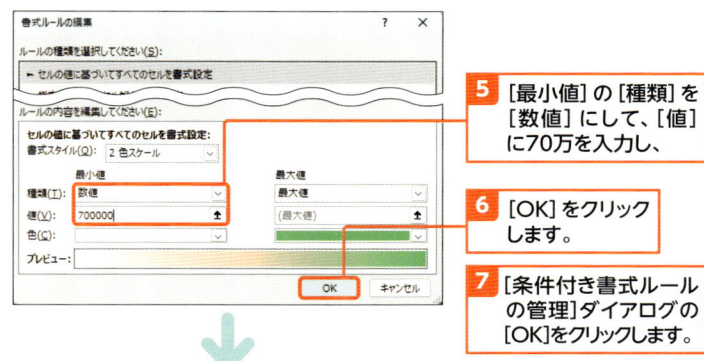

5 [最小値]の[種類]を[数値]にして、[値]に70万を入力し、

6 [OK]をクリックします。

7 [条件付き書式ルールの管理]ダイアログの[OK]をクリックします。

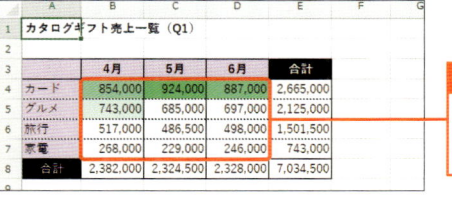

8 データが70万以上のセルにだけカラースケールが表示されます。

Section 61

数値の大きさによって別々のアイコンを付ける

練習用ファイル： 61_ギフト商品売上一覧_年間2.xlsx

ここで学ぶのは

▶ 条件付き書式

▶ アイコン

▶ ルールの編集

条件付き書式には、数値の大きさに応じてセルの左端にアイコンを表示する**アイコンセット**があります。

アイコンの違いで、数値の大きさや傾向などを把握できます。それぞれのアイコンを表示するときの数値の範囲も指定できます。

1 数値の大きさに応じてアイコンを表示する

解説 アイコンセットを表示する

数値のデータが入っているセル範囲を選択し、アイコンの種類を指定します。アイコンセットにマウスポインターを合わせると、そのアイコンセットを表示したイメージが表示されます。それを確認してアイコンを選択しましょう。

Memo アイコンの違い

アイコンセットには、「方向」「図形」「インジケーター」「評価」があります。表をモノクロで印刷する場合などは、同じ形の図形のアイコンだと色の違いがわかりづらくなることもあるので注意します。

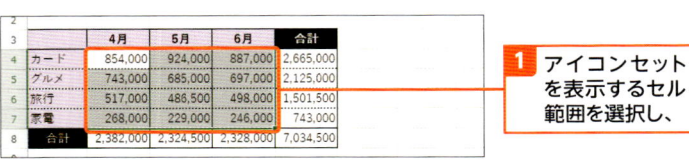

1 アイコンセットを表示するセル範囲を選択し、

2 [ホーム] タブ→ [条件付き書式] → [アイコンセット] → アイコンの種類をクリックします。

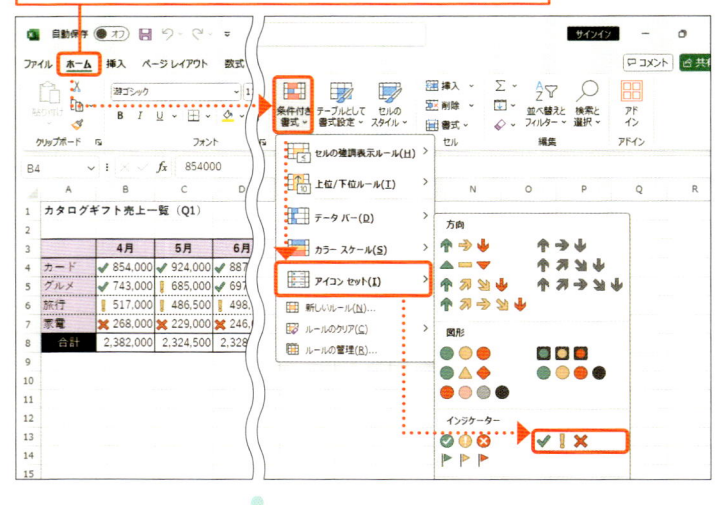

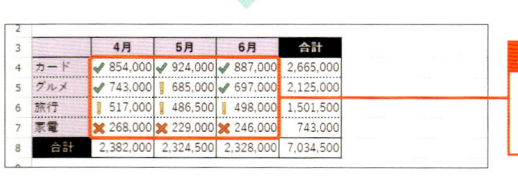

3 数値の大きさによって別々のアイコンが表示されます。

解説　数値の範囲を指定する

アイコンを表示するルールを変更します。数字を入力して数値の範囲を指定する場合は、[種類]欄から[数値]を選択して、[値]を入力します。ここでは、80万以上は✔、50万から80万未満までは❗、50万未満は✖が表示されるようにします。

Hint　アイコンの順番を変える

数値が小さいほどよい評価になる場合は、大きい数値は✖、中間は❗、小さい数値は✔などアイコンの順番を逆にしましょう。それには、[書式ルールの編集]ダイアログで[アイコンの順序を逆にする]をクリックします。

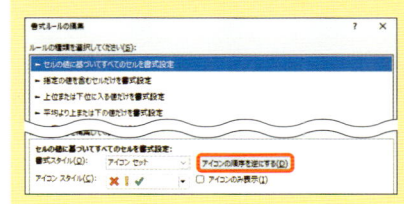

Hint　アイコンだけ表示する

アイコンセットの表示方法を指定するダイアログで、[アイコンのみ表示]のチェックをオンにすると、数値は表示されずにアイコンだけが表示されます。

前ページの続きで、80万以上は✔、50万から80万未満までは❗、50万未満は✖が表示されるようにします。

1 条件付き書式が設定されているセル範囲を選択し、

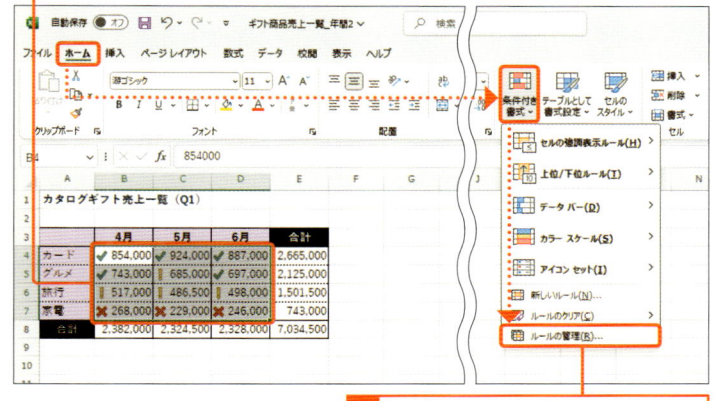

2 [ホーム]タブ→[条件付き書式]→[ルールの管理]をクリックします。

3 編集するルールをクリックし、

4 [ルールの編集]をクリックします。

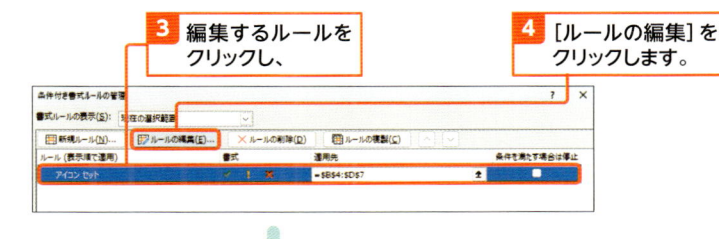

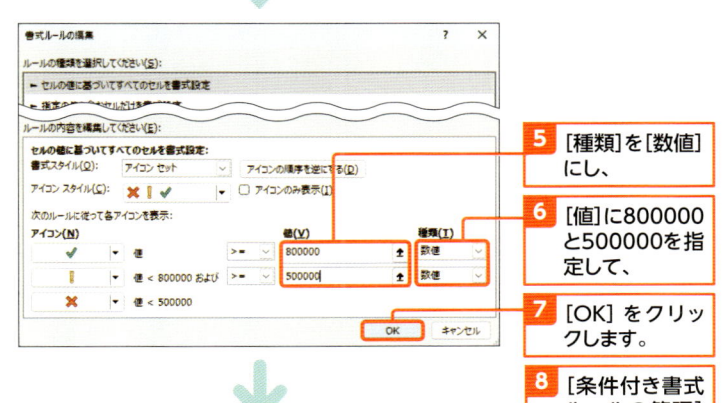

5 [種類]を[数値]にし、

6 [値]に800000と500000を指定して、

7 [OK]をクリックします。

8 [条件付き書式ルールの管理]ダイアログの[OK]をクリックします。

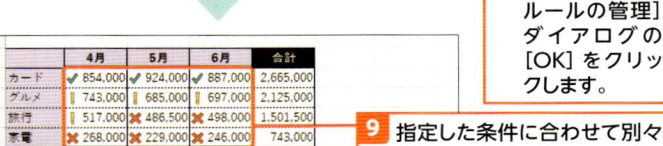

9 指定した条件に合わせて別々のアイコンが表示されます。

62 数値の動きを棒の長さや折れ線で表現する

練習用ファイル： 📁 62_支店別売上集計表.xlsx

スパークラインを使うと、行や列ごとの数値の動きを、棒グラフや折れ線グラフのように表現できます。

たとえば、支店別の月ごとの売上一覧表などで、各支店の売上の推移などがひと目でわかるようになります。

1 スパークラインの種類とは？

スパークラインには、「折れ線」「縦棒」「勝敗」の3種類があります。数値の推移は折れ線、大きさを比較するには縦棒、プラスマイナスがひと目でわかるようにするには勝敗を使いましょう。

> **Memo** 後から変更できる
>
> スパークラインの種類は、後から変えられます（p.184）。スパークラインを作り直す必要はありません。

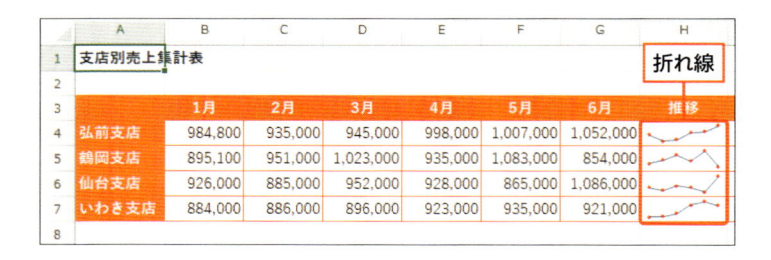

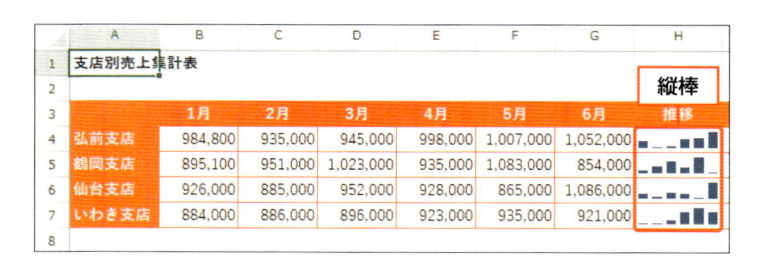

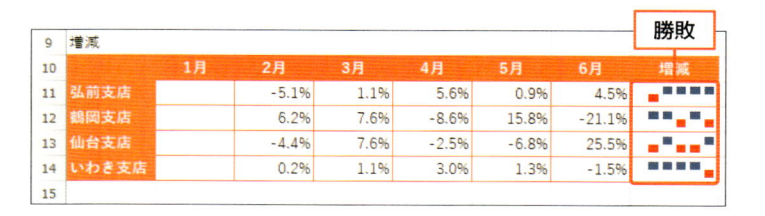

2 スパークラインを表示する

解説 スパークラインを表示する

支店ごとの売上の推移を示すスパークラインを作ります。スパークラインを作る範囲を選択して、そこに表示します。ここでは、折れ線のスパークラインを作っていますが、縦棒や勝敗のスパークラインでも作り方は同じです。

折れ線のスパークラインを表示します。

1 スパークラインを表示するセル範囲を選択し、

2 [挿入] タブ→ [折れ線] をクリックします。

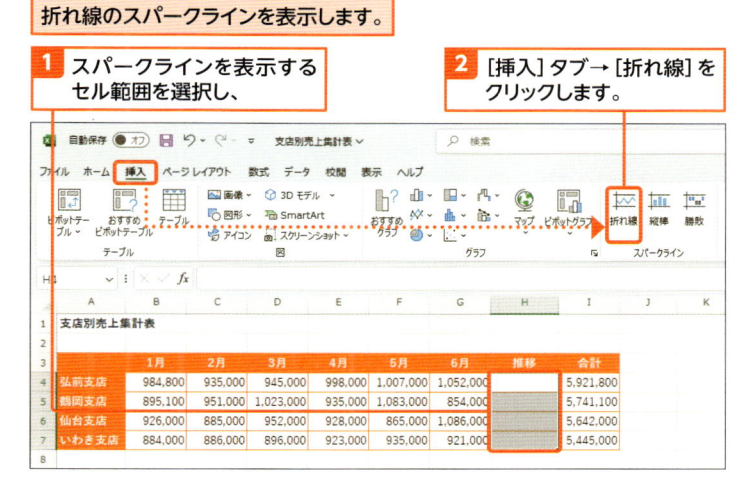

Memo スパークラインを選択する

スパークラインが表示されているセルをクリックすると、そのスパークラインを含む同じグループのスパークラインのセルに色の枠が付きます。同じグループのスパークラインは、まとめて編集できます。

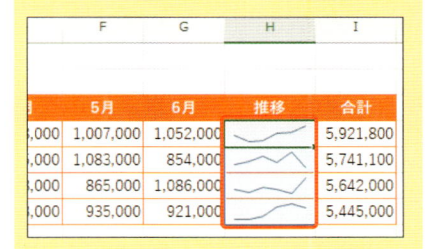

3 [データ範囲] 欄をクリックし、

4 スパークラインで表示するデータが入力されているセル範囲を選択して、

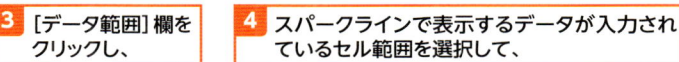
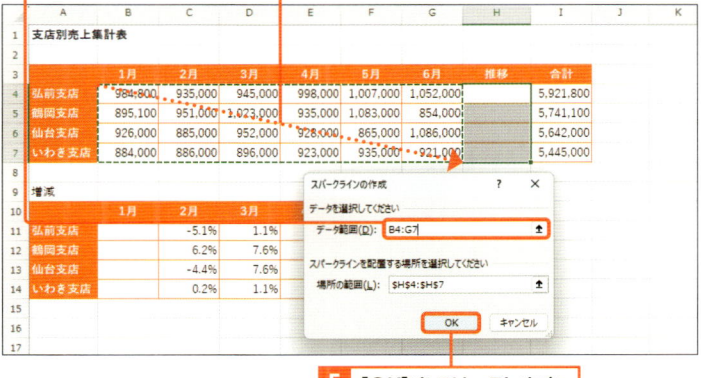

5 [OK] をクリックします。

6 折れ線のスパークラインが表示されます。

3 スパークラインの表示方法を変更する

解説 表示を変更する

スパークラインを選択すると、[スパークライン]タブが表示されます。[スパークライン]タブでスパークラインを編集できます。ここでは、スパークラインで表現しているデータの位置を示すマーカーを表示します。

Hint マーカーの色

マーカーの色は、スパークラインを選択して[スパークライン]タブの[マーカーの色]で指定できます。たとえば、折れ線の山の頂点のマーカーの色を変えたりできます。

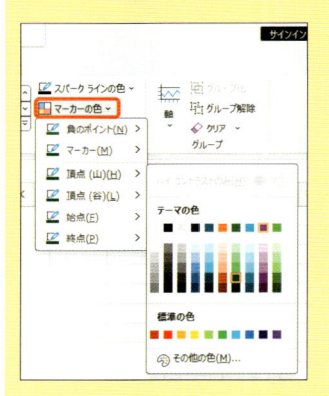

Hint スパークラインの種類

スパークラインの種類を変えるには、スパークラインが表示されているセルをクリックし、[スパークライン]タブ→[種類]からスパークラインの種類を選択します。

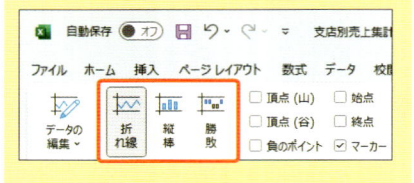

スパークラインにマーカーを付けて見やすくします。

1 スパークラインが表示されているセルをクリックし、

2 [スパークライン]タブ→[スタイル]の をクリックします。

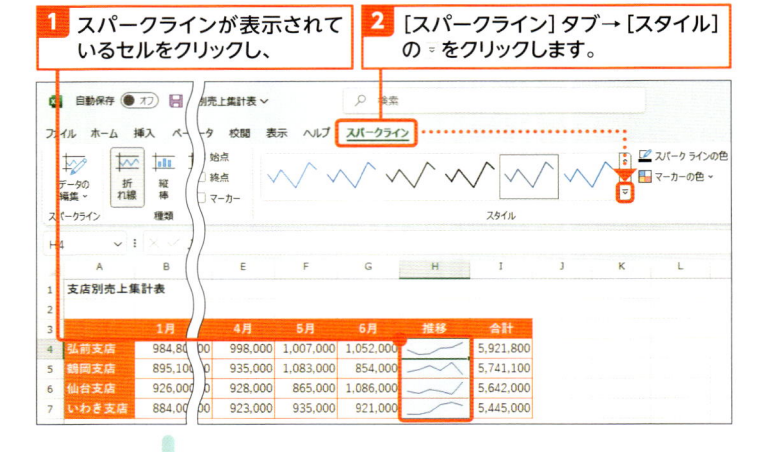

3 色を選んでクリックします。

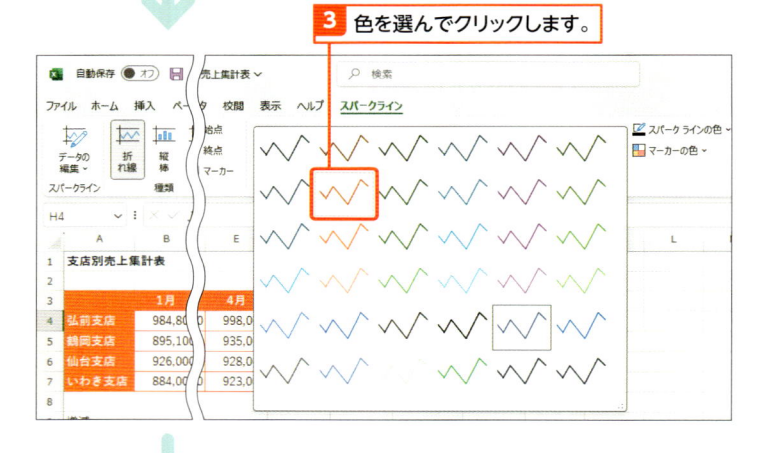

4 [マーカー]をクリックします。

5 スパークラインの表示が変更されます。

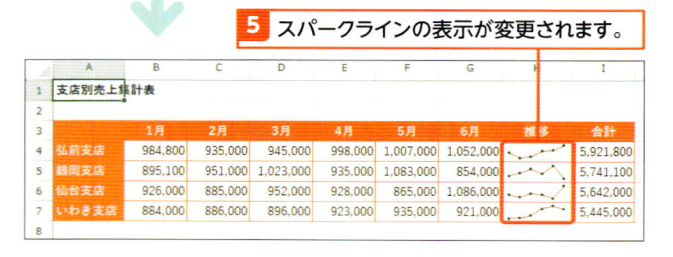

解説 最小値や最大値を指定する

折れ線や縦棒のスパークラインを作ると、通常、数値の大きさを示す軸は、行や列ごとに自動的に設定されます。そのため、行や列によって数値の大きさが大きく違う場合でも、その行や列の数値の動きがわかります。ここでは、軸の表示方法を変えて、軸の最小値や最大値をすべてのスパークラインで同じになるようにしています。

スパークラインの軸の最小値や最大値を揃えます。

3		1月	2月	3月	4月	5月	6月	推移
4	弘前支店	984,800	935,000	945,000	998,000	1,007,000	1,052,000	
5	鶴岡支店	895,100	951,000	1,023,000	935,000	1,083,000	854,000	
6	仙台支店	926,000	885,000	952,000	928,000	865,000	1,086,000	
7	いわき支店	884,000	886,000	896,000	923,000	935,000	921,000	

スパークラインの軸が行ごとに設定されている状態です。

3		1月	2月	3月	4月	5月	6月	推移
4	弘前支店	984,800	935,000	945,000	998,000	1,007,000	1,052,000	
5	鶴岡支店	895,100	951,000	1,023,000	935,000	1,083,000	854,000	
6	仙台支店	926,000	885,000	952,000	928,000	865,000	1,086,000	
7	いわき支店	884,000	886,000	896,000	923,000	935,000	921,000	

スパークラインの軸の最小値や最大値を揃えると表示が変わります。

最小値を指定する場合

1 スパークラインが表示されているセルをクリックし、

2 [スパークライン]タブ→[軸]→[すべてのスパークラインで同じ値]をクリックします。

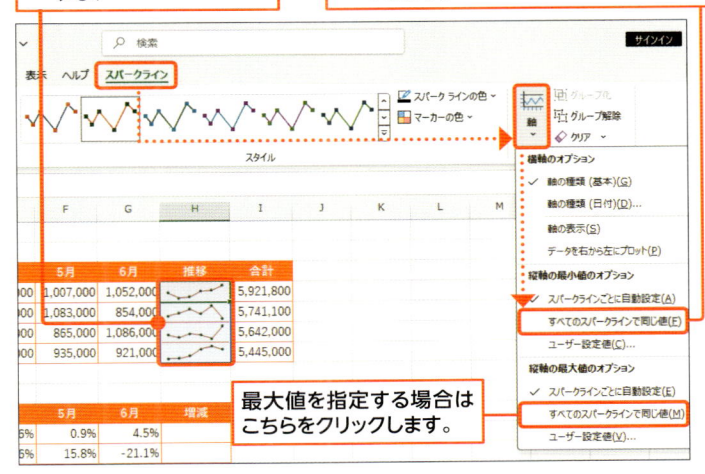

最大値を指定する場合はこちらをクリックします。

Hint 数値で指定する

軸の最小値や最大値を数値で指定したい場合は、[スパークライン]タブ→[軸]→[縦軸の最小値のオプション]の[ユーザー設定値](または[縦軸の最大値のオプション]の[ユーザー設定値])をクリックします。表示されるダイアログで最小値や最大値を入力します。

6

表の数値の動きや傾向を読み取る

Hint スパークラインのセル範囲を変更する

スパークラインで表示するデータが入力されているセル範囲を変更するには、スパークラインを選択し、[スパークライン]タブ→[データの編集]をクリックします。続いて表示される[スパークラインの編集]ダイアログで、データ範囲を指定します。

1 スパークラインが表示されているセルをクリックし、

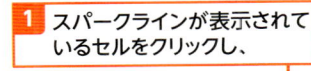

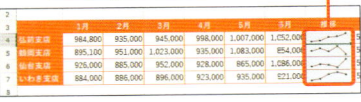

2 [スパークライン]タブ→[データの編集]をクリックして、

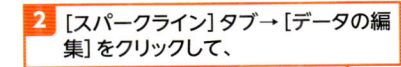

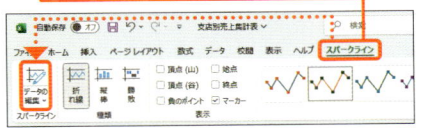

3 データ範囲を指定します。

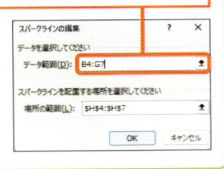

5 スパークラインを削除する

解説 ▶ スパークラインを削除する

スパークラインのグループを削除します。グループ単位ではなく、選択したセルのスパークラインのみ削除するには、スパークラインが表示されているセルをクリックし、[スパークライン]タブ→[クリア]をクリックします。

1 スパークラインが表示されているセルをクリックし、

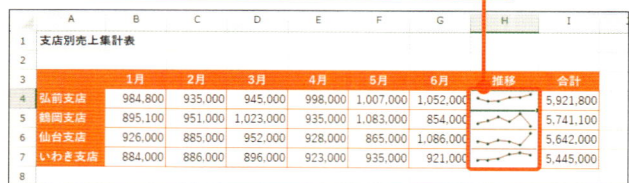

2 [スパークライン]タブ→[クリア]の ⌄ →[選択したスパークライン グループのクリア]をクリックします。

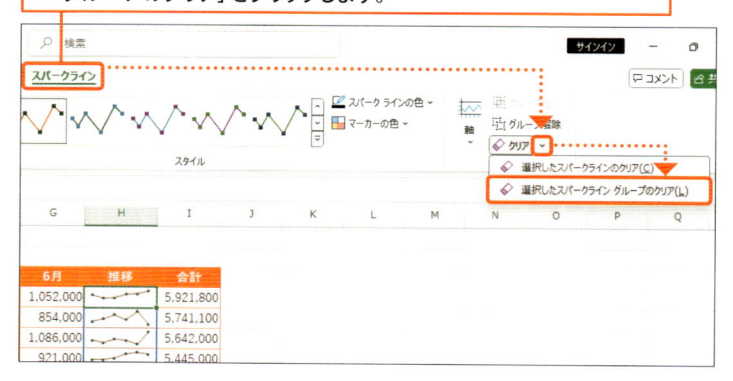

Hint ▶ スパークラインをコピーする

表にデータが追加された場合などは、スパークラインをコピーして作りましょう。新たに作り直す必要はありません。

データが追加されています。

1 スパークラインが表示されているセルをクリックし、

2 フィルハンドルにマウスポインターを合わせて、ドラッグします。

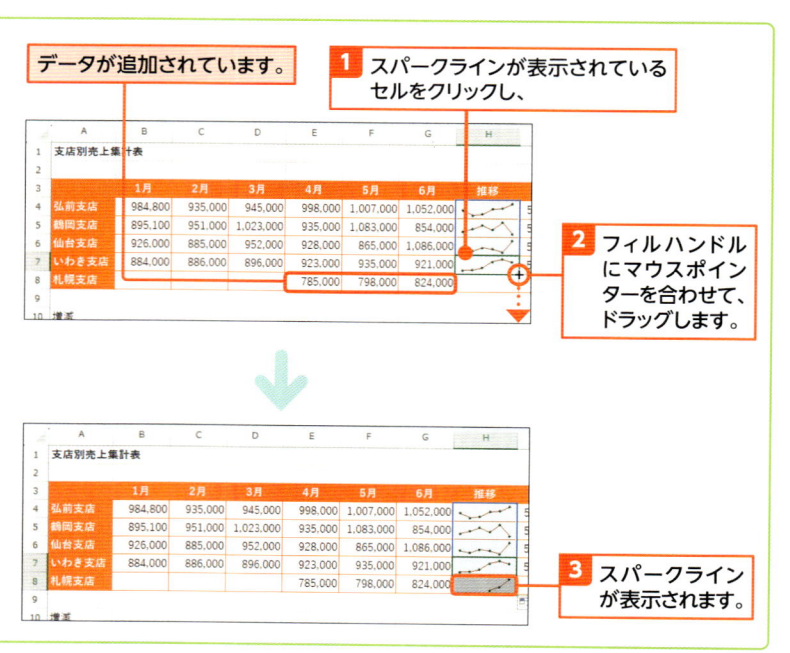

3 スパークラインが表示されます。

第 **7** 章

表のデータを
グラフで表現する

　この章では、表を基にグラフを作る方法を紹介します。基本的な棒グラフや折れ線グラフ、円グラフを作ってみましょう。

　目標は、表とグラフの関係を理解して、基本的なグラフを作ったりグラフを修正したりできるようになることです。

Section

63

Excelで作れるグラフって何?

この章では、グラフの作り方を紹介します。Excelでは、表の項目や数値を基にしてグラフを作ります。

最初に、「どのようなグラフを作れるのか」「グラフを作る基本手順」「グラフを構成する部品」などについて知っておきましょう。

1 表とグラフの関係を知る

Memo ▶ グラフを作る

表のデータをわかりやすく表現するには、グラフを作ります。グラフは表の項目や数値を基に作ります。グラフを作った後に表のデータが変わった場合、グラフに変更が反映されます。右図で紹介した例では、縦軸の最大値なども自動的に調整されています。

Hint ▶ グラフを削除する

グラフを作った後にグラフを削除しても表の内容は変わりません。一方、表を削除した場合、その表を基に作ったグラフは、正しい内容を表示できなくなります。表を削除した場合はグラフも削除しましょう。グラフを削除するには、グラフをクリックして Delete キーを押します。

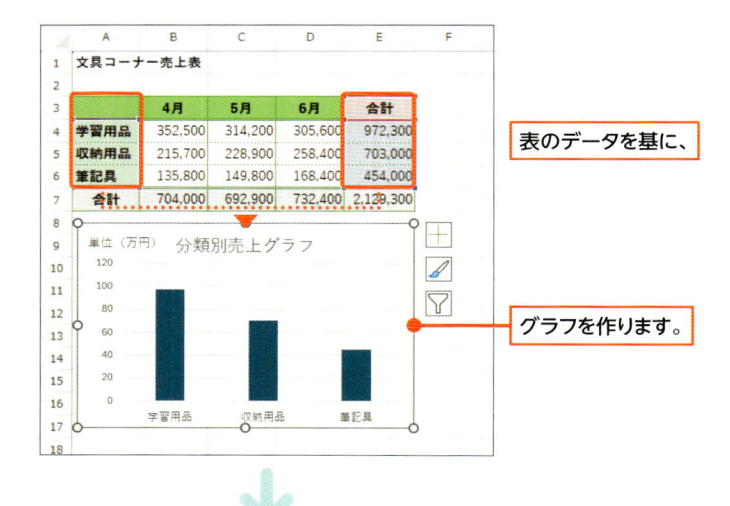

表のデータを基に、

グラフを作ります。

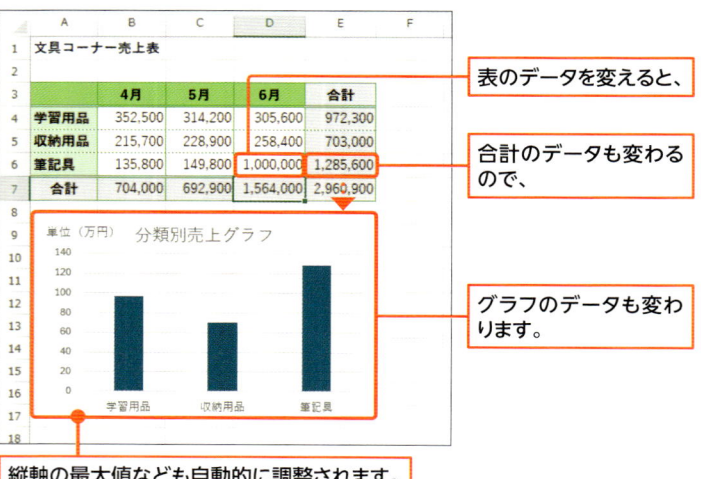

表のデータを変えると、

合計のデータも変わるので、

グラフのデータも変わります。

縦軸の最大値なども自動的に調整されます。

2 グラフの種類を知る

Excelで作れるグラフには、さまざまなものがあります（下のHint参照）。本書では、一般的によく使われる棒グラフ、折れ線グラフ、円グラフの作り方を紹介します。

グラフの種類を選択できます。

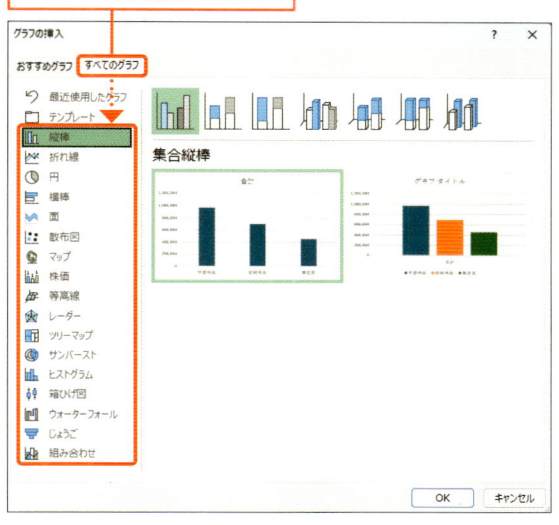

おすすめのグラフの中から選ぶこともできます。

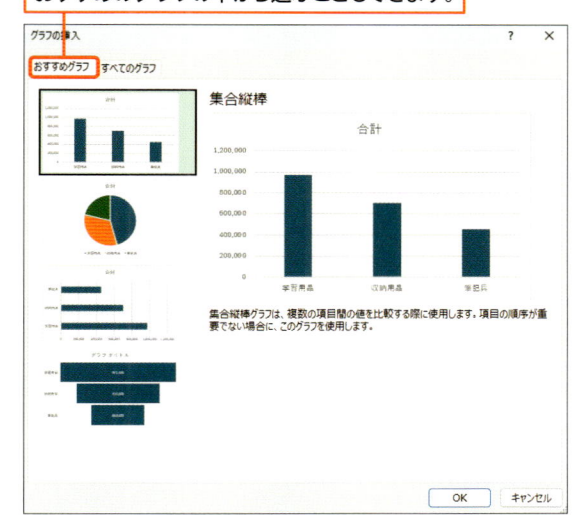

Hint グラフの種類

Excelのバージョンによって作れるグラフは違いますが、最新のExcelで作成できるグラフの種類については、以下の表を参照してください。

種類	内容
縦棒	棒の長さで数値の大きさを比較するときに使う
折れ線	数値の推移を見るときに使う
円	割合を見るときに使う
横棒	横棒の長さで数値の大きさを比較するときに使う
面	面の大きさで数値の大きさを比較するときに使う
散布図	データの関係性を見るときに使う
マップ	地図を表示して数値の大きさを色の違いで表示するときに使う
株価	株価の推移を示すローソクチャートなどを作るときに使う
等高線	2つの項目を軸にして、軸が交わる部分の数値の大きさを比較するときに使う

種類	内容
レーダー	複数の項目の数値のバランスを見るときに使う
ツリーマップ	分類ごとに数値の割合を比較するときに使う
サンバースト	ドーナツグラフのような見た目で、分類ごとに数値の割合を比較するときに使う
ヒストグラム	区間ごとの数値を比較してデータのばらつき具合を見るときに使う
箱ひげ図	箱の大きさから、データのばらつき具合を見るときに使う
ウォーターフォール	数値が増減する様子を把握するときに使う
じょうご	さまざまなタイミングで数値が減少していく様子を把握するときに使う
組み合わせ	複数のグラフを組み合わせて表示するときに使う

3 グラフを作る手順を知る

解説 グラフを作る手順

グラフを作るときは、最初にグラフの基の表を準備します。グラフの項目を大きい順に表示するには、表のデータをあらかじめ並べ替えておきます（p.222）。次に、セル範囲を選択してグラフの種類を選びます。続いて、グラフに表示するものを指定します。最後に、グラフで強調したい箇所が目立つように書式を整えます。

Memo 項目の並び順

グラフを作るとき、項目を大きい順に並べたい場合は、表のデータを並べ替えておきます。たとえば、縦棒グラフの場合、表の上の項目から順に、表の縦横の軸が交差するところの近くから遠くへと配置されます。右図で紹介した例では、分類別の合計の大きい順に項目をあらかじめ並べ替えています。そのため、グラフの左から合計の大きい順に項目が並びます。

Hint 目的によって使い分ける

グラフを作るときは、表現したい内容に応じてグラフの種類を使い分けます。たとえば、数値の大きさを比較するには縦棒グラフ、数値の推移を表すには折れ線グラフ、割合を表すには円グラフを使うと効果的です。

1 グラフを作る前にグラフの基の表を準備します。

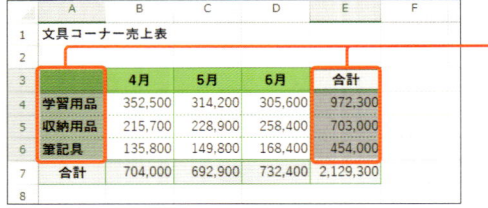

2 グラフの基のセル範囲を選択します。

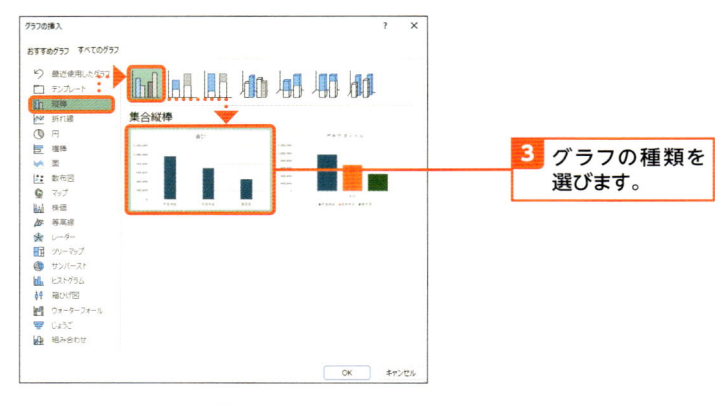

3 グラフの種類を選びます。

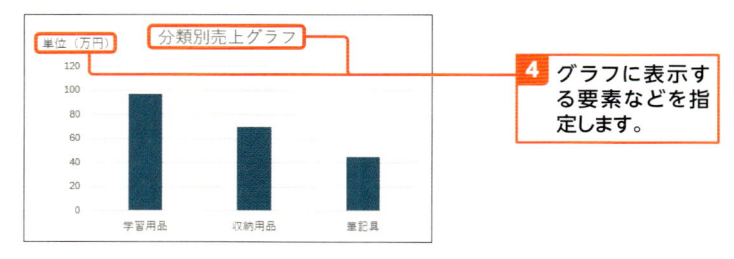

4 グラフに表示する要素などを指定します。

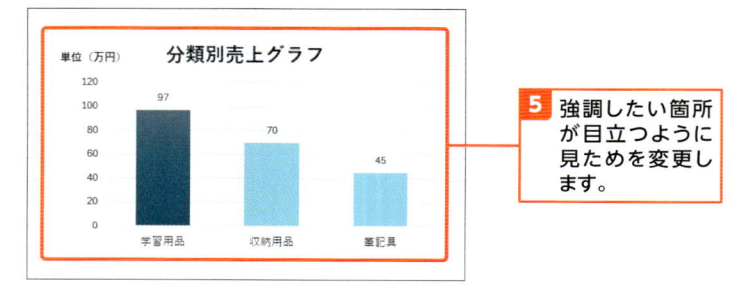

5 強調したい箇所が目立つように見ためを変更します。

グラフを構成するさまざまな要素を知りましょう。どの要素を表示するかは、後で指定できます。

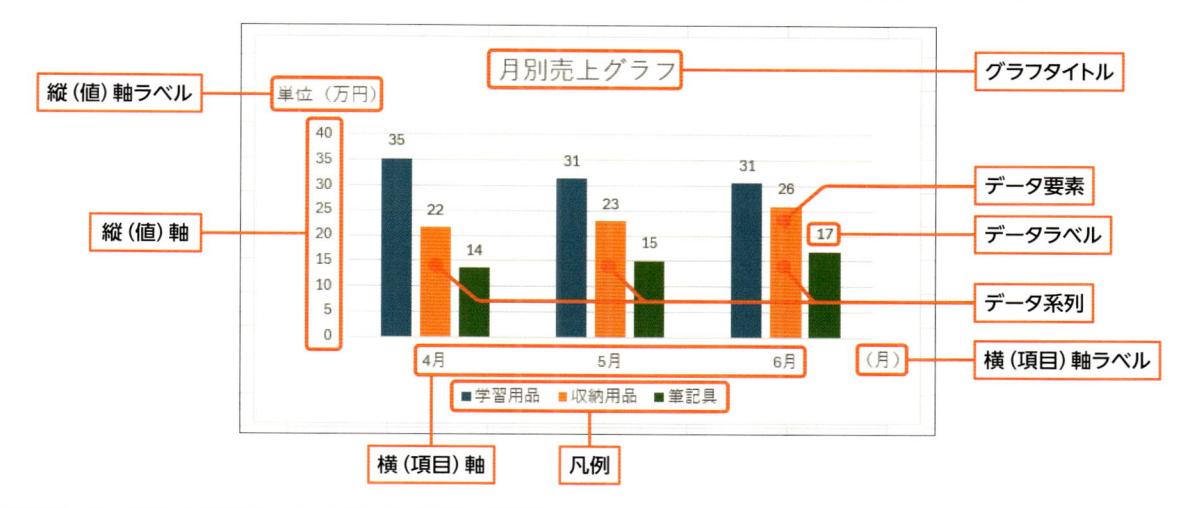

名前	内容
グラフタイトル	グラフのタイトルを表示する
縦（値）軸	左側の縦の軸の数値の大きさを表示する
縦（値）軸ラベル	縦（値）軸の内容を補足する文字を表示する
横（項目）軸	項目名を示す軸を表示する
横（項目）軸ラベル	横（項目）軸の内容を補足する文字を表示する

名前	内容
データラベル	表の数値や項目名などを表示する
凡例	グラフで表現している内容の項目名などを示すマーカーを表示する
データ系列	同じ系列の項目の集まり（棒グラフの場合、同じ色で示される複数の棒）
データ要素	データ系列の中の1つの項目（棒グラフの場合、1本の棒）

グラフ要素の追加

グラフを選択し、［グラフのデザイン］タブ→［グラフ要素を追加］から選択します。

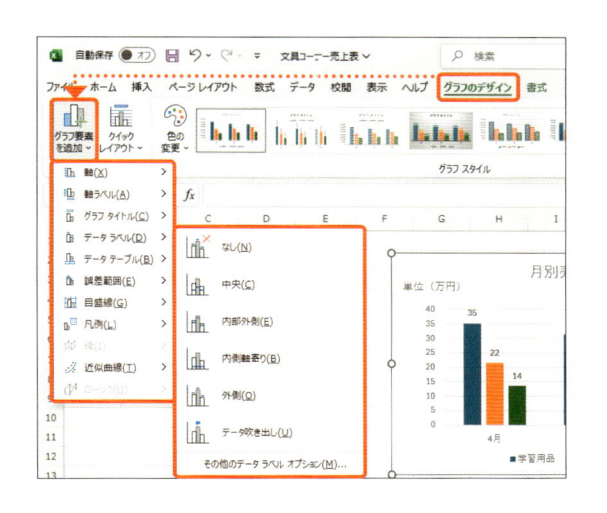

グラフ要素の選択

グラフを選択し、［書式］タブ→［グラフ要素］から選択します。グラフ要素を直接クリックしても選択できます。

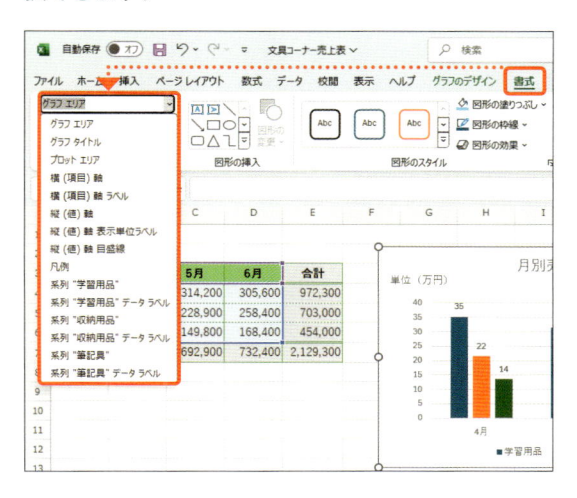

64 基本的なグラフを作る

練習用ファイル： 64_店舗別売上表.xlsx

ここで学ぶのは

▶ 棒グラフ

▶ 積み上げ縦棒グラフ

▶ グラフのレイアウト

表を基に新しいグラフを作ってみましょう。表を選択してからグラフの種類を選びます。

また、グラフを作った後は、グラフに表示する要素を指定したりグラフの見た目を調整したりします。

1 グラフを作る

解説 グラフを作る

月別に店舗ごとの売上割合がわかるような積み上げ縦棒グラフを作ります。棒の中の項目が下から順に売上の大きい店舗になるように、表のデータを店舗別の合計の大きい順に並べ替えておきます（p.222）。準備ができたら、グラフの基の表を選択し、グラフの種類を選びます。すると、グラフの土台が表示されます。

Memo グラフ選択時に表示されるタブ

グラフをクリックして選択すると、グラフを編集するときに使う［グラフのデザイン］タブと［書式］タブが表示されます。［グラフのデザイン］タブは、グラフに表示するものを指定するときなどに使います。［書式］タブは、グラフに飾りを付けたり、書式を調整したりするときに使います。

積み上げ縦棒グラフを作ります。

1 店舗別の合計の大きい順にデータを並べ替えておきます（p.222）。

2 グラフの基のセル範囲を選択し、

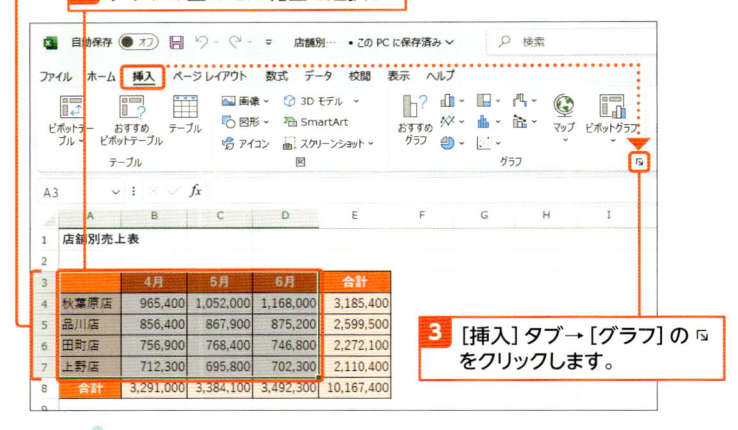

3 ［挿入］タブ→［グラフ］の をクリックします。

4 ［すべてのグラフ］をクリックし、

5 グラフの種類とタイプをクリックして、

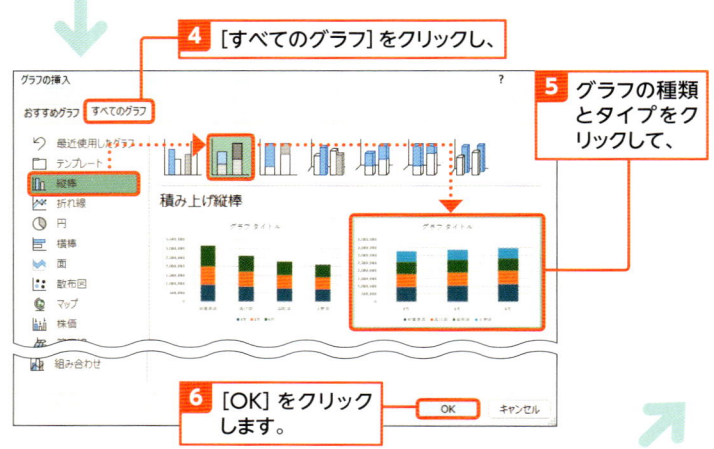

6 ［OK］をクリックします。

Memo グラフタイトル

「グラフタイトル」と表示されている文字をクリックしてグラフのタイトルを入力しておきましょう。

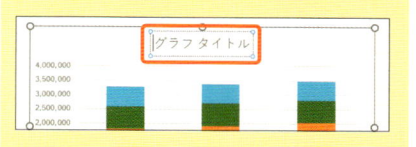

---

7 グラフが作成されます。

8 「グラフタイトル」の文字をクリックして、タイトルを入力します。

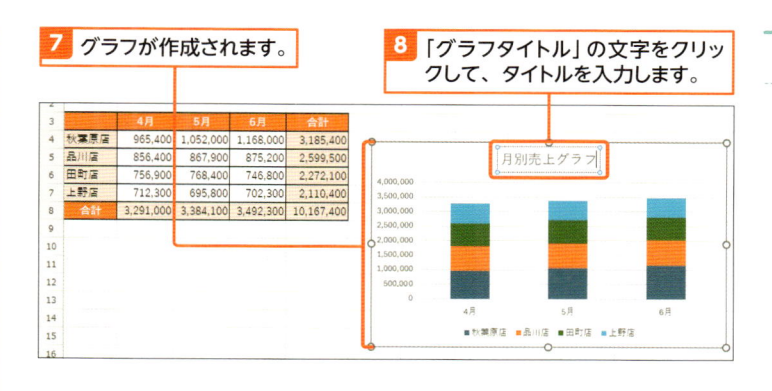

---

2 グラフのレイアウトやデザインを変更する

解説 グラフのデザインを変える

グラフ全体のレイアウトやデザインを指定します。グラフのレイアウトやスタイルにマウスポインターを移動すると、その設定を適用したイメージが表示されます。表示を確認しながら選びましょう。

全体のレイアウトやデザインを変えた後、必要に応じて細かい部分の修正なども行えます。

1 グラフをクリックし、

2 [グラフのデザイン] タブ→ [グラフスタイル] の ˅ をクリックします。

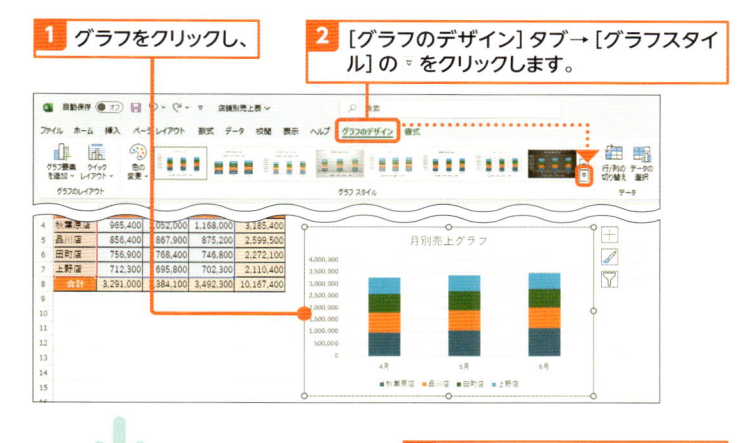

3 グラフのデザインをクリックし、

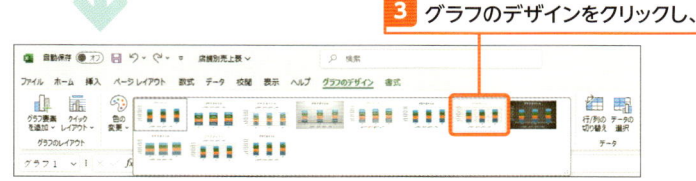

4 [グラフのデザイン] タブ→ [クイックレイアウト] をクリックして、レイアウトをクリックします。

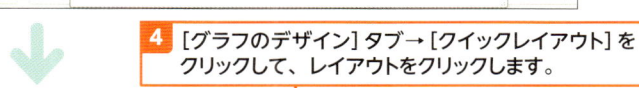

Memo 凡例の位置を変える

レイアウトを変えた後にスタイルを変えたり、逆にスタイルを変えた後にレイアウトを変えたりすると、凡例の位置などが変わってしまうことがあります。凡例の位置を変える場合などは、グラフを選択して [グラフのデザイン] タブ→ [グラフ要素を追加] → [凡例] から表示位置を指定します。

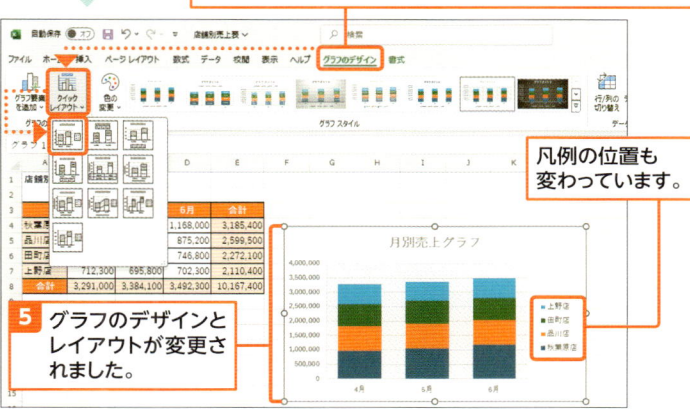

5 グラフのデザインとレイアウトが変更されました。

凡例の位置も変わっています。

193

65 グラフを修正する

練習用ファイル： 65_店舗別売上表.xlsx

ここで学ぶのは

▶ グラフの配置
▶ グラフの大きさ
▶ グラフシート

グラフの大きさや位置を調整します。それには、グラフ全体を選択してからグラフの周囲に表示されるハンドルや枠を操作します。

また、グラフの基になっている表の範囲を変えたり、グラフの種類を変えたりする方法を紹介します。

1 グラフを移動する

解説 グラフを移動する

グラフを移動します。グラフにマウスポインターを移動し、「グラフエリア」と表示されるところを移動先に向かってドラッグします。

1 グラフの何も表示されていない場所にマウスポインターを移動します。

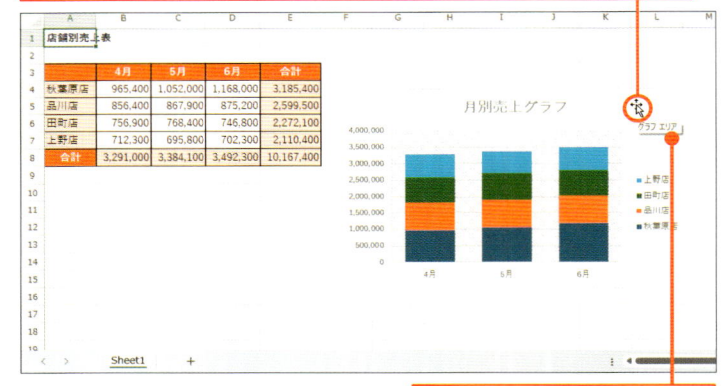

「グラフエリア」と表示されます。

2 グラフをドラッグすると位置が移動します。

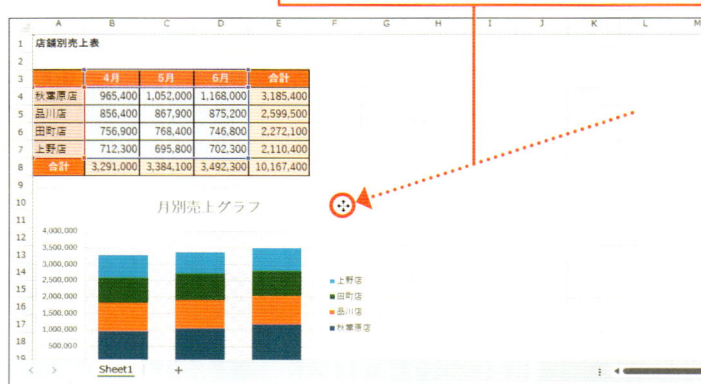

Hint セルの枠線に合わせて移動する

グラフを移動するとき、Alt キーを押しながらグラフをドラッグすると、グラフの端をセルの枠線にぴったり合わせて移動できます。

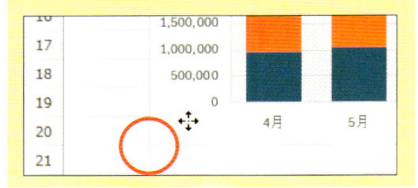

2 グラフの大きさを変更する

解説 グラフの大きさを変える

グラフを選択すると表示されるハンドルをドラッグして、グラフの大きさを変えます。四隅にあるハンドルをドラッグすると、グラフの高さや幅を一度に指定できます。

Hint 縦横比を保ったまま大きさを変える

グラフの大きさの縦横比を保ったままでグラフの大きさを変更するには、[Shift]キーを押しながら、グラフの四隅のいずれかのハンドルをドラッグします。[Ctrl]キーを押しながらグラフの周囲のハンドルをドラッグすると、グラフの中心の位置を変えずに大きさを変えられます。[Alt]キーを押しながらグラフの周囲のハンドルをドラッグすると、セルの枠線にぴったり合わせて大きさを変えられます。
ドラッグ操作をする前にキーを押すのではなく、ドラッグ操作の途中でキーを押すとうまく操作できます。

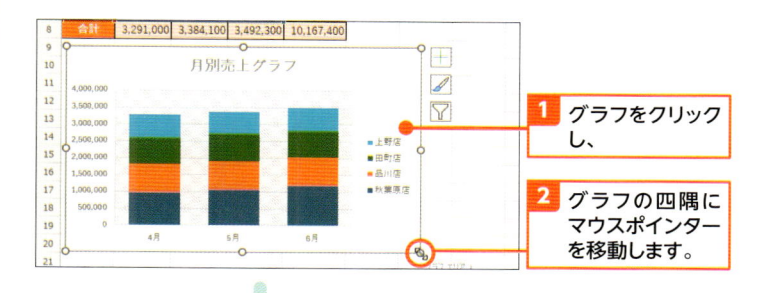

1 グラフをクリックし、

2 グラフの四隅にマウスポインターを移動します。

3 四隅のハンドルをドラッグします。

4 グラフの大きさが変更されます。

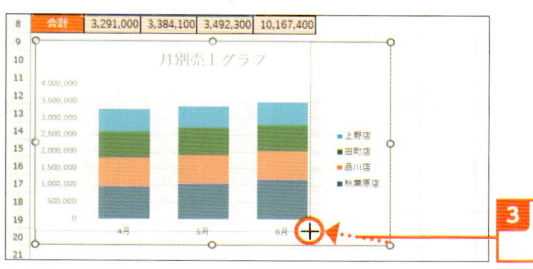

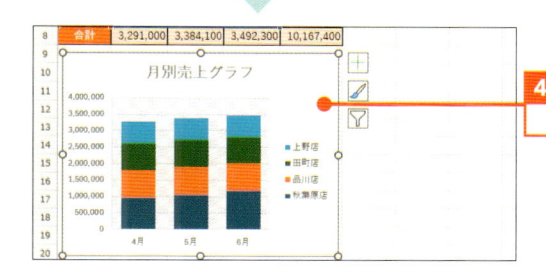

Hint シート全体に表示する

グラフは、グラフシートに大きく広げて表示することもできます。それには、グラフを選択し、[グラフのデザイン]タブ→[グラフの移動]をクリックします。[グラフの移動]ダイアログで[新しいシート]をクリックして[OK]をクリックします。
元の場所に戻すには、グラフのシートを選択して[グラフのデザイン]タブ→[グラフの移動]をクリックします。[グラフ移動]ダイアログで[オブジェクト]をクリックして、グラフを表示するシートを選択して[OK]をクリックします。

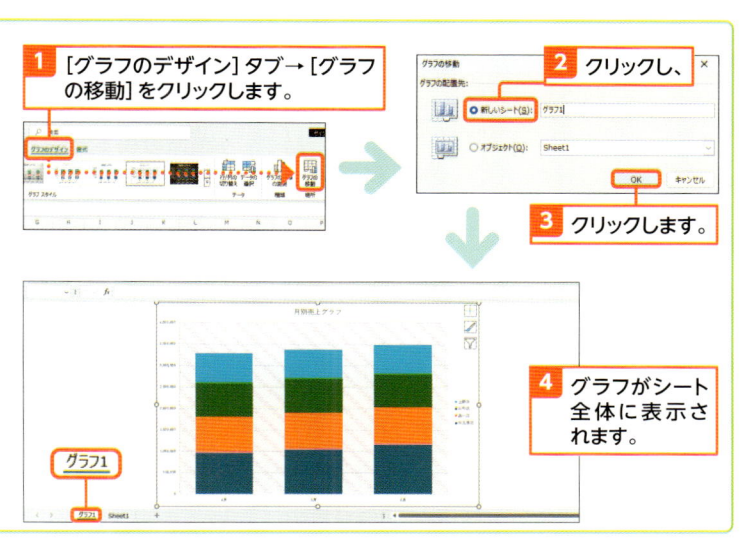

1 [グラフのデザイン]タブ→[グラフの移動]をクリックします。

2 クリックし、

3 クリックします。

4 グラフがシート全体に表示されます。

3 グラフに表示するデータを変更する

 解説 グラフの基を変える

グラフに表示する項目を変えます。[データソースの選択] ダイアログで表示する項目を選びましょう。

Hint グラフの基の範囲

グラフを選択すると、グラフの基になっているセル範囲に色枠が付きます。色枠の隅に表示されるハンドルをドラッグすると、グラフの基の範囲が変わります。

1 ドラッグして色枠の範囲を変えると、

	4月	5月	6月	合計
秋葉原店	965,400	1,052,000	1,168,000	3,185,400
品川店	856,400	867,900	875,200	2,599,500
田町店	756,900	768,400	746,800	2,272,100
上野店	712,300	695,800	702,300	2,110,400
合計	3,291,000	3,384,100	3,492,300	10,167,400

月別売上グラフ

2 グラフのデータも変わります。

Hint スピル機能を利用した計算式

Excel2021以降では、スピル機能に対応した関数などを使用できます（p.134参照）。それらの関数は、計算式の内容によって、計算結果が表示されるセル範囲が変わる場合があります。グラフを作成するときに、グラフの基になるセル範囲として、そのセル範囲を選択した場合、計算結果が変わったときに、グラフの基になるセル範囲は自動的に判断されます。グラフの基になるセル範囲を指定し直す手間はありません。

「5月」の項目を非表示にします。

1 グラフをクリックして選択し、

2 [グラフのデザイン] タブ→ [データの選択] をクリックします。

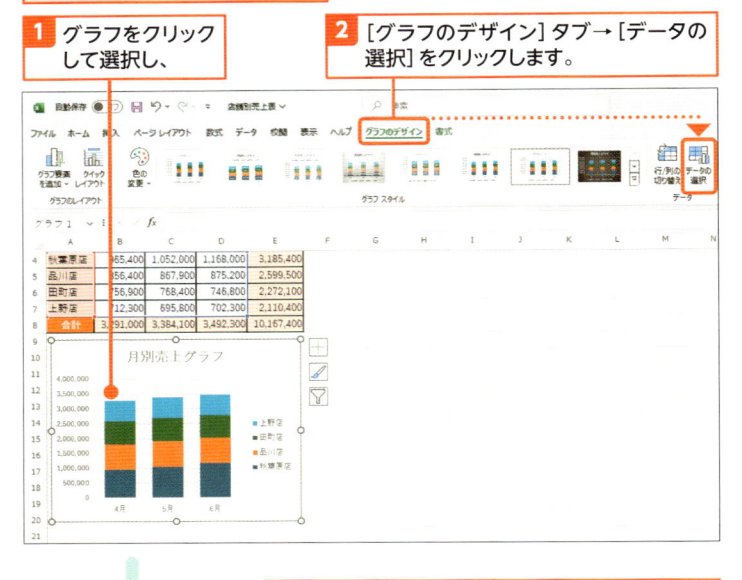

3 グラフの基になっている範囲が表示されます。

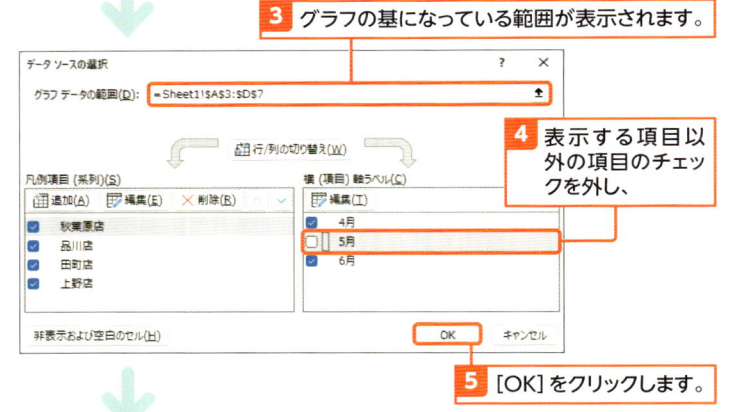

4 表示する項目以外の項目のチェックを外し、

5 [OK] をクリックします。

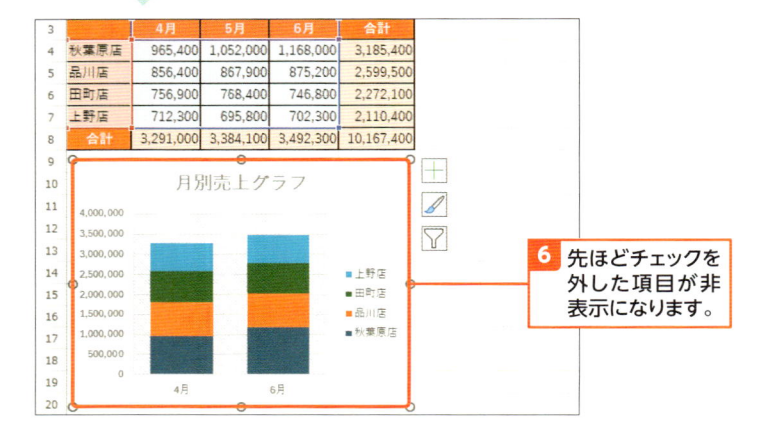

6 先ほどチェックを外した項目が非表示になります。

4 グラフの種類を変更する

 解説 > **グラフの種類を変える**

ここでは、積み上げ縦棒から集合縦棒グラフに変えています。

なお、グラフによって、グラフを作るのに必要なデータは違います。まったくタイプの違うグラフに変えたりすると、思うようなグラフにならず、グラフの意味がなくなってしまうので注意しましょう。

 Hint > **その他の方法**

グラフを右クリックすると表示されるショートカットメニューからも、グラフの種類を変えられます。[グラフの種類の変更]をクリックして、グラフの種類を選びます。

Hint > **色合いを変える**

グラフの色合いを変えるには、グラフをクリックして選択し、[グラフのデザイン]タブ→[色の変更]から色を選択します。

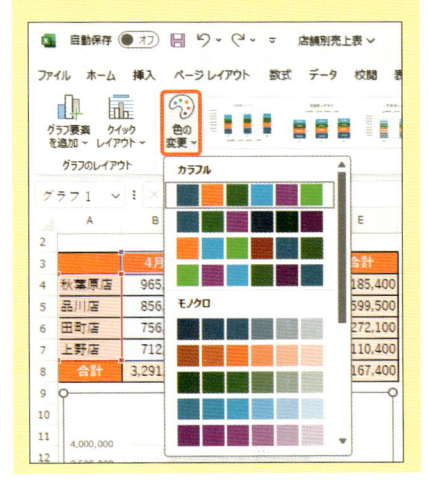

積み上げ縦棒のグラフから集合縦棒グラフに変えます。

1 グラフをクリックして選択し、

2 [グラフのデザイン]タブ→[グラフの種類の変更]をクリックします。

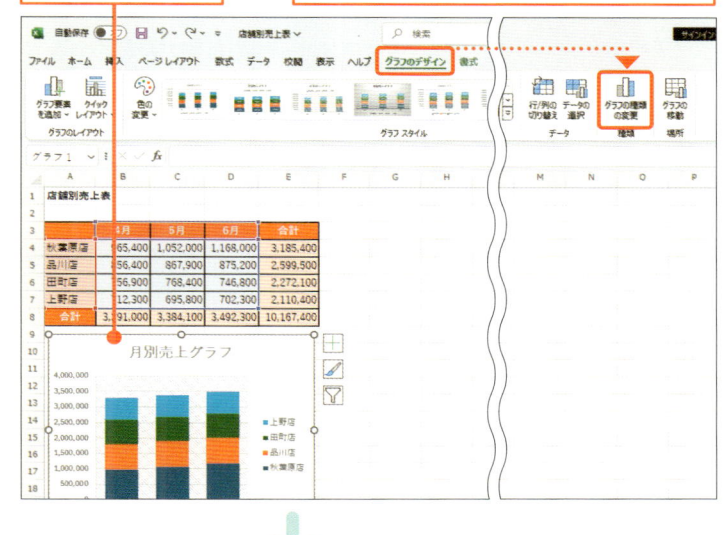

3 変更するグラフの種類とタイプをクリックし、

4 [OK]をクリックします。

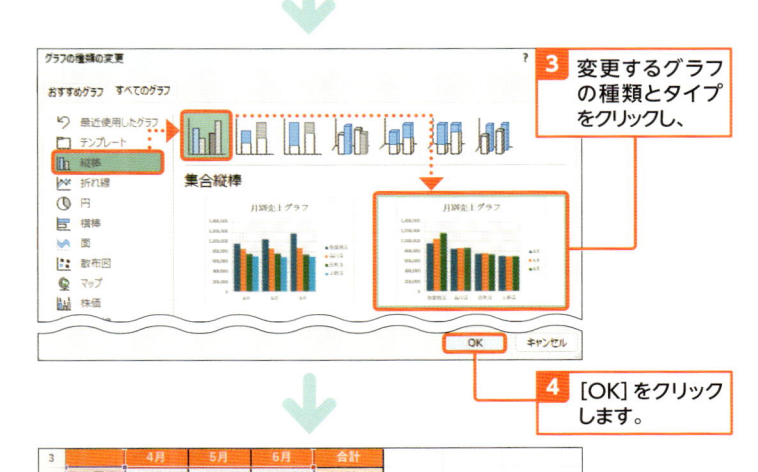

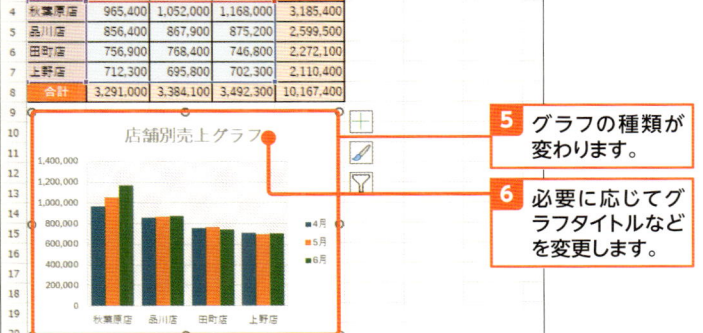

5 グラフの種類が変わります。

6 必要に応じてグラフタイトルなどを変更します。

66 棒グラフを作る

練習用ファイル： 66_ギフト商品売上一覧_年間2.xlsx

ここで学ぶのは

- 棒グラフ
- 項目の入れ替え
- 軸ラベルの追加

棒グラフは、棒の長さで数値の大きさを比較するグラフです。ここでは、基本的な棒グラフを作ります。

グラフの横の項目軸に、表の上端の項目を配置するか、表の左端の項目を配置するかを選べます。

---

1 棒グラフを作る

解説 棒グラフを作る

ここでは、数値の大きさを比較する集合縦棒グラフを作ります。まずは、グラフの基のセル範囲を選択します。表の項目部分とデータの部分を選択します。表に合計の項目があるとき、通常はデータの部分か合計の部分のどちらかを選択します（p.190）。両方選択してしまうと、合計だけ数値の大きさが極端に大きいためグラフが見づらくなるので注意します。セル範囲を選択できたらグラフの種類を選びます。

Memo グラフの種類

縦棒グラフには、割合を比較する100%積み上げ縦棒、大きさと割合の両方を比較する積み上げ縦棒もあります。目的によって使い分けましょう。

また、縦棒グラフのグラフタイプの中には、立体的に見える3-Dのグラフもあります。3-Dグラフは、表の数値によってはグラフが見づらくなることもあるので注意します。

1 商品分類別の合計の大きい順にデータを並べ替えておきます（p.222）。

2 グラフの基のセル範囲を選択します。

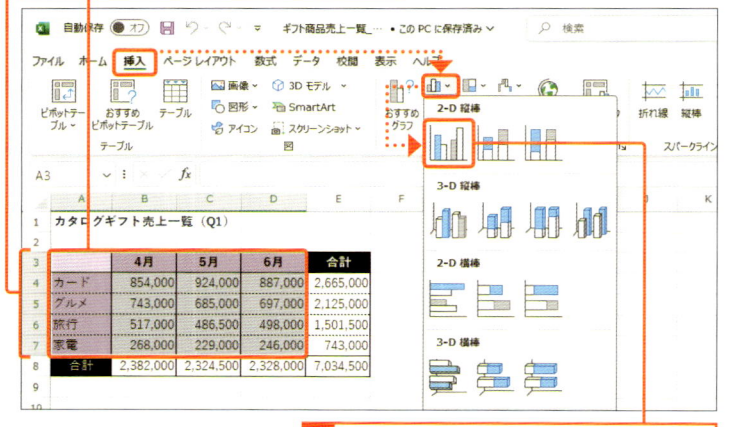

3 [挿入]タブ→[縦棒／横棒グラフの挿入]→[集合縦棒]をクリックします。

4 棒グラフが表示されます。

5 グラフタイトルをクリックし、タイトル文字を入力します。

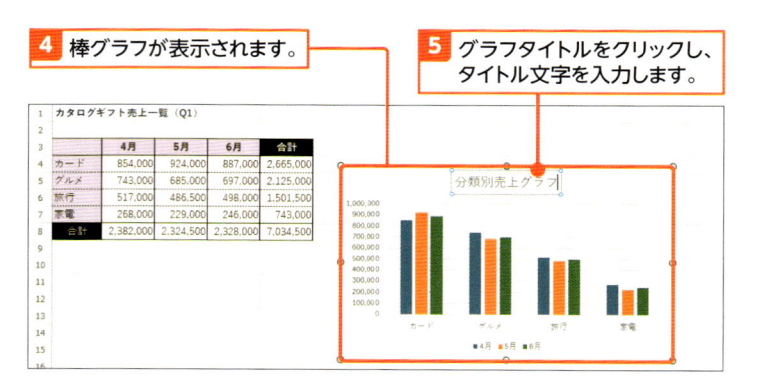

解説 項目を入れ替える

縦棒グラフを作るとグラフの横軸に、表の上端の項目または左端の項目が配置されます。どちらの項目が配置されるかは、基になる表の行と列の数に応じて自動的に決まります。ただし、どちらの項目を配置するかは変更できます。ここでは、グラフの軸を入れ替えて項目軸に、商品分類ではなく月を表示します。

Hint グラフを作るときに決める場合

縦棒グラフを作るときに[挿入]タブ→[縦棒／横棒グラフの挿入]→[その他の縦棒グラフ]をクリックします。[グラフの挿入]ダイアログが表示され、項目軸に配置する項目を選択できます。それぞれのグラフのイメージを見て指定できます。

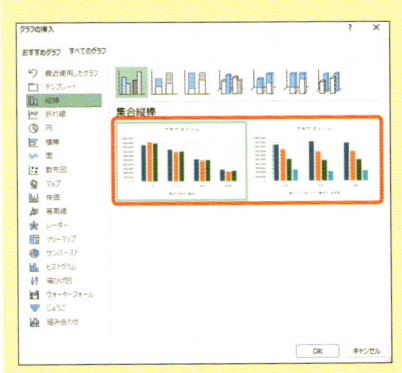

Hint 項目と合計だけでグラフを作る

ここで作ったグラフは、商品分類別、月別の売上の数値を基に作っています。商品分類別の合計、または、月別の合計だけでグラフを作る場合は、項目名と合計のセルのみ選択してグラフを作ります（p.190）。

前ページの続きで、項目軸に月が表示されるように軸を入れ替えます。

1 グラフをクリックして選択し、

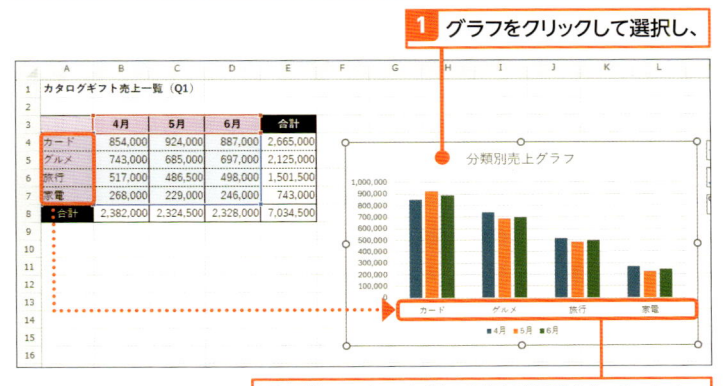

項目軸には表の左端の項目が配置されています。

2 [グラフのデザイン]タブ→[行/列の切り替え]をクリックします。

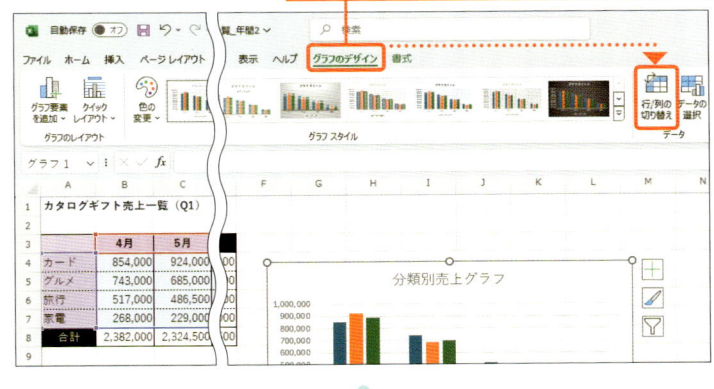

3 項目軸に表の上端の項目が配置されます。

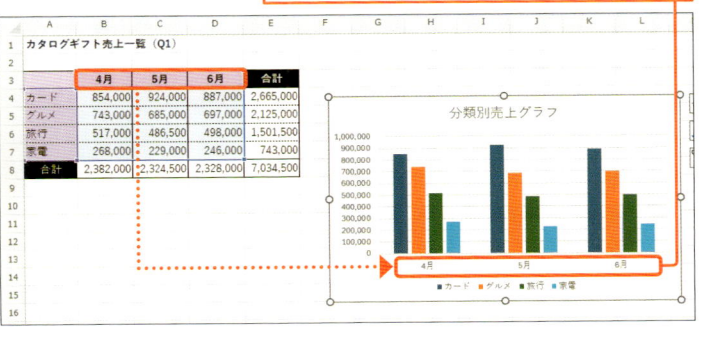

3 軸ラベルを追加する

解説 軸ラベルを追加する

表の数値が大きい場合などは、縦棒グラフの縦の軸の表示単位を千円や万円にすると見やすくなる場合があります。ここでは、万円単位で表示します。単位を変更すると、軸ラベルが自動的に追加されます。次ページの操作で文字の配置を整えます。なお、軸ラベルを手動で追加する方法は、p.205で紹介しています。

Memo 項目軸の表示

ここでは、項目軸に商品分類を表示した状態で操作しています。項目軸に月が表示されている場合は、前のページの方法で、軸を切り替えておきます。

Hint 作業ウィンドウを閉じる

[軸の書式設定] 作業ウィンドウを閉じるには、作業ウィンドウの右上の [閉じる] をクリックします。

棒グラフの軸の表示単位を万円にします。

1 グラフをクリックして選択し、

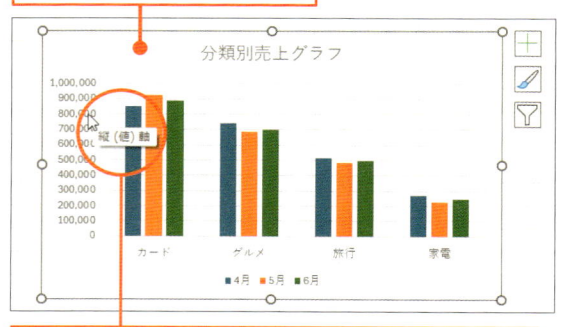

2 縦の軸にマウスポインターを移動して、「縦(値)軸」と表示されるところをダブルクリックします。

3 [軸のオプション]→[軸のオプション]→[表示単位]から[万]を選択します。

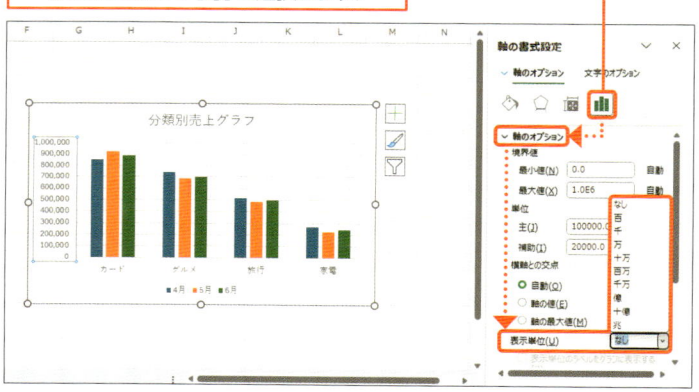

4 軸の単位が「万円」になり、軸ラベルが追加されます。

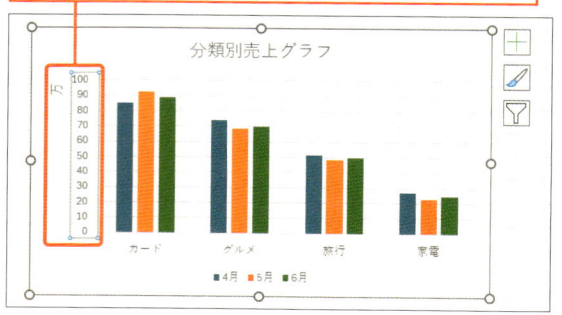

 **解説** 軸ラベルの
文字を修正する

追加した軸ラベルの文字を修正しましょう。
文字の長さによって軸ラベルの大きさが変わ
ります。

 **Memo** 軸ラベルの
文字の大きさ

軸ラベルの文字の大きさなどを変えるには、
軸ラベルをクリックして選択し、[ホーム] タブ
で文字の大きさなどを指定します。

Memo 軸ラベルを移動する

軸ラベルの位置を調整するには、軸ラベル
をクリックし、外枠部分をドラッグします。また、
軸ラベルを移動したことで、グラフのデータ
部分を示すプロットエリアの大きさなどが変
わってしまった場合は、プロットエリアを選択
して配置を調整します（p.205 参照）。

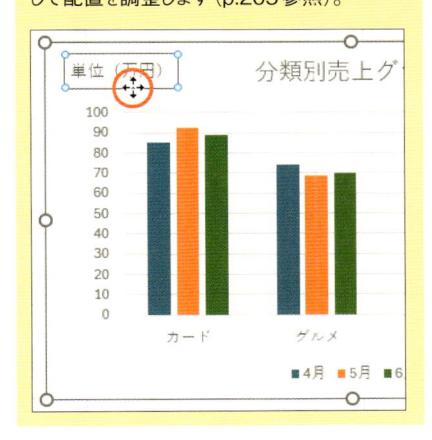

1 軸ラベルを
クリックし、

2 [ラベルオプション] → [サイズとプロパティ] → [配
置] → [文字列の方向] → [横書き] をクリックします。

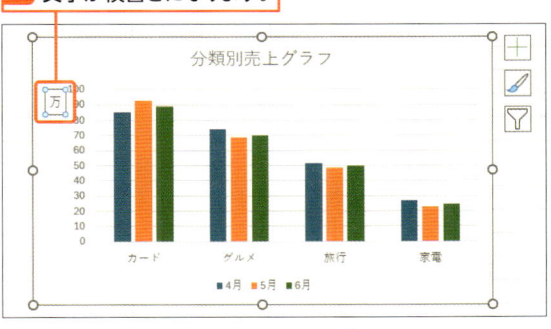

3 文字が横書きになります。

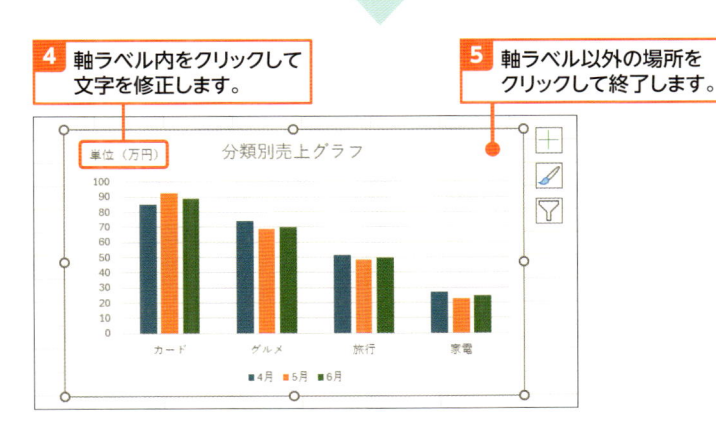

4 軸ラベル内をクリックして
文字を修正します。

5 軸ラベル以外の場所を
クリックして終了します。

67 折れ線グラフを作る

練習用ファイル： 📁 67_受験者数集計表.xlsx

ここで学ぶのは

▶ 折れ線グラフ

▶ 数値の間隔

▶ 軸ラベルの追加

月や年ごとに集計したデータの推移を見るには、折れ線グラフを作るとよいでしょう。

折れ線グラフを作った後は、軸の表示方法を変えたり、軸ラベルを追加したりして完成させます。

1 折れ線グラフを作る

解説 折れ線グラフを作る

折れ線グラフを作るには、月や年などの項目と折れ線グラフに表示する数値のセル範囲を選択し、折れ線グラフの種類を指定します。ここでは、表の数値の位置を示すマーカー付きの折れ線グラフを作っています。

Memo 線が途切れてしまったら

グラフに表示するデータに空欄のセルがある場合は、線が途中で途切れて表示されます。空欄を無視して線をつなげて表示するには、折れ線グラフを選択し、[グラフのデザイン]タブ→[データの選択]をクリックし、次のように操作します。

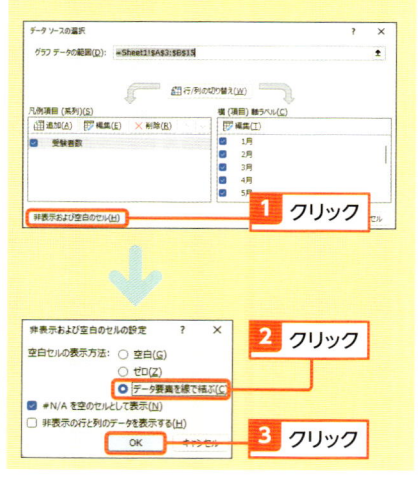

試験の受験者数の推移を折れ線グラフで表示します。

1 グラフの基のセル範囲を選択し、

2 [挿入]タブ→[折れ線／面グラフの挿入]から折れ線グラフの種類をクリックします。

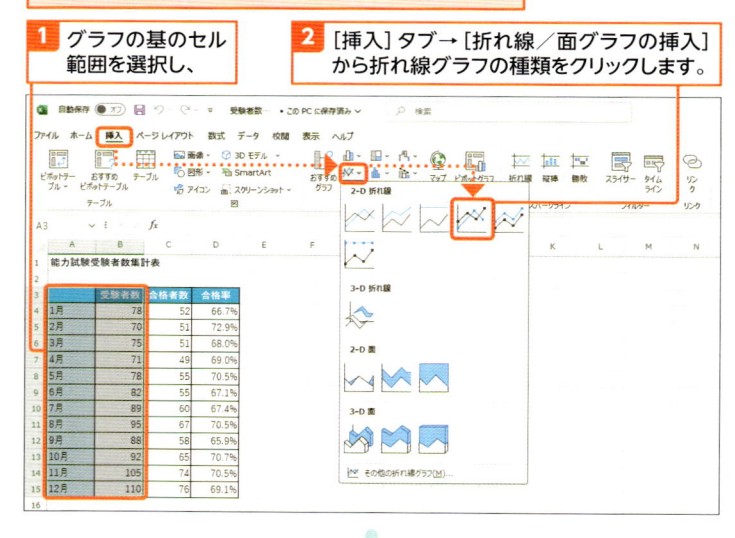

3 折れ線グラフが表示されます。

4 グラフタイトルをクリックし、タイトル文字を入力します。

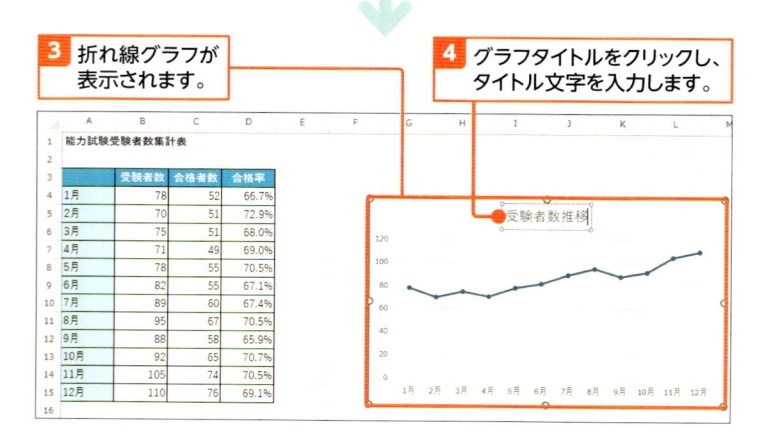

2 折れ線グラフの線を太くする

解説 線の太さやマーカーの大きさを変える

折れ線グラフを作った直後、線が細すぎると感じる場合は、線の太さやマーカーの大きさを変えて調整しましょう。線の太さに合わせてマーカーの大きさも大きくします。

Memo 線の色を変える

折れ線の線の色を変えるには、手順 2 の後で、[色] を選択します。

Hint マーカーの形を変える

マーカーの形を変えるには、手順 5 の後で [種類] 欄からマーカーの形を選択します。

1 折れ線グラフの折れ線部分をダブルクリックします。

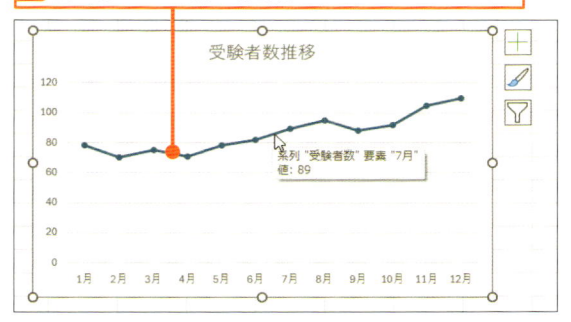

2 [塗りつぶしと線] をクリックし、

3 線の [幅] を指定します。

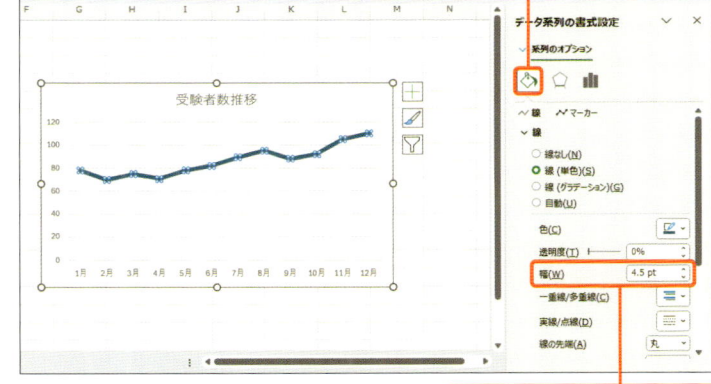

4 [マーカー] → [マーカーのオプション] をクリックし、

5 [組み込み] をクリックし、サイズを指定します。

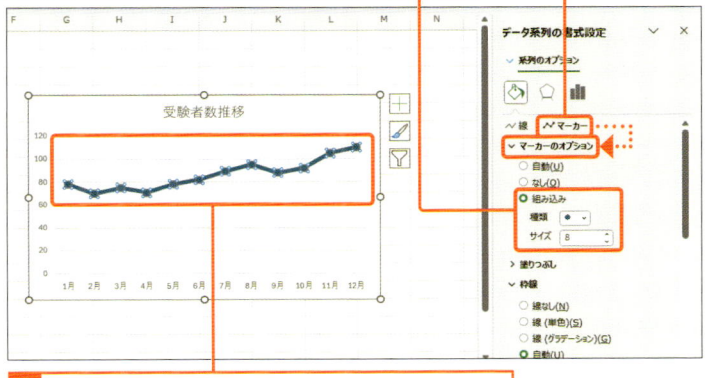

6 折れ線の線が太くなり、マーカーが大きくなります。

3 縦軸の最小値や間隔を指定する

解説 縦軸の表示方法を変える

折れ線グラフの左側の軸の表示は、表の数値に応じて自動的に表示されますが、変えることもできます。たとえば、最小値や最大値を指定すると、数値の増減が少ない場合でも、数値の動きを強調できます。

Memo グラフの基のデータの変更に注意

軸の最小値や最大値を指定すると、数値の増減を強調することができますが、グラフの基の数値が軸の最小値を下回ったり最大値を上回ったりした場合、グラフが正しく表示されません。グラフの基の数値が変わる可能性がある場合は注意してください。

Hint 最小値や単位の設定をリセットする

縦軸の最小値や数値の間隔などを指定した後、その設定を解除するには、設定した項目の右側に表示される[リセット]をクリックします。[リセット]をクリックすると、表示が[自動]に戻ります。

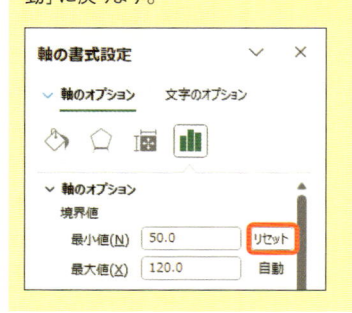

7

表のデータをグラフで表現する

1 縦軸にマウスポインターを移動して、「縦(値)軸」と表示されるところをダブルクリックします。

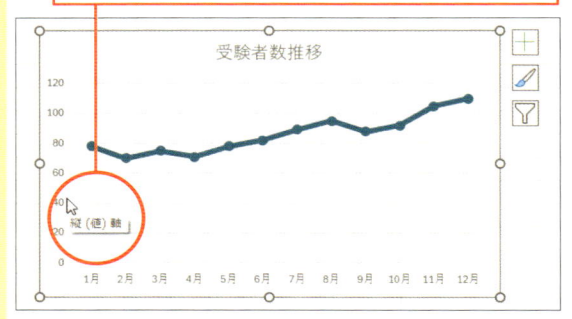

2 [軸のオプション]をクリックし、

3 [最小値]を指定して、

4 数値の間隔を指定します。

5 縦軸の最小値や間隔が変わります。

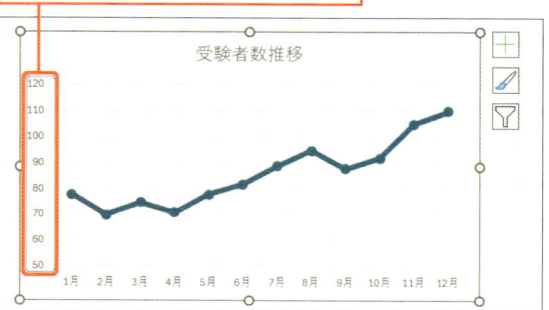

4 軸ラベルを追加する

**解説** 軸ラベルを追加する

折れ線グラフの縦軸の横に、数値の単位などを示す軸ラベルを追加します。縦軸に軸ラベルを追加すると、文字が横に寝てしまいます。そのため、軸を追加した後に、軸ラベルの文字の方向を指定します。

**Memo** 文字の大きさを
調整する

軸ラベルの文字の大きさを調整するには、軸ラベルをクリックして選択し、[ホーム]タブ→[フォントサイズ]から文字の大きさを選択します。

**Hint** 軸ラベルの位置を
変える

軸ラベルの表示位置を変えるには、軸ラベルをクリックして選択します。続いて、軸ラベルの周囲に表示される外枠部分をドラッグします。

1 折れ線グラフをクリックして選択し、

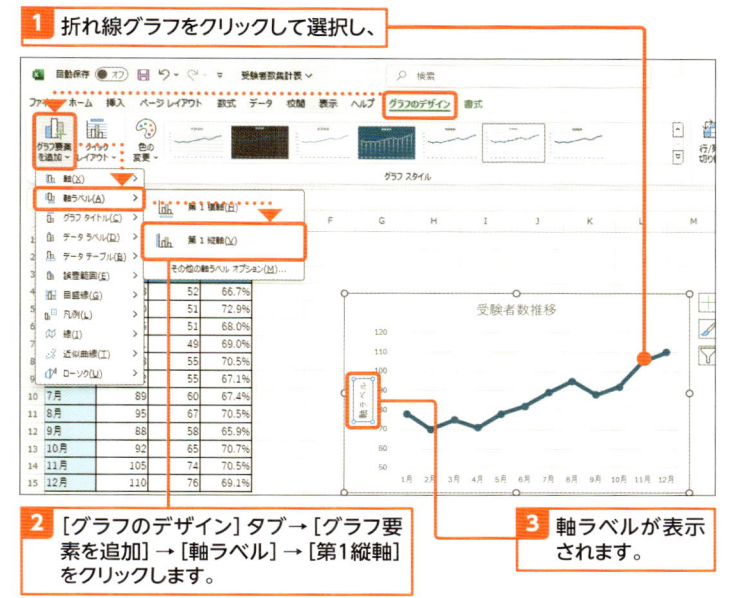

2 [グラフのデザイン] タブ→[グラフ要素を追加]→[軸ラベル]→[第1縦軸]をクリックします。

3 軸ラベルが表示されます。

4 軸ラベルが選択された状態で、

5 [ホーム]タブ→[方向]→[縦書き]をクリックします。

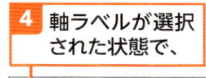
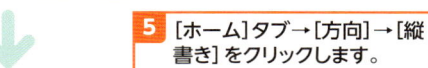
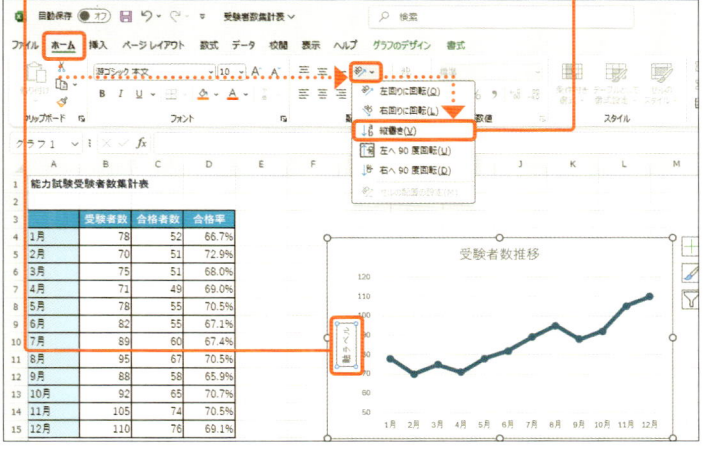

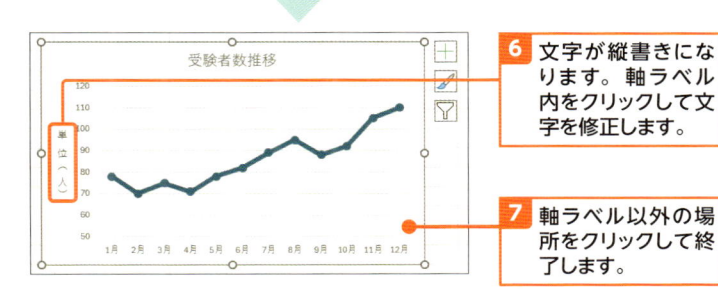

6 文字が縦書きになります。軸ラベル内をクリックして文字を修正します。

7 軸ラベル以外の場所をクリックして終了します。

Section

68

円グラフを作る

練習用ファイル： 📁 68_レンタル件数集計表.xlsx 📁 68_移動販売売上集計表.xlsx

数値の割合を見るには、**円グラフ**を作ります。円グラフを作った後は、パーセントや項目名をグラフに表示しましょう。

ここでは、強調したい項目がわかりやすいように、グラフの色を変えて完成させます。

ここで学ぶのは

▶ 円グラフ
▶ プロットエリア
▶ データラベルの追加

1 円グラフを作る

解説 円グラフを作る

円グラフを作るときは、項目名の部分とその割合を比較する数値が入力されているセルだけを選択して操作します。選択するデータ系列は1つです。たとえば、項目名が入力されている1行（または1列）と、数値が入った1行（または1列）を選択します。数値が入った行または列を複数行（複数列）選択してしまうとうまくいかないので注意します。

また、円の上から右回りに割合の大きい順に項目を並べるには、あらかじめ数値の大きい順に項目を並べ替えてから操作します。

Hint ドーナツグラフ

円グラフの中には、円の中央に穴があいたドーナツグラフもあります。ドーナツグラフの場合は、複数の系列ごとに数値の割合を表示することもできます。

全体の売上を100%としたときの種類別の売上の割合を示す円グラフを作ります。

1 種類別の合計の大きい順にデータを並べ替えておきます (p.222)。

2 グラフの基のセル範囲を選択し、

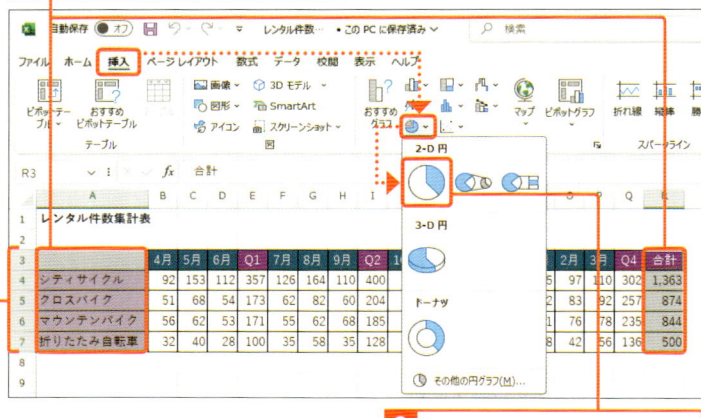

3 [挿入] タブ→ [円またはドーナツグラフの挿入] → [円] をクリックします。

4 円グラフが表示されます。

5 グラフタイトルをクリックし、タイトル文字を入力します。

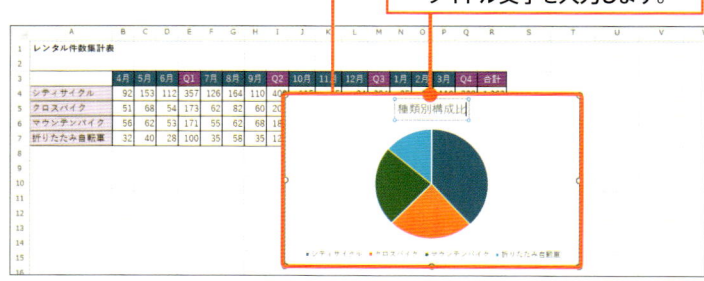

2 円の大きさを変更する

解説 円の大きさ

グラフの中で、実際のデータが表示される部分をプロットエリアといいます。グラフの大きさはそのままでデータが表示される部分だけを大きく表示したい場合は、プロットエリアをドラッグして広げます。

プロットエリアの位置を調整したい場合は、プロットエリアを選択して外枠部分をドラッグします。

Memo うまく選択できない場合

プロットエリアをうまく選択できない場合は、グラフをクリックし、[書式]タブ→[グラフ要素]からプロットエリアを選択します（下図）。すると、プロットエリアが選択されます。

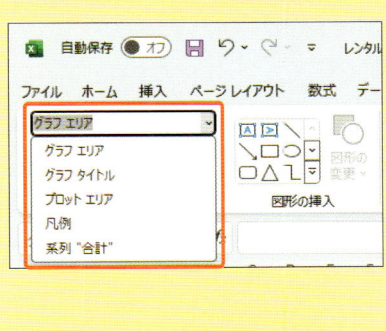

1 グラフの近くにマウスポインターを移動して、「プロットエリア」と表示されるところをクリックします。

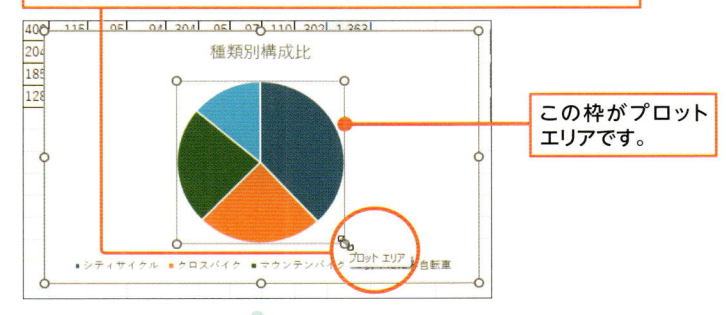

この枠がプロットエリアです。

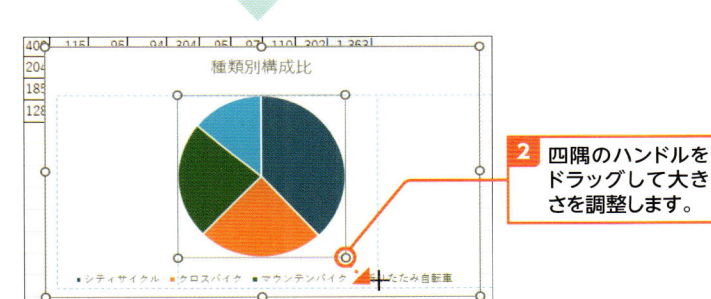

2 四隅のハンドルをドラッグして大きさを調整します。

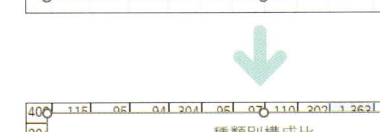

3 円がひとまわり大きくなりました。

4 外枠部分をドラッグして位置を調整します。

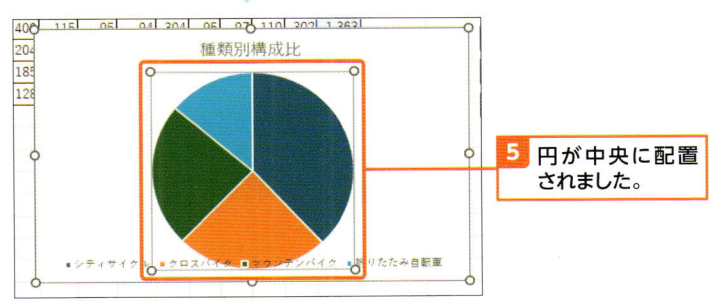

5 円が中央に配置されました。

3 円グラフの周りに項目名とパーセントを表示する

解説 データラベルを追加する

円グラフでは、割合を示す項目名を凡例を用いるのではなく、グラフの中に表示したほうがわかりやすいでしょう。項目名やパーセントをグラフに表示するには、データラベルというグラフ要素を追加します。

項目名やパーセントを表示するには、データラベルを追加するときに[その他のデータラベルオプション]を選択して、表示内容を指定します。

Memo 凡例の削除

データラベルを追加して項目名やパーセントを表示したら凡例は不要です。削除しておきましょう。

Hint データラベルの位置

データラベルの位置は、手順 **4** の項目の下にある[ラベルの位置]で設定できます。手動でデータラベルの位置をずらすには、対象のデータラベルをゆっくり2回クリックします。対象のデータラベルだけが選択されたら、データラベルの外枠をドラッグします。

ドラッグ

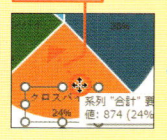 

1 円グラフをクリックして選択し、

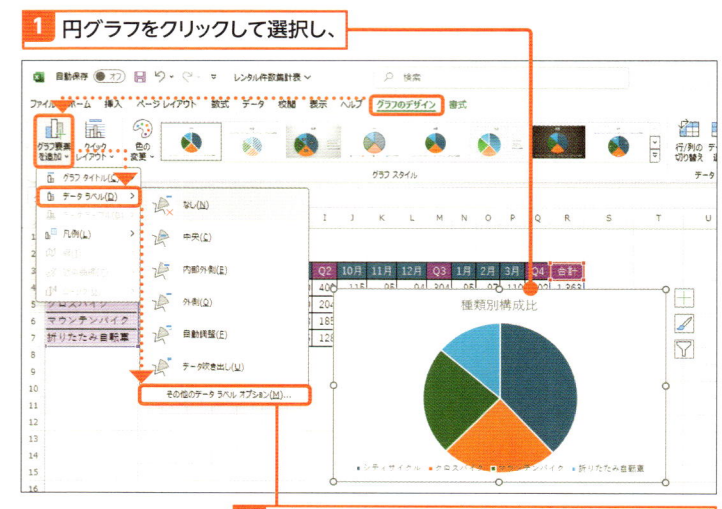

2 [グラフのデザイン]タブ→[グラフ要素を追加]→[データラベル]→[その他のデータラベルオプション]をクリックします。

3 [ラベルオプション]→[ラベルオプション]をクリックし、

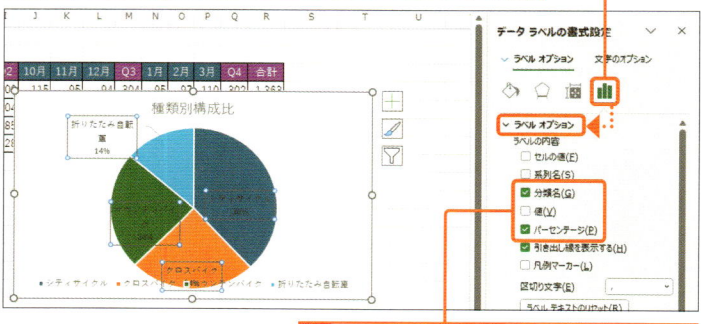

4 [分類名]と[パーセンテージ]をクリックしてチェックを付け、[値]をクリックしてチェックを外します。

5 凡例をクリックして選択します。

6 [Delete]キーを押します。

7 凡例が削除されます。

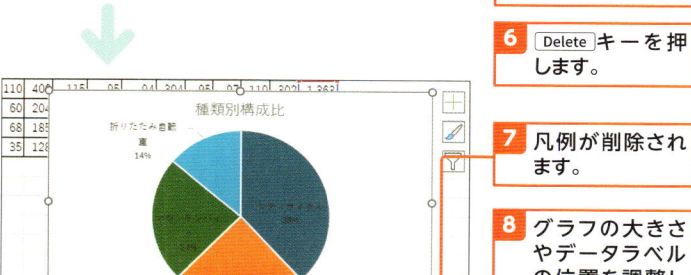

8 グラフの大きさやデータラベルの位置を調整しておきましょう。

4 円グラフの色を変更する

解説 ▶ 円グラフに色を付ける

円グラフの一部を強調するには、最初に円全体に薄い色を設定します。次に、強調する扇の部分に濃い色を付けましょう。円全体を選択しているか、1つの扇だけを選択しているのか確認しながら操作します。

Hint ▶ 扇を切り離す

1つの扇だけを選択している状態で、選択している扇の部分を円の外側に向かってドラッグすると、円グラフから選択した扇だけを切り離せます。その部分がより強調できます。

ドラッグ

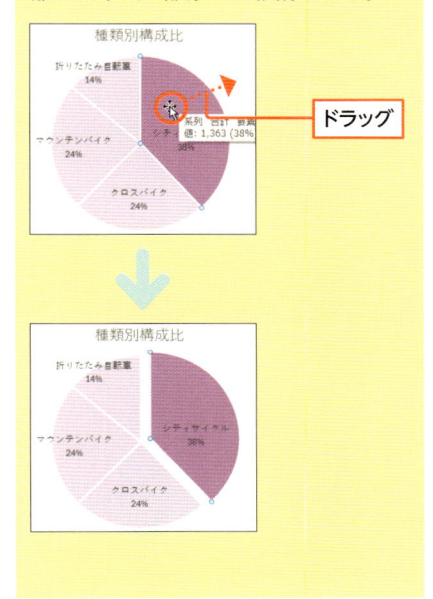

円グラフで強調したい箇所が目立つように色を塗り分けます。

1 円グラフの円をクリックして選択し、

2 [書式] タブ→ [図形の塗りつぶし] をクリックして、色をクリックします。

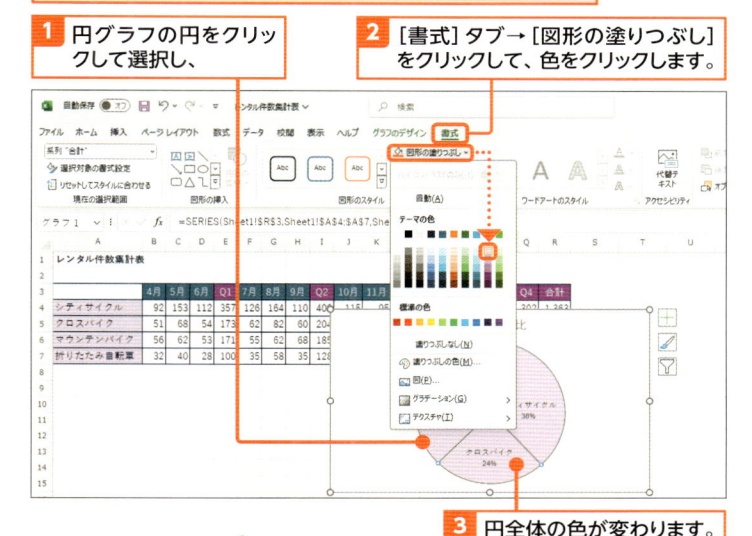

3 円全体の色が変わります。

4 円全体が選択されている状態で、強調する扇をクリックします。

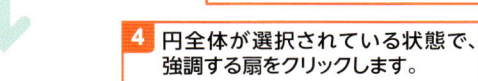

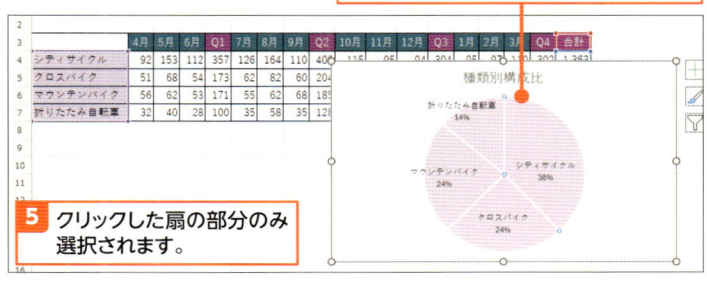

5 クリックした扇の部分のみ選択されます。

6 [書式] タブ→ [図形の塗りつぶし] をクリックして、色をクリックします。

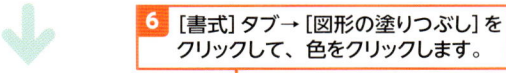

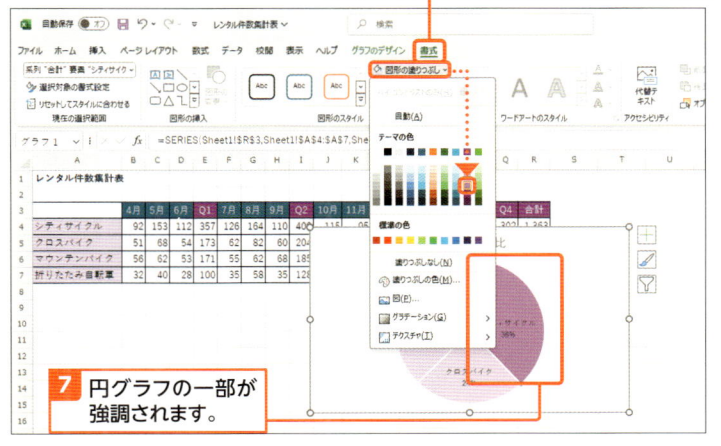

7 円グラフの一部が強調されます。

209

Hint **複数のグラフを組み合わせて表示する**

別々の種類のグラフを1つのグラフに表示したものを組み合わせグラフといいます。たとえば、月々の気温と売上数を同時にグラフに表現したりするときに使います。

まずは、グラフの基のセル範囲を選択してp.192のように［グラフの挿入］ダイアログを表示して、グラフの種類から［組み合わせ］を選択します。

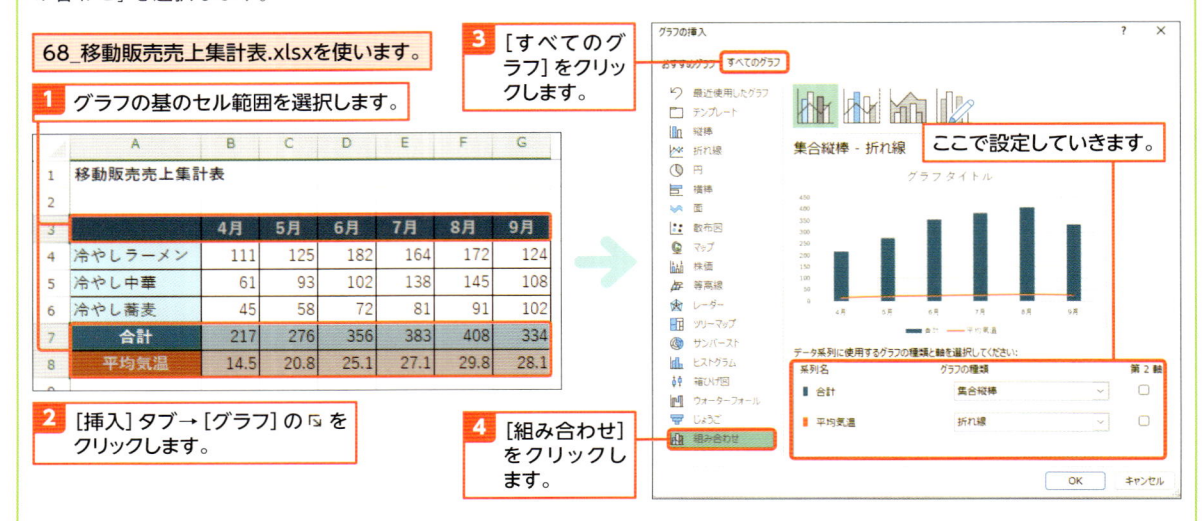

68_移動販売売上集計表.xlsxを使います。

1 グラフの基のセル範囲を選択します。

2 ［挿入］タブ→［グラフ］の ⌐ をクリックします。

3 ［すべてのグラフ］をクリックします。

ここで設定していきます。

4 ［組み合わせ］をクリックします。

次に、選択されている系列ごとに数値をどのグラフで表すか選択します。また、選択されている系列ごとに数値の大きさが大きく違う場合は、どちらか一方のグラフは、グラフの右側の第2軸を使って表すと見やすくなります。

たとえば、気温と売上数を1つのグラフにするときは、売上数を比較するのに棒グラフを使い、気温の推移を表すのに折れ線グラフを使います。気温は、第2軸を使って見られるようにするとわかりやすくなります。

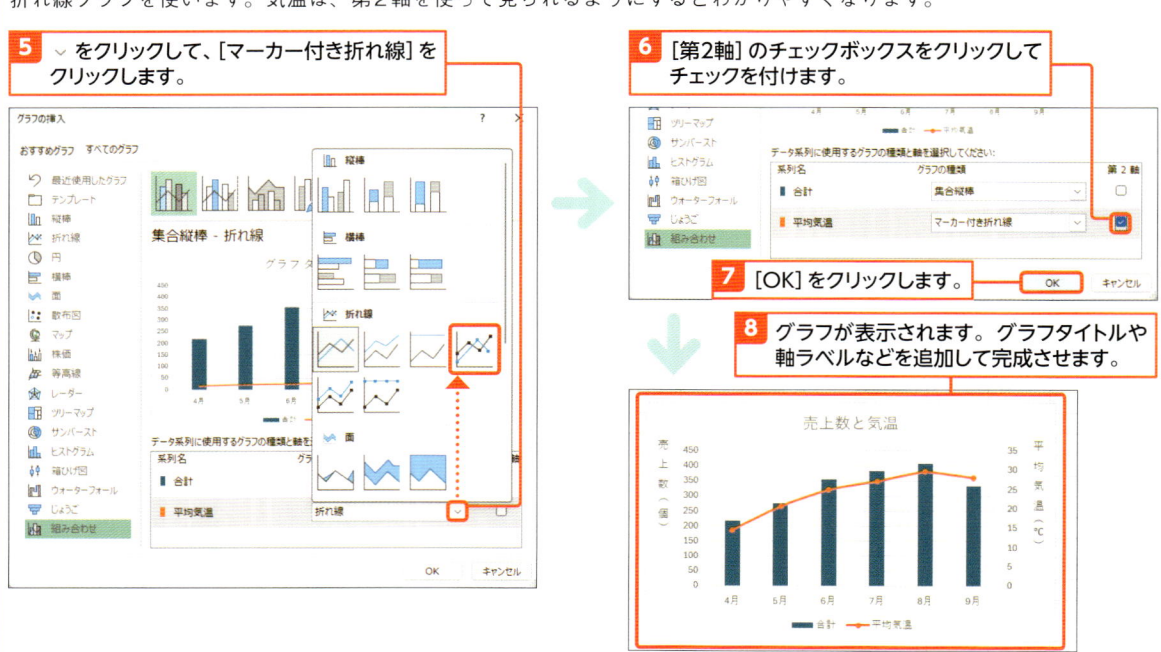

5 ∨ をクリックして、［マーカー付き折れ線］をクリックします。

6 ［第2軸］のチェックボックスをクリックしてチェックを付けます。

7 ［OK］をクリックします。

8 グラフが表示されます。グラフタイトルや軸ラベルなどを追加して完成させます。

第 **8** 章

データを整理して表示する

この章では、住所録や売上明細などの、データを集めて活用する方法を紹介します。データの並べ替えや抽出方法を覚えましょう。

目標は、Excelでデータを集めるときに使うリストについて知り、データを見やすく整理できるようになることです。

リストを作って
データを整理する

ここで学ぶのは

▶ リスト
▶ フィールド
▶ レコード

この章では、商品や顧客、売上の情報などのデータを集めて扱うときの基本操作を紹介します。
データを利用するには、データをリスト形式に集めます。データを並べ替えたりして整理する方法を知りましょう。

1 リストとは？

Keyword リスト

ルールに沿って集めたデータをリストといいます。リストの1行目には、列の見出し（フィールド名）を入力し、2行目以降に1件分のデータを1行で入力します。たとえば、住所録の場合、フィールド名には「氏名」「住所」「電話番号」などの必要な項目を指定します。1人分のデータを1行で入力します。

Keyword フィールド／フィールド名

リストの各列のことをフィールドといいます。フィールドの名前をフィールド名といいます。

Keyword レコード

リストに入力する1件分のデータを1レコードといいます。

Excelを使って複数のデータを集めて管理したり活用したりするには、下の図のようなリストを使います。リストは、列の見出し（フィールド名）を持ち、1件分のデータは1行（レコード）にまとめられています。

リスト

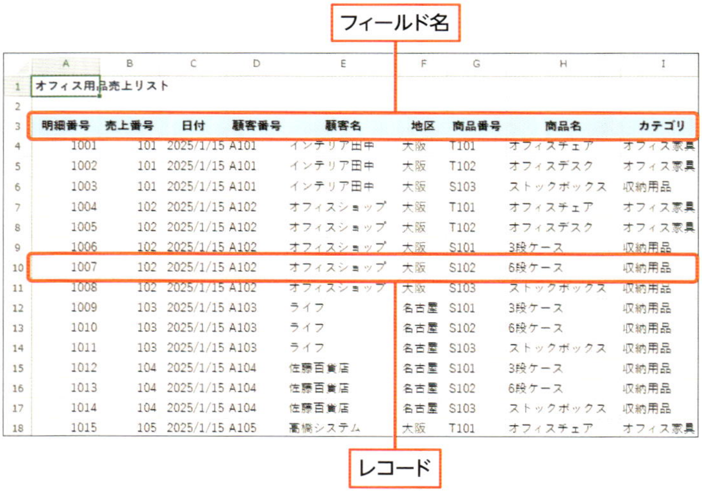

フィールド名

明細番号	売上番号	日付	顧客番号	顧客名	地区	商品番号	商品名	カテゴリ
1001	101	2025/1/15	A101	インテリア田中	大阪	T101	オフィスチェア	オフィス家具
1002	101	2025/1/15	A101	インテリア田中	大阪	T102	オフィスデスク	オフィス家具
1003	101	2025/1/15	A101	インテリア田中	大阪	S103	ストックボックス	収納用品
1004	102	2025/1/15	A102	オフィスショップ	大阪	T101	オフィスチェア	オフィス家具
1005	102	2025/1/15	A102	オフィスショップ	大阪	T102	オフィスデスク	オフィス家具
1006	102	2025/1/15	A102	オフィスショップ	大阪	S101	3段ケース	収納用品
1007	102	2025/1/15	A102	オフィスショップ	大阪	S102	6段ケース	収納用品
1008	102	2025/1/15	A102	オフィスショップ	大阪	S103	ストックボックス	収納用品
1009	103	2025/1/15	A103	ライフ	名古屋	S101	3段ケース	収納用品
1010	103	2025/1/15	A103	ライフ	名古屋	S102	6段ケース	収納用品
1011	103	2025/1/15	A103	ライフ	名古屋	S103	ストックボックス	収納用品
1012	104	2025/1/15	A104	住藤百貨店	名古屋	S101	3段ケース	収納用品
1013	104	2025/1/15	A104	住藤百貨店	名古屋	S102	6段ケース	収納用品
1014	104	2025/1/15	A104	住藤百貨店	名古屋	S103	ストックボックス	収納用品
1015	105	2025/1/15	A105	高橋システム	大阪	T101	オフィスチェア	オフィス家具

レコード

● リストで使える機能例

機能	内容
並べ替え	データを昇順や降順などで並べ替えられる。独自の項目リストの順に並べ替えることもできる。複数の並べ替え条件を指定して、並べ替えの優先順位を指定することもできる
抽出	条件に合うデータだけ絞り込んで表示できる。複数の抽出条件を指定することもできる
集計	リストを基に縦横に見出しが付いたクロス集計表を作れる

Memo 元々あるデータを使う

他のアプリですでに使っているデータがある場合は、わざわざデータを入力し直す必要はありません。そのデータをテキスト形式やCSV形式のファイルとして保存して、それを使いましょう（p.214）。

Hint データを区別するフィールド

リストを作るときは、各データを区別できる「明細番号」や「会員番号」などのフィールドを作っておきましょう。データを並べ替えるときの基準のフィールドとしても利用できます。基準にするフィールドがない場合、フィールドを作って数値の連番を入力しておくとよいでしょう。連番のデータを入力する方法は、p.79を参照してください。

リストを作るときは、ルールに沿って作りましょう。ルールに合わないデータが入っていると、正しく並べ替えができなかったり、正しく集計できなかったりすることがあるので注意します。

リストのルール

- ●「明細番号」など、各データを区別できるフィールドを用意する。並べ替えの基準としても使える
- ●先頭行にフィールド名を入力する
- ●フィールド名の行には他とは違う書式を付ける（後からテーブルに変換する場合は、この操作は不要）
- ●1件分のデータを1行で入力する

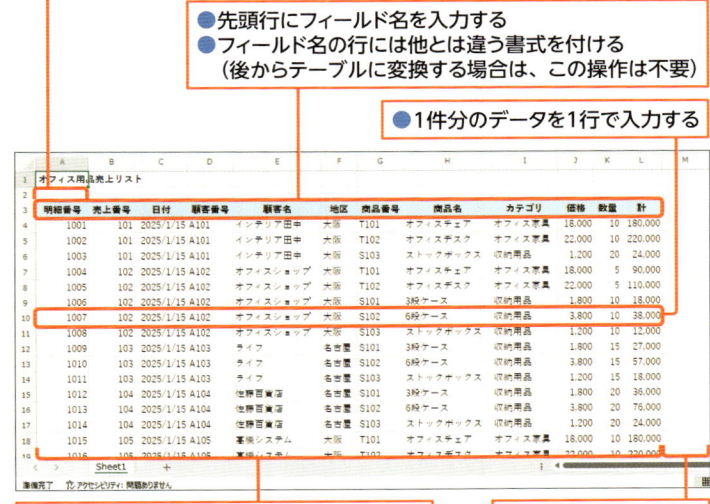

- ●データは、半角と全角、大文字と小文字などを統一しておく
- ●リストの中に空白の行や空白列を入れない
- ●リストの周囲にデータを入力しない

8

データを整理して表示する

Memo テーブルに変換する

リストをテーブルに変換すると、データの並べ替えや絞り込み表示が簡単にできるようになります（p.234）。

テーブル

明細番号	売上番号	日付	顧客番号	顧客名	地区	商品番号	商品名	カテゴリ	価格	数量	計
オフィス用品売上リスト											
1001	101	2025/1/15	A101	インテリア田中	大阪	T101	オフィスチェア	オフィス家具	18,000	10	180,000
1002	101	2025/1/15	A101	インテリア田中	大阪	T102	オフィスデスク	オフィス家具	22,000	10	220,000
1003	101	2025/1/15	A101	インテリア田中	大阪	S103	ストックボックス	収納用品	1,200	20	24,000
1004	102	2025/1/15	A102	オフィスショップ	大阪	T101	オフィスチェア	オフィス家具	18,000	5	90,000
1005	102	2025/1/15	A102	オフィスショップ	大阪	T102	オフィスデスク	オフィス家具	22,000	5	110,000
1006	102	2025/1/15	A102	オフィスショップ	大阪	S101	3段ケース	収納用品	1,800	10	18,000
1007	102	2025/1/15	A102	オフィスショップ	大阪	S102	6段ケース	収納用品	3,800	10	38,000
1008	102	2025/1/15	A102	オフィスショップ	大阪	S103	ストックボックス	収納用品	1,200	10	12,000
1009	103	2025/1/15	A103	ライフ	名古屋	S101	3段ケース	収納用品	1,800	15	27,000
1010	103	2025/1/15	A103	ライフ	名古屋	S102	6段ケース	収納用品	3,800	15	57,000
1011	103	2025/1/15	A103	ライフ	名古屋	S103	ストックボックス	収納用品	1,200	15	18,000
1012	104	2025/1/15	A104	住藤百貨店	名古屋	S101	3段ケース	収納用品	1,800	20	36,000
1013	104	2025/1/15	A104	住藤百貨店	名古屋	S102	6段ケース	収納用品	3,800	20	76,000
1014	104	2025/1/15	A104	住藤百貨店	名古屋	S103	ストックボックス	収納用品	1,200	20	24,000
1015	105	2025/1/15	A105	高橋システム	大阪	T101	オフィスチェア	オフィス家具	18,000	10	180,000
1016	105	2025/1/15	A105	高橋システム	大阪	T102	オフィスデスク	オフィス家具	22,000	10	220,000

カンマ区切りの
テキストファイルを開く

練習用ファイル： 📁 70_売店コーナー売上リスト.txt

ここで学ぶのは

▶ テキストファイル

▶ CSV形式

▶ ファイルを開く

集めたデータを保存するファイル形式としてよく使われるものに、テキスト形式や CSV形式があります。

ここでは、テキスト形式やCSV形式のファイルをExcelで開く方法を紹介します。 ファイルを開いて内容を確認してから操作します。

1 ファイルを確認する

テキストファイルやCSV形式のファイルをExcelで開く前に、メモ帳などで開いて、下図のようなことを確認しておきます。ここでは、フィールドが「,」（カンマ）で区切られたテキストファイルを使います。

今回使用するファイル

●フィールドがどの記号で区切られているか

●フィールドが区切り文字で区切られたデータか、固定長フィールドのデータか（次ページのMemo）

●先頭行にフィールド名があるか

●文字がどの記号で囲まれているか

●何行目から取り込むか
●どのような種類のデータが入っているか（数値、日付、文字など）

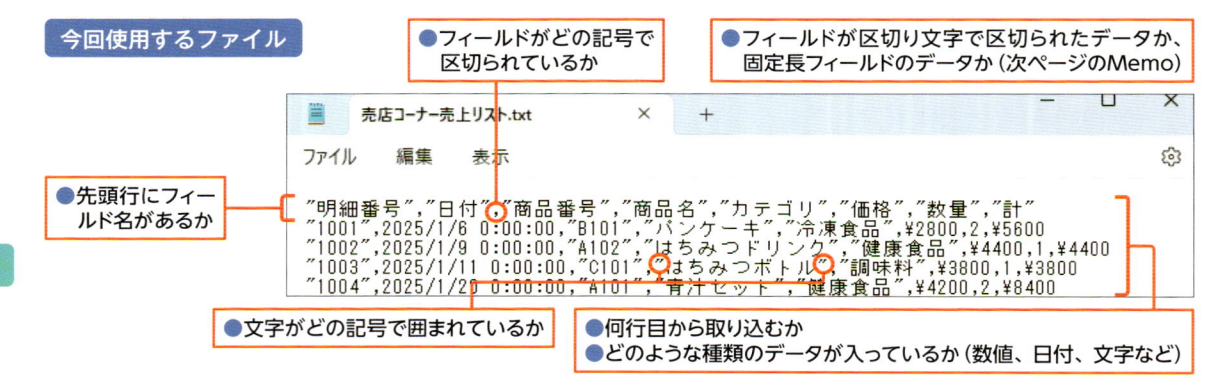

2 ファイルを開く

解説 ファイルを開く

テキストファイルやCSV形式のファイルを開くときは、ファイル形式や区切り文字などを指定しながら開きます。CSV形式のファイルは、そのまますぐに開ける場合もあります。

1 p.34の方法で、[ファイルを開く] ダイアログを表示します。

2 ファイルの種類で[すべてのファイル]を選択し、

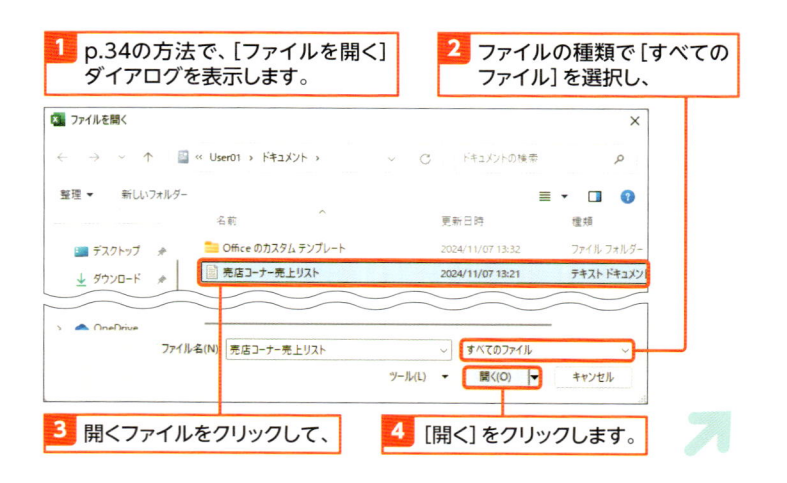

3 開くファイルをクリックして、

4 [開く]をクリックします。

Memo データの形式

データを集めたテキストファイルには、フィールドとフィールドを区切り文字で区切った形式のものと、フィールドの長さがフィールドごとに決まっている固定長形式のものがあります。最近は、区切り文字で区切った形式のものが多く利用されています。

Key word CSV形式

集めたデータを保存するときによく使われるファイル形式の1つです。フィールドとフィールドが「,」（カンマ）で区切られた形式です。

Hint 列のデータ形式

列のデータ形式では、[データのプレビュー]欄で選択している列のデータの形式や列を削除するかなどを選択できます。列のデータ形式を特に指定しなくても、文字や日付、数値などは、通常は自動的に認識されます。

Memo ブックとして保存する

テキストファイルを開いた後、開いたファイルをExcelのブックとして保存するには、ファイルを保存するダイアログを表示して（p.32）[ファイルの種類]を「Excelブック」にして保存します。保存したブックは、元のテキストファイルとの関係はなくなります。

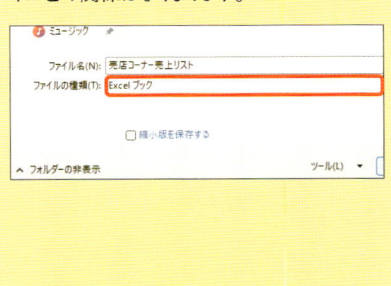

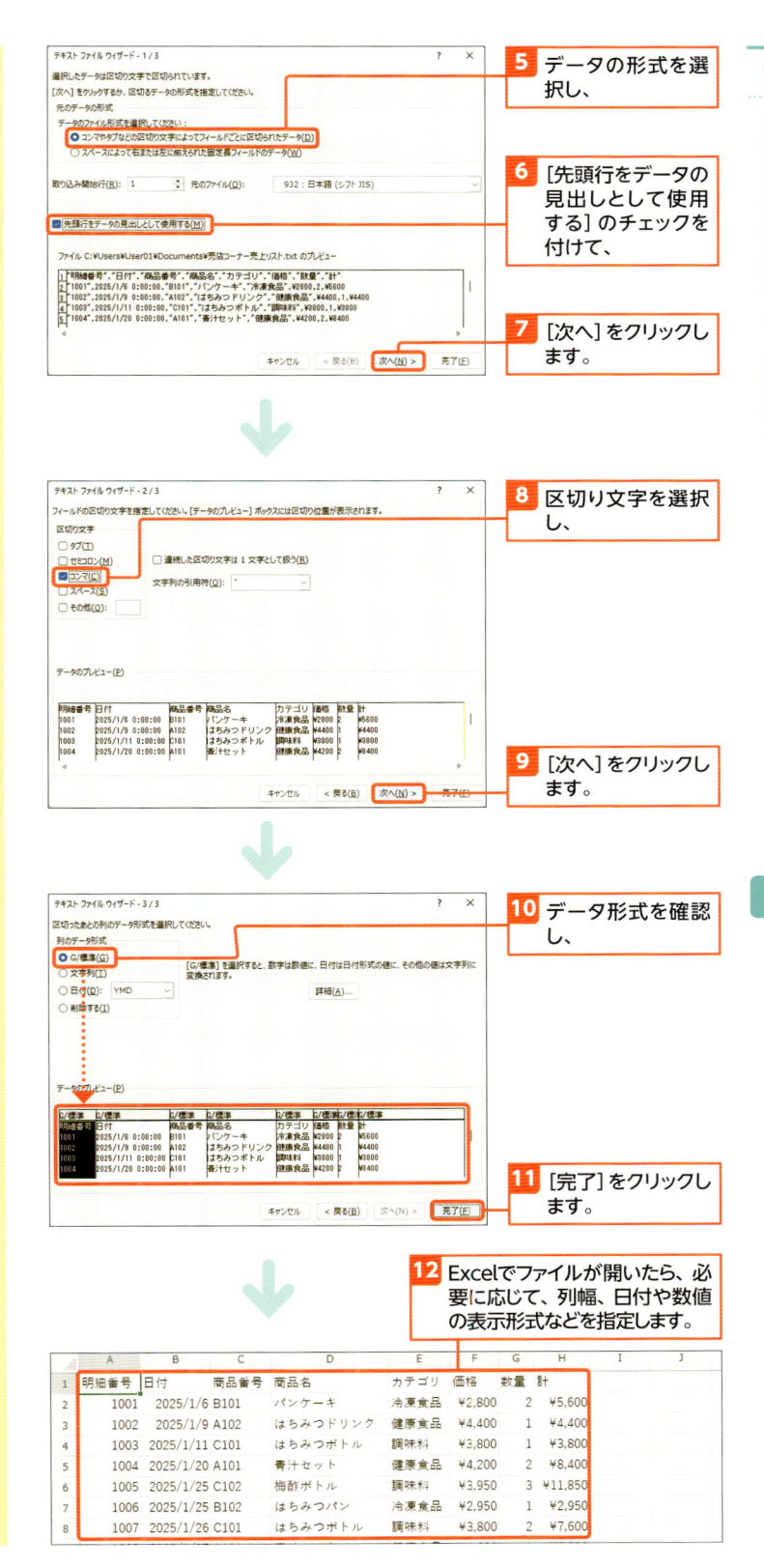

5 データの形式を選択し、

6 [先頭行をデータの見出しとして使用する]のチェックを付けて、

7 [次へ]をクリックします。

8 区切り文字を選択し、

9 [次へ]をクリックします。

10 データ形式を確認し、

11 [完了]をクリックします。

12 Excelでファイルが開いたら、必要に応じて、列幅、日付や数値の表示形式などを指定します。

215

見出しが常に見えるように固定する

ここで学ぶのは

▶ リスト

▶ フィールド名

▶ ウィンドウ枠の固定

データの数が多くなるとリストが縦長になります。その場合、下のほうのデータを見ようとするとフィールド名が隠れてしまいます。

シートを下方向にスクロールしてもフィールド名が常に表示されるようにするには、ウィンドウ枠を固定します。

1 見出しを固定する

解説 ウィンドウ枠を固定する

リストの上のフィールド名が常に見えるようにするには、フィールド名のすぐ下の行を選択してからウィンドウ枠を固定します。

ウィンドウ枠を固定すると、固定した行や列の位置にグレーの薄い線が表示されます。

Memo 左と上の見出しを固定する

リストの上の見出しと左の列が常に見えるようにするには、表示する見出しの行の下側と左の列の右側が交わる位置のセルを選択してからウィンドウ枠を固定します。そうすると、下にスクロールしても常に上の見出しが表示され、右にスクロールしても常に左の列が表示されます。

見出しの行と左の列を固定したい場合

ここを選択してウィンドウ枠を固定します。

見出しを固定

下にスクロールしても、タイトルとフィールド名が常に見えるようにします。

1 固定する行の下の行番号をクリックします。

ここを固定します。

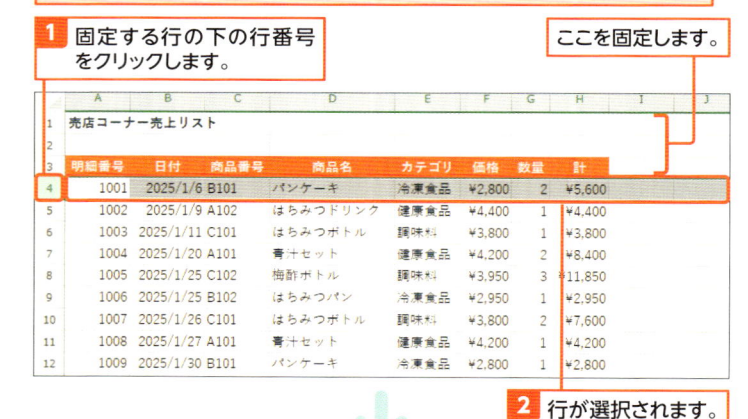

2 行が選択されます。

3 [表示] タブ → [ウィンドウ枠の固定] → [ウィンドウ枠の固定] をクリックします。

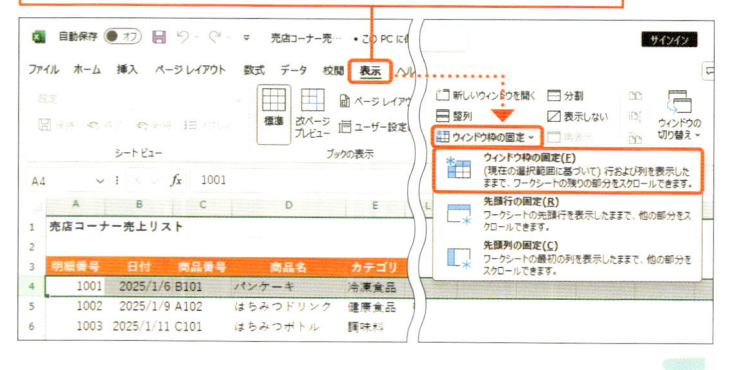

解説　画面をスクロールする

ウィンドウ枠を固定して見出しを固定したら、スクロールバーを下方向にドラッグしてみましょう。画面をスクロールしても、1〜3行目までは常に表示されます。

なお、画面を下方向にスクロールするには、マウスのホイールを手前に回転させる方法もあります。

Memo　固定を解除する

ウィンドウ枠の固定を解除して、元の状態に戻すには、[表示] タブ→ [ウィンドウ枠の固定] → [ウィンドウ枠固定の解除] をクリックします。

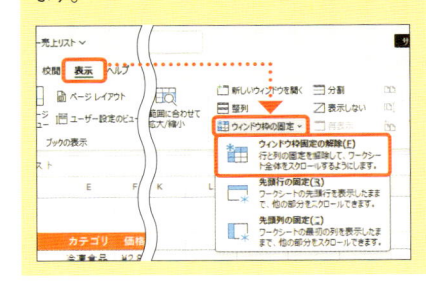

見出しの固定を確認

1 スクロールバーをドラッグして下方向にスクロールします。

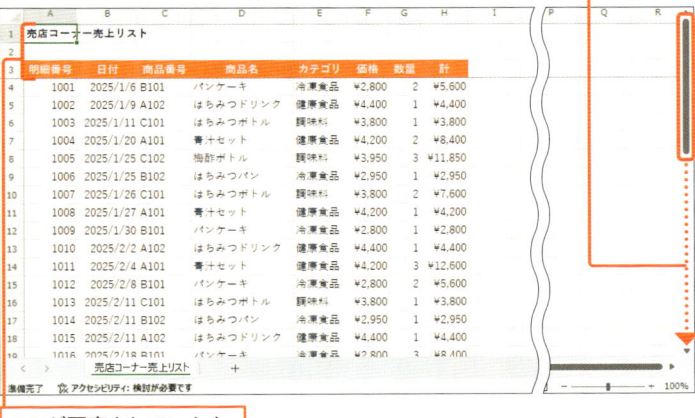

ここが固定されています。

2 スクロールしても見出しは常に表示されます。

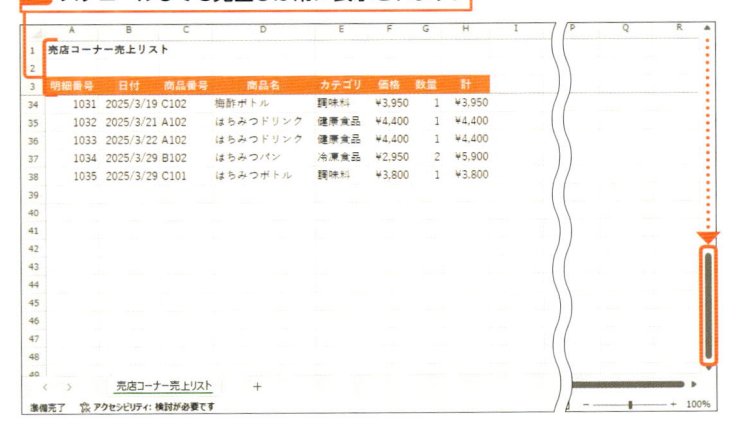

Memo　1行目やA列を固定する

シートの1行目だけを固定するには、[表示] タブ→ [ウィンドウ枠の固定] → [先頭行の固定] をクリックします。A列だけを固定するには、[表示] タブ→ [ウィンドウ枠の固定] → [先頭列の固定] をクリックします。

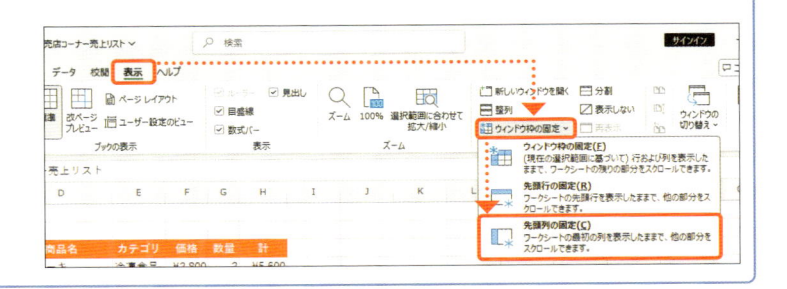

Section

72

画面を分割して先頭と末尾を同時に見る

練習用ファイル： 📁 72_イベントスタッフリスト.xlsx

ここで学ぶのは

- ▶ リスト
- ▶ ウィンドウの分割
- ▶ スクロール

リストの冒頭にあるデータと最後のほうにあるデータを並べて見比べたい場合は、ウィンドウを分割して表示する方法があります。
ウィンドウは、上下、左右、または、4つに分割できます。分割すると各ウィンドウにスクロールバーが表示され、画面を操作できます。

1 画面を分割する

解説　ウィンドウを分割する

選択していた行の上と下にウィンドウを分割します。分割するとグレーの分割バーが表示され、分割したウィンドウの横にそれぞれスクロールバーが表示されます。
なお、分割バーにマウスポインターを移動して上下にドラッグすると、分割バーの位置を調整できます。

Hint　左右に分割する

ウィンドウを左右に分割するには、分割する位置の右の列を選択して [表示] タブ→ [分割] をクリックします。分割したウィンドウの下に表示されるスクロールバーをドラッグし、それぞれの表示位置を調整します。

画面を左右に分割したい場合

分割する位置の右の列を選択して分割します。

画面を上下に分割して、離れた箇所のデータを見比べます。

1 分割する行の下の行番号をクリックして行を選択し、

2 [表示] タブ→ [分割] をクリックします。

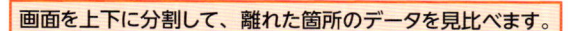
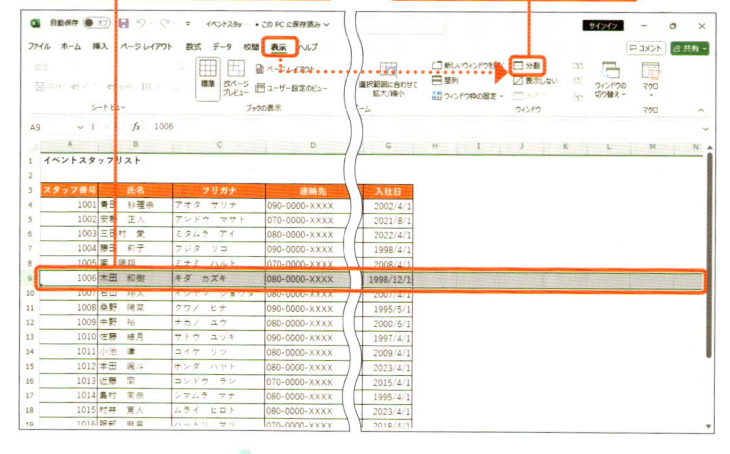

3 画面が分割されます。

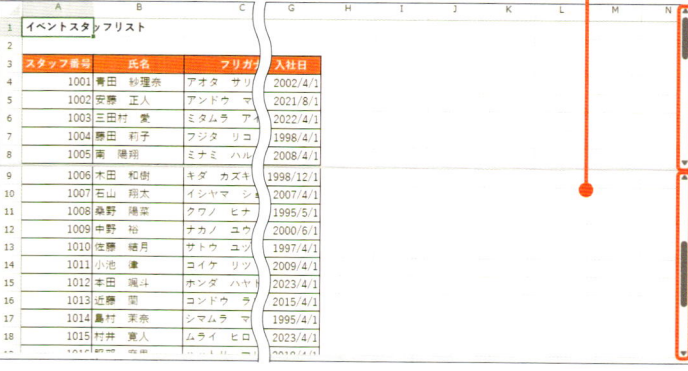

2 分割した画面にデータを表示する

 **解説　画面をスクロールする**

分割したそれぞれのウィンドウに表示する内容を指定します。ここでは、先頭の行と末尾の行を同時に表示するため、下の画面のスクロールバーをドラッグします。または、分割したウィンドウの下側をクリックし、マウスのホイールを手前に回転させます。

上の画面に先頭行、下の画面に末尾の行を同時に表示します。

1 スクロールバーをドラッグして下方向にスクロールします。

Memo　分割を解除する

分割表示を解除して元の状態に戻すには、[表示] タブ→ [分割] をクリックします。または、分割バーをダブルクリックします。

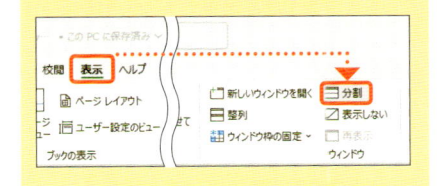

2 下の画面に末尾の行が表示されます。

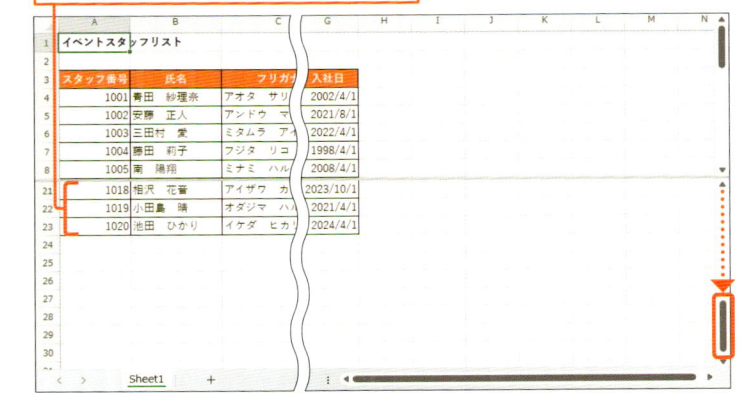

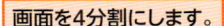

Hint　4分割する

ウィンドウを4分割にするには、分割するバーが交わる位置の右下のセルを選択し、[表示] タブ→ [分割] をクリックします。分割された位置の右と下に表示されるスクロールバーを操作して表示を調整します。

画面を4分割にします。

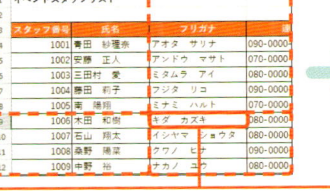

分割する位置の右下のセルを選択して分割します。

Section

73

明細データを隠して
集計列のみ表示する

練習用ファイル： 📁 73_出荷数記録.xlsx

ここで学ぶのは

▶ アウトライン

▶ グループ化

▶ グループ解除

大きなリストを扱うときに、リスト内の集計列だけが表示されるようにするには、明細データをグループ化しておきます。

グループ化した列は、必要なときのみ展開して表示できるようになります。クリック操作で表示／非表示を簡単に切り替えられます。

---

1 データをグループ化する

💬 解説 アウトラインを設定する

アウトラインを設定すると、表やリストの明細データの表示／非表示を簡単に切り替えられるようになります。アウトラインを自動作成すると、数値が入っている行（列）や集計用の行（列）を、Excelが自動的に判断してアウトラインが設定されます。

💡 Hint 行や列を非表示にする

普段あまり使わない行や列を隠しておくには行や列を非表示にしておく方法（p.64）もありますが、表示／非表示を切り替えるには少々手間がかかります。頻繁に表示／非表示を切り替える場合は、アウトライン機能を使うとよいでしょう。

アウトラインを自動作成

明細行をグループ化して表示／非表示を簡単に切り替えられるようにします。

1 ［データ］タブ→［グループ化］の ∨ →［アウトラインの自動作成］をクリックします。

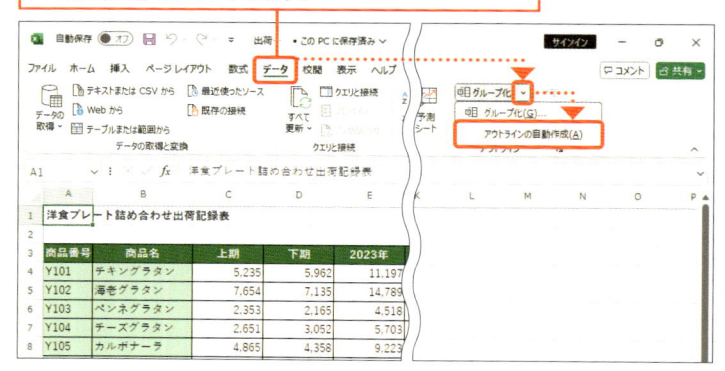

2 明細データが自動的にグループ化されます。

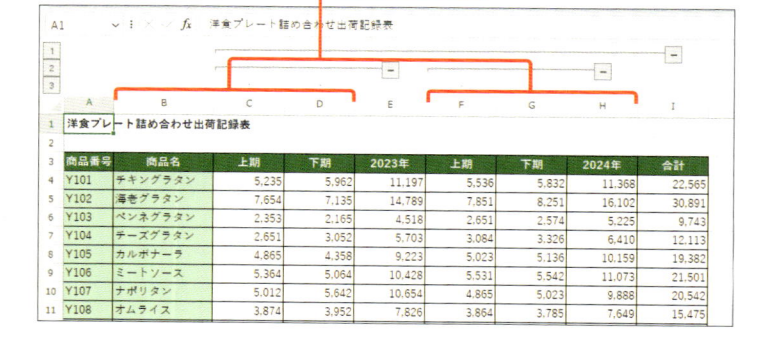

解説　行や列の表示／非表示を切り替える

アウトラインを設定すると、シートの左や上に「+」「-」「1」「2」などの表示レベルを切り替えるボタンが表示されます。ボタンをクリックすると、表示／非表示を切り替えられます。

グループ化した列を折りたたむ

1 「-」をクリックします。または、「1」や「2」をクリックします。

2 グループ化された列が非表示になります。

「+」または「3」をクリックすると、グループ化された列が再表示されます。

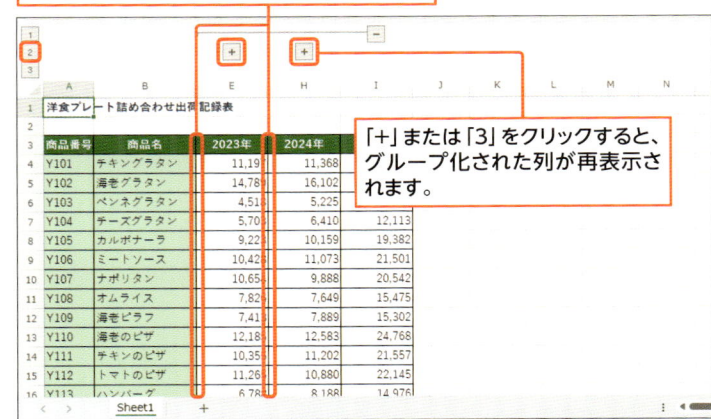

Memo　グループ化を解除する

すべてのグループ化をまとめて解除するには、[データ]タブ→[グループ解除]の ∨ →[アウトラインのクリア]をクリックします。一部のグループのみ解除するには、グループに設定されている行や列を選択して、[データ]タブ→[グループ解除]をクリックします。

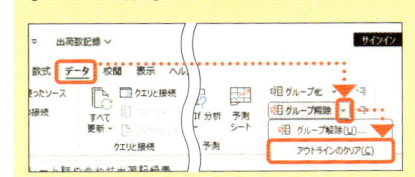

Hint　グループ化する場所を指定する

アウトラインを自動作成するのではなく、指定した行や列をグループ化するには、グループ化する行や列を選択し、[データ]タブ→[グループ化]をクリックします。

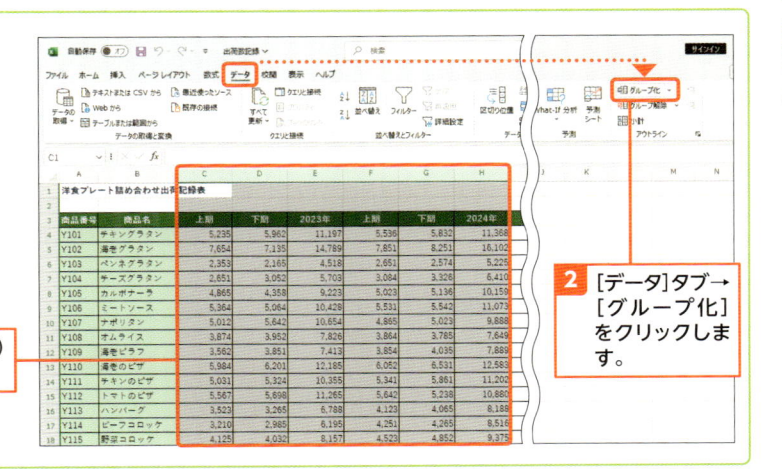

1 グループ化する列（または行）を選択します。

2 [データ]タブ→[グループ化]をクリックします。

74

データを並べ替える

練習用ファイル： 📁 74_イベントスタッフリスト.xlsx 📁 74_契約件数集計表.xlsx

リスト内のデータを整理して表示します。指定したフィールドのデータを基準に、データを並べ替える方法を知りましょう。

並べ替えの条件は、複数のフィールドに指定できます。複数のルールを指定するときは、ルールの優先順位に注意します。

ここで学ぶのは

▶ リスト
▶ 並べ替え
▶ ユーザー設定リスト

1 データを並べ替える

 **解説** データを並べ替える

指定したフィールドのデータを基準にしてデータを並べ替えます。基本は、昇順または降順で並べ替えます。フィールド名の先頭行に、他のデータとは違う書式が設定されている場合は、Excelが先頭行を自動的に認識し、フィールド名以外のデータが並べ替えられます。

 **Memo** 元の並び順に戻す

並べ替えをした直後なら、[元に戻す]をクリックして元の並び順に戻せます（p.74）。ただし、並べ替えを行った後、ブックを閉じた後などは、並び順を元に戻せないので注意してください。なお、リストに「明細番号」や「会員番号」など、データを区別するための番号が入力されたフィールドがあれば（p.213）、並び順の基準にするフィールドとして利用できて便利です。

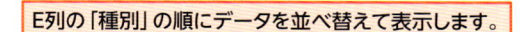 E列の「種別」の順にデータを並べ替えて表示します。

1 リスト内のE列のいずれかのセルをクリックし、

2 [データ]タブ→[昇順]をクリックします。

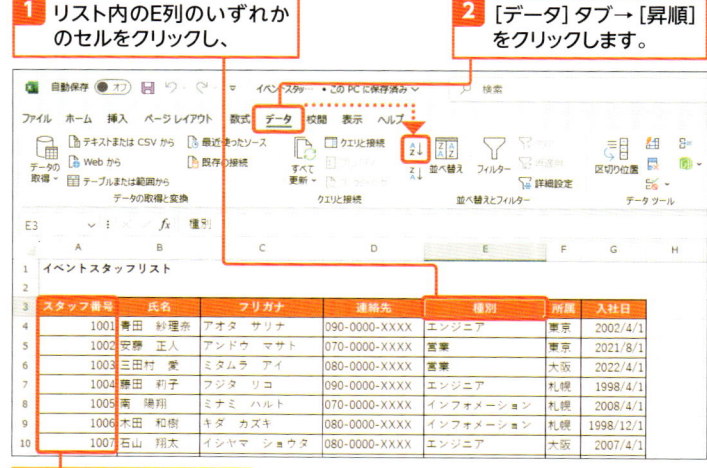

スタッフ番号の順にデータが並んでいます。

3 E列を基準にデータが並べ替えられます。

2 複数の条件でデータを並べ替える

 **解説** 複数の条件を指定する

会員データリストのデータを並べ替えます。ここでは、「所属」順で並べ替えます。同じ「所属」のデータが複数ある場合、さらに「種別」順で並べ替えます。並べ替えの条件を複数指定します。

Memo 並べ替えの基準

並べ替えの基準には、昇順や降順があります。違いを確認しましょう。日付を並べ替えるときは、シリアル値を基に並べ替わります（p.159）。シリアル値は過去より未来のほうが大きいので、昇順で並べると日付は古い順になるので注意します。

データの種類	昇順	降順
文字	あいうえお順	あいうえお順の逆
数値	小さい順	大きい順
日付	古い順	新しい順

Hint リスト以外の場所で並べ替える

ここでは、リストやテーブルのデータを直接並べ替える方法を紹介していますが、リストやテーブルのデータはそのままで、リストやテーブル以外の場所を使って、リストやテーブルのデータを並べ替えた結果を表示する方法もあります。それには、スピル機能（p.134）に対応しているSORT関数やSORTBY関数を使います。1つの列を基準に並べ替える場合はSORT関数やSORTBY関数、複数の列を基準に並べ替えるには、SORTBY関数を使うとよいでしょう。

F列の「所属」順にデータを並べます。
同じ「所属」の場合は、E列の「種別」順で並べます。

1 リスト内のいずれかのセルをクリックし、

2 [データ] タブ→ [並べ替え] をクリックします。

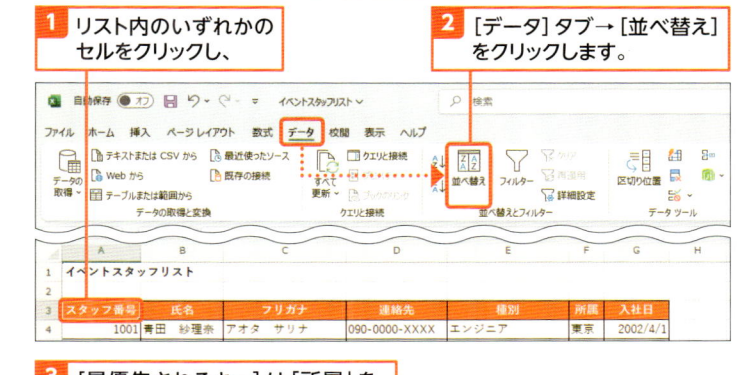

3 [最優先されるキー] は「所属」を、[並べ替えのキー] は「セルの値」を、[順序] は「昇順」を選択し、

4 [レベルの追加] をクリックします。

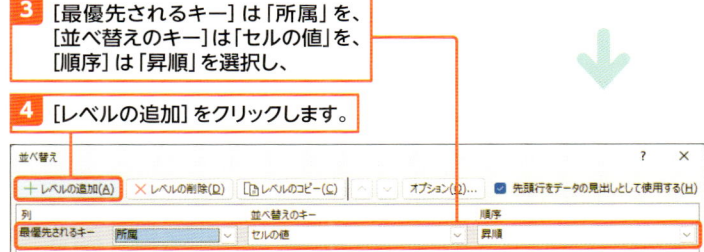

5 [次に優先されるキー] は「種別」を、[並べ替えのキー] は「セルの値」を、[順序] は「昇順」を選択します。

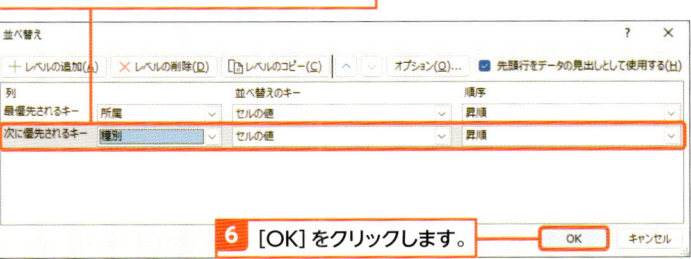

6 [OK] をクリックします。

7 所属→種別の基準でデータが並べ替えられます。

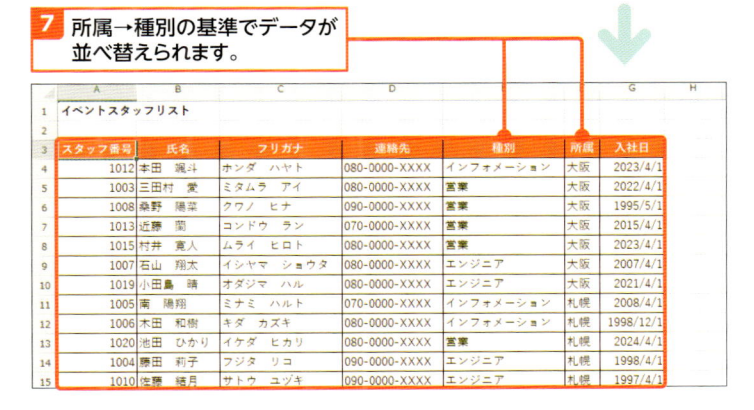

3 並べ替え条件の優先順位を変える

解説 優先順位を変える

複数の並べ替えルールを指定しているときは、並べ替えの優先順位に注意し、必要に応じて優先順位を入れ替えます。

ここでは、「種別」順でデータを並べ替えます。同じ「種別」のデータが複数ある場合は、「所属」順で並べ替えます。「種別」順のルールを最優先します。

Hint ルールをコピーする

並べ替えのルールをコピーするには、[並べ替え]ダイアログでコピーするルールをクリックし、[レベルのコピー]をクリックします。

Memo 並べ替え条件を削除する

複数の並べ替え条件を指定しているとき、一部の条件を削除するには、[並べ替え]ダイアログで削除するルールをクリックし、[レベルの削除]をクリックします。

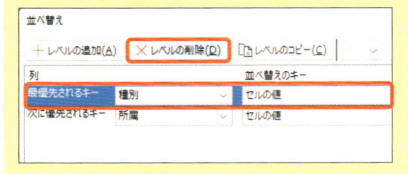

前ページに続けて、E列の「種別」順でデータを並べ替えます。同じ種別の場合は、F列の「所属」順で並べ替えます。

1 リスト内のいずれかのセルをクリックし、

2 [データ]タブ→[並べ替え]をクリックします。

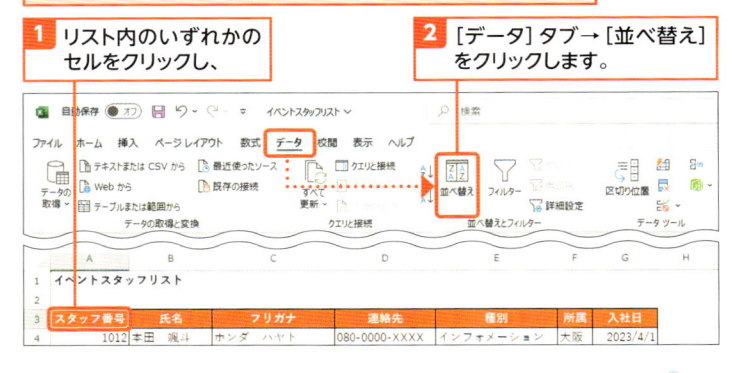

3 2番目の「種別」の並べ替えのルールを選択し、

4 △ をクリックします。

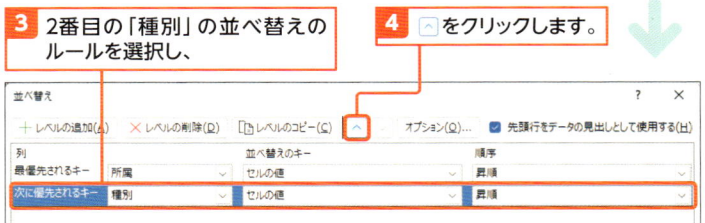

5 「種別」の並べ替えルールが最優先されるキーになります。

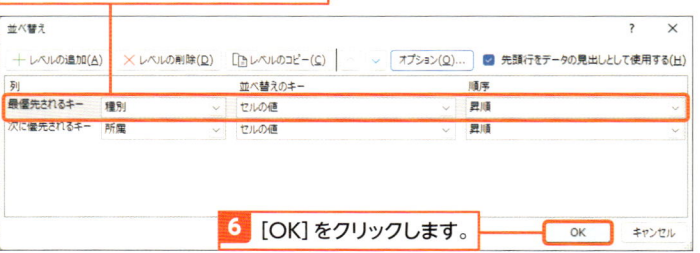

6 [OK]をクリックします。

7 種別→所属の基準でデータが並べ替えられます。

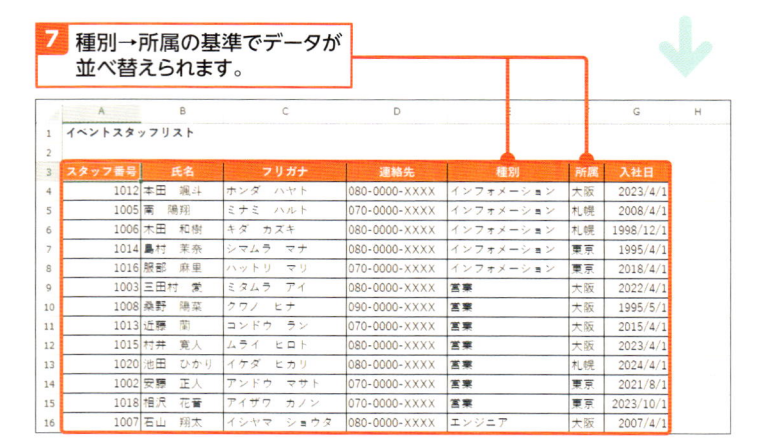

Hint　独自の項目リストを基準にする

商品名や店舗名などで並べ替えをするとき、昇順や降順ではなく、「営業」「インフォメーション」……のように独自の順番で並べ替えるには、ユーザー設定リスト順に並べ替えます。まずは、ユーザー設定リストに、並べ替えたい順番に沿って独自のリストを登録しておきます（p.82）。続いて、並べ替え条件を指定します。

1 リスト内のいずれかのセルをクリックし、[データ] → [並べ替え] をクリックします。

2 並べ替えの基準として使うフィールドを選択し、[並べ替えのキー] から「セルの値」を指定し、[順序] から「ユーザー設定リスト」をクリックします。

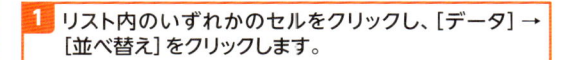

3 [ユーザー設定リスト] ダイアログで並べ替えの基準にする項目をクリックし、[OK] をクリックします。

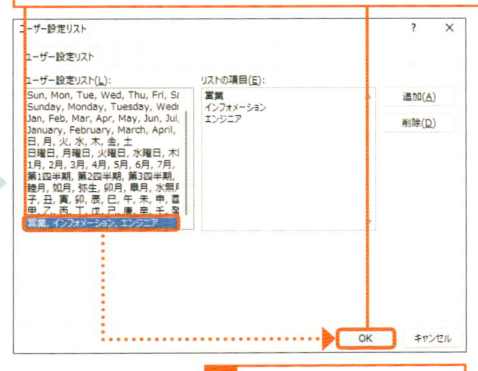

4 [OK] をクリックします。

5 [順序] にユーザー設定リストが指定されます。[OK] をクリックします。

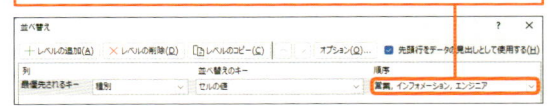

使えるプロ技！　合計行以外を並べ替える

表のデータを並べ替えるとき、合計行がある場合、データを降順に並べ替えようとすると、合計行が常に先頭にきてしまって表が崩れてしまいます。合計行を除いてデータを降順に並べるには、次のように操作します。

1 合計行を除いてセル範囲を選択し、

2 [データ] タブ → [並べ替え] をクリックします。

3 [最優先されるキー] は「合計」、[並べ替えのキー] は「セルの値」、[順序] は「大きい順」を選択し、

4 [OK] をクリックします。

5 合計行以外が並べ替えられます。

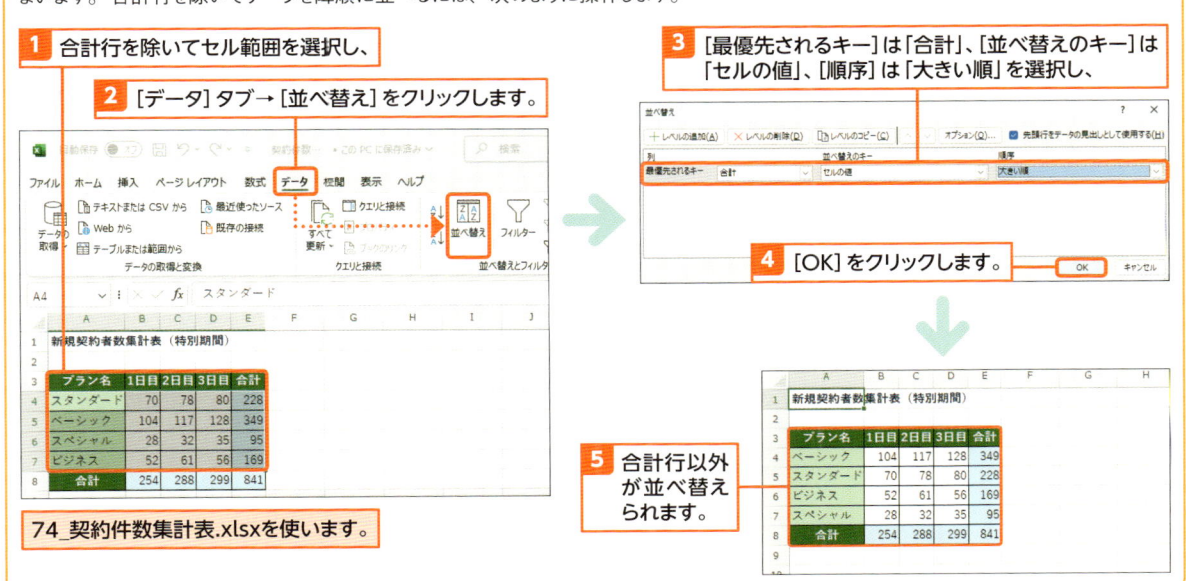

74_契約件数集計表.xlsxを使います。

75 条件に一致するデータのみ表示する

ここで学ぶのは

▶ リスト
▶ フィルター
▶ 抽出条件

練習用ファイル： 75_売店コーナー売上リスト.xlsx

リスト内のデータの中から、条件に一致するデータのみを表示するには、フィルター機能を使います。

フィルター機能を使うと、データを絞り込んで表示するためのボタンが表示されます。ボタンから条件を簡単に指定できます。

1 条件に一致するデータを表示する

解説 フィルター条件を指定する

フィルター機能を使って、データを抽出するためのフィルター条件を指定します。フィルター機能をオンにすると、フィールド名の横に［▼］が表示されます。フィールド名の横の［▼］をクリックすると、そのフィールドに含まれるデータの一覧が自動的に表示されます。一覧から表示する項目をクリックして指定します。

Hint リスト以外の場所に抽出する

リストやテーブルのデータはそのままで、リストやテーブル以外の場所を使って、リストやテーブルのデータを抽出した結果を表示する方法もあります。それには、スピル機能（p.134）に対応しているFILTER関数を使います。

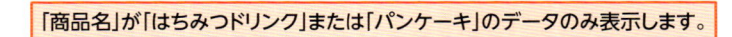

「商品名」が「はちみつドリンク」または「パンケーキ」のデータのみ表示します。

1 リスト内のいずれかのセルをクリックし、

2 ［データ］タブ→［フィルター］をクリックします。

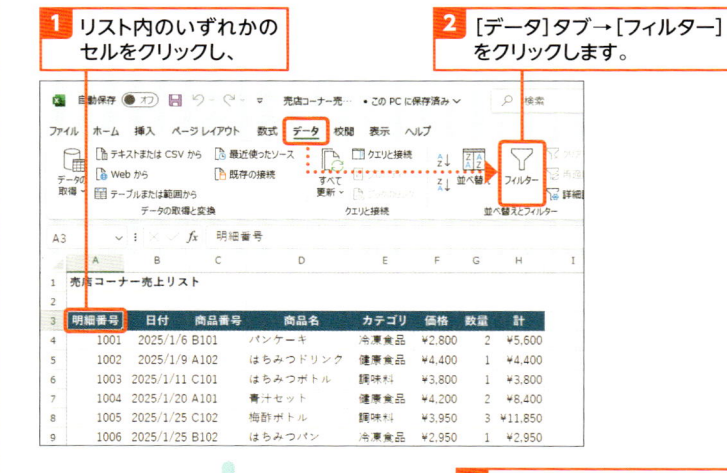

3 条件を指定するフィールドの［▼］をクリックし、

4 ［(すべて選択)］をクリックしてチェックを外します。

5 表示する項目をクリックしてチェックをオンにし、

6 ［OK］をクリックします。

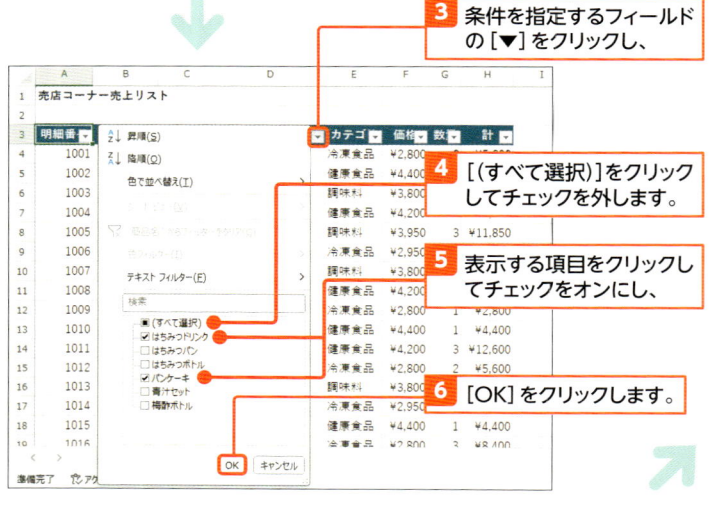

Memo 抽出結果を確認する

フィルター条件を指定してデータを抽出すると、抽出結果の行の行番号が青くなります。画面の下には、「○○レコード中○個が見つかりました」と表示されます。

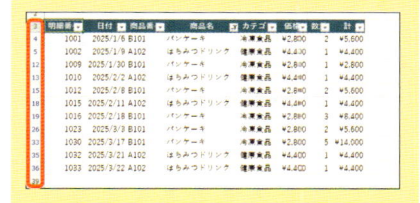

7 「商品名」が「はちみつドリンク」または「パンケーキ」のデータのみ表示されました。

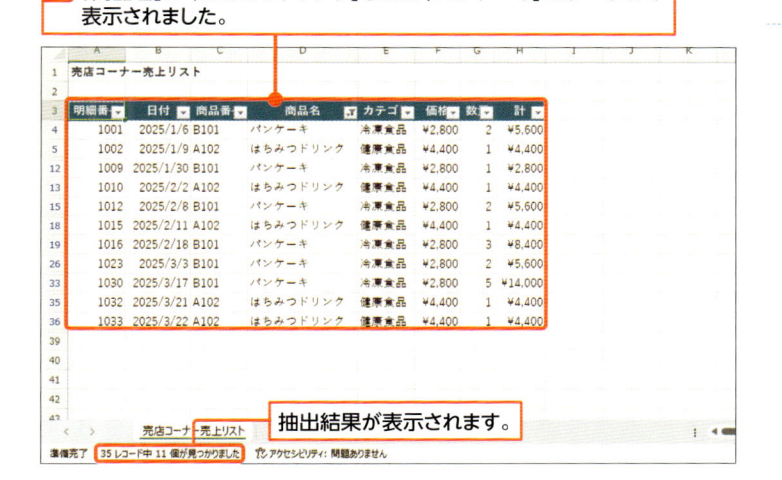

抽出結果が表示されます。

2 フィルター条件を解除する

解説 フィルター条件を解除する

リストに設定されているフィルター条件を解除します。ここでは、フィルター条件が設定されているフィールドの▼をクリックして条件を解除します。複数のフィルター条件や並べ替え条件をまとめて解除するには、[データ]タブ→[クリア]をクリックします。

1 フィルター条件が設定されているフィールドの▼をクリックし、

2 [(フィールド名)からフィルターをクリア]をクリックします。

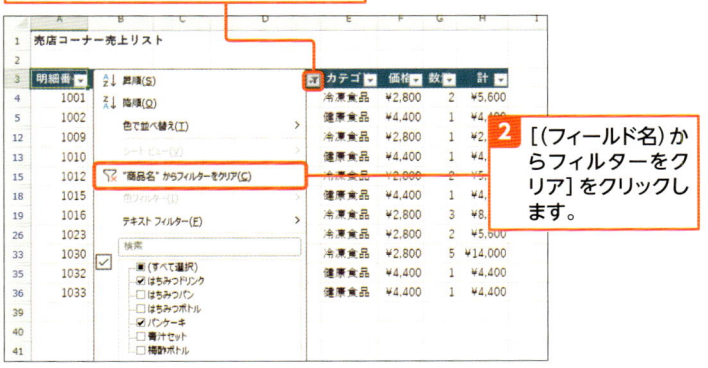

ショートカットキー

● フィルター機能のオン／オフの切り替え
リスト内をクリックして、
Ctrl + Shift + L

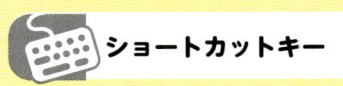

3 フィルター条件が解除されます。

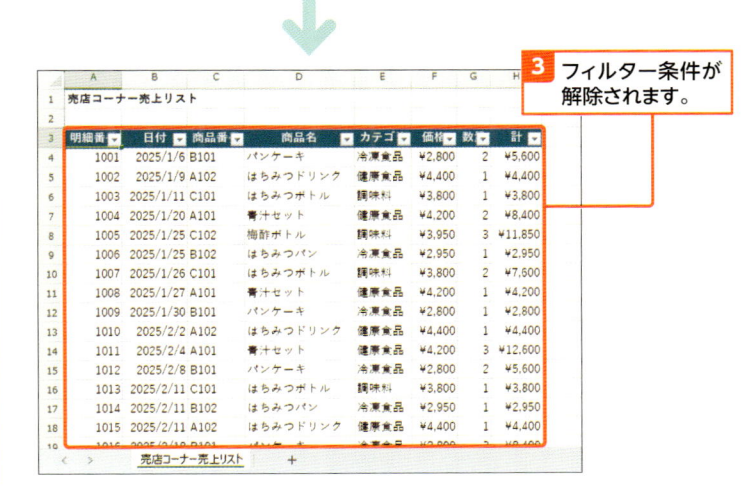

③ 複数の条件に一致するデータのみ表示する

解説 複数の条件を指定する

フィルター機能を使ってデータを抽出表示しているとき、さらに別の条件を指定してデータを絞り込んで表示します。日付の抽出条件は、年や月、日ごとにまとめられています。月や日を条件に指定するには、先頭の「+」をクリックして表示を展開します。

Memo すべて選択

抽出条件を選択するとき、[（すべて選択）]をクリックすると、すべての項目のチェックがオフになります。もう一度、[（すべて選択）]をクリックするとすべての項目のチェックがオンになります。

> 「商品名」が「はちみつドリンク」または「パンケーキ」で、なおかつ「日付」が2025年の「2月」と「3月」のデータを表示します。

1 p.226の方法で、「商品名」が「はちみつドリンク」または「パンケーキ」のデータを表示します。

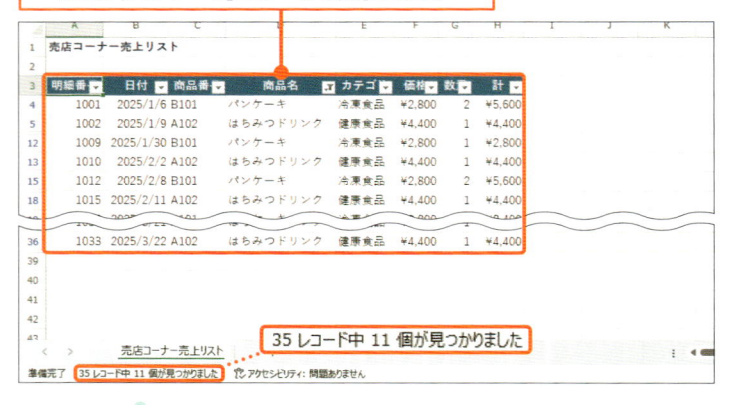

35 レコード中 11 個が見つかりました

2 条件を指定するフィールドの [▼] をクリックし、

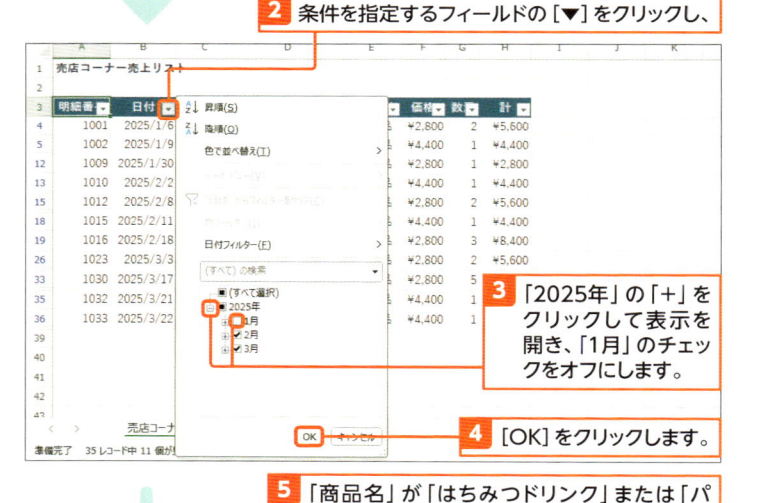

3 「2025年」の「+」をクリックして表示を開き、「1月」のチェックをオフにします。

4 [OK] をクリックします。

5 「商品名」が「はちみつドリンク」または「パンケーキ」で、なおかつ「日付」が2025年の「2月」と「3月」のデータが表示されます。

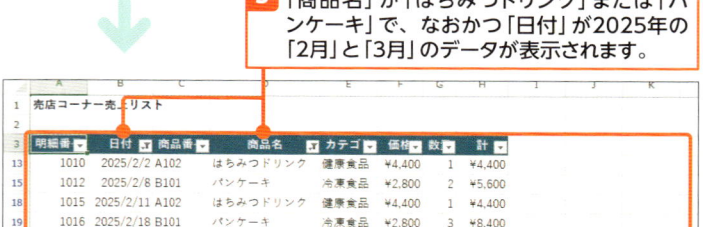

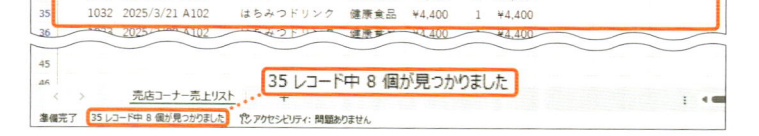

35 レコード中 8 個が見つかりました

4 データの絞り込み条件を細かく指定する

 **解説** 細かい条件を指定する

フィルター機能を使って抽出条件を指定するとき、単純にフィールドにある項目名だけでなくさまざまな条件を指定できます。指定できる条件は、フィールドに入力されているデータの種類によって違います（次ページのHint参照）。文字の場合、[テキストフィルター]から「○○の値を含む」「○○で始まる」などの条件を指定できます。

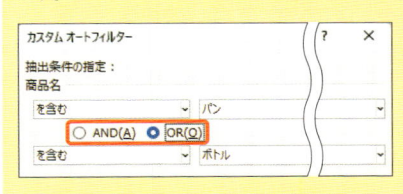 **Hint** AND条件とOR条件

[テキストフィルター]などから条件を指定するときは、2つの条件を指定できます。このとき条件をAND条件で指定するかOR条件で指定するかが重要です。AND条件は2つの条件を両方満たすデータが抽出結果になります。OR条件は、2つの条件のいずれか、または両方を満たすデータが抽出結果になります。

「商品名」に「パン」の文字が含まれるデータを表示します。

1 条件を指定するフィールドの[▼]をクリックし、

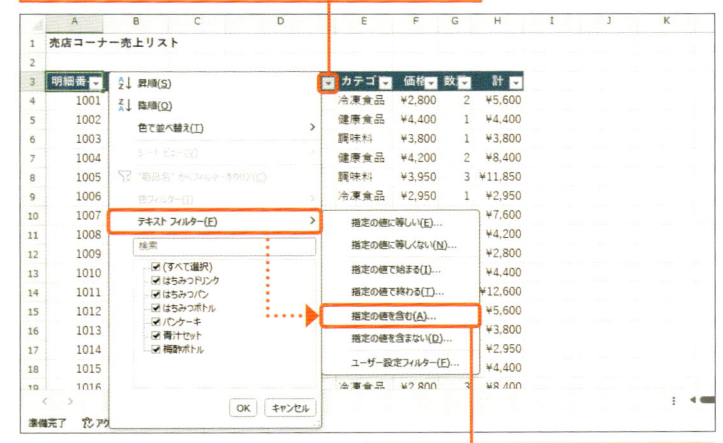

2 [テキストフィルター]→[指定の値を含む]をクリックします。

3 [抽出条件の指定]の[内容]に「パン」と入力し、

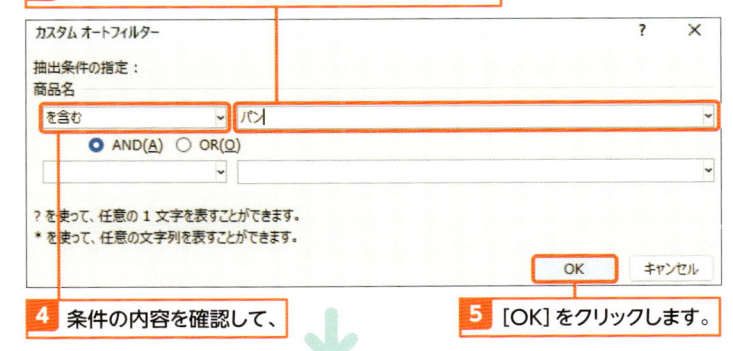

4 条件の内容を確認して、

5 [OK]をクリックします。

6 「商品名」に「パン」の文字が含まれるデータが表示されます。

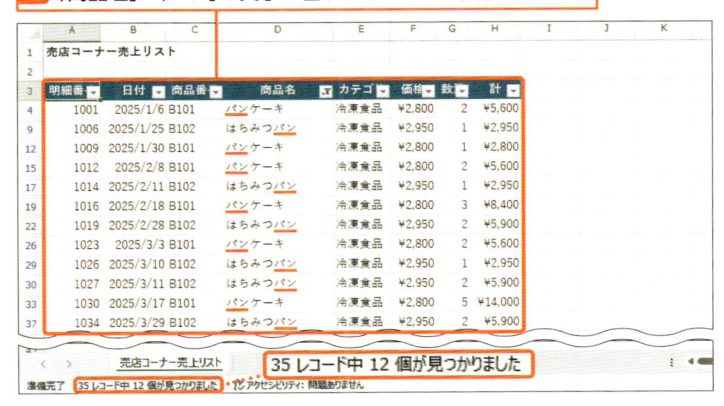

35レコード中12個が見つかりました

5 絞り込み表示を解除する

 **解説** フィルター機能を
オフにする

フィルター機能をオフします。抽出条件など
が設定されている場合、抽出条件などは解
除されてすべてのデータが表示されます。

1 [データ]タブ→[フィルター]をクリックします。

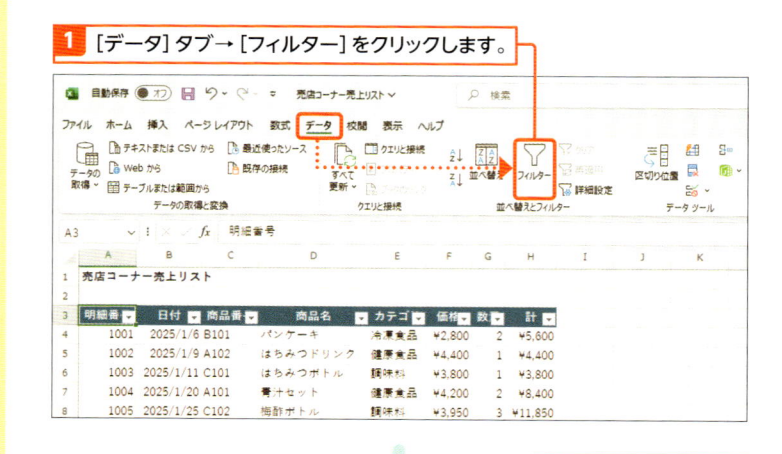

2 フィルター機能が
オフになります。

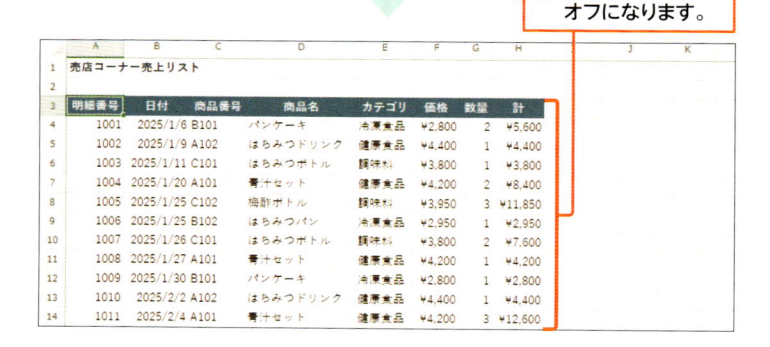

 **Memo** すべての条件を
解除する

複数のフィルター条件や並べ替え情報をす
べて解除するには、リスト内をクリックして
[データ]タブ→[クリア]をクリックします。こ
の場合、フィルター機能はオンのままになり
ます。

8

データを整理して表示する

 **Hint** 条件の指定方法

フィルター機能で条件を指定するときは、
フィールドに入力されているデータの種類に
よって指定できる条件は違います。それぞれ
次のような内容を指定できます。

データの種類	表示される項目
文字	テキストフィルター
日付	日付フィルター
数値	数値フィルター

 文字

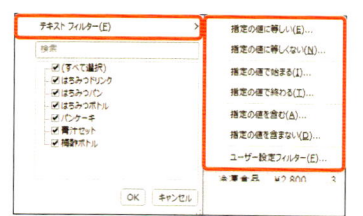

数値

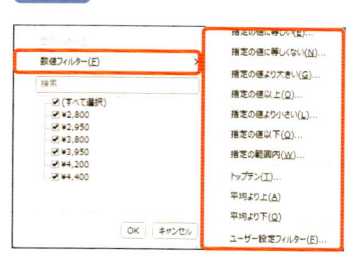

日付

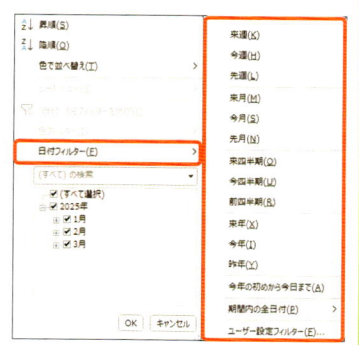

第 **9** 章

データを集計して活用する

　この章では、前の章で紹介したリストをより活用する方法を紹介します。テーブルの利用方法や、集計表を作る方法などを覚えましょう。

　目標は、リストの項目を使って自動集計表を作り、リストを見ているだけではわからない数値の傾向や推移を読み取れるようになることです。

ここで学ぶのは

▶ リスト
▶ テーブル
▶ ピボットテーブル

この章では、**前章で紹介したリストをより便利に使うための機能**をいくつか紹介します。
データを簡単に利用するためのテーブル、データを集計するピボットテーブル、集計結果をグラフ化するピボットグラフを紹介します。

1 データを活用するには？

リストを準備する

前章では、リスト形式に集めたデータを利用する方法を紹介しました。この章では、このリストを基にさらにデータを活用する方法を紹介します。

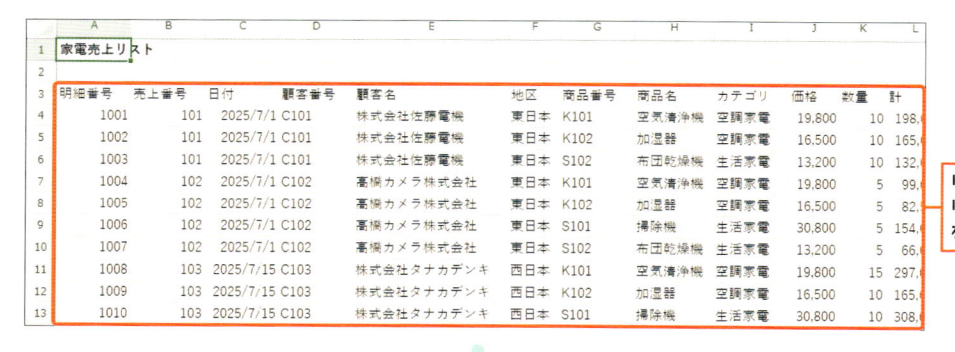

リストを準備します。リストについてはp.212を参照してください。

リストをテーブルに変換する

テーブルを使うと、データを簡単に整理したり活用したりできます。テーブルに変換するときは、リストの列の見出し（フィールド名）に書式を付けていなくても、自動的に書式を設定できます。p.234で紹介します。

リストをテーブルに変換します。

ピボットテーブルを作る

ピボットテーブルは、リスト形式に集めたデータを基に、集計表をほぼ自動的に作ってくれる便利な機能です。集計表のレイアウトは、簡単に変えられます。

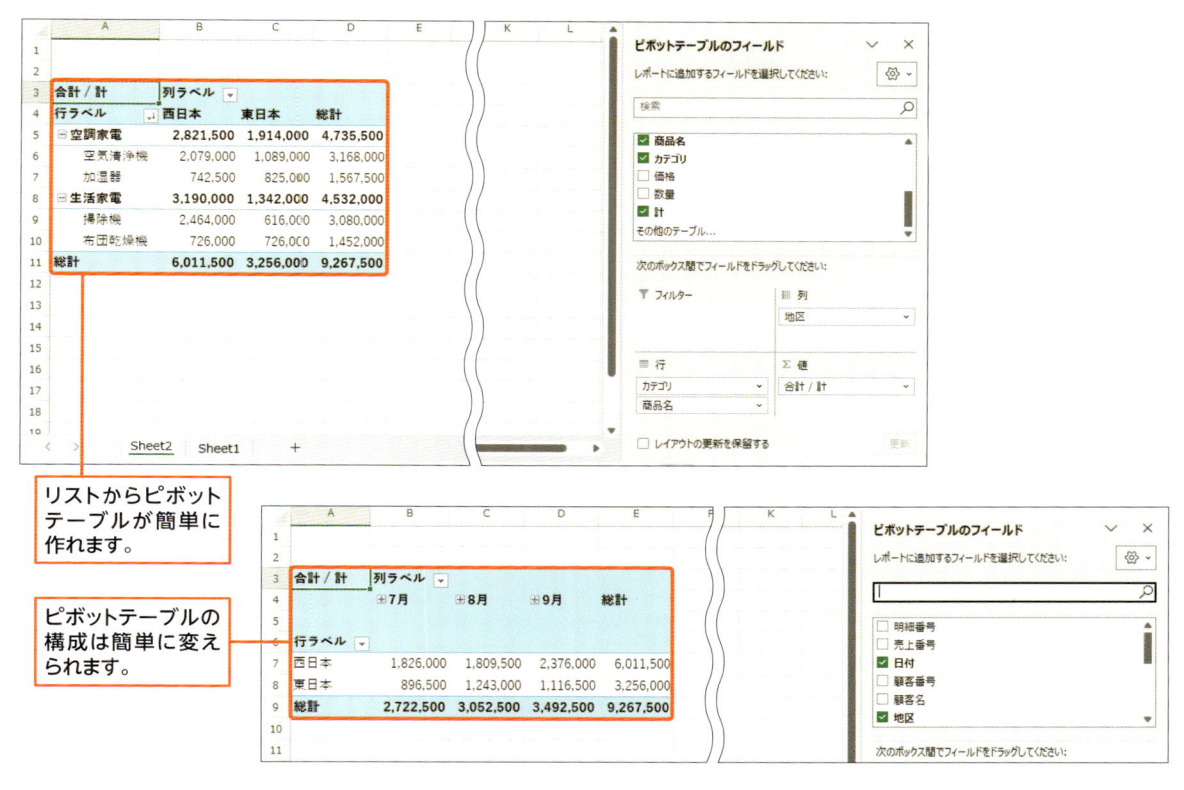

リストからピボットテーブルが簡単に作れます。

ピボットテーブルの構成は簡単に変えられます。

ピボットグラフを作る

ピボットテーブルをグラフ化します。ピボットグラフは、ピボットテーブルと連動しています。

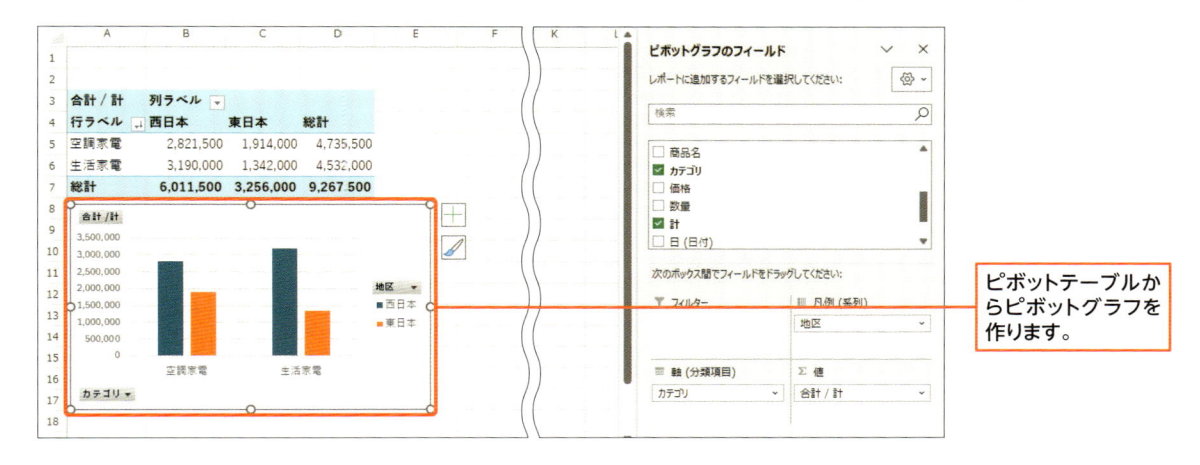

ピボットテーブルからピボットグラフを作ります。

リストをテーブルに変換する

ここで学ぶのは

▶ リスト

▶ テーブル

▶ セル範囲に戻す

練習用ファイル： 📁 77_イベントスタッフリスト.xlsx

テーブルを利用できるようにするには、リストの範囲を指定して、テーブルに変換します。

テーブルに変換すると、フィールド名の横に [▼] が表示されます。[▼] をクリックすると抽出条件などを指定できます。

1 テーブルとは？

リストをテーブルに変換すると、データを並べ替えたり、フィルター条件を指定したりできるようになります。また、データの集計結果を表示することもできます。

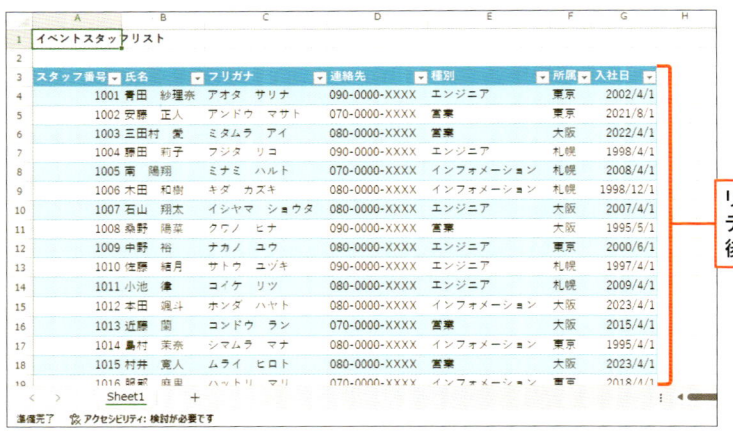

リストをテーブルに変換します。
テーブルには自動的に書式が付きます。
後でスタイルを設定し直すのも簡単です。

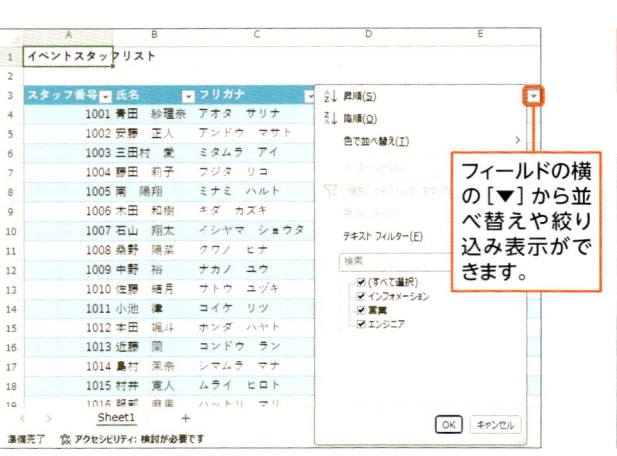

フィールドの横の [▼] から並べ替えや絞り込み表示ができます。

テーブル内のセルを選択すると、

[テーブルデザイン] タブが表示されます。このタブからテーブルに関する操作ができます。

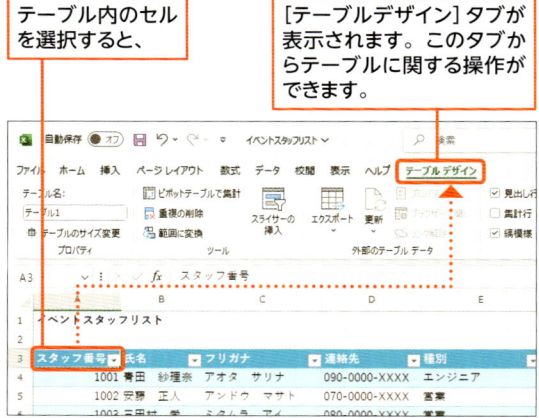

2 テーブルを作る

解説 ▶ テーブルに変換する

リストをテーブルに変換します。ここでは［ホーム］タブからテーブルに変換しています。
リスト内をクリックして、［挿入］タブ→［テーブル］をクリックしても、テーブルに変換できます。

ショートカットキー

● リスト範囲をテーブルに変換
　リスト内をクリックして、[Ctrl] + [T]

Memo ▶ 元のセル範囲に戻す

テーブルを元の普通のセル範囲に戻すには、テーブル内をクリックし、［テーブルデザイン］タブ→［範囲に変換］をクリックします。
なお、テーブルを元のセル範囲に戻しても、セルの色や罫線などの書式は残ります。書式が残らないようにするには、テーブルスタイルで［クリア］を選択してから（p.240）、テーブルをセル範囲に変換する方法があります。

1 テーブル内のセルを選択

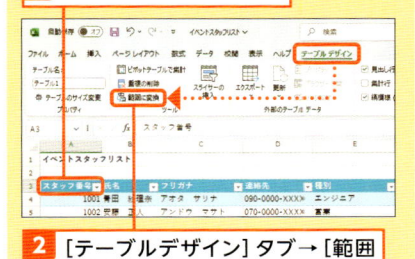

2 ［テーブルデザイン］タブ→［範囲に変換］をクリック

---

1 リスト内のいずれかのセルを選択し、

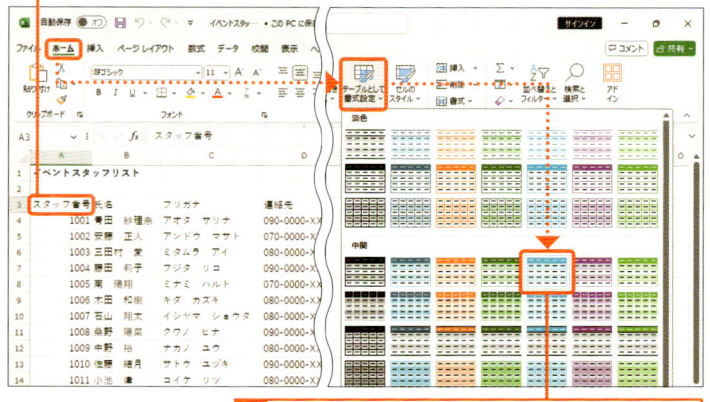

2 ［ホーム］タブ→［テーブルとして書式設定］をクリックし、気に入ったスタイルをクリックします。

テーブルの作成　　　　　　？　×
テーブルに変換するデータ範囲を指定してください(W)
$A$3:$G$23
☑ 先頭行をテーブルの見出しとして使用する(M)
OK　　　キャンセル

3 リストの範囲を確認し、

4 ［先頭行をテーブルの見出しとして使用する］のチェックをオンにして、

5 ［OK］をクリックします。

6 リストがテーブルに変換されます。

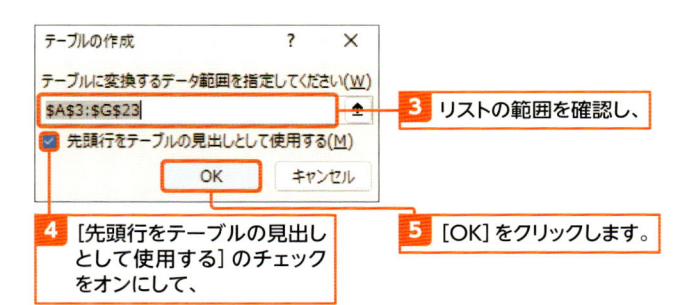

Section

78

テーブルのデータを抽出する

練習用ファイル： 📁 78_イベントスタッフリスト.xlsx

ここで学ぶのは

▶ テーブル
▶ 抽出条件
▶ スライサー

リストをテーブルに変換すると、リストでフィルター機能を使うときと同じように、フィールド名の横に［▼］が付きます。
［▼］をクリックすると、抽出条件が表示されます。抽出条件はフィルター機能と同じように指定できます。

---

1 データを並べ替える

💬 **解説** ▶ データを並べ替える

並べ替えの基準にするフィールドのフィールド名の［▼］から、データの並べ替えを指定します。並べ替え条件の指定方法は、リストで並べ替えをするときと同様です。p.222を参照してください。

テーブルのデータをC列の「フリガナ」を基準に並べ替えます。

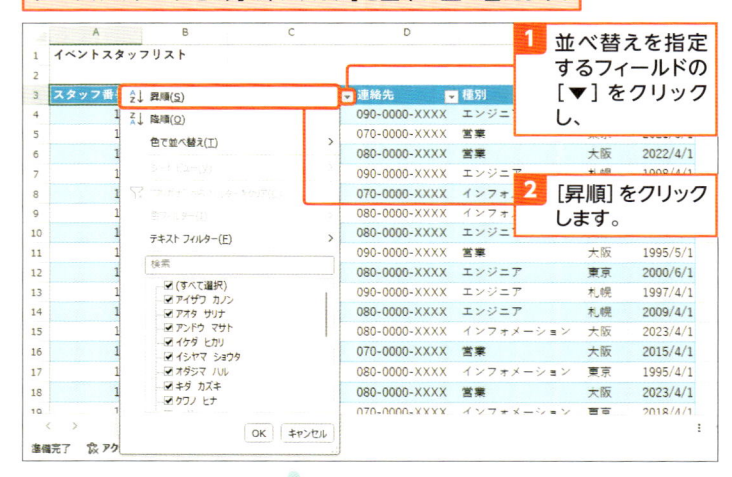

1 並べ替えを指定するフィールドの［▼］をクリックし、

2 ［昇順］をクリックします。

💡 **Hint** ▶ 複数の条件を指定する

テーブルのデータを並べ替えるとき、まずは「所属」順で並べ替えて、同じ「所属」のデータが複数ある場合にさらに「種別」順で並べ替えるには、並べ替えの条件を複数指定します。指定方法は、p.223を参照してください。

3 「フリガナ」を基準にデータが並べ替えられます。

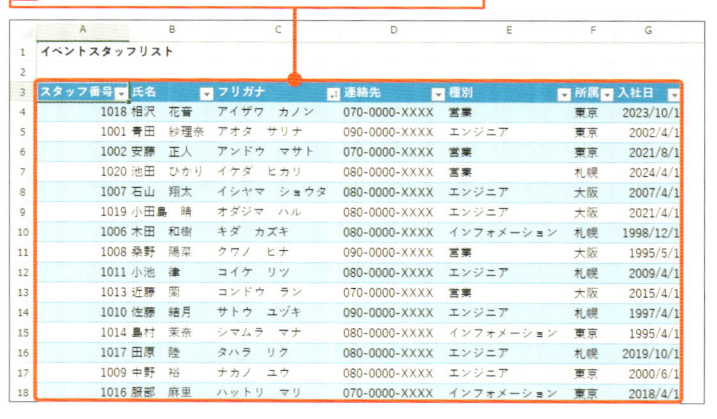

2 テーブルからデータを抽出する

 解説 ▶ 抽出条件を指定する

テーブルからデータを抽出します。条件を指定するフィールド名の横の［▼］をクリックして条件を指定します。操作方法は、フィルター機能（p.226）を使うときと同様です。
また、抽出されたデータの行番号は青字になります。ステータスバーには、「○○レコード中○○個が見つかりました」の文字が表示されます。

 Memo ▶ 抽出条件を解除する

テーブルで指定した抽出条件を解除するには、抽出条件を設定しているフィールドの ☟ をクリックし、["（フィールド名）"からフィルターをクリア］をクリックします。

 Hint ▶ テーブル以外の場所で並べ替える

ここでは、リストやテーブルのデータを直接並べ替える方法を紹介していますが、リストやテーブルのデータはそのままで、別の場所を使って、リストやテーブルのデータを並べ替えた結果を表示する方法もあります。それには、スピル機能（p.134）に対応しているSORT関数やSORTBY関数を使います。1つの列を基準に並べ替える場合はSORT関数やSORTBY関数、複数の列を基準に並べ替えるには、SORTBY関数を使うとよいでしょう。

 Hint ▶ テーブル以外の場所に抽出する

リストやテーブルのデータはそのままで、リストやテーブル以外の場所を使って、リストやテーブルのデータを抽出した結果を表示するには、スピル機能（p.134）に対応しているFILTER関数を使います。

「所属」が「札幌」、「種別」が「エンジニア」のデータを抽出します。

1 条件を指定するフィールドの［▼］をクリックし、

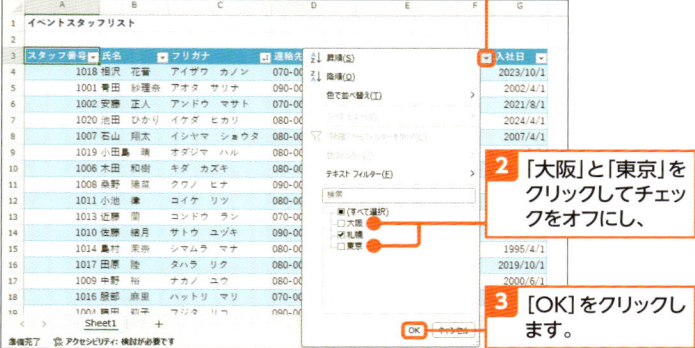

2 「大阪」と「東京」をクリックしてチェックをオフにし、

3 ［OK］をクリックします。

4 条件を指定するフィールドの［▼］をクリックし、

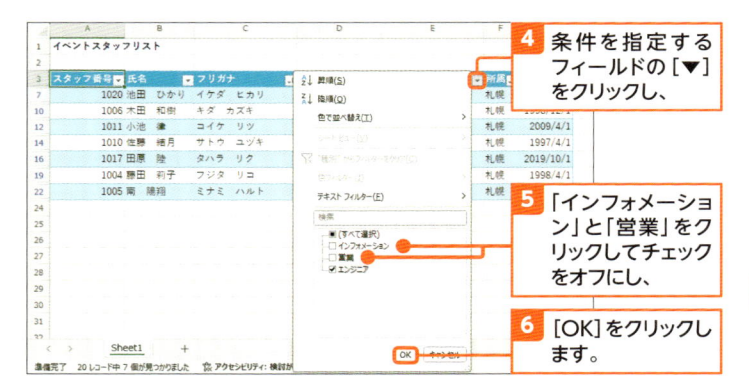

5 「インフォメーション」と「営業」をクリックしてチェックをオフにし、

6 ［OK］をクリックします。

7 「所属」が「札幌」、「種別」が「エンジニア」のデータのみ表示されました。

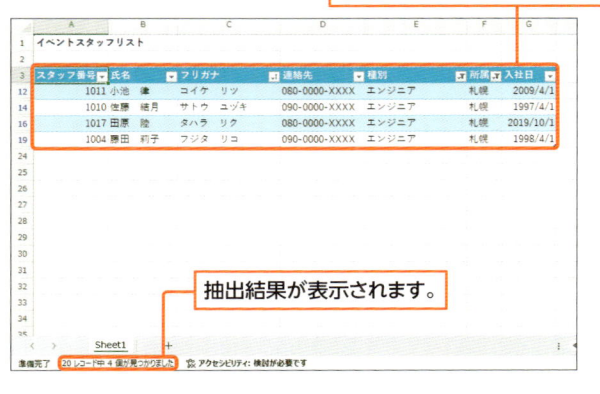

抽出結果が表示されます。

3 データの絞り込み条件を細かく指定する

解説 ▶ 細かい条件を指定する

抽出条件を指定するとき、[○○フィルター]を選択すると、単純にフィールドにある項目名を選択するだけでなくさまざまな条件を指定できます。指定できる条件は、フィールドに入力されているデータの種類によって違います（下のHint参照）。

Hint ▶ 条件を細かく指定する

条件を指定するフィールドの ∨ をクリックすると、フィールドに入力されているデータの種類が文字だと「テキストフィルター」、日付だと「日付フィルター」、数値だと「数値フィルター」が表示されます。それぞれの項目から抽出条件を指定できます。

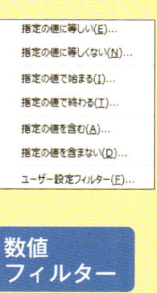

9

データを集計して活用する

「入社日」が「2000/4/1」～「2010/3/31」のデータを抽出します。

1 条件を指定するフィールドの [▼] をクリックし、

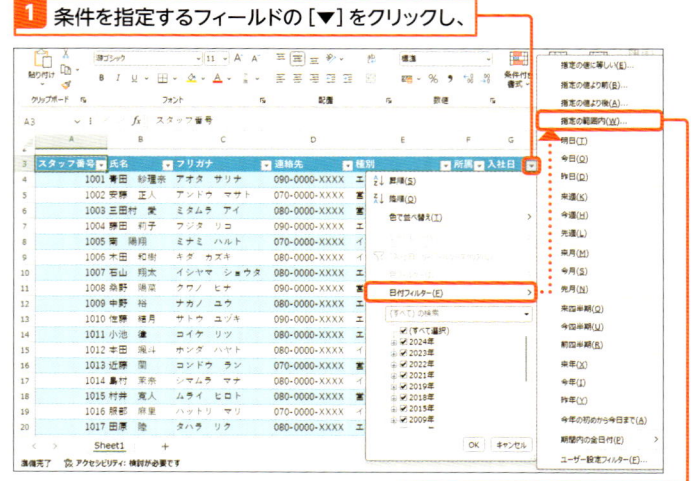

2 [日付フィルター] → [指定の範囲内] をクリックします。

3 1つ目の条件として「2000/4/1」を入力し、[以降] を確認します。

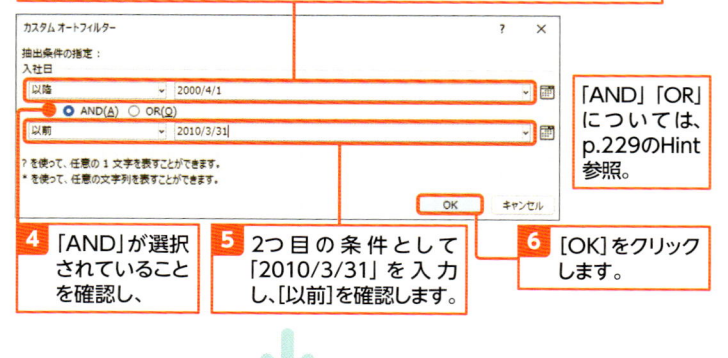

「AND」「OR」については、p.229のHint参照。

4 「AND」が選択されていることを確認し、

5 2つ目の条件として「2010/3/31」を入力し、[以前]を確認します。

6 [OK]をクリックします。

7 「入社日」が「2000/4/1」～「2010/3/31」のデータのみ表示されました。

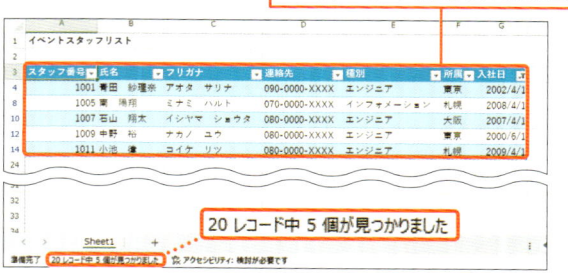

20 レコード中 5 個が見つかりました

4 抽出条件をボタンで選択できるようにする

解説 スライサーを表示する

頻繁に抽出条件を変える場合は、スライサーを使うと便利です。スライサーを追加したら、抽出条件として指定するボタンをクリックすると、抽出結果が表示されます。
また、スライサーで設定した抽出条件を解除するには、スライサーの［フィルターのクリア］をクリックします。

Memo 大きさを調整する

スライサーの大きさを変えるには、スライサーをクリックすると表示される外枠のハンドルをドラッグします。また、スライサーはドラッグして移動できます。スライサーを削除するには、スライサーをクリックして Delete キーを押します。

Hint 複数の条件を指定する

スライサーで複数の抽出条件を指定するには、スライサーの［複数選択］をクリックしてオンにします（下図）。続いて、抽出条件に指定するボタンを順にクリックします。［複数選択］が無い場合は、1つの項目をクリックした後、Ctrl キーを押しながら、同時に選択するボタンをクリックします。

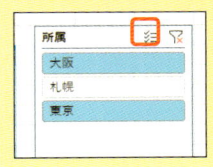

1 テーブル内のいずれかのセルをクリックし、

2 ［挿入］タブ→［スライサー］をクリックします。

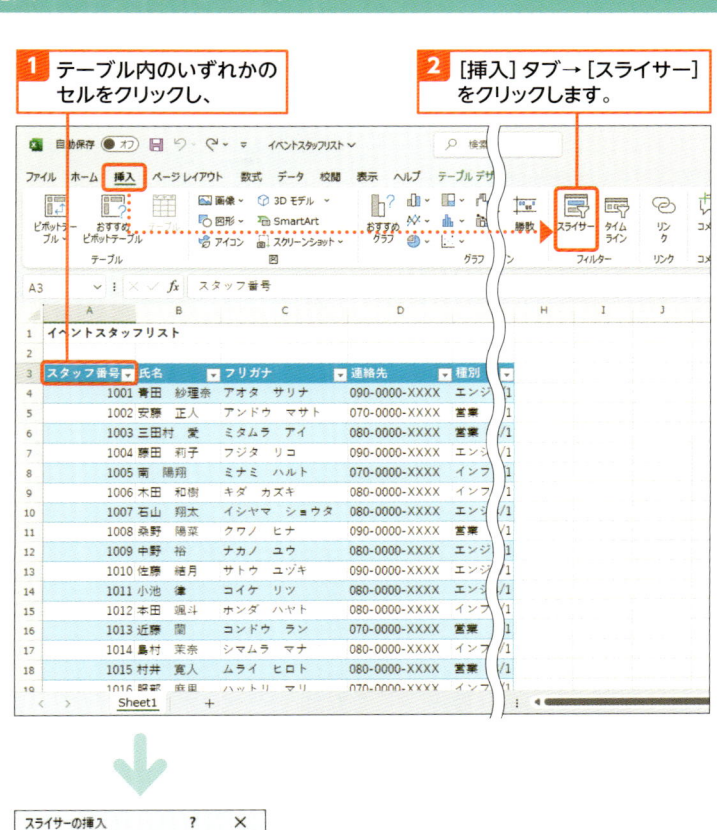

3 テーブル内のフィールド名の一覧が表示されます。

4 抽出条件に指定するフィールドのチェックをオンにし、

5 ［OK］をクリックします。

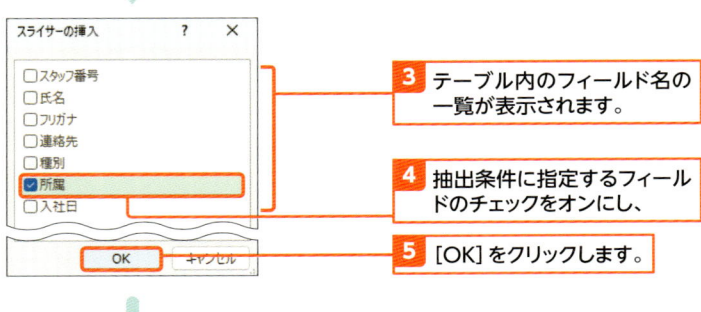

6 スライサーが表示されます。

7 ボタンをクリックすると、

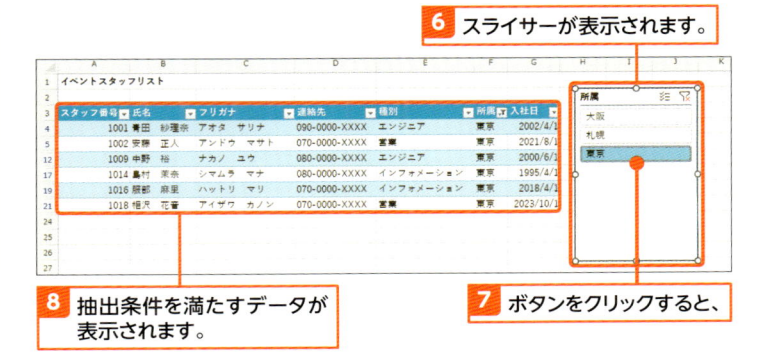

8 抽出条件を満たすデータが表示されます。

239

79

テーブルの表示方法を変更する

練習用ファイル： 79_イベントスタッフリスト.xlsx

ここで学ぶのは

▶ テーブル

▶ テーブルスタイル

▶ スタイルのオプション

テーブルのデザインは、後から自由に変えられます。一覧からスタイルを選択しましょう。

また、テーブルに1行おきの色を付けたり、左端の列だけを強調するなど、クリック操作だけで指定できます。

---

1 テーブルのデザインを変える

解説 ▶ デザインを変える

テーブルのデザインを変えるには、[テーブルデザイン] タブ→[テーブルスタイル] から選びます。スタイルの一覧は、色の濃淡によって [淡色] [中間] [濃色] に分かれています。気に入ったものを選びましょう。

1 テーブル内のいずれかのセルをクリックし、

2 [テーブルデザイン] タブ→[テーブルスタイル] の ▾ をクリックします。

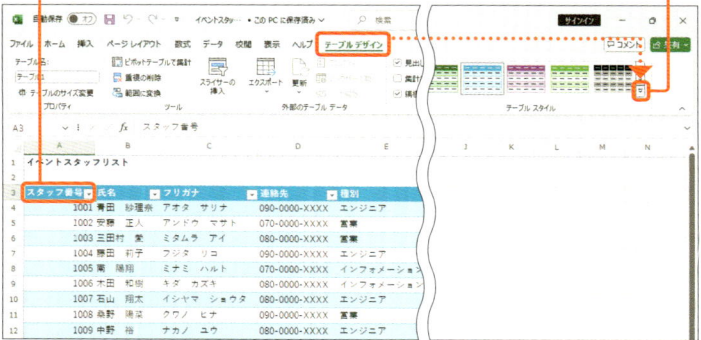

3 スタイルの一覧から気に入ったスタイルをクリックします。

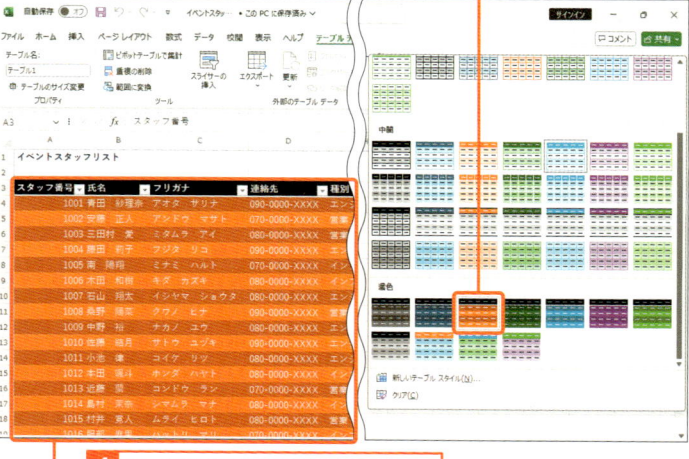

4 テーブルのデザインが変わります。

Memo ▶ スタイルをなしにする

手順 3 でスタイルの一覧の下の [クリア] を選ぶと、塗りつぶしの色や罫線などの飾りがなくなります。テーブルを元のセル範囲の状態に戻すとき、テーブルの飾りをなしにするには、テーブルスタイルを [クリア] にしてからセル範囲に変換します (p.235)。

2 テーブルの行や列を強調する

解説 左端の列を強調する

テーブルのデザインのオプションを指定して、1行おきに色を付けたり、先頭や最後の列などを強調表示したりします。

テーブルの左端の列を強調したり、1行おきに色を付けたりします。

1 テーブル内のいずれかのセルをクリックし、

2 [テーブルデザイン] タブ→[最初の列] のチェックをオンにします。

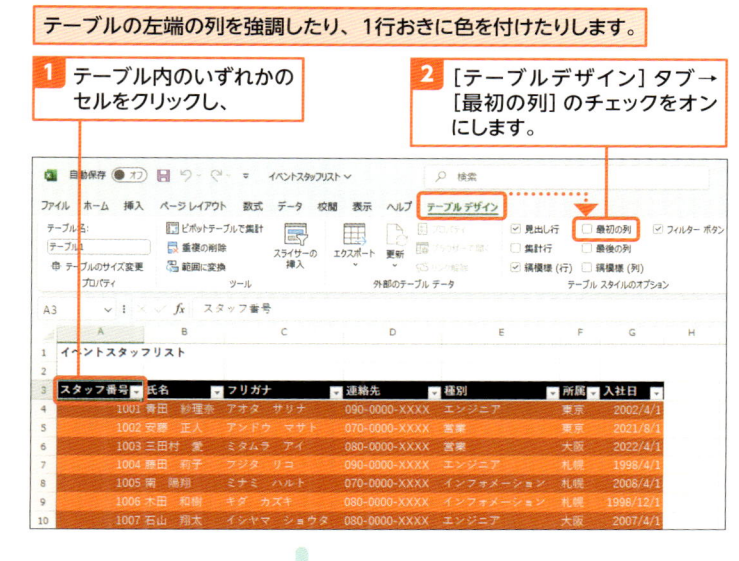

Hint フィルターボタンが消えた！

テーブルのフィルターボタンが消えてしまった場合は、テーブルを選択し、[テーブルデザイン] タブ→ [フィルターボタン] がオンになっているか確認しましょう。オフになっていたら、クリックしてオンにするとフィルターボタンが表示されます。

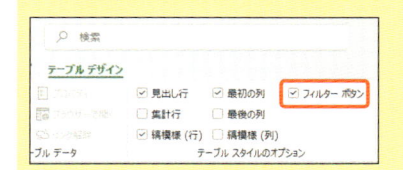

3 テーブルの左端の列のデザインが変わります。

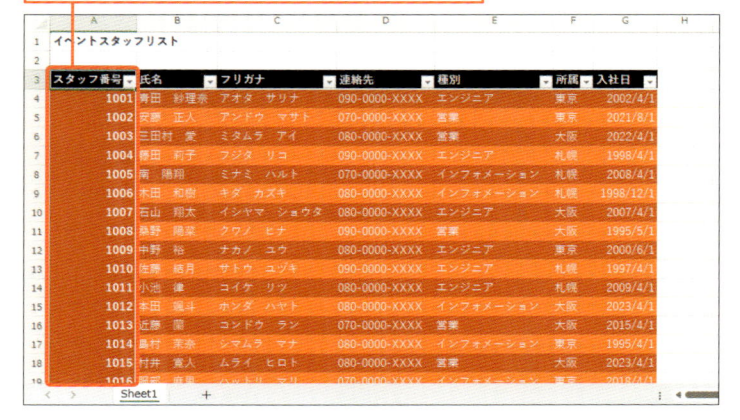

Hint 1行おきに色を付ける

テーブルに1行おきに色を付けられるタイプのスタイルを選択しているときは、色を付けるかどうか指定できます。色を付けるには、テーブル内のいずれかのセルを選択して、[テーブルデザイン] タブ→ [縞模様（行）] のチェックをオンにします。

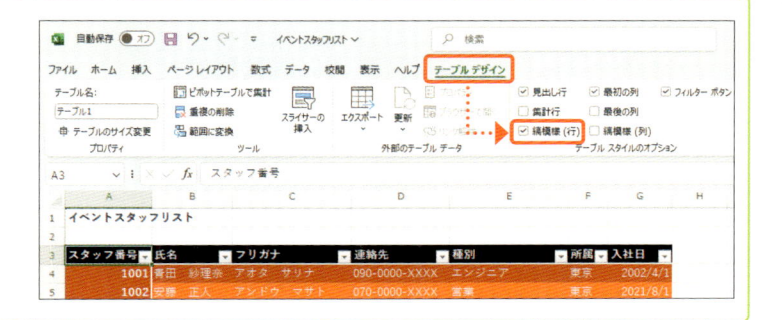

テーブルのデータを集計する

練習用ファイル： 📁 80_売店コーナー売上リスト.xlsx

テーブルに集計行を追加すると、テーブルの最終行に集計結果を表示する行が表示されます。
集計方法は、数値の合計や平均、最大値、最小値、文字データのデータ数など一覧から選択できます。

ここで学ぶのは

▶ テーブル
▶ 集計行
▶ SUBTOTAL 関数

1 テーブルのデータを集計する

解説 集計行を表示する

集計行を表示するには、テーブル内のいずれかのセルをクリックして [集計行] のチェックボックスで指定します。集計行に表示する集計内容は、フィールドごとに指定できます。

Memo 集計行を削除する

集計行を削除するには、テーブル内のいずれかのセルをクリックして、[テーブルデザイン] タブ→ [集計行] をクリックしてチェックを外します。

売上データから「調味料」の「計」の合計を表示します。

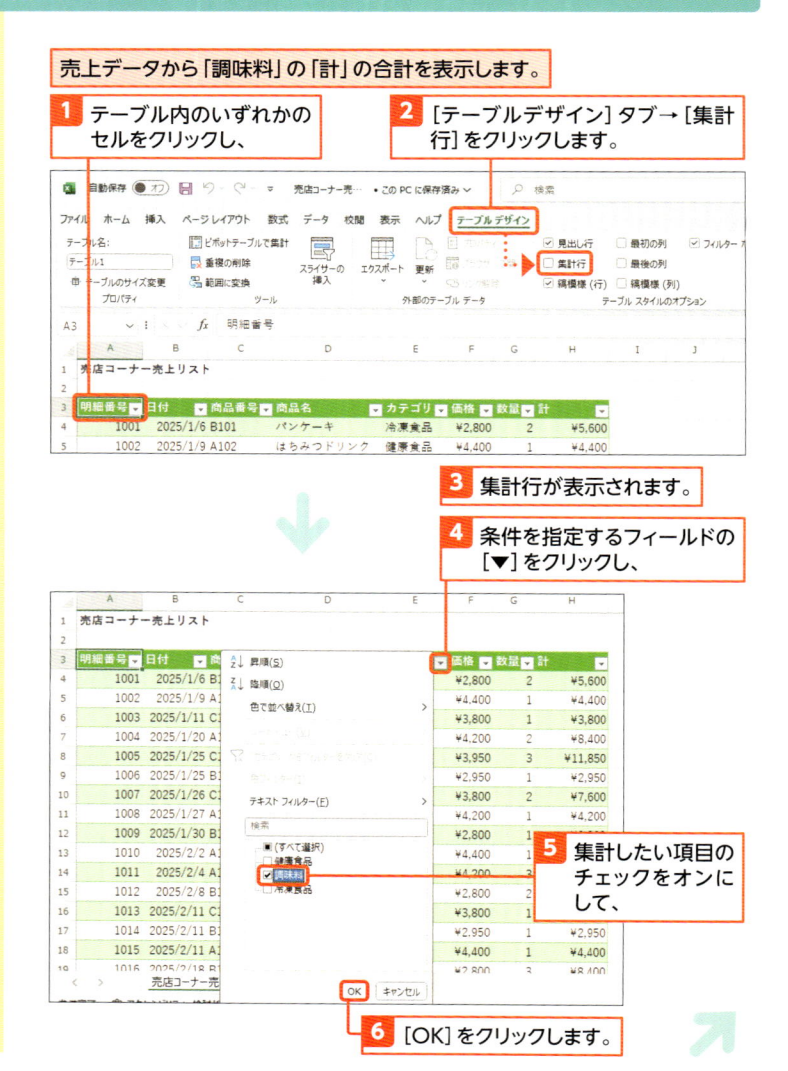

1 テーブル内のいずれかのセルをクリックし、

2 [テーブルデザイン] タブ→ [集計行] をクリックします。

3 集計行が表示されます。

4 条件を指定するフィールドの [▼] をクリックし、

5 集計したい項目のチェックをオンにして、

6 [OK] をクリックします。

7 指定した条件で、「計」の合計が表示されます。

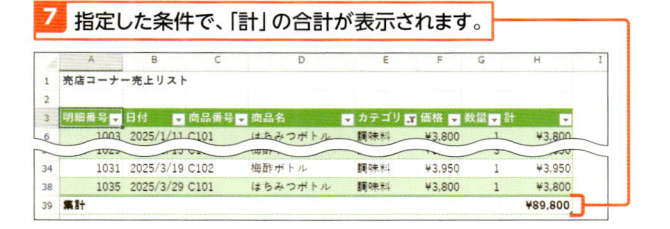

2 データの集計方法を変える

解説 集計方法を変える

フィールドの集計方法は変えられます。主に、数値や日付データが入っているフィールドに対して集計方法を選びます。文字データが入っているフィールドも、[個数] を選択するとデータの数を表示できます。

テーブルのデータを抽出する条件を変更すると、抽出されたデータに応じて集計結果が変わります。

その他の集計結果を表示します。また、集計対象を変更して集計結果を確認します。

1 集計方法を変えるフィールドの集計行をクリックし、

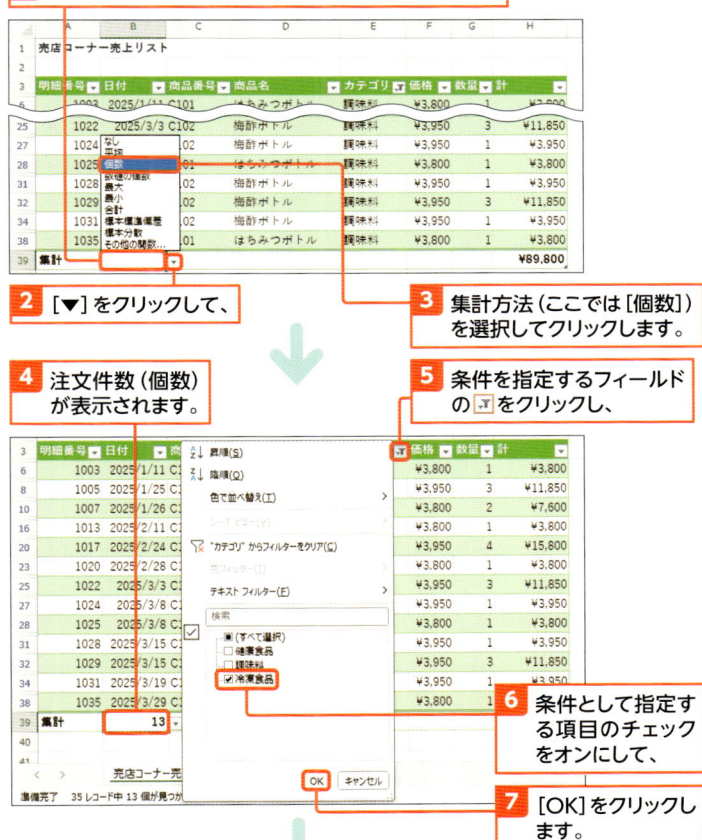

2 [▼] をクリックして、

3 集計方法 (ここでは [個数]) を選択してクリックします。

4 注文件数 (個数) が表示されます。

5 条件を指定するフィールドの ▼ をクリックし、

6 条件として指定する項目のチェックをオンにして、

7 [OK] をクリックします。

8 データの集計結果が変わります。

Hint 入力される計算式

テーブルの集計行に集計結果を表示すると、自動的にSUBTOTAL関数を使った計算式が入力されます。SUBTOTAL関数では、抽出したデータを集計した結果を表示します。引数には集計方法や集計に使用する関数を指定します。

SUBTOTAL関数の詳細は、関数のヘルプを参照してください (p.121)。

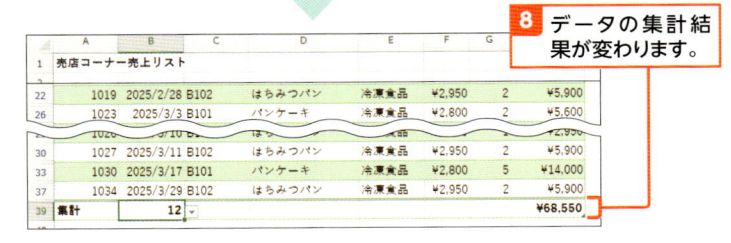

243

81 リストからクロス集計表を作る方法を知る

ここで学ぶのは

▶リスト
▶テーブル
▶ピボットテーブル

リストやテーブルを基に、簡単に集計表を作るには、ピボットテーブルという機能を使います。
ピボットテーブルで作る集計表は、表の上端と左端の見出しが自動的に用意されて集計結果が表示されます。

1 ピボットテーブルとは？

> **Memo** [ピボットテーブル分析] タブと [デザイン] タブ
>
> ピボットテーブルを選択すると、[ピボットテーブル分析] タブと [デザイン] タブが表示されます。[ピボットテーブル分析]タブには、ピボットテーブル全体の設定を変えたりするボタンが表示されます。[デザイン] タブには、ピボットテーブルのデザインを変えたりするボタンが表示されます。

> **Memo** 見出しと集計方法
>
> ピボットテーブルの表の項目に配置する内容は、フィールド名で指定します。指定されたフィールドにどのようなデータが入っているかを把握して自動的に項目名が表示されます。また、集計する項目も、フィールド名で指定します。集計方法は、合計以外に平均やデータの個数なども選べます。

ピボットテーブルとは、クロス集計表（表の上端と左端に項目を配置して集計結果を表示する表）を簡単に作れる機能です。リストやテーブルを基に作ります。

テーブルを基に…

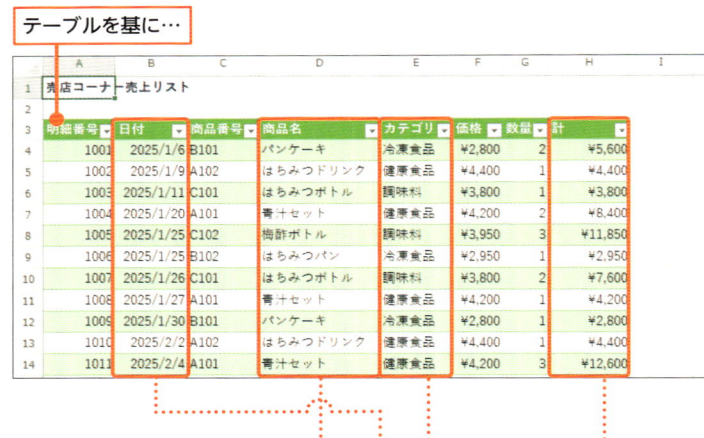

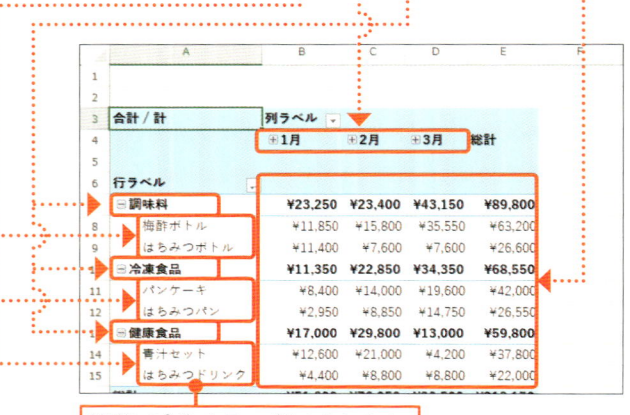

簡単にピボットテーブルを作れます。

Memo **リストかテーブルか**

ピボットテーブルは、リストやテーブルを基に作ります。ただし、後からデータが追加される可能性がある場合は、テーブルを基に作るとよいでしょう。ピボットテーブルを更新するだけで、追加されたデータを集計表に反映させられます（p.249）。

ピボットテーブルのレイアウトは、［ピボットテーブルのフィールド］作業ウィンドウで指定します。ピボットテーブルを作ると、基となるテーブルやリストに含まれるフィールドの一覧が［ピボットテーブルのフィールド］作業ウィンドウに表示されます。これらのフィールドをどのエリアに配置するかによって、ピボットテーブルのレイアウトが決まります（前ページ下のMemo参照）。

	A	B	C	D	E	F	G	H
1	売店コーナー売上リスト							
2								
3	明細番号	日付	商品番号	商品名	カテゴリ	価格	数量	計
4	1001	2025/1/6	B101	パンケーキ	冷凍食品	¥2,800	2	¥5,600
5	1002	2025/1/9	A102	はちみつドリンク	健康食品	¥4,400	1	¥4,400
6	1003	2025/1/11	C101	はちみつボトル	調味料	¥3,800	1	¥3,800
7	1004	2025/1/20	A101	青汁セット	健康食品	¥4,200	2	¥8,400
8	1005	2025/1/25	C102	梅酢ボトル	調味料	¥3,950	3	¥11,850
9	1006	2025/1/25	B102	はちみつパン	冷凍食品	¥2,950	1	¥2,950
10	1007	2025/1/26	C101	はちみつボトル	調味料	¥3,800	2	¥7,600
11	1008	2025/1/27	A101	青汁セット	健康食品	¥4,200	1	¥4,200
12	1009	2025/1/30	B101	パンケーキ	冷凍食品	¥2,800	1	¥2,800
13	1010	2025/2/2	A102	はちみつドリンク	健康食品	¥4,400	1	¥4,400
14	1011	2025/2/4	A101	青汁セット	健康食品	¥4,200	3	¥12,600

Memo **エリアセクションについて**

ピボットテーブルの集計表の構成を決めるには、フィールドセクションのフィールドをエリアセクションの各エリアに配置します。エリアには、次のような種類があります。

エリア	内容
フィルター	集計対象を絞り込むフィールドを指定する
列	集計表の上端の見出しに配置するフィールドを指定する
行	集計表の左端の見出しに配置するフィールドを指定する
値	集計表で集計するフィールドを指定する

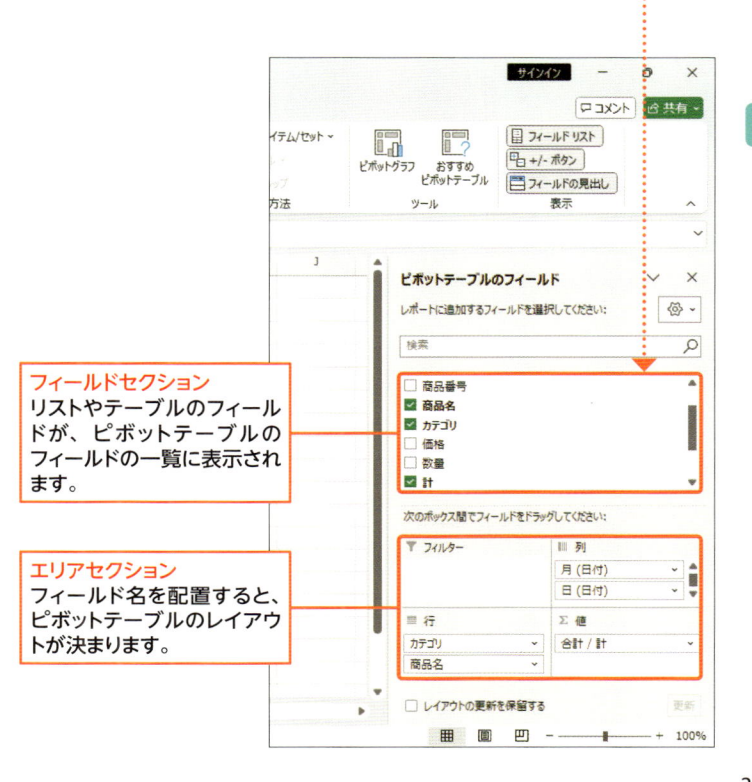

フィールドセクション
リストやテーブルのフィールドが、ピボットテーブルのフィールドの一覧に表示されます。

エリアセクション
フィールド名を配置すると、ピボットテーブルのレイアウトが決まります。

練習用ファイル： 📁 82_家電売上リスト.xlsx

ここで学ぶのは

▶ ピボットテーブル

▶ フィールドリスト

▶ グループ化

早速、ピボットテーブルを作ってみましょう。ここでは、テーブルを基に作ります。まずは、ピボットテーブルの土台を作ります。最初は白紙の状態ですが、後の操作でピボットテーブルの構成を指定します。

---

1 ピボットテーブルの土台を作る

💬 **解説** 土台を作る

リストやテーブルを基にピボットテーブルを作ります。ここでは、ピボットテーブルの土台を作ります。ピボットテーブルの構成は、次のページで指定します。

1 テーブル内のいずれかのセルをクリックし、

2 [挿入] タブ→ [ピボットテーブル] をクリックします。

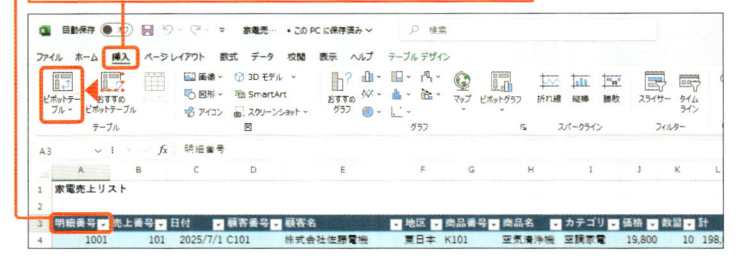

📝 **Memo** [ピボットテーブルのフィールド] 作業ウィンドウ

ピボットテーブルを作ると、ピボットテーブルの構成を決める [ピボットテーブルのフィールド] 作業ウィンドウが表示されます。作業ウィンドウが表示されていない場合は、ピボットテーブル内をクリックして [ピボットテーブル分析] タブ→ [フィールドリスト] をクリックします。

3 テーブルの範囲を確認し、

4 ピボットテーブルを配置する場所に [新規ワークシート] が選択されていることを確認して、

5 [OK] をクリックします。

6 新しいシートが追加されて、ピボットテーブルの土台が作成されます。

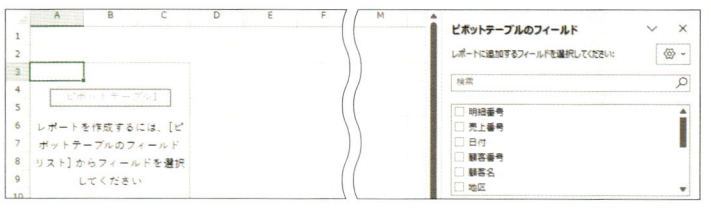

2 集計する項目を指定する

解説 項目を決める

ピボットテーブルの構成を決めます。[行] エリアに集計表の左の見出しにするフィールド、[列] エリアに集計表の上の見出しにするフィールド、[値] エリアに集計するフィールドを配置します。なお、[行] エリア、または [列] エリアのどちらか一方のみにフィールドを配置してもかまいません。

Memo 数値の表示形式

集計結果の数値に桁区切り「,」(カンマ) が表示されていない場合、表示形式を指定するには、[値] エリアのフィールドの横の [▼] をクリックし、[値フィールドの設定] をクリックします。[値フィールドの設定] ダイアログの [表示形式] をクリックし、[数値] の表示形式で桁区切りを指定して [OK] をクリックします。最後に [値フィールドの設定] ダイアログの [OK] をクリックします。

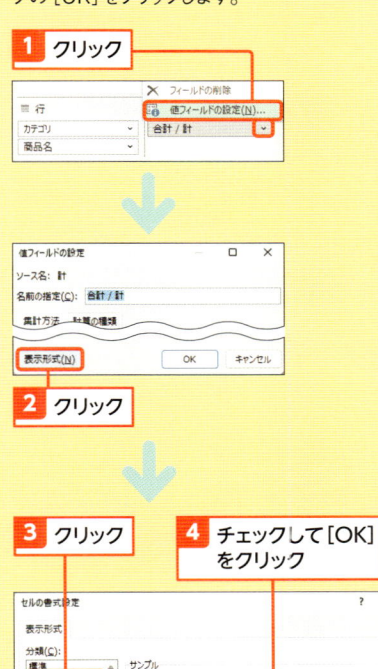

上の見出しに「地区」、左の見出しに「カテゴリ」と「商品名」を配置して「計」の合計を表示します。

1 「地区」を [列] エリアにドラッグします。

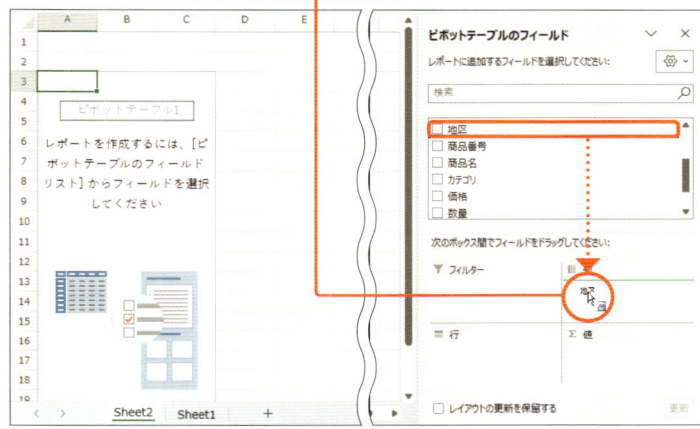

2 「カテゴリ」を [行] エリアに、「商品名」を [行] エリアの「カテゴリ」の下に、「計」を [値] エリアにそれぞれドラッグします。

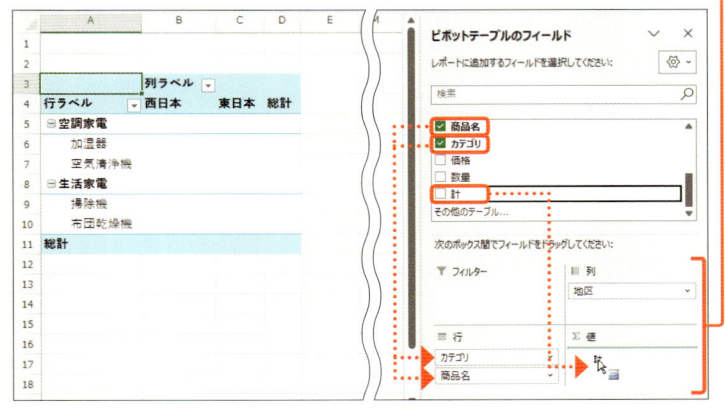

3 ピボットテーブルが作成されます。

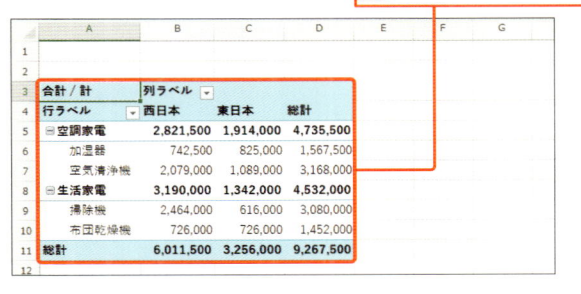

合計 / 計	列ラベル		
行ラベル	西日本	東日本	総計
空調家電	2,821,500	1,914,000	4,735,500
加湿器	742,500	825,000	1,567,500
空気清浄機	2,079,000	1,089,000	3,168,000
生活家電	3,190,000	1,342,000	4,532,000
掃除機	2,464,000	616,000	3,080,000
布団乾燥機	726,000	726,000	1,452,000
総計	6,011,500	3,256,000	9,267,500

3 集計する項目を入れ替える

解説 ▶ 項目を入れ替える

ピボットテーブルの特徴の1つに、集計表の項目を入れ替えられることがあります。これにより、別の視点から集計した結果を表示できます。

ここでは、左に「カテゴリ」と「商品名」、上に「地区」の見出しがある集計表のレイアウトを変えます。左に「商品名」、上に「日付」の見出しがある集計表にしています。

Memo ▶ 日付をグループ化する

「日付」フィールドは自動的に月や四半期、年の単位でグループ化されます。自動でグループ化されない場合は、「日付」フィールドの日付が表示されているセルをクリックし、[ピボットテーブル分析] タブ→ [フィールドのグループ化] をクリックし、グループ化する単位をクリックして [OK] をクリックします。

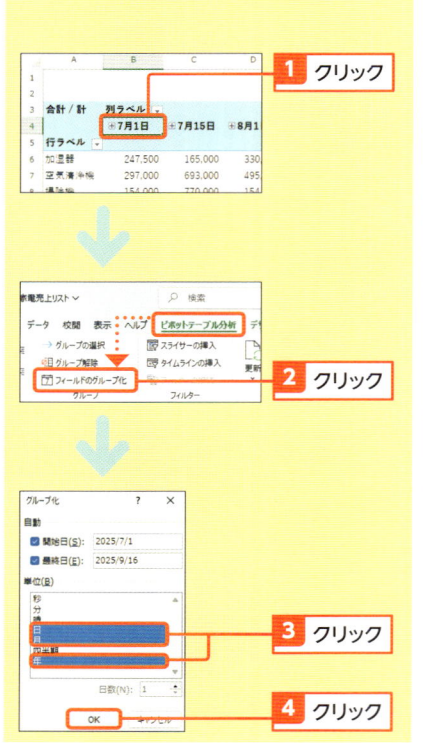

前ページの続きで、左の見出しに「商品名」、上の見出しに「日付」を配置して、「計」の合計を表示します。

1 [列] エリアの「地区」をエリアセクションの外にドラッグします。

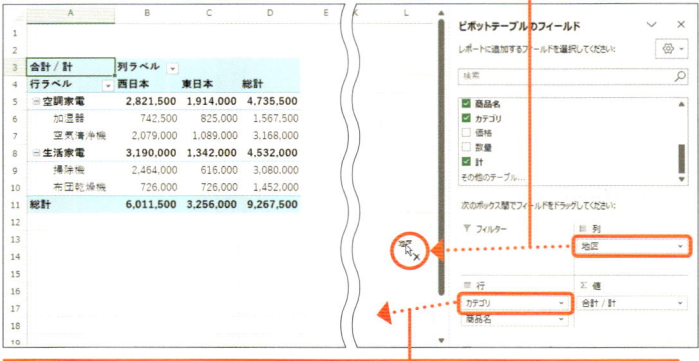

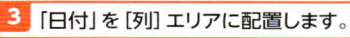

2 同様に、[行] エリアの「カテゴリ」をエリアセクションの外にドラッグします。

3 「日付」を [列] エリアに配置します。

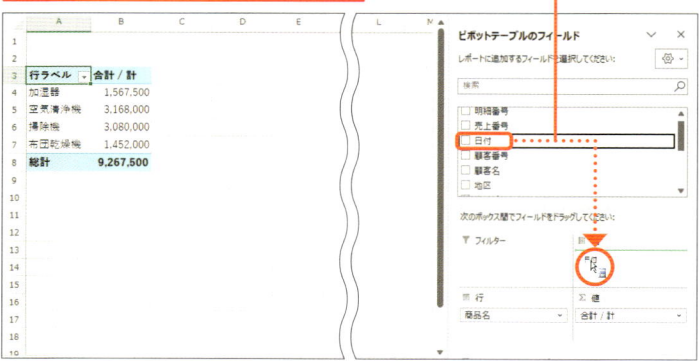

4 ピボットテーブルの構成が変わります。

合計 / 計	列ラベル			
	⊞7月	⊞8月	⊞9月	総計
行ラベル				
加湿器	412,500	577,500	577,500	1,567,500
空気清浄機	990,000	1,089,000	1,089,000	3,168,000
掃除機	924,000	924,000	1,232,000	3,080,000
布団乾燥機	396,000	462,000	594,000	1,452,000
総計	2,722,500	3,052,500	3,492,500	9,267,500

解説 項目を選択する

ピボットテーブルでは、表示する項目を指定できます。ここでは、左に配置した「商品名」の中から指定した商品のみ表示しています。抽出条件を解除するには、フィールドの見出しの横の ▼ をクリックし、「"○○"からフィルターをクリア」をクリックします。

Memo ピボットテーブルの更新

ピボットテーブルの基のテーブルやリストのデータが変わった場合、ピボットテーブルを更新するには、[ピボットテーブル分析]タブ→[更新]をクリックします。基のテーブルの大きさが変わった場合は、[ピボットテーブル分析]タブ→[更新]をクリックします。基のリストの大きさが変わった場合は、[ピボットテーブル分析]タブ→[データソースの変更]をクリックして範囲を指定し直します。

Memo ピボットテーブルのスタイル

ピボットテーブルのスタイルを指定するには、ピボットテーブル内をクリックして[デザイン]タブ→[ピボットテーブルスタイル]から適用するスタイルをクリックします。

前ページの続きで、表の見出しに表示する項目を絞り込みます。

1 行の[▼]をクリックします。

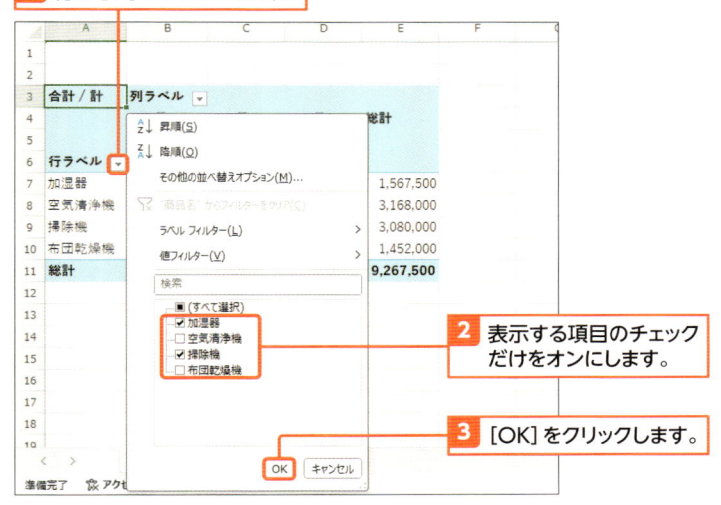

2 表示する項目のチェックだけをオンにします。

3 [OK]をクリックします。

4 表示される項目が絞り込まれます。

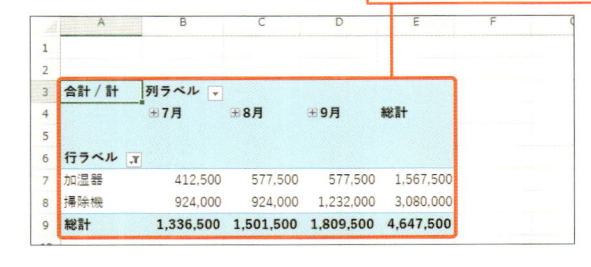

9

データを集計して活用する

Memo 大きい順に並べる

集計結果を数値の大きい順に並べるには、数値が入力されているセルをクリックし、[データ]タブ→[降順]をクリックします。たとえば、「カテゴリ」の合計順、その中の「商品名」の合計順に並べるには下図のように操作します。

1 選択して をクリック

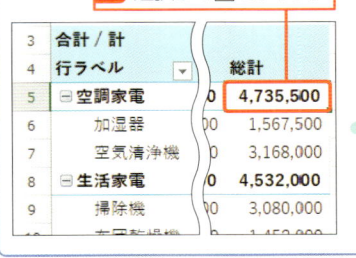

2 選択して をクリック

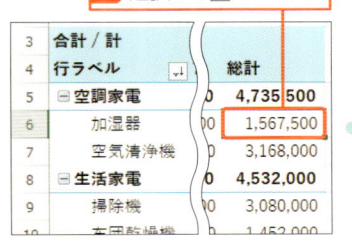

3 大きい順に並べ替わった

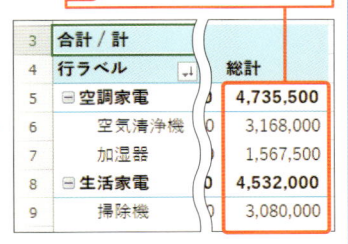

Section 83 ピボットテーブルの集計方法を変更する

練習用ファイル： 83_売店コーナー売上リスト.xlsx

ここで学ぶのは

▶ ピボットテーブル

▶ 値フィールドの設定

▶ 計算の種類

ピボットテーブルの集計方法は、合計以外にも平均やデータの個数などさまざまなものがあります。

また、計算の種類を指定すると、構成比などを計算することもできます。場合によって使い分けましょう。

1 計算方法を変える

解説 データの個数を集計する

商品ごとの注文件数を計算します。ここでは、[値] エリアに配置した「明細番号」の集計方法を変えます。「明細番号」を [値] エリアに配置すると、集計方法は「合計」になっています。集計方法を「個数」にしてデータの個数を表示しましょう。

なお、ここで紹介した例では、[値] エリアに「明細番号」ではなく他のフィールドを配置して集計方法を変えても同じ結果になります。ただし、データの個数などを表示するときは、「数量」や「合計」などの数値フィールドではなく、個々のデータを区別するための「明細番号」などを指定すると、計算の目的がわかりやすくなります。

Memo 既定の集計方法

ピボットテーブルの [値] エリアに数値データが入ったフィールドを配置すると、集計方法は「合計」になります。文字データが入ったフィールドを配置すると、[個数] になります。集計方法は、後から変えられます。

商品ごとの注文件数を集計します。

「明細番号」の合計が表示されています。

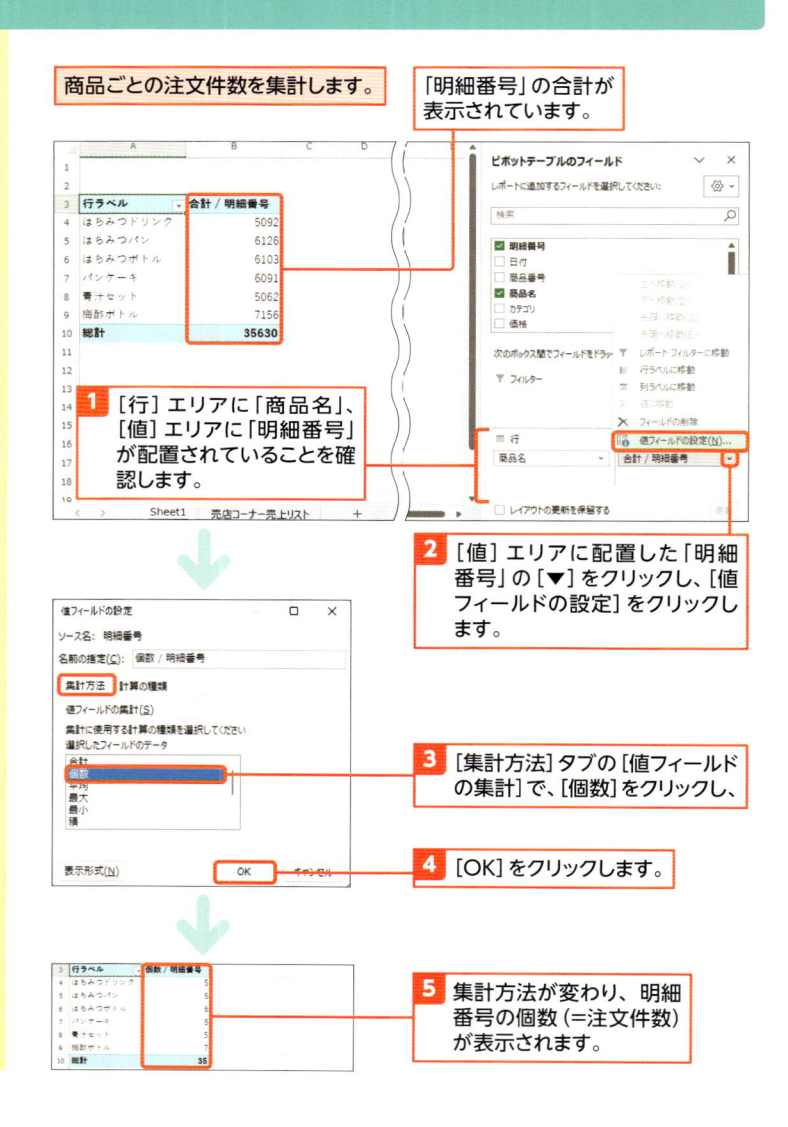

1 [行] エリアに「商品名」、[値] エリアに「明細番号」が配置されていることを確認します。

2 [値] エリアに配置した「明細番号」の [▼] をクリックし、[値フィールドの設定] をクリックします。

3 [集計方法] タブの [値フィールドの集計] で、[個数] をクリックし、

4 [OK] をクリックします。

5 集計方法が変わり、明細番号の個数 (=注文件数) が表示されます。

解説 構成比を表示する

商品ごとの売上合計の集計結果を基に、商品ごとの売上構成比を表示します。「合計」フィールドの、フィールドの計算方法を変えます。計算方法から[列集計に対する比率]を選択すると、列の合計を100%としたときの各行の売上合計の割合が表示されます。

また、「行ラベル」などラベルの文字を変更する方法は、p.253のHintを参照してください。

Hint 集計方法や計算の種類

集計方法や計算の種類の違いを確認するには、[値フィールドの設定]ダイアログが表示されている状態で F1 キーを押します。すると、ブラウザーが起動してヘルプが表示されます。

Memo 項目を並べ替える

表の項目を並べ替えるには、表の項目のセルをクリックして、並べ替えの指示をします。任意の順で並び順を変えたい場合は、表の項目名のセルをクリックし、セルの外枠部分をドラッグして指定します。集計結果の大きい順に並べ替える方法は、p.249のMemoを参照してください。

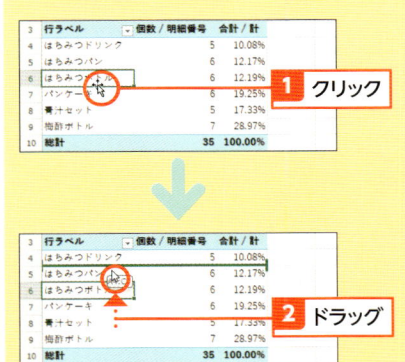

前ページの続きで、商品ごとの売上合計を基に、売上構成比を表示します。

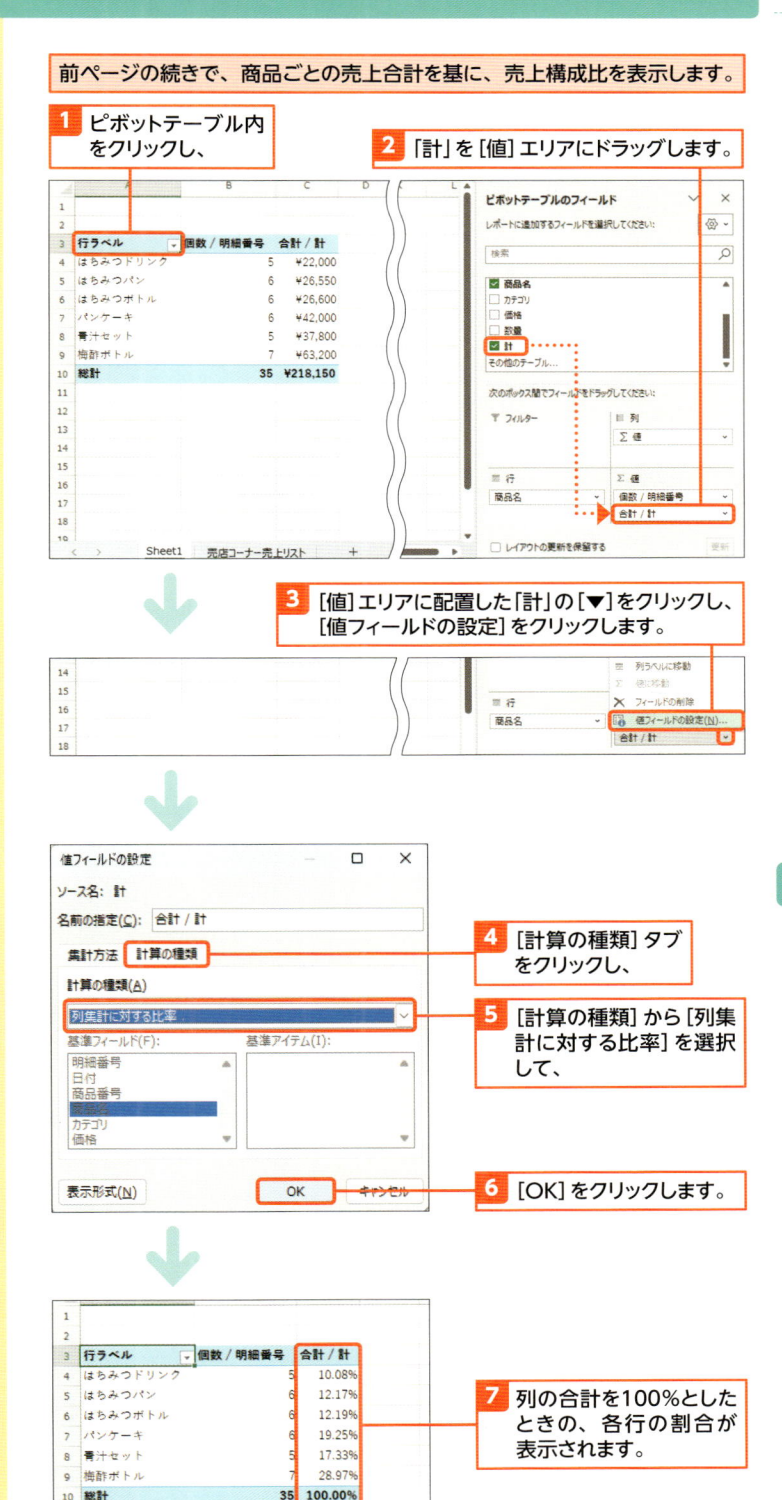

1 ピボットテーブル内をクリックし、

2 「計」を[値]エリアにドラッグします。

3 [値]エリアに配置した「計」の[▼]をクリックし、[値フィールドの設定]をクリックします。

4 [計算の種類]タブをクリックし、

5 [計算の種類]から[列集計に対する比率]を選択して、

6 [OK]をクリックします。

7 列の合計を100%としたときの、各行の割合が表示されます。

9

データを集計して活用する

Section 84

ピボットテーブルの集計期間を指定する

練習用ファイル： 84_売店コーナー売上リスト.xlsx

ここで学ぶのは

▶ ピボットテーブル
▶ タイムライン
▶ スライサー

ピボットテーブルの集計表で集計する期間を簡単に指定するには、タイムラインを使うと便利です。

タイムラインでは、バーをドラッグして、いつからいつまでの期間のデータを集計するか指定できます。

1 タイムラインを追加する

解説 タイムラインを追加する

タイムラインを使うと、集計期間を指定できるようになります。タイムラインを追加すると、日付データが入ったフィールドの一覧が表示されます。タイムラインに利用するフィールドを選択しましょう。

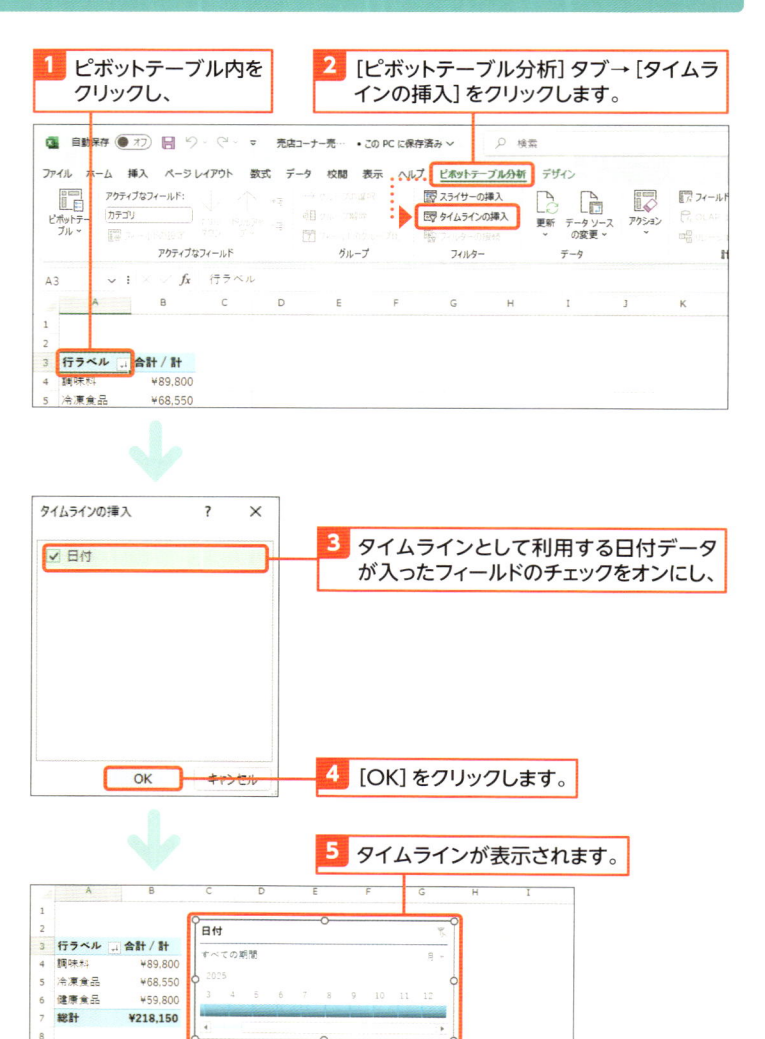

1 ピボットテーブル内をクリックし、

2 [ピボットテーブル分析] タブ→[タイムラインの挿入] をクリックします。

3 タイムラインとして利用する日付データが入ったフィールドのチェックをオンにし、

4 [OK] をクリックします。

5 タイムラインが表示されます。

2 集計期間を指定する

解説 タイムラインを操作する

追加したタイムラインを使って、集計結果を指定します。集計対象の開始月と終了月をドラッグして指定しましょう。集計期間はタイムラインの上部に表示されますので、日付の範囲を確認しながら指定します。タイムラインの右上の「月」をクリックすると、表示する日付の単位を選択できます。

Hint ラベルの文字を変更する

ピボットテーブルの集計表に表示される「行ラベル」「列ラベル」「合計／計」などのラベルの文字は変更できます。「行ラベル」などと表示されているセルをダブルクリックして文字を変更します。ただし、ピボットテーブルのレイアウトを変更した場合、ラベルの文字はそのまま残りますので注意してください。

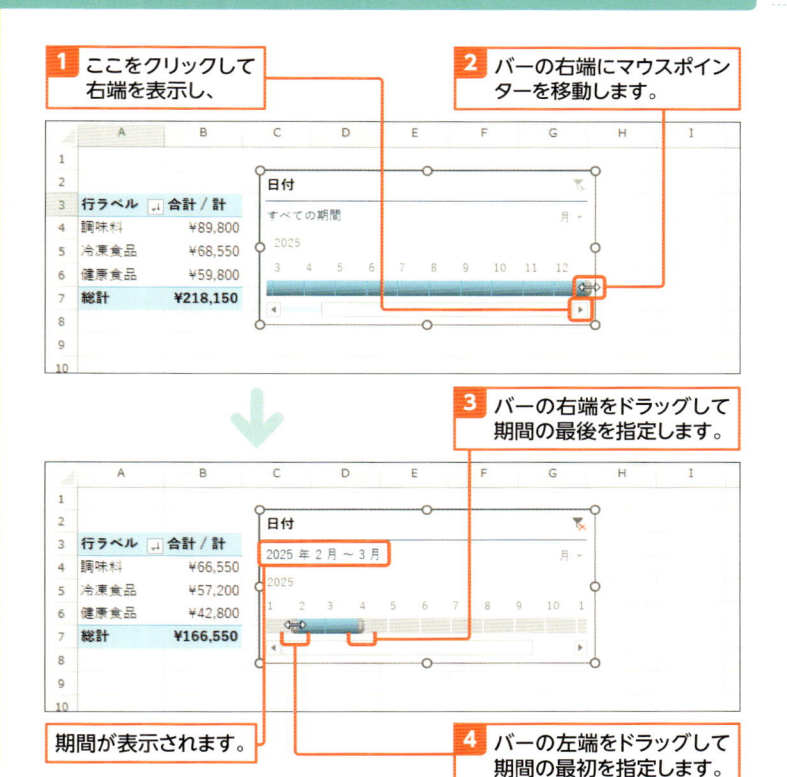

Hint 集計対象を指定する

ピボットテーブルで集計対象を切り替えられるようにするには、[フィルター]エリアにフィールドを配置する方法（右図）や、スライサーを使う方法があります。

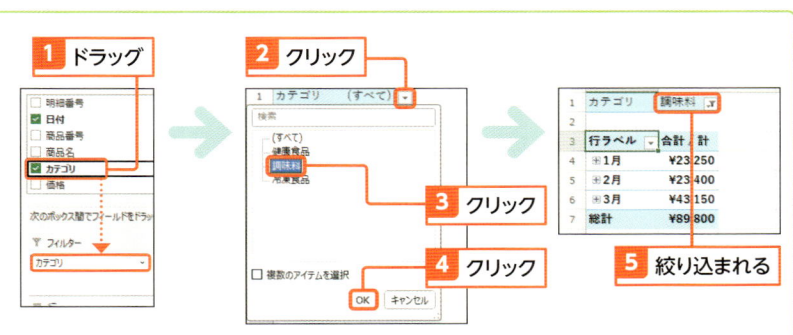

使えるプロ技！ スライサーを使う

ピボットテーブル内をクリックして[ピボットテーブル分析]タブ→[スライサーの挿入]をクリックすると、スライサーを表示できます（p.239）。スライサーを使うと、ボタンをクリックするだけで集計対象を指定できて便利です。

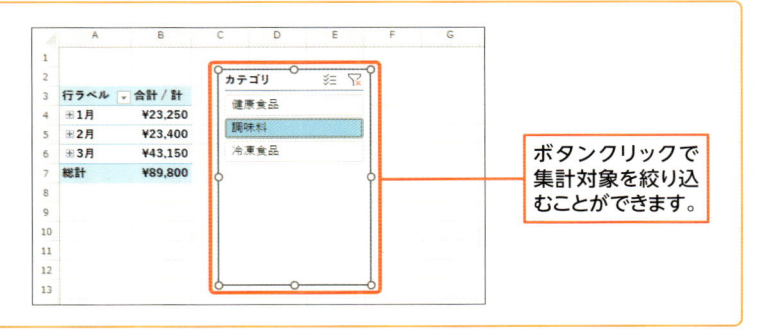

ボタンクリックで集計対象を絞り込むことができます。

ピボットテーブルのデータをグラフ化する

練習用ファイル：📁 85_家電売上リスト.xlsx

ここで学ぶのは

▶ ピボットテーブル

▶ ピボットグラフ

▶ グラフの種類

ピボットテーブルで集計した結果をわかりやすく表現するには、ピボットテーブルを基にピボットグラフを作ります。

ピボットテーブルとピボットグラフは連動しています。ピボットテーブルのレイアウトを変えると、ピボットグラフに反映されます。

1 ピボットグラフを作る

解説　ピボットグラフを作る

ピボットテーブルを基に、ピボットグラフを作ります。グラフの作り方は、通常のグラフとほぼ同じです。ただし、グラフの種類によっては、ピボットグラフとして作れないものもあります。

商品別、地区別の売上合計をグラフに示します。ピボットテーブルは「計」の大きい順に並べ替えておきます。

1 ピボットテーブル内をクリックし、

2 [ピボットテーブル分析] タブ→ [ピボットグラフ] をクリックします。

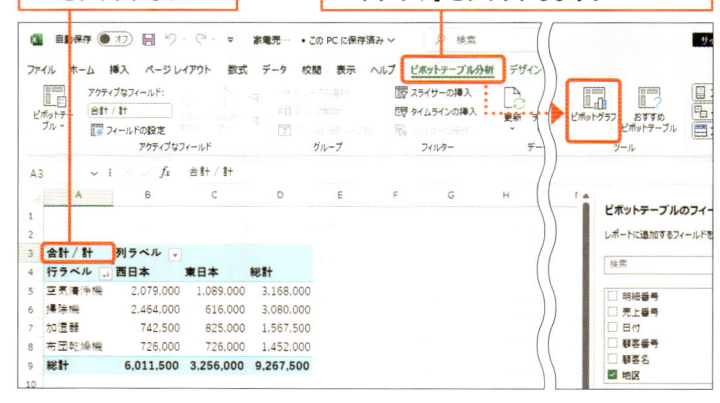

3 ピボットグラフの種類をクリックし、

4 [OK] をクリックします。

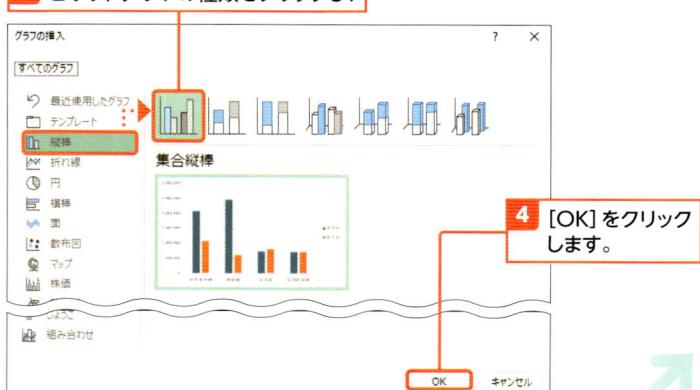

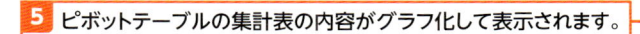

5 ピボットテーブルの集計表の内容がグラフ化して表示されます。

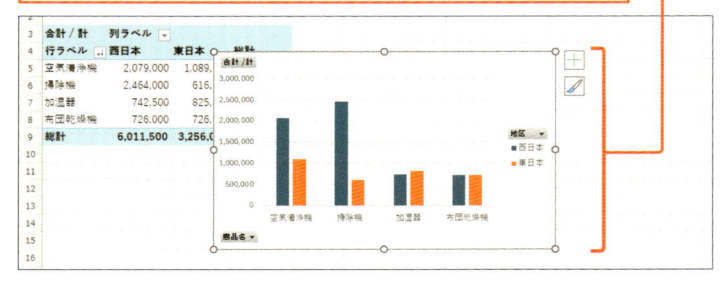

2 ピボットグラフに表示する項目を入れ替える

解説 項目を入れ替える

ピボットグラフに表示する項目を入れ替えて、違う視点から見たグラフに変えましょう。ピボットグラフで項目を入れ替えると、ピボットグラフの基のピボットテーブルのレイアウトも変わります。

1 の続きで、月ごと地区ごとの集計結果を棒グラフに表示します。

1 [軸 (分類項目)] エリアの「商品名」をエリアセクションの外にドラッグします。

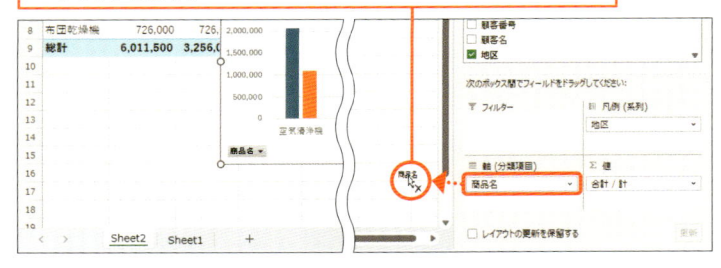

2 「日付」を [軸 (分類項目)] エリアにドラッグします。

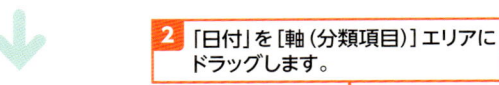

Memo グラフ要素の追加

グラフに、グラフタイトルや軸ラベルなどのグラフ要素を追加するには、グラフを選択して [デザイン]タブ→[グラフ要素を追加]をクリックして、追加するグラフ要素を指定します。通常のグラフと同様に追加できます。

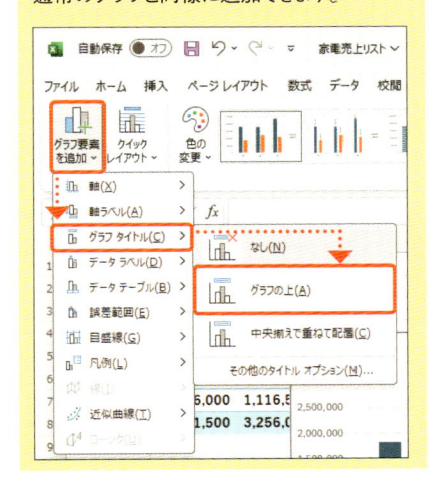

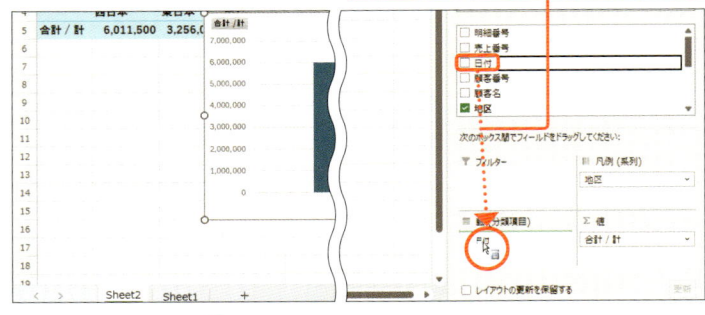

3 ピボットグラフの構成が変わります。

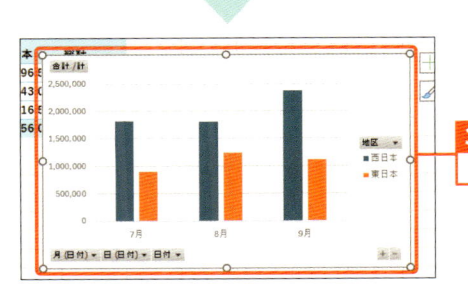

3 ピボットグラフに表示する項目を指定する

解説　表示する項目を指定する

ピボットグラフに表示する項目を選択します。ピボットグラフに表示する項目を変えると、ピボットグラフの基のピボットテーブルのレイアウトも変わります。抽出条件を解除するには、フィールドボタン（ここでは 地区 ▾▼ ）をクリックして「"○○"からフィルターをクリア」をクリックします。

Memo　グラフのスタイル

グラフのデザインは、後から変えられます。グラフを選択し、[デザイン]タブ→[クイックスタイル] をクリックしてデザインを選択しましょう。

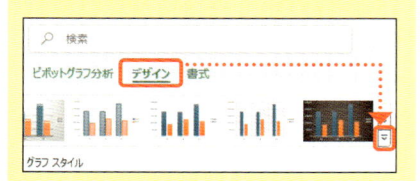

前ページに続けて、地区に表示する項目を「東日本」だけに絞り込みます。

1 ピボットグラフで[地区]の[▼]をクリックし、

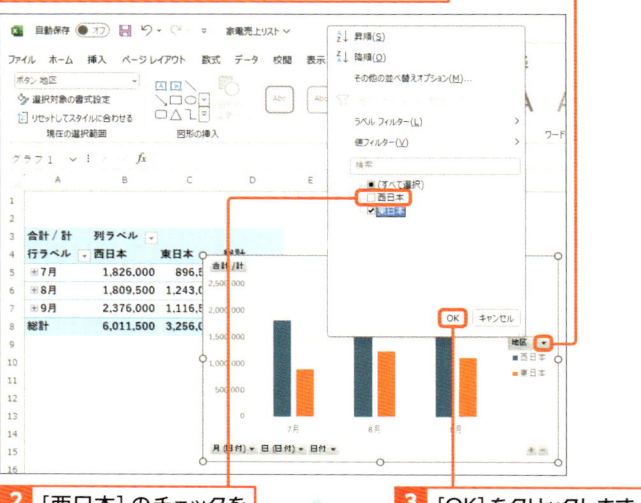

2 [西日本]のチェックをオフにして、

3 [OK]をクリックします。

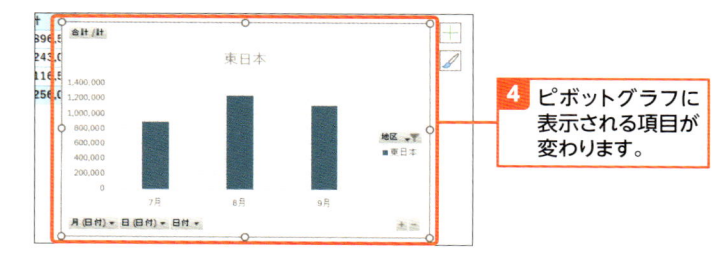

4 ピボットグラフに表示される項目が変わります。

Hint　グラフの種類

ピボットグラフの種類を変えるには、ピボットグラフを選択して、[デザイン]タブ→[グラフの種類の変更]をクリックします。[グラフ種類の変更]ダイアログでグラフの種類を選択します。ただし、ピボットグラフでは作れないグラフもあります。

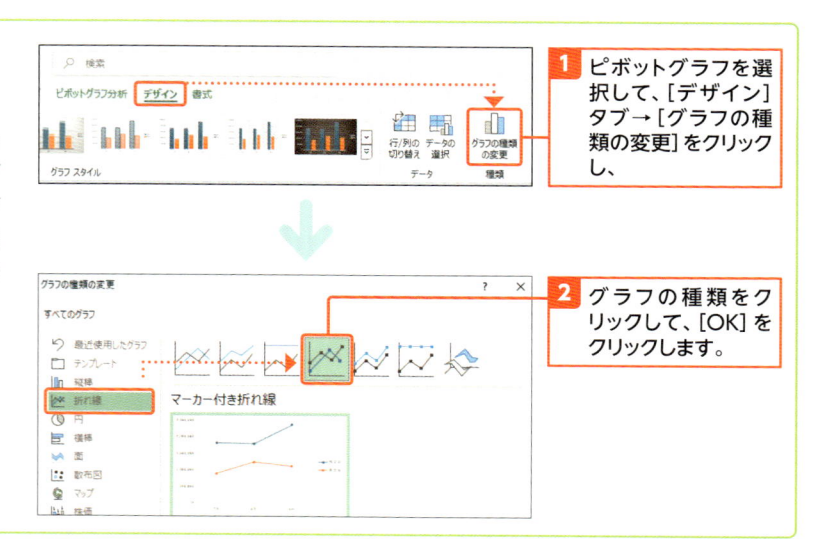

1 ピボットグラフを選択して、[デザイン]タブ→[グラフの種類の変更]をクリックし、

2 グラフの種類をクリックして、[OK]をクリックします。

第10章

シートやブックを自在に扱う

　この章では、シートの基本的な扱い方や、複数のシートをまとめて編集する方法、複数のシートやブックを見比べて表示する方法などを紹介します。また、シートやブックを保護する方法なども覚えましょう。

　目標は、シートやブックを効率よく管理できるようになることです。

シートやブックの扱い方を知る

この章では、シートやブックの扱い方について紹介します。シートやブックを第三者から保護する方法などを知りましょう。

また、1つのブックには、複数のシートを追加できます。たとえば、4枚のシートを追加して、四半期ごとの集計表を作れます。

1 シートとブックの関係を知る

Memo シートを追加できる

1つのブックに複数のシートを追加して使えます。それぞれのシートは、シート名を付けたり見出しの色を付けたりして区別できます。p.262で紹介します。

Memo まとめて編集する

複数のシートは、まとめて編集することもできます。そのときは、複数のシートを選択して作業グループの状態にして操作します。p.274で紹介します。

Hint ブックやシートの情報を表示する

[校閲] タブの [ブックの統計情報] をクリックすると、シート数やデータを含むセルなどの情報を確認できます。

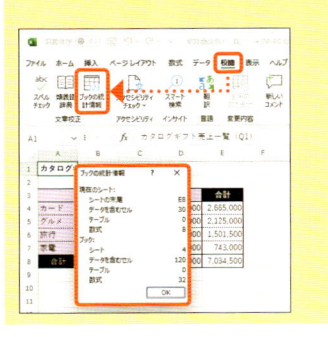

パソコンで作ったデータは、ファイルという単位で保存します。Excelでは、ファイルのことをブックともいいます。「ファイル」=「ブック」と思ってかまいません。

1つのブックに複数のシートを追加できます。たとえば、シートを12枚用意して、1月～12月までの集計表をまとめて作ることもできます。

シート

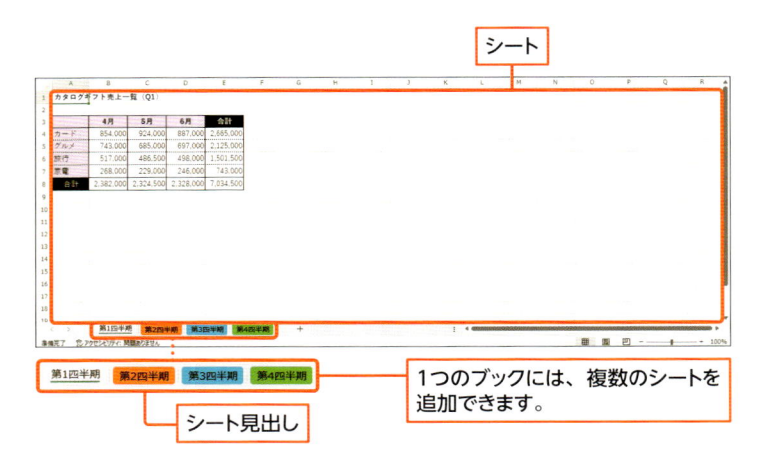

シート見出し

1つのブックには、複数のシートを追加できます。

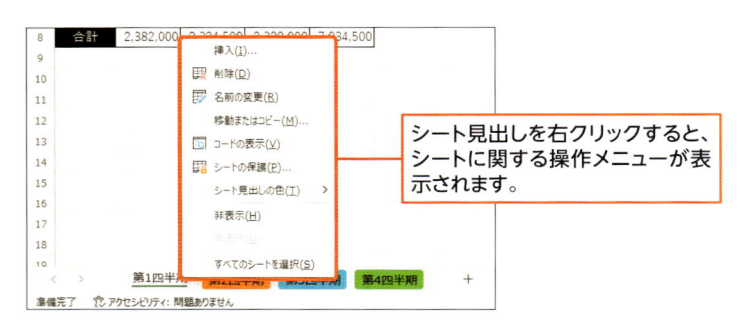

シート見出しを右クリックすると、シートに関する操作メニューが表示されます。

2 シートやブックを保護する

シートを保護すると、セルにデータを入力できなくなります。これにより、計算式などをうっかり削除してしまう心配がなくなります。なお、指定したセルのみ入力できる状態にしてからシートを保護することもできます。

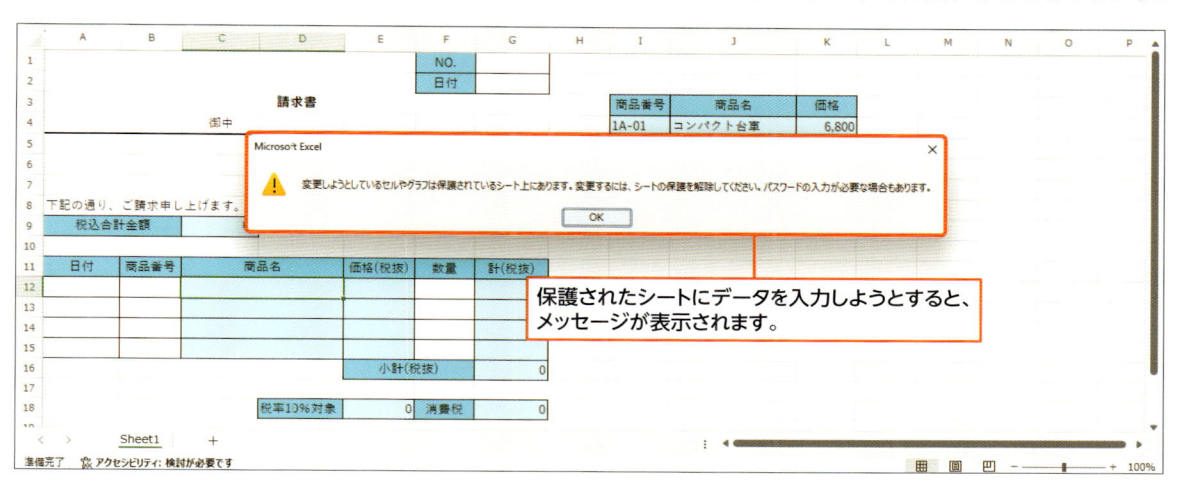

保護されたシートにデータを入力しようとすると、メッセージが表示されます。

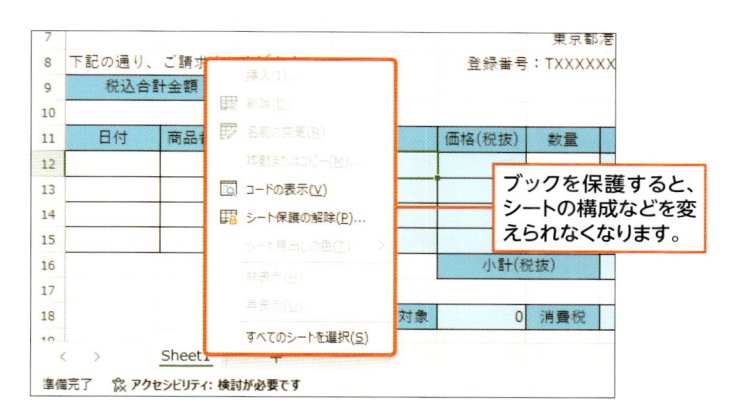

ブックを保護すると、シートの構成などを変えられなくなります。

3 ブックにパスワードを設定する

ブックを開いたり、ブックを書き換えたりするときに必要なパスワードを設定できます。これにより、パスワードを知らない人は、ブックを開いたり書き換えたりできないようになります。

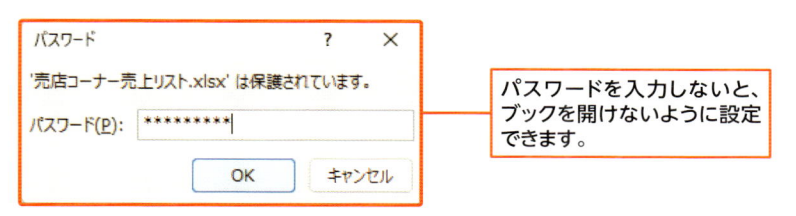

パスワードを入力しないと、ブックを開けないように設定できます。

シートを追加／削除する

練習用ファイル：📁 87_ワークショップ受付表.xlsx

ここで学ぶのは

▶ シートの追加

▶ シートの削除

▶ シートの種類

新しいブックを作ると、1枚のシートを含むブックが表示されます。シートには、「Sheet1」という名前が付いていますが、名前は変更できます。

シートの数は、後から追加できます。また、不要になったシートは表示を隠したり（p.266）、削除したりできます。

1 シートを追加する

解説 シートを追加する

[新しいシート] + をクリックすると、選択しているシートの右側に新しいシートが追加されます。シート名は、「Sheet1」「Sheet2」……のような仮の名前が付いています。シート名は後から変えられます。

1 シートを追加したい場所の左側のシート見出しをクリックし、

	1003	5月3日	林 利那	B-01	スペシャル	1
6	1004	5月3日	遠藤 悟	B-02	ライト	2
7	1005	5月3日	佐藤 颯太	A-01	レギュラー	4
8	1006	5月4日	石川 大輔	B-01	レギュラー	3
9	1007	5月4日	大久保 愛	A-02	ライト	1
10	1008	5月4日	西 龍之介	B-02	スペシャル	1
11	1009	5月5日	工藤 朱里	A-02	レギュラー	1
12	1010	5月5日	瀬戸 翔	A-01	ライト	2

Sheet1 　+

準備完了　♿アクセシビリティ: 問題ありません

2 [+] をクリックします。

Hint シートの種類を選択する

白紙のワークシート以外のシートを追加するには、シートを追加したい場所の右側のシートのシート見出しを右クリックして、[挿入] をクリックします。[挿入] ダイアログで追加するシートの種類を選びます。

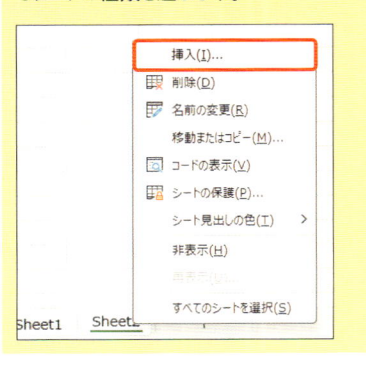

Sheet1　Sheet2

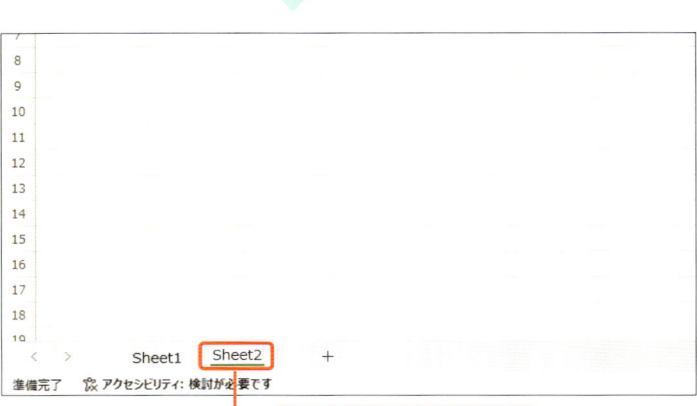

Sheet1　Sheet2　　+

準備完了　♿アクセシビリティ: 検討が必要です

3 シートが追加されます。

2 シートを削除する

解説 シートを削除する

不要になったシートを削除します。シートに何かデータが入っている場合は、確認メッセージが表示されます。

なお、削除したシートは元に戻すことはできないので注意しましょう。後でまた使う可能性がある場合は、削除せずに非表示にしておくとよいでしょう（p.266）。

Hint 複数シートを
まとめて削除する

複数のシートをまとめて削除するには、最初に複数シートを選択します（p.274）。選択したいずれかのシートのシート見出しを右クリックし、［削除］をクリックします。

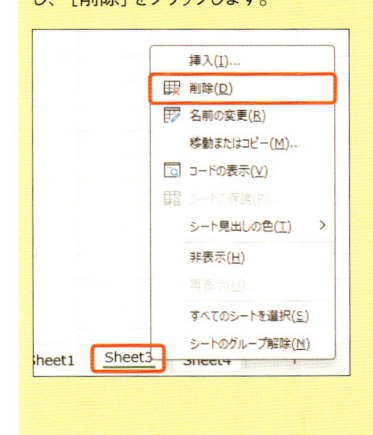

1 削除するシートのシート見出しを右クリックし、

2 ［削除］をクリックします。

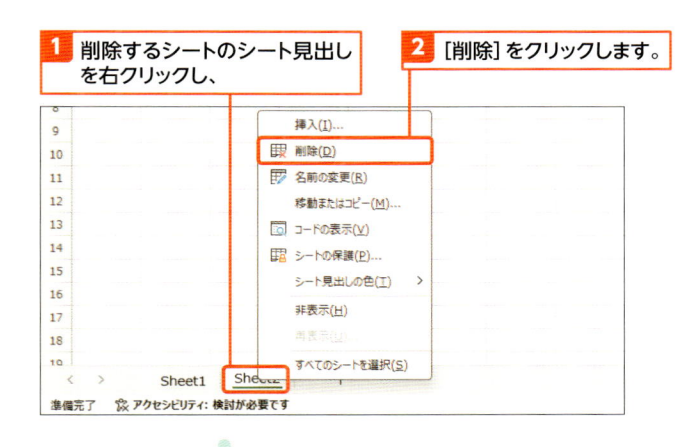

シートにデータがないときは、この画面は表示されません。

3 ［削除］をクリックします。

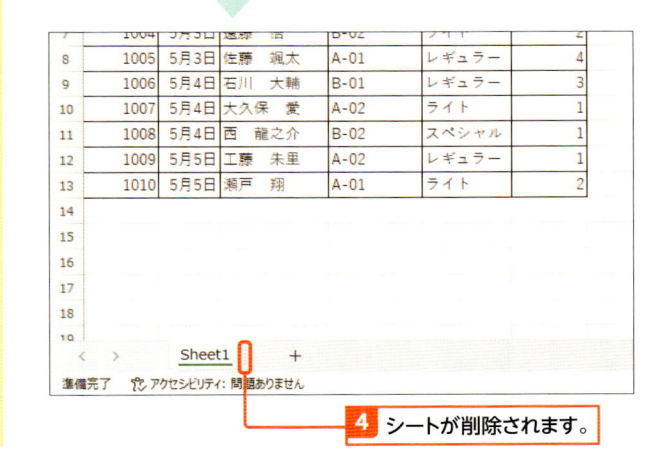

4 シートが削除されます。

Hint すべてのシートを
削除しようとした場合

ブックに含まれるすべてのシートを削除したり非表示にしたりすることはできません。シートを削除しようとしたときに右のようなメッセージが表示された場合、新しいシートを追加してから削除したいシートを削除します。

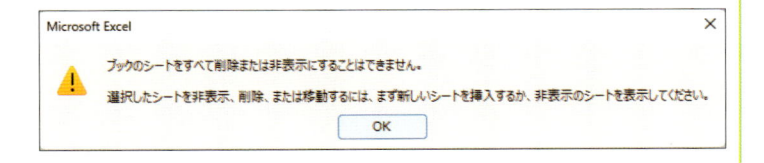

Section

88

シート名や見出しの色を変える

練習用ファイル： 📁 88_ギフト商品売上一覧_年間1.xlsx

ここで学ぶのは

▶ シート名の変更
▶ 名前のルール
▶ 見出しの色

シートを追加した後は、シートを区別するために、シートにわかりやすい名前を付けましょう。
名前は、31文字以内で、「:」「¥」「/」「?」「[」「]」などの記号以外の文字を使って付けます。

---

1 シート名を変える

解説 シート名を変える

シートの内容がわかりやすいようにシート名を変えましょう。シート名は、すでにあるシートと同じ名前を付けることはできません。また、空欄のままにしておくこともできません。

Memo メッセージが表示されたら

シート名として使えない記号などを含む名前を指定すると、下図のメッセージが表示されます。ルールに合わせてシート名を付け直しましょう。

シート名のルール

・31文字以内
・次の文字は使用できない
　コロン (:)、円記号 (¥)、スラッシュ (/)、
　疑問符 (?)、アスタリスク (*)、左角かっこ
　([)、右角かっこ (])
・空白 (名前なし) は不可

Microsoft Excel

入力されたシートまたはグラフの名前が正しくありません。

⚠ ・入力文字が 31 文字以内であること
　・次の使用できない文字が含まれていないこと: コロン
　・名前が空白でないこと

1 シート名を変えるシート見出しをダブルクリックします。

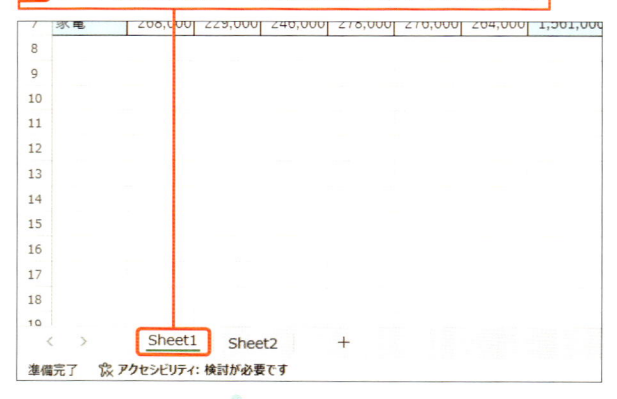

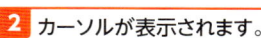

2 カーソルが表示されます。

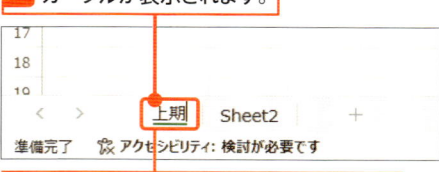

3 名前を入力して Enter キーを押します。

4 シート名が変わります。

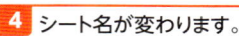

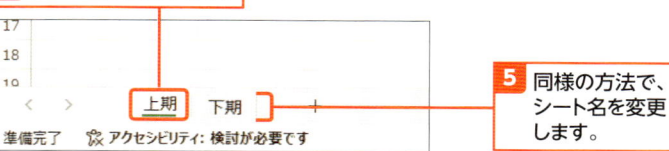

5 同様の方法で、シート名を変更します。

2 シート見出しの色を変える

解説 ▶ シート見出しに色を付ける

シートの見出しに色を付けてシートを区別します。色を付けるシートのシート見出しを右クリックする操作から始めましょう。

1 色を付けるシートのシート見出しを右クリックし、

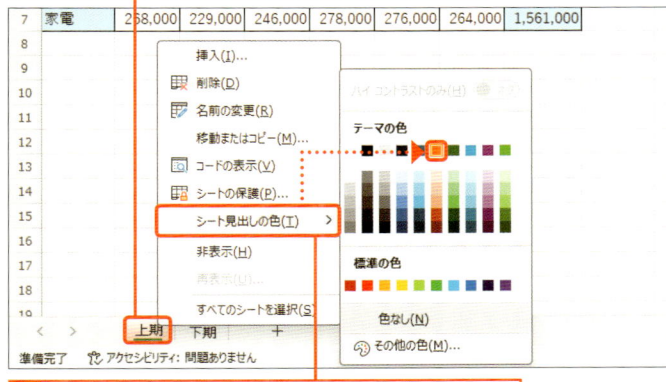

2 [シート見出しの色]にマウスポインターを移動して、色をクリックします。

Hint ▶ 複数シートの色をまとめて変える

複数のシートの見出しの色をまとめて変更するには、最初に複数シートを選択します（p.274）。選択したいずれかのシートのシート見出しを右クリックし、[シート見出しの色]から色を選びます。

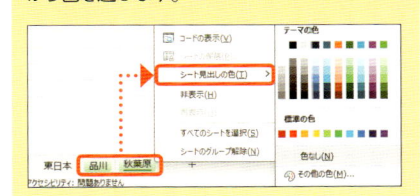

3 同様の方法で、他のシートのシート見出しに色を付けます。

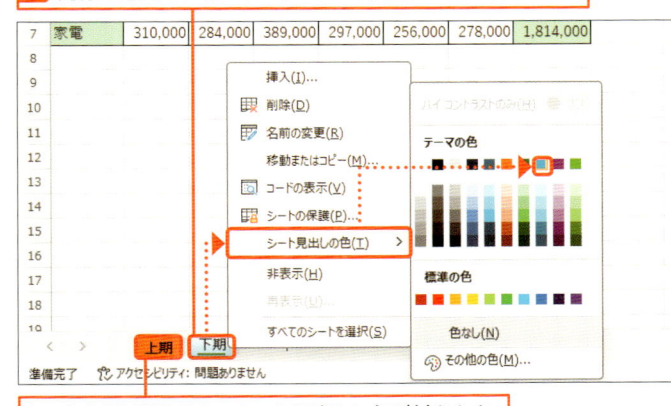

シートを切り替えると、シート見出しに色が付きます。

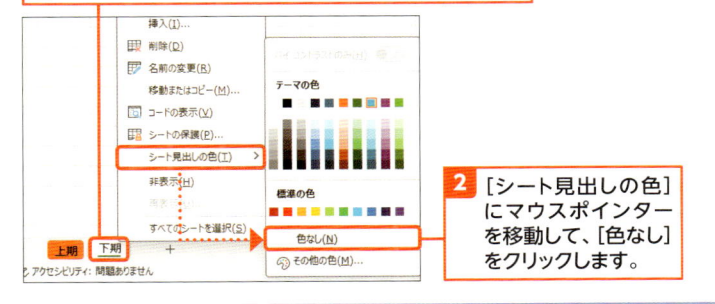

Memo ▶ 色をなしにする

シート見出しの色を元のように色が付いていない状態にするには、右図のように操作して、見出しの色の一覧から[色なし]をクリックします。

1 色をなしにするシートのシート見出しを右クリックし、

2 [シート見出しの色]にマウスポインターを移動して、[色なし]をクリックします。

ここで学ぶのは

▶ シートの移動

▶ シートのコピー

▶ 他のブック

練習用ファイル： 📁 89_ギフト商品売上一覧_年間2.xlsx

シートの並び順は、後から変えられます。よく使うシートは、左のほうに配置すると切り替えやすくて便利です。

また、シートはコピーして使えます。今あるシートと同じような表を作るには、シートをコピーして追加しましょう。

1 シートを移動する

解説 シートを移動する

シートのシート見出しをドラッグしてシートを移動します。移動時には、移動先を示す印が表示されるので、印を確認しながら操作します。

1 移動するシートのシート見出しにマウスポインターを移動し、

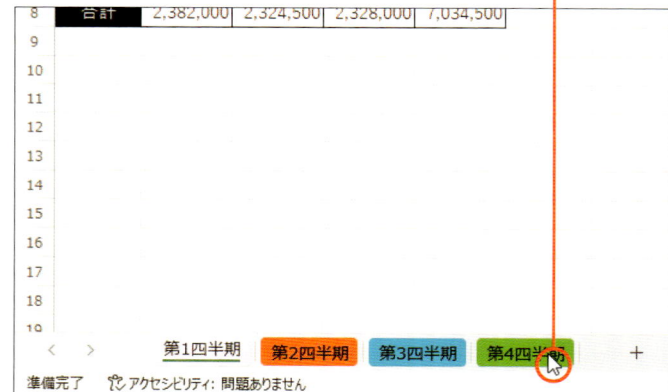

Hint 複数シートを移動／コピーする

複数のシートをまとめて移動／コピーするには、最初に複数シートを選択します（p.274）。選択したいずれかのシート見出しを移動先に向かってドラッグします。コピーする場合は、Ctrl キーを押しながらドラッグします。

2 シート見出しを移動先に向かってドラッグします。

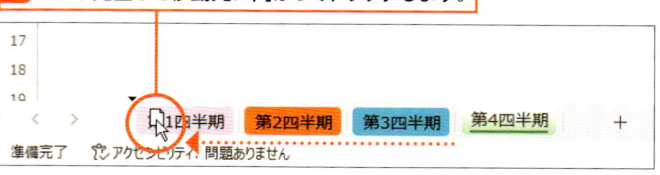

3 シートが移動します。

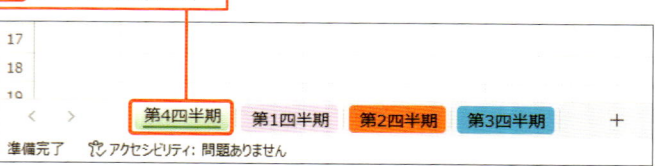

2 シートをコピーする

解説 シートをコピーする

シートをコピーして追加します。[Ctrl]キーを押しながらシート見出しをドラッグすると、マウスポインターに「＋」の印が表示されます。マウスポインターの形やコピー先の印を確認しながら操作します。

1 コピーするシートのシート見出しにマウスポインターを移動し、

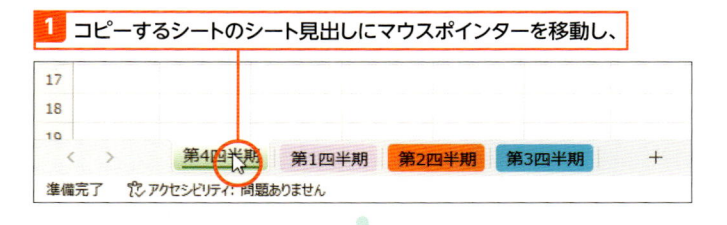

2 [Ctrl]キーを押しながら、コピー先に向かってドラッグします。

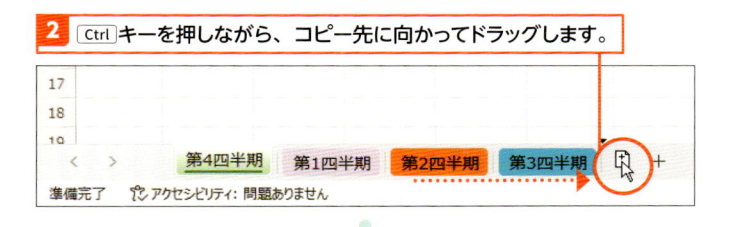

3 シートがコピーされます。

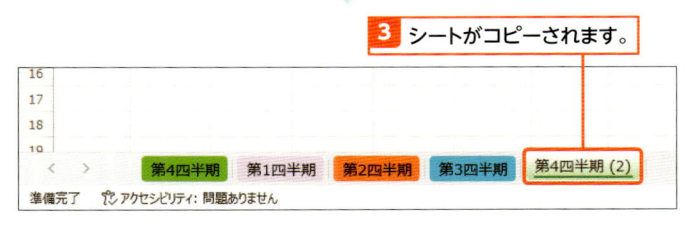

Hint 他のブックに移動／コピーする

開いている他のブックにシートを移動するには、移動するシートを右クリックして［移動またはコピー］をクリックします。［移動またはコピー］ダイアログで移動先のブックと移動先を選択します。シートをコピーする場合は、［コピーを作成する］にチェックを付けて［OK］をクリックします。

1 シート見出しを右クリックして［移動またはコピー］をクリック

2 移動先のブックやシートの挿入場所を選択

3 コピーするときはチェックして、［OK］をクリック

4 他のブックにコピーされた

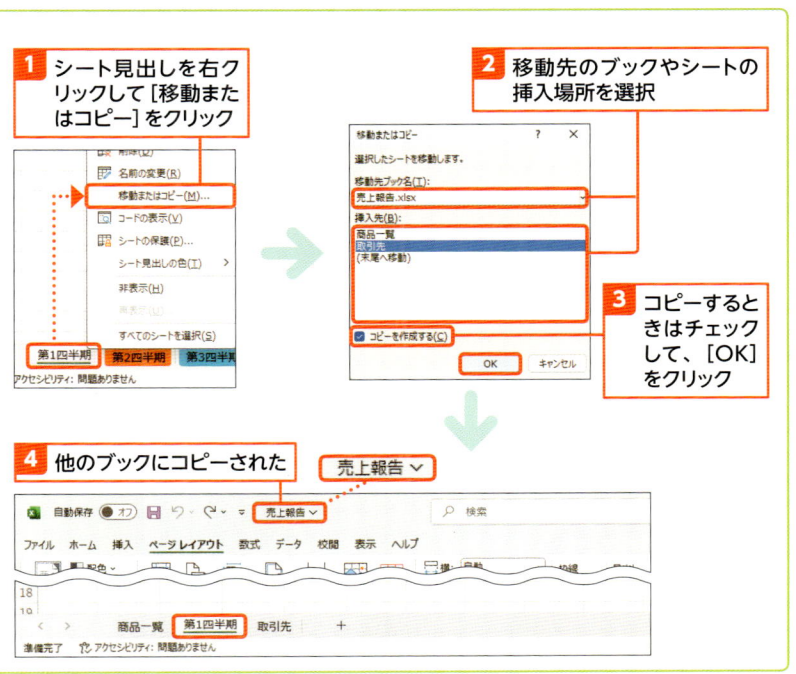

シートの表示／非表示を切り替える

練習用ファイル： 90_ギフト商品売上一覧_年間2.xlsx

ここで学ぶのは

▶ シートの非表示
▶ シートの再表示
▶ シート一覧の表示

不要になったシートは削除できますが（p.261）、削除すると元には戻せません。
後でまた使う可能性がある場合は、シートを非表示にして隠しておきましょう。非
表示のシートは簡単に再表示できます。

1 シートを非表示にする

解説 シートを非表示にする

シートを非表示にします。非表示にすると、シートが消えてしまったように見えますが、後から再表示できます。

なお、すべてのシートを非表示にすることはできません。すべてのシートを非表示にしたい場合は、新しいシートを追加して、追加したシート以外を非表示にします。

1 非表示にするシートのシート見出しを右クリックし、

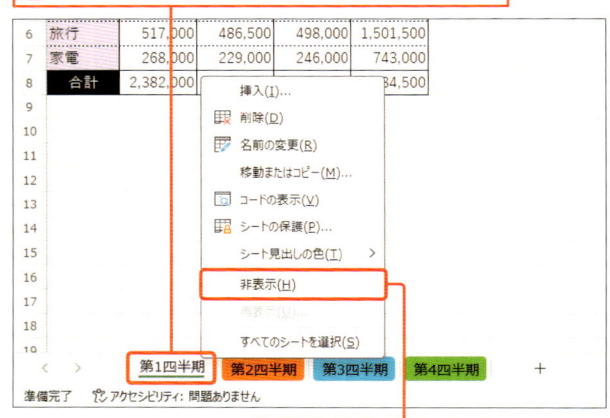

2 [非表示] をクリックします。

Hint 複数シートを非表示にする

複数のシートをまとめて非表示にするには、最初に複数シートを選択します（p.274）。選択したいずれかのシートのシート見出しを右クリックして [非表示] をクリックします。

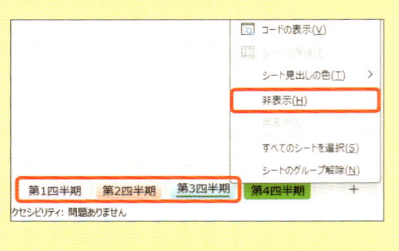

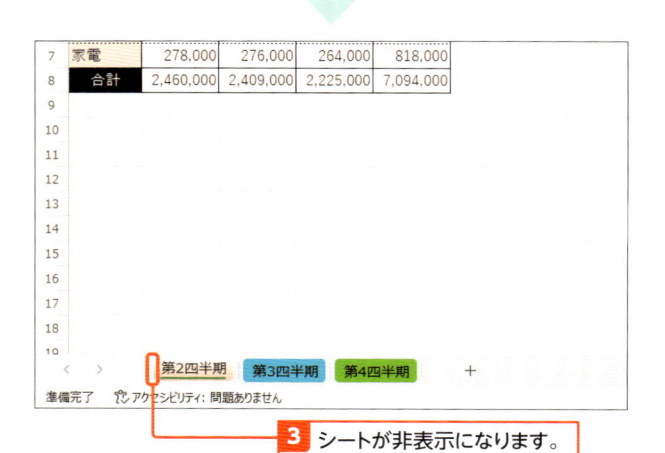

3 シートが非表示になります。

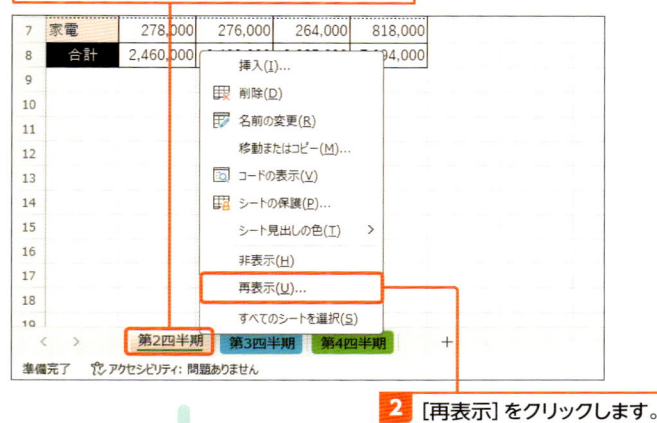

1 いずれかのシート見出しを右クリックし、

2 [再表示] をクリックします。

解説 シートを再表示する

非表示にしていたシートを再表示します。[再表示] ダイアログで表示するシートを選択しましょう。

Memo シートの並び順を変える

シートの並び順を変えるには、シート見出しを移動先に向かってドラッグします (p.264)。

Hint 複数のシートをまとめて表示する

シートを再表示するとき、複数のシートを選択してまとめて表示できます。複数のシートを選択するには、1つ目のシートをクリックした後に、[Ctrl] キーを押しながら同時に選択するシートをクリックして選択します。続いて、[OK] をクリックします。

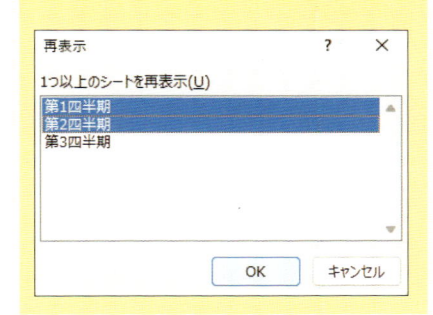

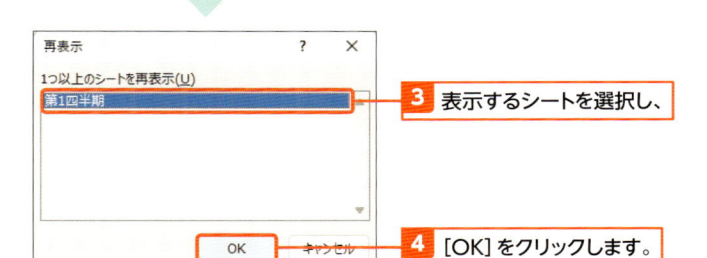

3 表示するシートを選択し、

4 [OK] をクリックします。

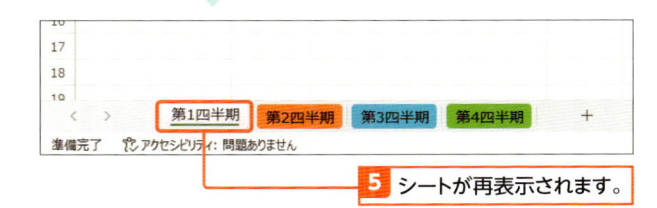

5 シートが再表示されます。

Memo シートが見えない場合

複数のシートを追加すると、右図のようにシート見出しが隠れてしまうことがあります。シート見出しを表示するには、左下のボタンを使います。また、[◀] [▶] を右クリックすると、シート名の一覧が表示されます。一覧から表示するシートを選べます。

[◀] [▶] をクリックして隠れているシートを表示します。

シートが表示しきれない場合はこのように表示されます。

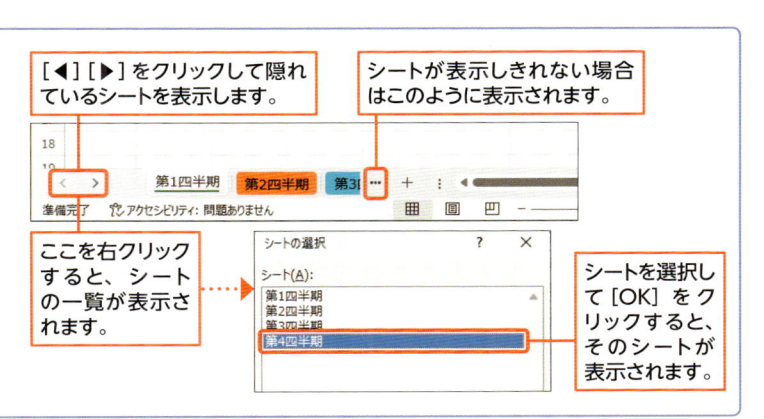

ここを右クリックすると、シートの一覧が表示されます。

シートを選択して [OK] をクリックすると、そのシートが表示されます。

指定したセル以外入力できないようにする

練習用ファイル： 📁 91_請求書.xlsx

ここで学ぶのは

▶ シートの保護
▶ セルのロック
▶ ブックの保護

シートの内容を勝手に書き換えられてしまったり、うっかりデータを削除してしまったりするのを防ぐには、シートを保護します。
シートを保護すると、すべてのセルが編集できなくなります。指定したセル以外を編集できないようにすることもできます。

---

1 データを入力するセルを指定する

🗨 **解説** セルのロックを外す

シートを保護すると、そのシートのセルを編集できなくなります。シートを保護しても、指定したセルのみ編集できるようにするには、最初に、そのセルのロックを外しておきます。その後、シートを保護します。
以下のステップで操作すると覚えましょう。

①入力を許可するセルのロックを外す
↓
②シートを保護する

📝 **Memo** シートの保護と情報セキュリティ

シートを保護しても、シートの内容を他のシートにコピーして使ったりできます。そのため、シート保護の機能は、悪意のある人からシートを守ることはできません。ブックを勝手に見られないようにするには、ブックにパスワードを設定する方法があります（p.282）。

シートを保護しても、特定のセルにはデータを入力できるようにします。

1 データを入力できるようにするセルやセル範囲を選択し、

2 [ホーム] タブ→ 🔲 をクリックします。

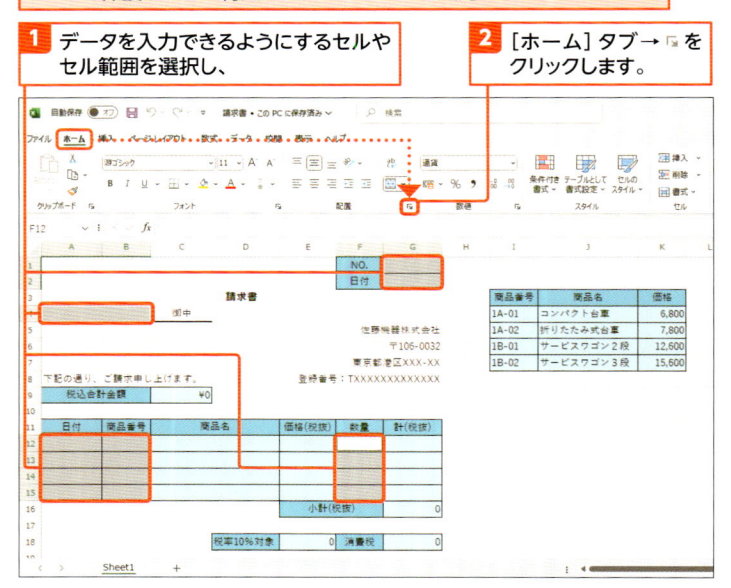

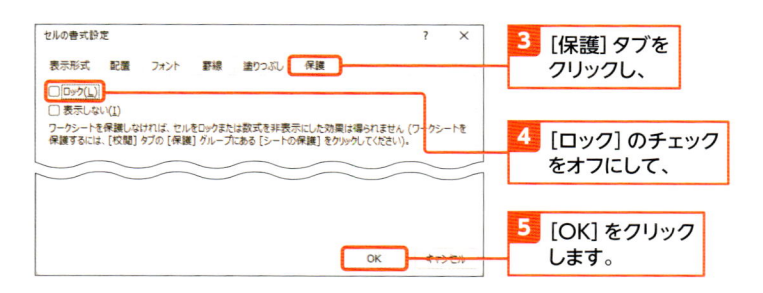

3 [保護] タブをクリックし、

4 [ロック] のチェックをオフにして、

5 [OK] をクリックします。

2 シートを保護する

解説 シートを保護する

シートを保護して、セルのデータが書き換えられないようにします。シートを保護するときは、シートの保護を解除するときに必要なパスワードを指定できます。また、シートを保護している間でも許可する操作を指定できます。

Memo データを入力する

シートを保護した後、セルにデータを入力してみましょう。ロックを外しておいたセルのみ入力できます。

ここで紹介した例は、税率10%の商品のみを扱う請求書です。セル範囲B12:B15に、右の商品一覧の商品番号を入れると、商品名や価格が表示されます。セル範囲F12:F15に数量を入力すると、小計などの計算結果が表示されます。セル範囲C12:E15やセル範囲G12:G15、セルG16、セルE18、セルG18、セルC9にはそれぞれ計算式が入っています。

計算式が入っているセルなど、ロックが外れていないセルにはデータを入力できません。

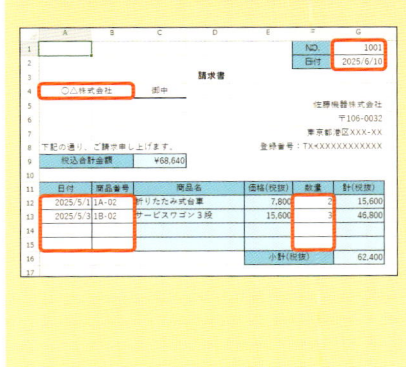

前ページに続けて、シートを保護し、ロックが外れているセル以外は編集できないようにします。

1 [校閲] タブ → [シートの保護] をクリックします。

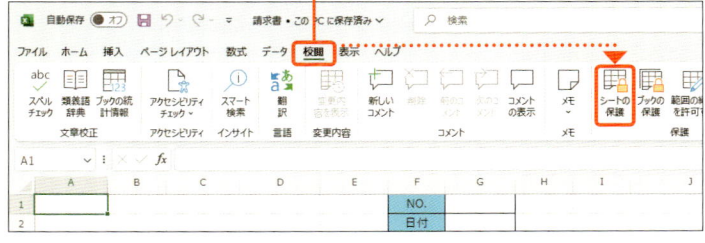

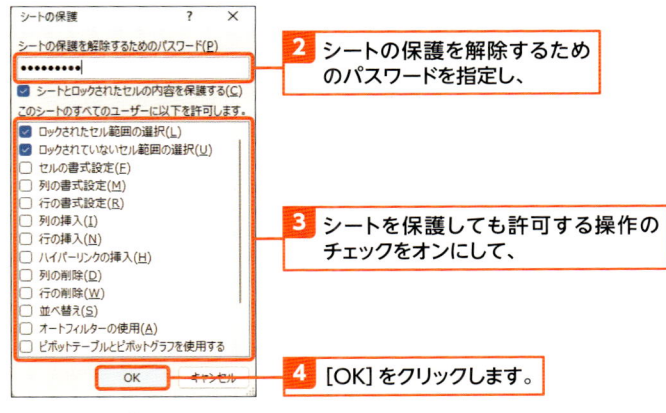

2 シートの保護を解除するためのパスワードを指定し、

3 シートを保護しても許可する操作のチェックをオンにして、

4 [OK] をクリックします。

5 もう一度同じパスワードを入力し、

6 [OK] をクリックすると、シートが保護されます。

7 ロックが外れていないセルを編集しようとすると、

8 メッセージが表示されます。

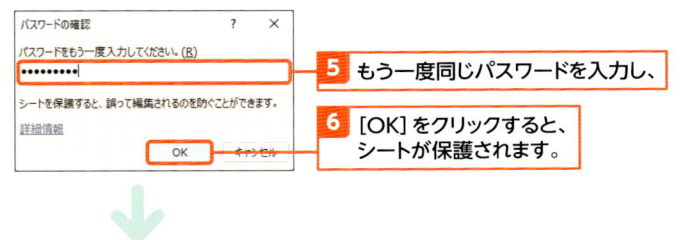

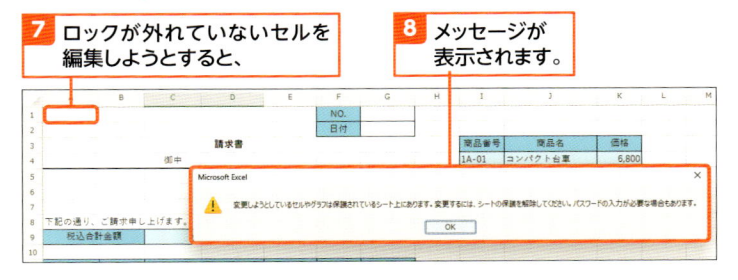

3 編集時にパスワードを求める

解説 範囲の編集を許可する

シートを保護したときに、パスワードを知っている人だけ、指定したセルを編集できるように設定します。すでにシートを保護している場合は、シート保護を解除した状態で設定します（下のMemo参照）。

シートを保護した後は、対象のセルにデータを入力してみましょう。指定したパスワードを入力すると編集できます。

Memo シート保護を解除する

シート保護を解除するには、[校閲]タブ→[シート保護の解除]をクリックします。シート保護の解除に必要なパスワードを指定している場合は、パスワードを入力して解除します。

Memo データを入力する

指定したセルを編集するのにパスワードが必要な状態にすると、対象のセルにデータを入力しようとするとパスワードの入力を求める画面が表示されます。正しいパスワードを入力すると、セルを編集できるようになります。

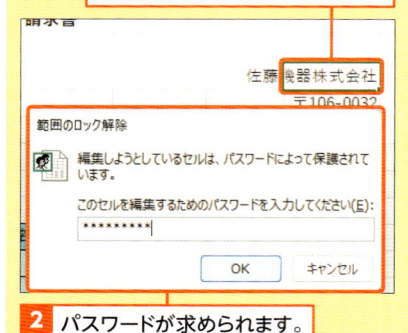

1 データを入力しようとすると、

2 パスワードが求められます。

指定したセルを編集するには、パスワードが必要な状態にします。

1 シートを保護しているときは、左のMemoの方法でシート保護を解除しておきます。

2 編集時にパスワードを要求するセルやセル範囲を選択し、

3 [校閲]タブ→[範囲の編集を許可する]をクリックします。

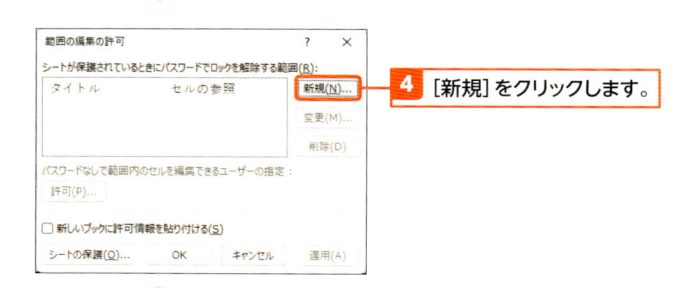

4 [新規]をクリックします。

5 範囲名やセル範囲を確認し、

6 編集時に必要なパスワードを入力して、

7 [OK]をクリックします。

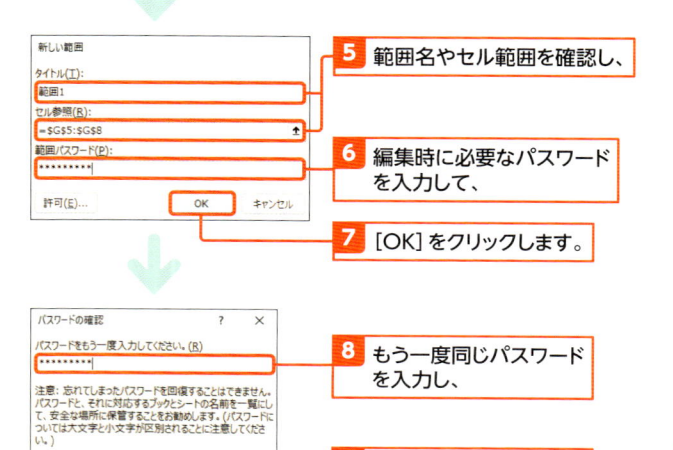

8 もう一度同じパスワードを入力し、

9 [OK]をクリックします。

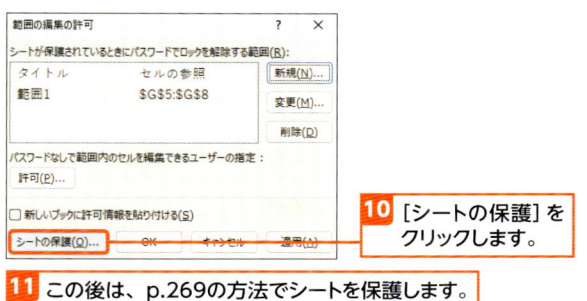

10 [シートの保護] を
クリックします。

11 この後は、p.269の方法でシートを保護します。

　**ブックを保護する**

ブックを保護すると、シートの追加やシート名の変更といった、シート構成の変更ができなくなります。

ブックを保護するには、[校閲]タブ→[ブックの保護]をクリックします。表示される画面で、ブック保護を解除するためのパスワードを指定し、[保護対象]の[シート構成]のチェックがオンになっていることを確認します。なお、[ウィンドウ]は、以前のバージョンのExcelで使用されていた機能に関するもので、グレー表示になっている場合は、選択できません。続いて、[OK]をクリックします。ブックの保護を解除するには、[校閲]タブ→[ブックの保護]をクリックし、パスワードを入力します。

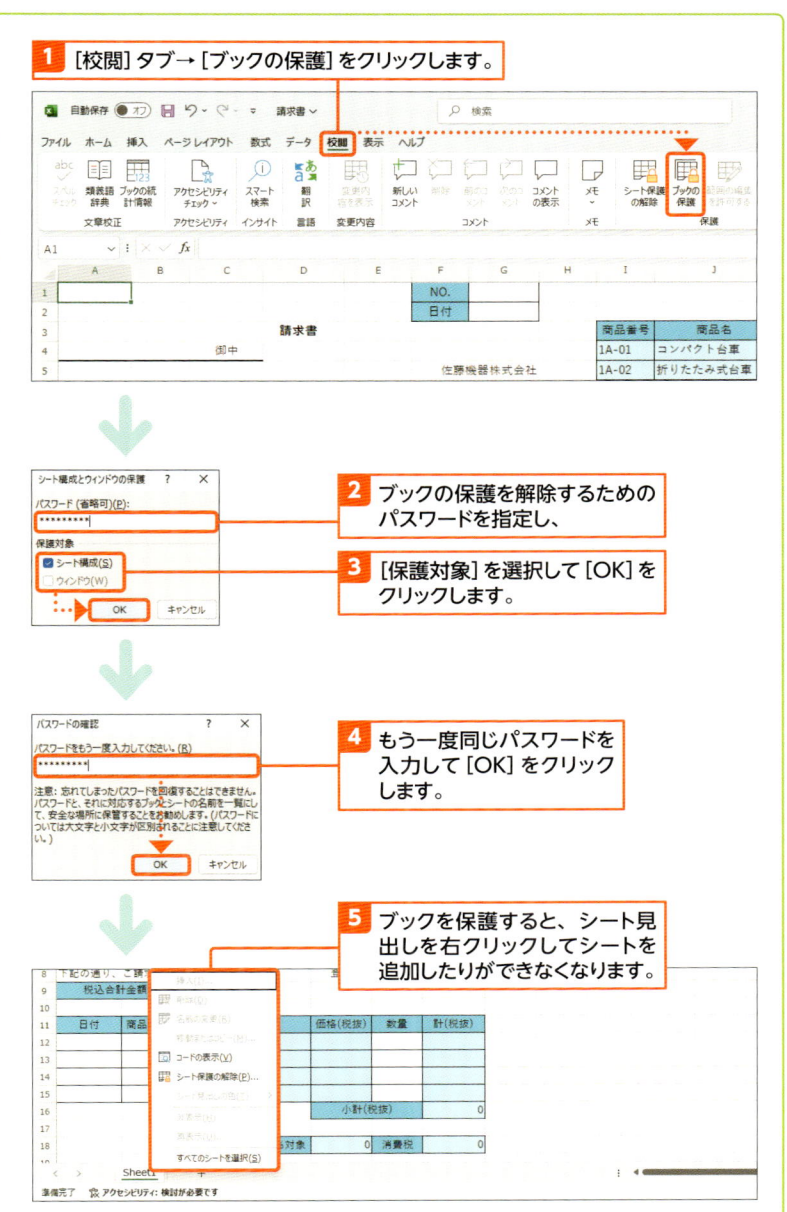

1 [校閲]タブ→[ブックの保護]をクリックします。

2 ブックの保護を解除するためのパスワードを指定し、

3 [保護対象]を選択して[OK]をクリックします。

4 もう一度同じパスワードを入力して[OK]をクリックします。

5 ブックを保護すると、シート見出しを右クリックしてシートを追加したりができなくなります。

Section

92

異なるシートを横に並べて見比べる

練習用ファイル： 📁 92_入場者数集計表.xlsx

1つのブックにある複数のシートを見比べるには、2つ目のウィンドウを開いて操作します。

新しいウィンドウを開くと、そのウィンドウが前面に大きく表示されます。ウィンドウを並べて見比べましょう。

1 新しいウィンドウを開く

 **解説** **新しいウィンドウを開く**

同じブックにある複数のシートを並べて表示にするには、まずは、新しいウィンドウを開きます。新しいウィンドウを開くと、2つ目のウィンドウが開き、タイトルバーのブック名の隣に「:2」や「-2」の文字が表示されます。1つ目のウィンドウは後ろに隠れた状態です。タイトルバーのブック名が隠れている場合は、[ファイル] タブをクリックしてみましょう。「:2」や「-2」の文字を確認できます。

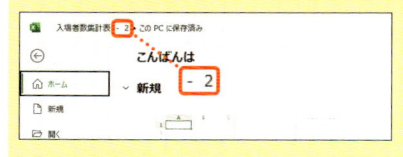

Memo **ウィンドウを閉じる**

複数のウィンドウを開いているとき、いずれかのウィンドウでデータを編集すると、互いのウィンドウにその変更が反映されます。複数のウィンドウを開く必要がない場合は、ウィンドウを閉じます。

クリックして閉じます。

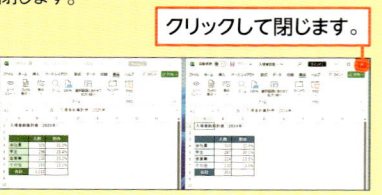

同じブックを複数のウィンドウで表示します。

1 [表示] タブ→ [新しいウィンドウを開く] をクリックします。

2 同じブックが2つ目のウィンドウで開きます。

入場者数集計表…

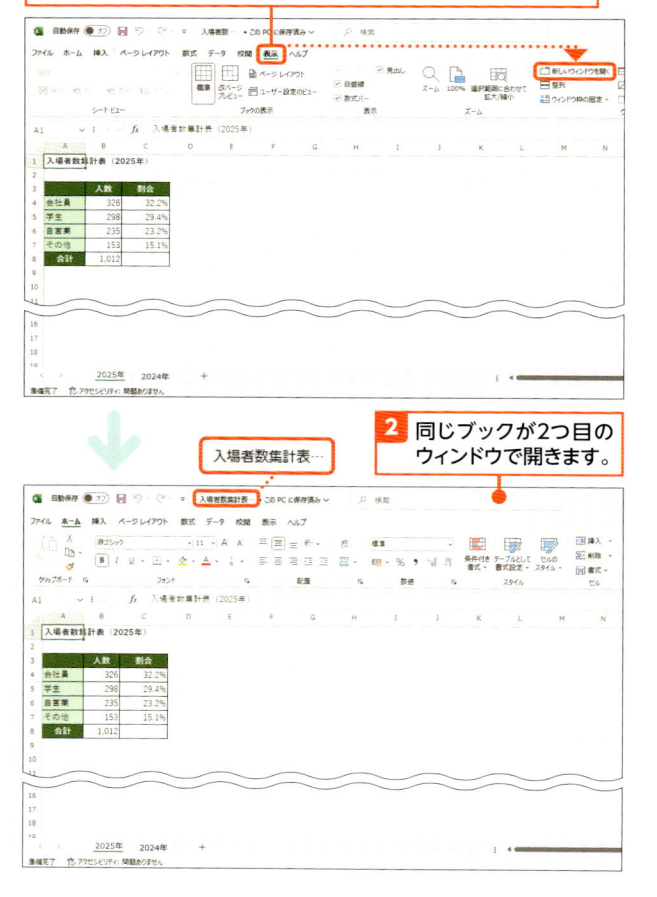

2 ウィンドウを横に並べる

解説　ウィンドウを並べる

2つのウィンドウを左右に並べて表示します。表示した後は、それぞれのウィンドウで表示したいシートを選択します。

Memo　作業中のブックのウィンドウ

ウィンドウを並べて表示するとき、[作業中のブックのウィンドウを整列する]にチェックを付けると、操作中のブックと同じブックのウィンドウを対象にウィンドウが整列します。違うブックが開いている場合、違うブックは整列の対象になりません。

前ページの続きで、2つのウィンドウを並べてシートを見比べます。

1 [表示]タブ→[整列]をクリックします。

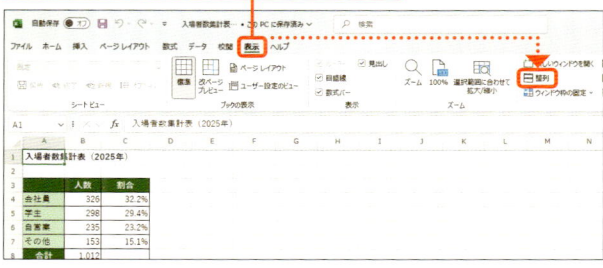

2 [左右に並べて表示]のチェックをオンにし、

3 [OK]をクリックします。

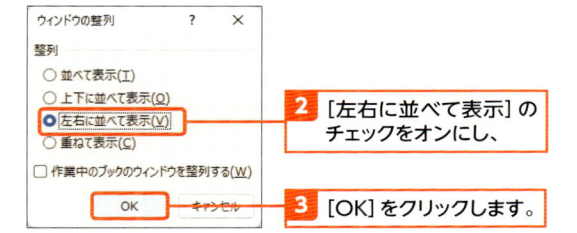

4 ウィンドウが左右に並びます。

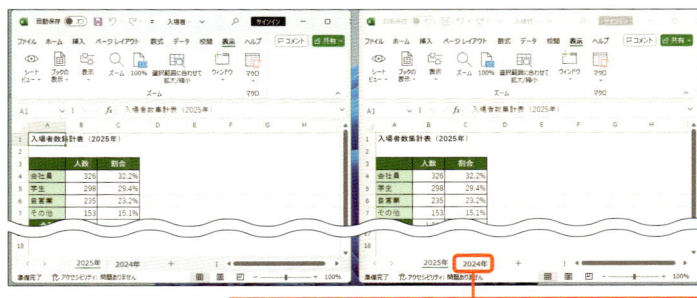

5 表示するシートのシート見出しをクリックします。

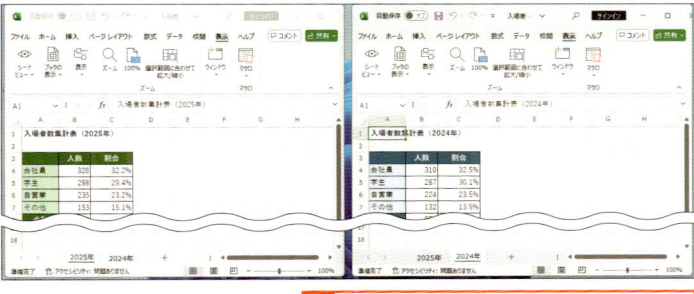

6 別々のシートを並べて見比べられます。

93

複数のシートをまとめて編集する

練習用ファイル：📁 93_ギフト商品売上一覧_年間1.xlsx

ここで学ぶのは

▶ 複数シートの選択
▶ グループ
▶ データの入力

複数のシートを同時に選択して編集すると、複数シートに同じデータを入力したり同じ書式を設定したりできます。
データをコピーして複数のシートの同じ場所に貼り付けたりする手間が省けて便利です。

1 複数シートを選択する

解説 複数シートを選択する

離れた位置にある複数のシートを選択するには、1つ目のシートを選択した後、[Ctrl]キーを押しながら同時に選択するシートをクリックします。隣接する複数のシートを選択するには、端のシートをクリックした後、[Shift]キーを押しながらもう一方の端のシートをクリックします。複数シートを選択しているときは、タイトルバーに「グループ」と表示されます。ファイル名が途中までしか表示されず、「グループ」の文字が見えないときは、[ファイル]タブをクリックしてみましょう。複数シートを選択しているときは、タイトルバーに「グループ」の文字が表示されます。

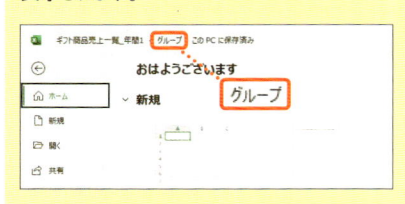

Key word アクティブシート

現在選択されているシートをアクティブシートといいます。複数のシートを選択している状態でも、シート見出しとシートに区切りの線がない現在操作対象のシートをアクティブシートといいます。

1 1つ目のシートのシート見出しをクリックし、

2 [Ctrl]キーを押しながら、同時に選択するシートのシート見出しをクリックします。

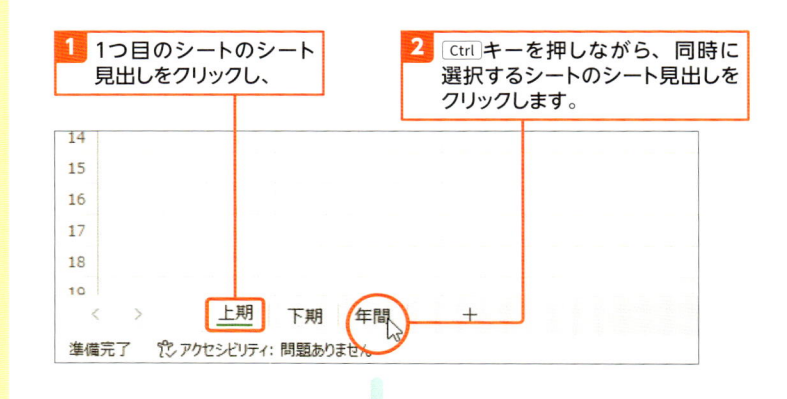

3 2つのシートが選択されます。

タイトルバーに「グループ」と表示されます。

ギフト商品売上一覧_年間1 - グ…

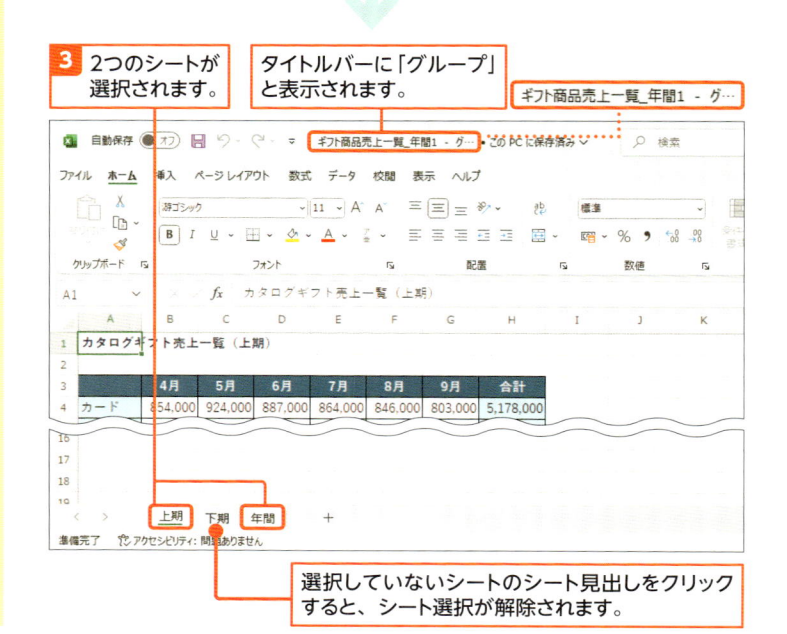

選択していないシートのシート見出しをクリックすると、シート選択が解除されます。

2 複数シートを編集する

 **解説** 複数シートを編集する

複数シートを選択している状態で、セルを編集します。ここでは、すべてのシートを選択してセルにデータを入力します。操作が終わったらシートの選択を解除します。選択していたシートに同じ内容が入力されたかどうか確認しましょう。

 **Memo** シートの選択を解除する

複数シートを選択している状態のままでは、編集した内容が複数のシートに反映されるので注意します。
シートの選択を解除するには、選択しているシート以外のシートをクリックします。すべてのシートが選択されている場合は、アクティブシート以外のシートをクリックします。

Hint データをコピーする

すでに入力されているデータを他のシートの同じ場所にコピーするには、まず、コピーしたいセルやセル範囲を選択します。続いて、データをコピーする他のシートを Ctrl キーを押しながら選択します。最後に、[ホーム]タブ→[フィル]→[作業グループへコピー]をクリックして、コピーする内容を指定します。

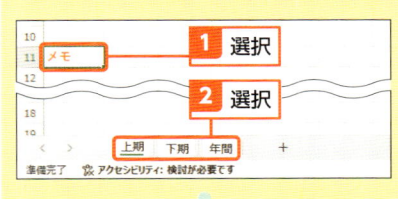

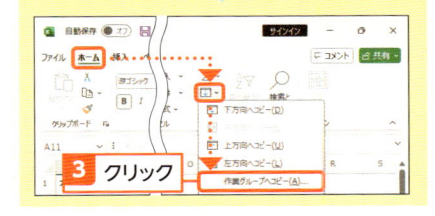

1 1つ目のシートのシート見出しをクリックし、

2 Shift キーを押しながら、3つ目のシートのシート見出しをクリックします。

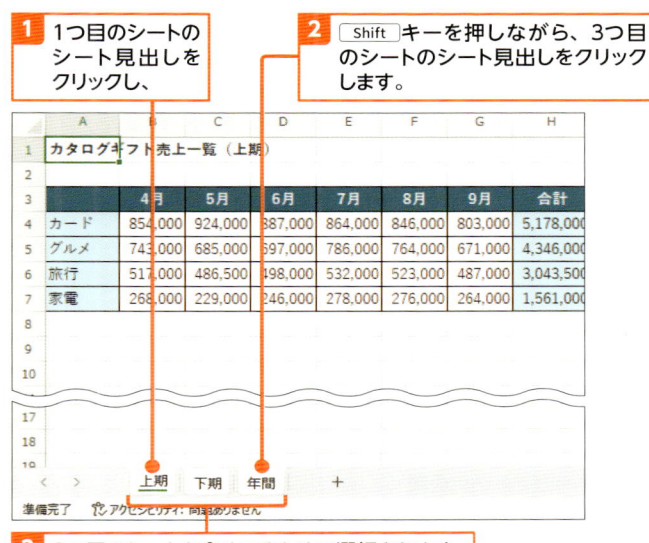

3 2つ目のシートも含めてまとめて選択されます。

4 編集するセルをクリックしてデータを入力したり、書式を変えたりします。ここでは年度を入力します。

5 アクティブシート以外のシートのシート見出しをクリックすると、

6 編集した内容が他のシートにも反映されています。

Section 94

他のブックに切り替える

練習用ファイル： 📘 94_予定表_横浜店.xlsx 📘 94_予定表_品川店.xlsx

ここで学ぶのは

▶ ブックを開く

▶ ウィンドウの切り替え

▶ 他のアプリへの切り替え

Excelでは、複数のブックを開いて使えます。複数のブックを開いているときは、適宜、切り替えながら使いましょう。

Excelから切り替える方法の他、タスクバーやキー操作で切り替える方法などもあります。

1 複数ブックを開く

解説 複数ブックを開く

ブックを開いている状態で、違うブックを開きます。ブックを開くと、開いたブックが前面に表示されます。先に開いていたブックは後ろに隠れた状態です。

ショートカットキー

● ブックを開く画面を表示
[Ctrl] + [O]

Hint ファイル名を確認する

タイトルバーにファイル名がすべて表示されずに隠れてしまっている場合は、タイトルバーのファイル名が表示されているところをクリックするか、[ファイル]タブをクリックします。すると、ファイル名を確認できます。

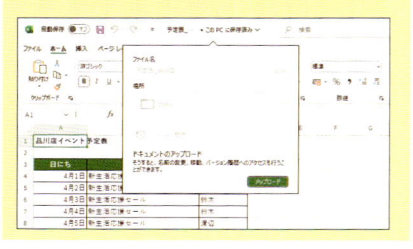

1 [ファイル]タブから、p.34の方法で、[ファイルを開く]ダイアログを開きます。

「予定表_横浜店.xlsx」が開いた状態から始めます。

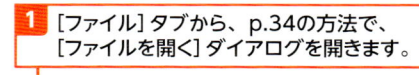

2 ブックの保存先を指定し、開くブック名をクリックして、

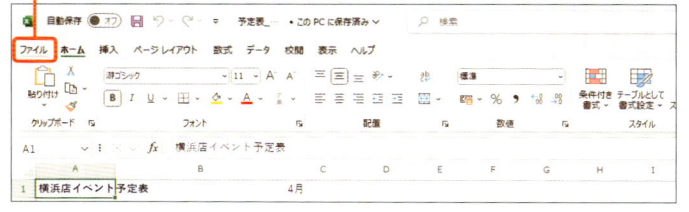

3 [開く]をクリックします。

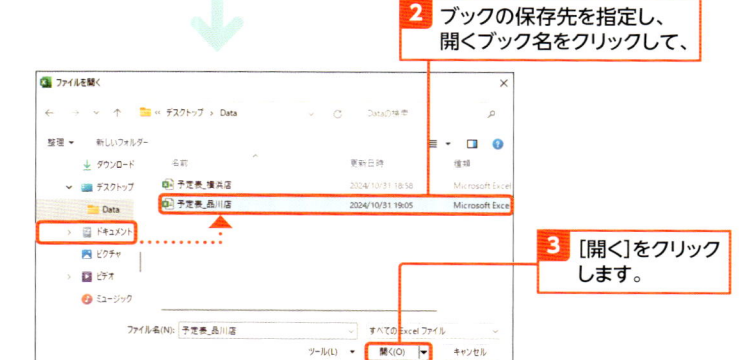

4 違うブックが開きます。 予定表_…

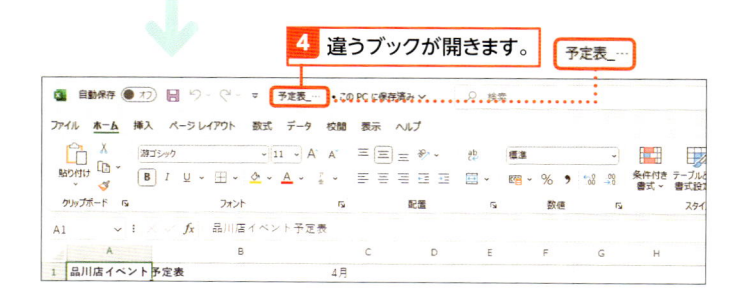

2 ブックを切り替えて表示する

解説 ブックを切り替える

[表示] タブから後ろに隠れているブックを前面に表示します。ブックの一覧から、切り替えるブックを選択します。

先に開いていたブックに切り替えて表示します。

1 [表示] タブ→ [ウィンドウの切り替え] をクリックし、

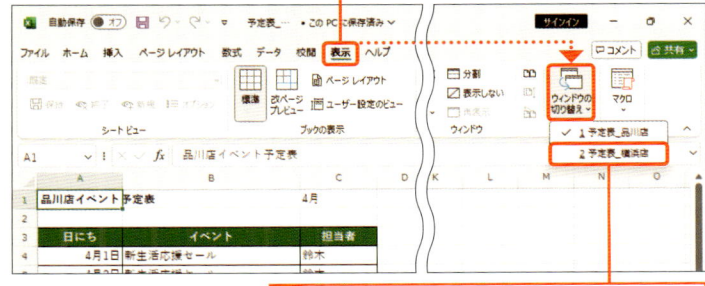

2 表示するブックのブック名をクリックします。

3 選択したブックが表示されます。

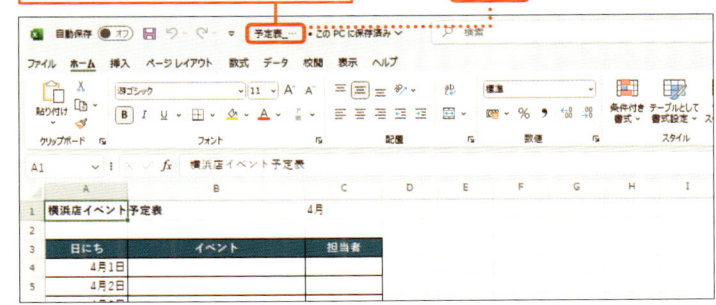

ショートカットキー

● アプリを切り替える
Alt + Tab を押すと起動中のアプリ一覧が表示される。Alt を押したまま何度か Tab を押してアプリを選択する枠を移動し、目的のアプリに枠が付いたら Alt から手を離す

Memo タスクバーから切り替える

ブックを切り替えるには、タスクバーに表示されているExcelのアイコンにマウスポインターを移動します。ブックの縮小図が表示されたら、切り替えたいブックを選んでクリックします。

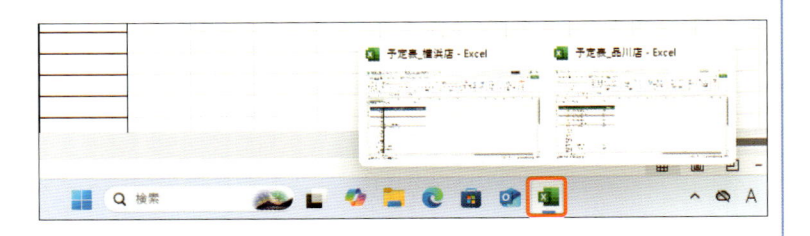

Hint 他のアプリに切り替える

開いている他のアプリに切り替えるには、タスクバーの [タスクビュー] をクリックする方法もあります。開いているアプリの一覧が表示されたら、切り替えるアプリを選びます。

他のブックを横に並べて見比べる

練習用ファイル： 📁 95_予定表_横浜店.xlsx 📁 95_予定表_品川店.xlsx

複数のブックを開いて作業しているとき、**複数のブックを見比べる**には、表示方法を変えます。

ここでは、ブックを2つ開いている状態を想定して、ブックを見比べる方法を紹介します。

ここで学ぶのは

▶ 並べて比較

▶ ウィンドウの整列

▶ 同時にスクロール

---

1 ブックを並べて表示する

解説 並べて比較する

開いている2つのブックを並べて表示すると、画面が上下に分割されてブックが並びます。ブックを並べて比較するのを解除するには、もう一度、[表示]タブ→[並べて比較]をクリックします。

なお、3つ以上ブックが開いている場合は、並べて比較するブックを選ぶ画面が表示されます。

1 見比べる複数のブックを開いておきます。

2 [表示]タブ→[並べて比較]をクリックします。

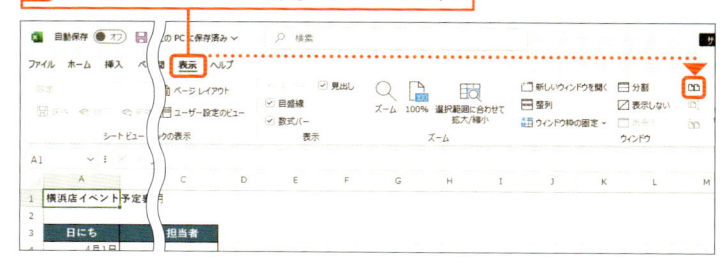

Hint ブックが並んで表示されない場合

[表示]タブの[並べて比較]をクリックしたときに、ブックが綺麗に並んで表示されない場合は、次のページの方法でウィンドウを並べて表示します。

3 ブックが並んで表示されます。

[同時にスクロール]もオンになります。

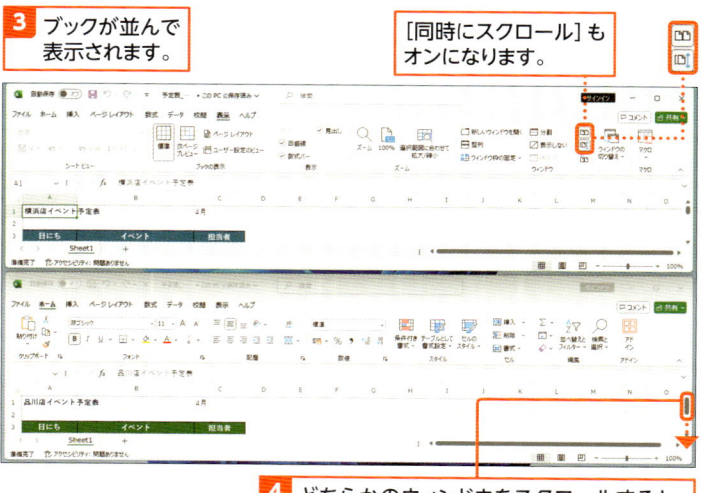

4 どちらかのウィンドウをスクロールすると、もう片方も同時にスクロールされます。

2 同時にスクロールして見る

解説 同時にスクロールする

2つのブックを並べて比較しているとき、2つのブックを同時にスクロールして見られます。同時にスクロールするのを解除するには、[表示]タブ→[同時にスクロール]をクリックします。

前ページの続きで、ブックを左右に並べて同時にスクロールして表示します。

1 [表示] タブ→ [整列]をクリックします。

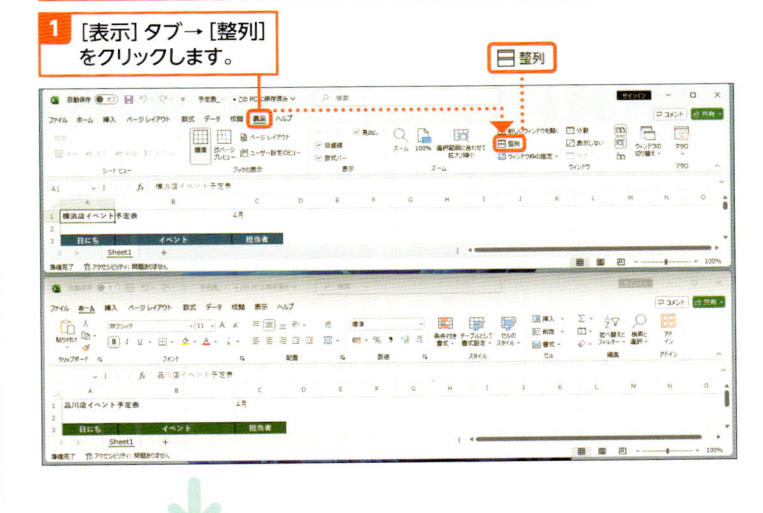

Memo 他のシートを表示する

1つのブックにある複数のシートを並べて表示する方法は、p.272を参照してください。

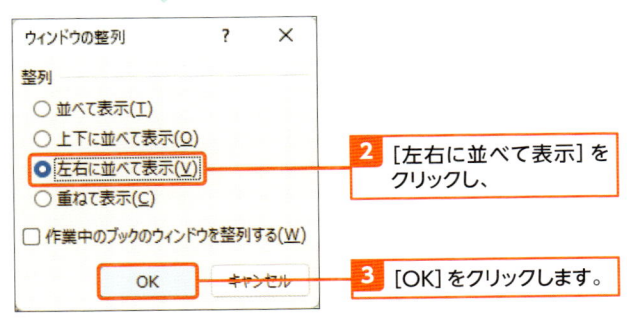

2 [左右に並べて表示] をクリックし、

3 [OK] をクリックします。

4 ブックが左右に並んで表示されます。

5 どちらかのウィンドウをスクロールすると、もう片方も同時にスクロールされます。

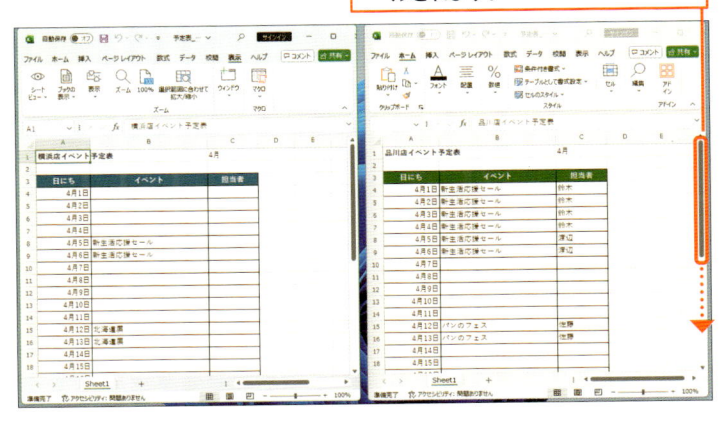

96 ブックの原本を保存する

練習用ファイル： 📁 96_請求書.xlsx

ここで学ぶのは

▶ テンプレートとして保存

▶ テンプレートの利用

▶ テンプレートの編集

「請求書」や「申請書」など、データを入力して完成させるブックを使うとき、毎回、ブックの原本をコピーするのは面倒です。

テンプレートとして保存しておくと、ブックを開くたびに原本のコピーが自動的に作られるので便利です。

1 テンプレートとして保存する

解説 テンプレートとして保存する

ここでは、税率10%の商品だけを扱う請求書を例に、ブックをテンプレートとして保存します。日付や宛先、売上明細などのデータが入っている場合は、データを削除しておきます。[ファイルの種類]で[Excelテンプレート]を選ぶと、「ドキュメント」フォルダーの「Officeのカスタムテンプレート」が保存先に指定されます。ここに保存しておくと、テンプレートを簡単に開けるので便利です。

Hint その他のテンプレート

Excelでは、あらかじめ用意されているさまざまなテンプレートを使えます。テンプレートについては、p.37を参照してください。

1 テンプレートとして保存するブックを開いておきます。

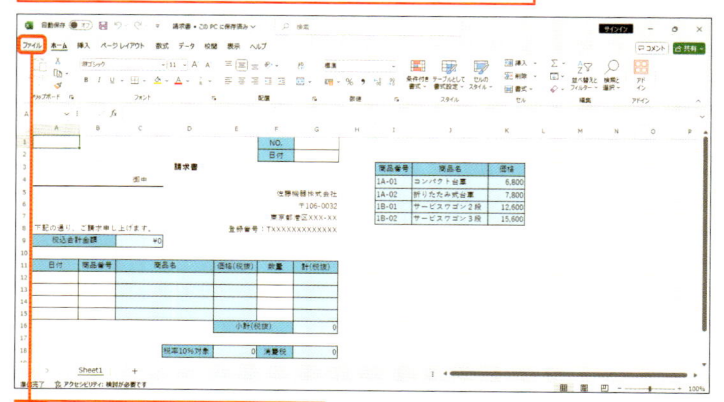

2 [ファイル]タブから、p.32の方法で、[名前を付けて保存]ダイアログを開きます。

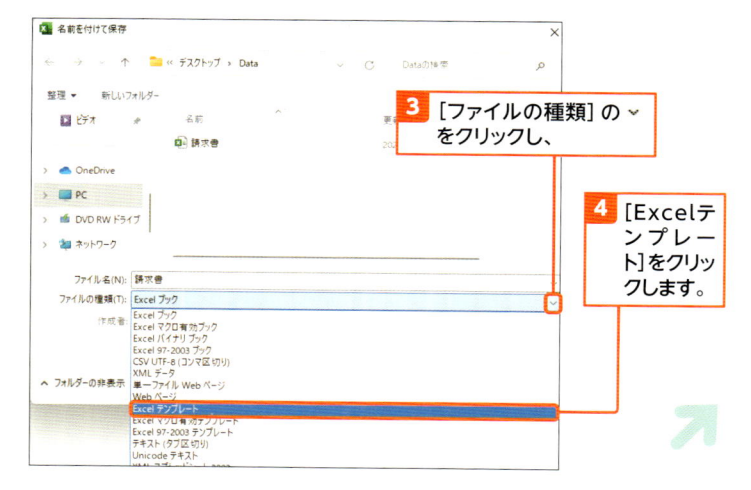

3 [ファイルの種類]の ﹀ をクリックし、

4 [Excelテンプレート]をクリックします。

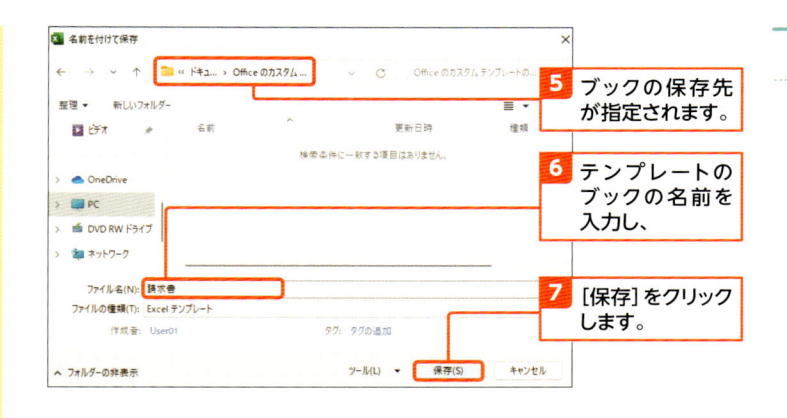

5 ブックの保存先が指定されます。

6 テンプレートのブックの名前を入力し、

7 [保存] をクリックします。

2 保存したテンプレートを使う

解説 テンプレートを使う

テンプレートを使うときは、新規にブックを作るところから始めます。新規にブックを作るときに、使うテンプレートを選ぶと、テンプレートを基にしたコピーが作られて新しいブックとして用意されます。ブック名には、「(テンプレート名) 1」のような仮の名前が付いています。ブックを編集後はブックに名前を付けて保存します (p.32)。

Hint テンプレートを編集する

テンプレートを使ってブックを作るのではなく、テンプレート自体を編集するには、ブックを開く画面 (p.34) で、「ドキュメント」フォルダーの「Officeのカスタムテンプレート」にある、テンプレートとして保存したブックを開きます。タイトルバーに表示されるブック名を確認してからブックを編集して、上書き保存します。

1 テンプレートとして保存したブックが開いている場合は、[閉じる] をクリックして閉じておきます。

2 [ファイル] タブをクリックして、Backstageビューを表示します。

3 [新規] をクリックします。

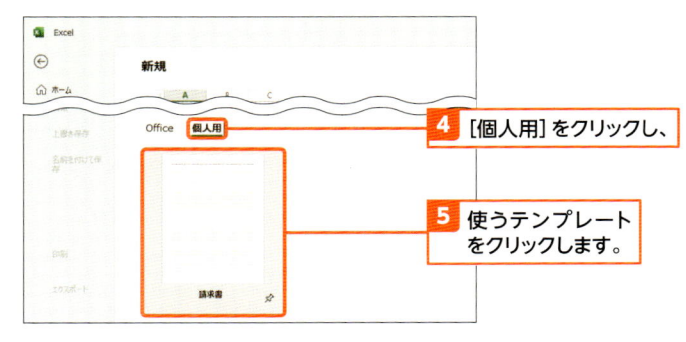

4 [個人用] をクリックし、

5 使うテンプレートをクリックします。

6 テンプレートを基に新しいブックが開きます。

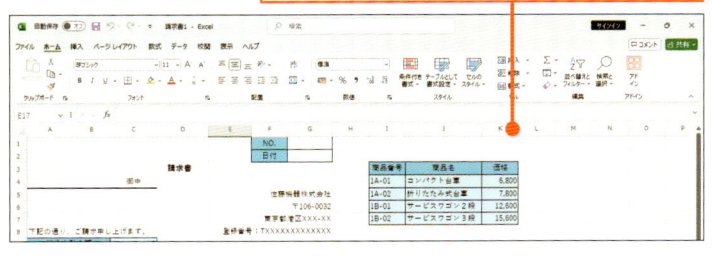

Section 97

ブックにパスワードを設定する

練習用ファイル： 📁 97_売店コーナー売上リスト.xlsx

ここで学ぶのは

▶ ブックを開く
▶ 読み取りパスワード
▶ 書き込みパスワード

第三者に見られては困るブックや、勝手に書き換えられたりすると困るブックには、パスワードを設定します。

パスワードには、読み取りパスワードと書き込みパスワードの2種類あります。それぞれの違いを知りましょう。

1 ブックにパスワードを設定する

 **解説 読み取りパスワードを設定する**

パスワードを知らないとブックを開けないようにするには、ブックに読み取りパスワードを設定します。パスワードは、大文字と小文字が区別されます。パスワードを忘れるとブックを開けないので、忘れないように注意します。

なお、一度も保存していないブックにパスワードを設定して上書き保存すると、名前を付けて保存する画面が表示されます。p.32の方法でブックを保存します。

 **Memo ブックを保存するときに設定する**

ブックを保存するときに、パスワードを設定する方法は、p.284で紹介しています。

1 読み取りパスワードを設定したいブックを開きます。

2 [ファイル] タブをクリックします。

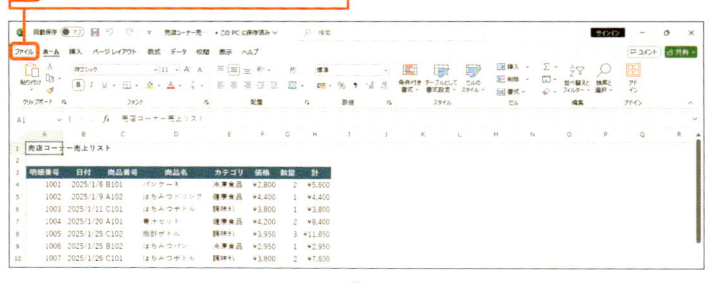

3 [情報] をクリックし、

4 [ブックの保護]→[パスワードを使用して暗号化]をクリックします。

Memo パスワードの種類

パスワードには、読み取りパスワードと書き込みパスワードがあります。

パスワードの種類	内容
読み取りパスワード	ブックを開くために必要なパスワード
書き込みパスワード (p.284)	ブックを編集して上書き保存するために必要なパスワード。書き込みパスワードだけを設定している場合は、誰でもブックを開ける。ブックを開くためのパスワードも指定したい場合は、「読み取りパスワード」と「書き込みパスワード」の両方を設定する

Memo 読み取りパスワードを消す

読み取りパスワードを消すには、下図のように[ドキュメントの暗号化]ダイアログで!パスワードを削除して[OK]をクリックします。

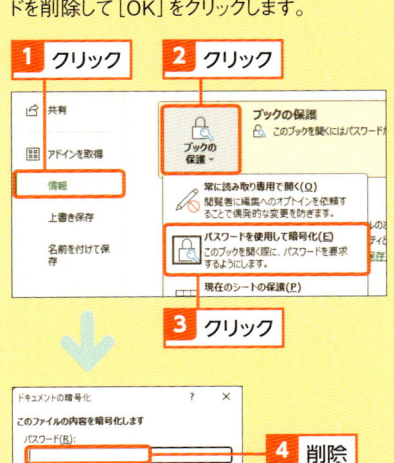

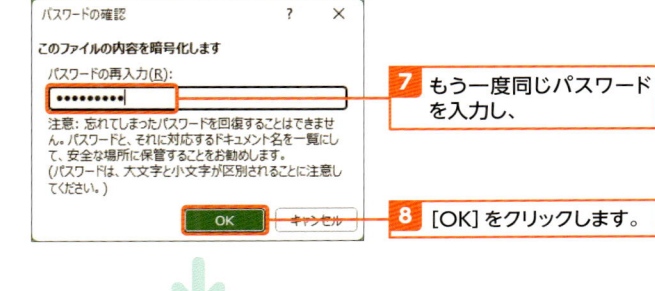

5 パスワードを入力し、

6 [OK] をクリックします。

7 もう一度同じパスワードを入力し、

8 [OK] をクリックします。

9 パスワードが設定されたことが表示されます。

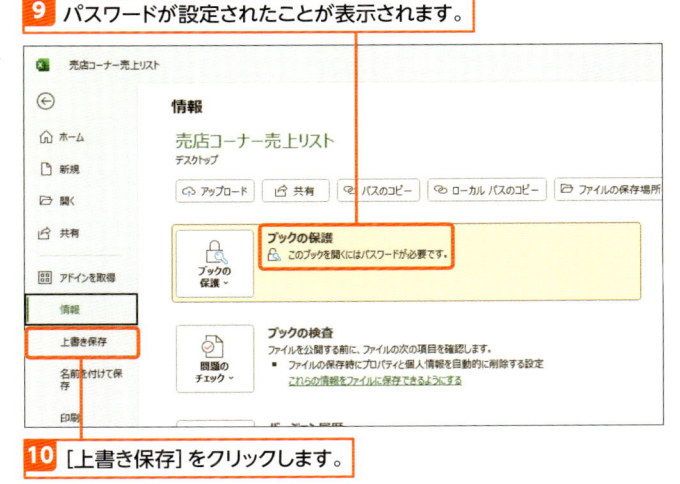

10 [上書き保存] をクリックします。

11 [閉じる] をクリックしてブックを閉じます。

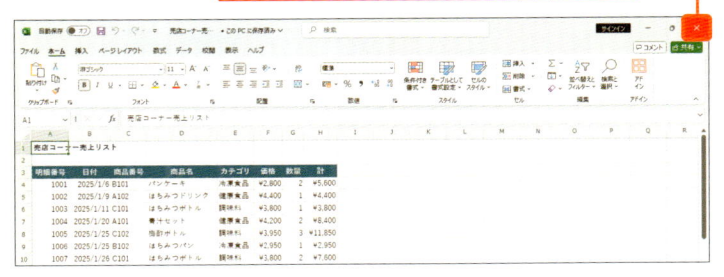

ブックにパスワードを設定する

2 パスワードが設定されたブックを開く

解説 パスワードを入力してブックを開く

読み取りパスワードを設定しているブックを開くには、ブックを開くときにパスワードを入力する必要があります。書き込みパスワードを設定している場合は、書き込みパスワードの入力が求められます。

Hint 書き込みパスワード

書き込みパスワードを設定している場合は、ブックを開くときに書き込みパスワードを入力しないとブックを編集して上書き保存することはできません（下図）。ただし、[読み取り専用]をクリックすることで、誰でもブックを開くことはできるので注意してください。

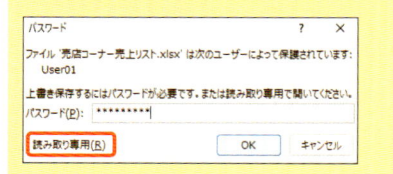

1 p.34の方法で、[ファイルを開く]ダイアログを表示します。

2 ブックの保存先を指定し、

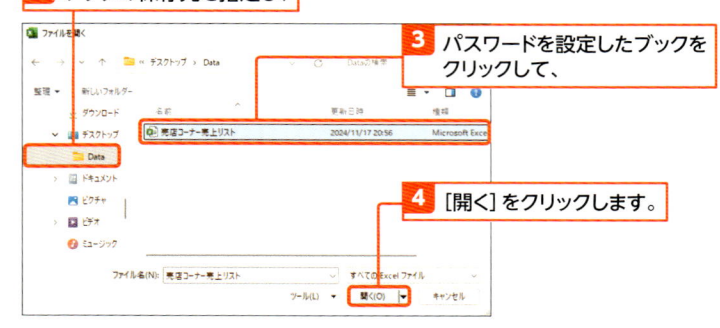

3 パスワードを設定したブックをクリックして、

4 [開く]をクリックします。

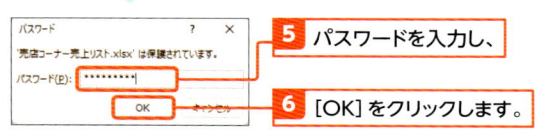

5 パスワードを入力し、

6 [OK]をクリックします。

7 パスワードが設定されたブックが開きます。

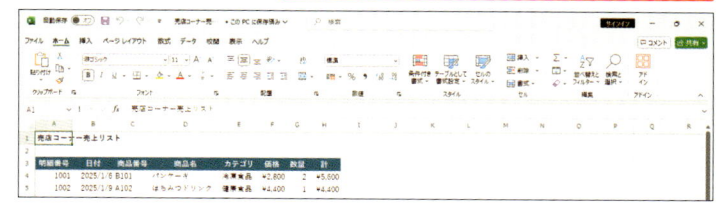

10

シートやブックを自在に扱う

Hint 保存時に書き込みパスワードを設定する

読み取りパスワードや書き込みパスワードは、ブックを保存するときにも指定できます。[名前を付けて保存]ダイアログで[ツール] → [全般オプション]をクリックし、[全般オプション]ダイアログで[読み取りパスワード]や[書き込みパスワード]を入力して[OK]をクリックします。その後は、いつもどおりにブックを保存します（p.32）。なお、読み取りパスワードや書き込みパスワードを解除するときは、上述の方法で[全般オプション]ダイアログを表示してパスワードを消します。

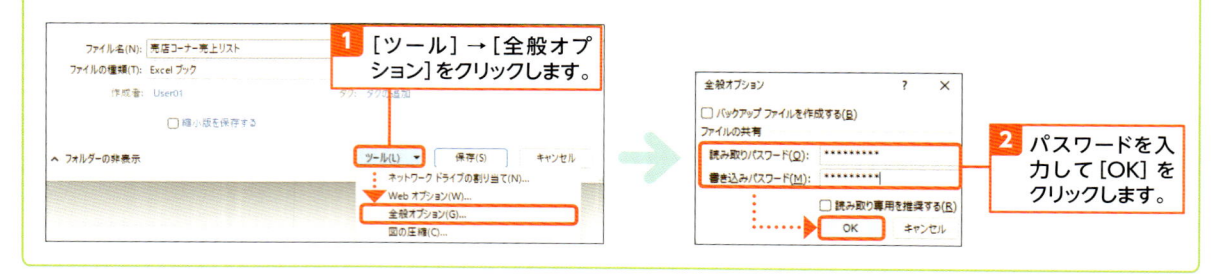

1 [ツール] → [全般オプション]をクリックします。

2 パスワードを入力して [OK] をクリックします。

第11章

表やグラフを綺麗に印刷する

　この章では、表やグラフを印刷するときの印刷時の設定を紹介します。印刷時の設定にはどのような種類があるのかを知りましょう。

　目標は、印刷時のイメージを確認し、必要に応じて設定を変更し、表やグラフ、リストを見やすく印刷できるようになることです。

Section

98

印刷前に行う設定って何？

ここで学ぶのは

▶ Backstage ビュー

▶ [ページレイアウト] タブ

▶ ページ設定

この章では、表やグラフを印刷するときに指定する、さまざまな設定について紹介します。

印刷前には必ず印刷イメージを確認します。それを見て、希望の仕上がりになるように必要な各種の設定を行っていきます。

1 印刷の設定とは？

Backstageビューの[印刷]をクリックすると、印刷イメージが表示されます。下図の1枚目では、表やグラフが用紙からはみ出してしまっています。これを綺麗に印刷するには、印刷時の設定が必要です。設定を行うと、下図の2枚目のように印刷イメージに反映されます。

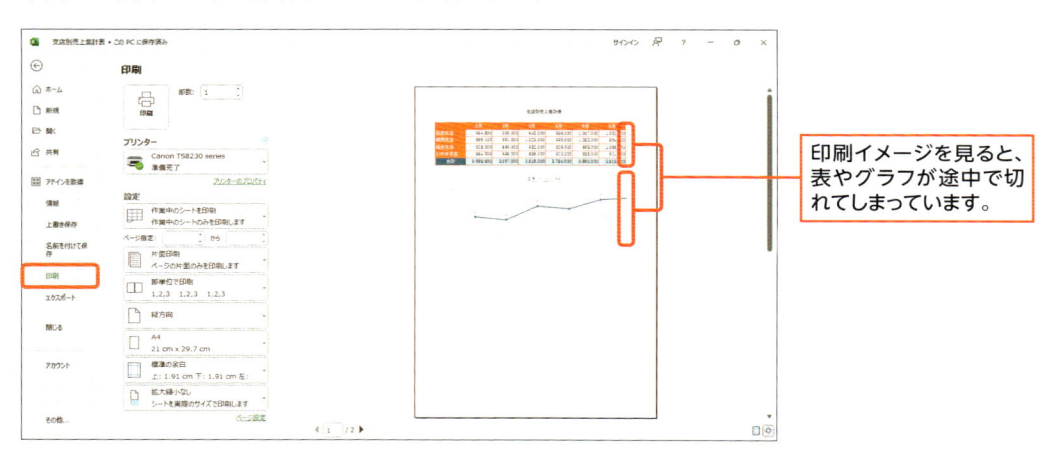

印刷イメージを見ると、表やグラフが途中で切れてしまっています。

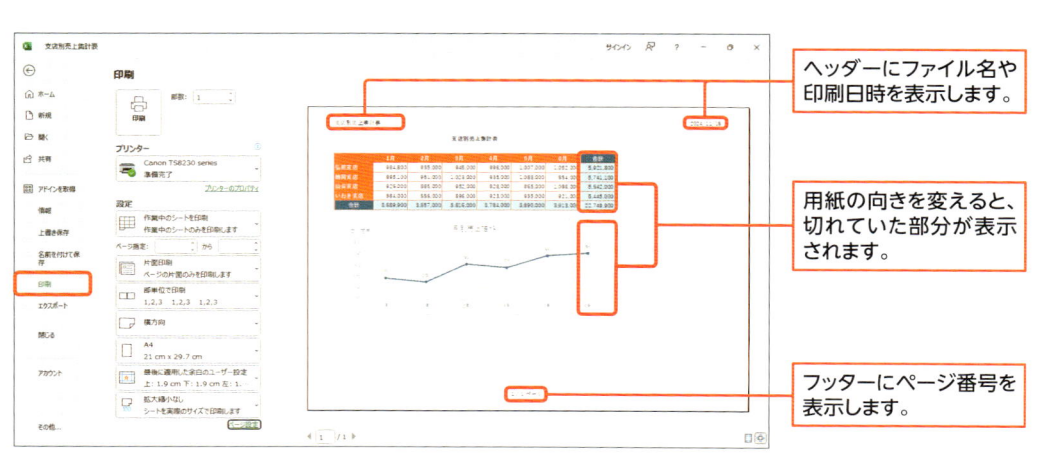

ヘッダーにファイル名や印刷日時を表示します。

用紙の向きを変えると、切れていた部分が表示されます。

フッターにページ番号を表示します。

Memo 主な設定項目

印刷時の設定には、次のような
ものがあります。

設定項目	内容
用紙の向き（p.289）	用紙を縦向きにするか横向きにするか指定する
用紙サイズ（p.288）	用紙サイズを指定する
余白（p.290）	用紙の余白の大きさを指定する
拡大／縮小印刷（p.301）	表を拡大したり、用紙内に収めたりする
印刷タイトル（p.299）	表の見出しをすべてのページに表示する
ヘッダー／フッター（p.292）	ヘッダーやフッターに表示する内容を指定する
印刷時の表示内容（p.300のHint）	枠線や行列番号、コメントやエラーの印刷方法を指定する
印刷範囲（p.302）	印刷する範囲を指定する
改ページ（p.296）	改ページする位置を指定する
ページの方向（p.305のHint）	印刷するページの順番（左から右、または、上から下）を指定する

2 印刷設定画面の表示方法を知る

印刷時の設定を行う場所は複数あります。Backstageビューや［ページレイアウト］タブでは、簡単な設定を
行えます。詳細の設定をまとめて行うには、［ページ設定］ダイアログを使います。
なお、この章では、主に印刷時の設定を紹介します。実際に印刷する方法は最後に紹介します。

Backstageビューの［印刷］

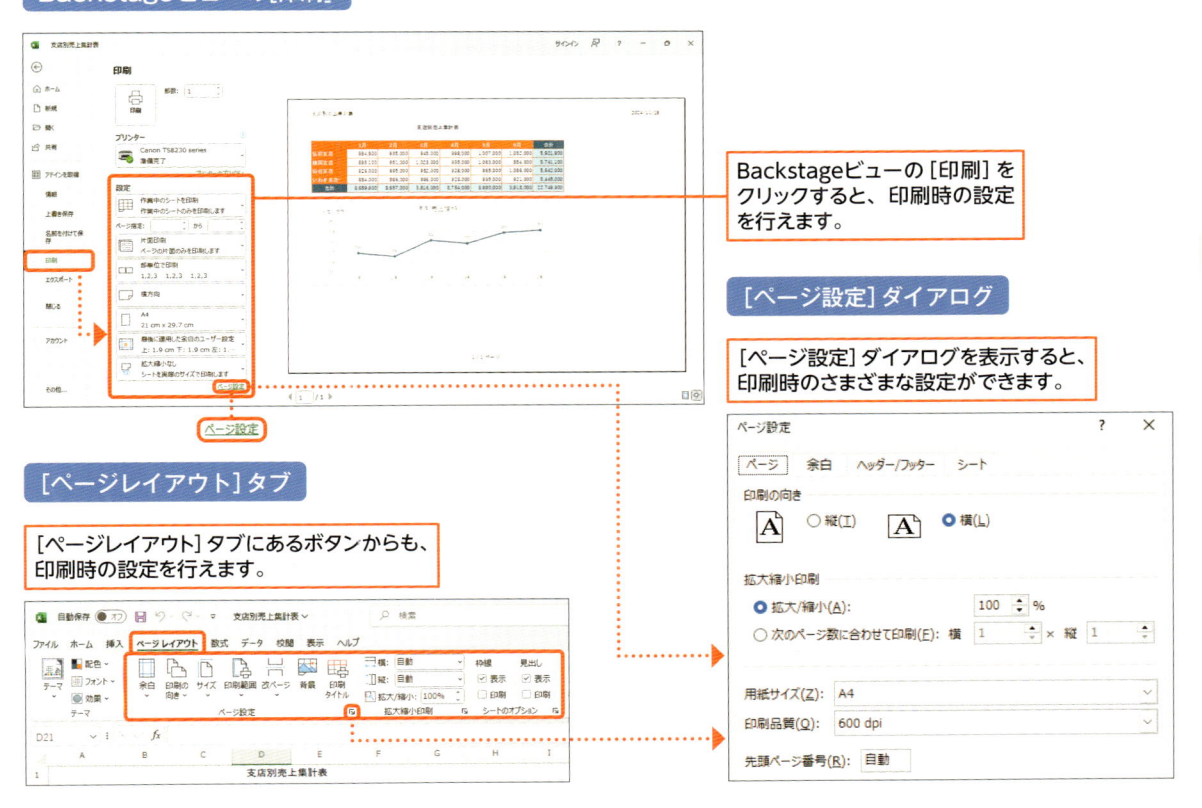

Backstageビューの［印刷］を
クリックすると、印刷時の設定
を行えます。

［ページ設定］ダイアログ

［ページ設定］ダイアログを表示すると、
印刷時のさまざまな設定ができます。

［ページレイアウト］タブ

［ページレイアウト］タブにあるボタンからも、
印刷時の設定を行えます。

99

用紙のサイズや向きを指定する

練習用ファイル： 99_契約件数集計表.xlsx

ここで学ぶのは

▶ ページ設定
▶ 用紙のサイズ
▶ 用紙の向き

印刷する表やグラフのレイアウトなどに合わせて、用紙の向きやサイズを指定しましょう。

用紙の向きは、通常「縦」が選択されています。サイズは、通常「A4 サイズ」が選択されています。

1 用紙のサイズを指定する

解説　用紙のサイズを変える

用紙のサイズを変えます。用紙サイズは、一般的にA4サイズを使うことが多いですが、ここでは、練習の意味で、あえてA4サイズからA5サイズにしています。

Memo　[ページレイアウト]タブ

[ページレイアウト] タブ→ [サイズ] をクリックしても、用紙のサイズを変えられます。

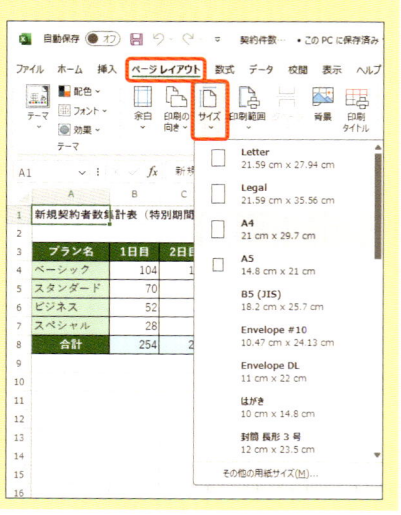

1 印刷するブックを開き、Backstageビューを表示します (p.42)。

2 [印刷] をクリックし、

3 [用紙のサイズ] をクリックします。

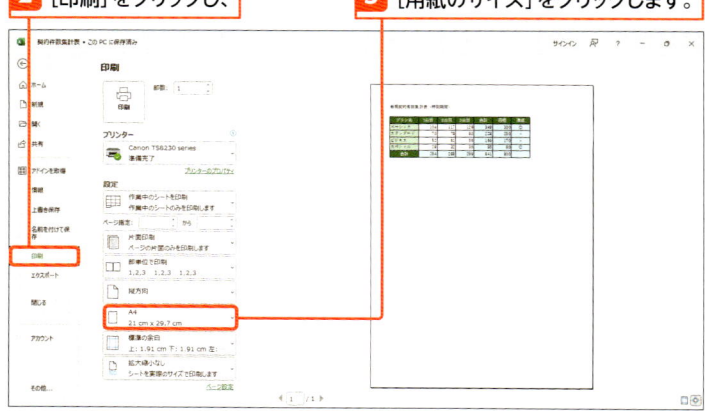

4 [A5] をクリックします。

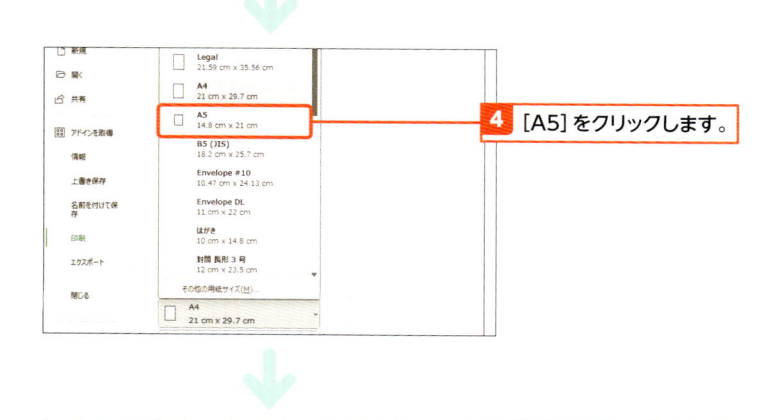

5 用紙のサイズがA5になります。

2 用紙の向きを指定する

 **解説** 向きを変える

ここでは、表が用紙の幅を超えてしまっているので、用紙の向きを横向きに変えます。用紙の向きを変えると、横幅が広くなるので、横長の表が用紙に収まりやすくなります。

1 印刷するブックを開き、Backstageビューを表示します (p.42)。

2 [印刷] をクリックし、　　　　　　**3** [用紙の向き] をクリックします。

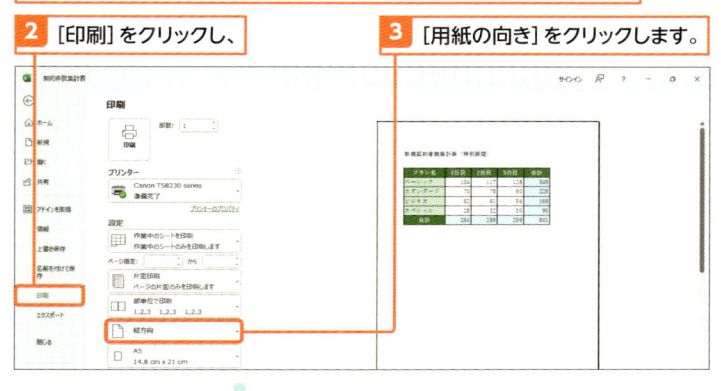

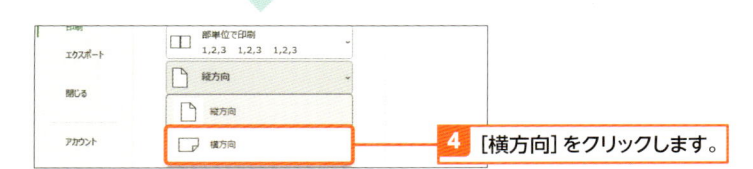

4 [横方向] をクリックします。

5 用紙の向きが横向きになります。

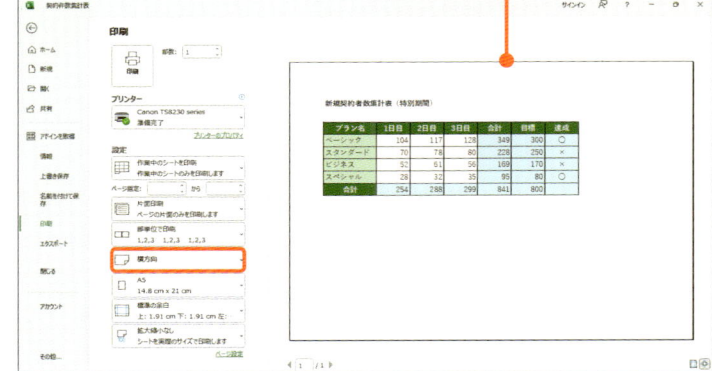

 **Memo** [ページレイアウト] タブ

[ページレイアウト] タブ→ [印刷の向き] をクリックしても、用紙の向きを変えられます。

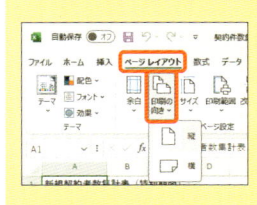

 **Memo** グレーの点線

印刷イメージを確認したりした後、標準ビュー画面に戻ると、印刷される箇所や改ページ位置を示すグレーの点線が表示されます。グレーの点線は目安になる線で、印刷はされません。

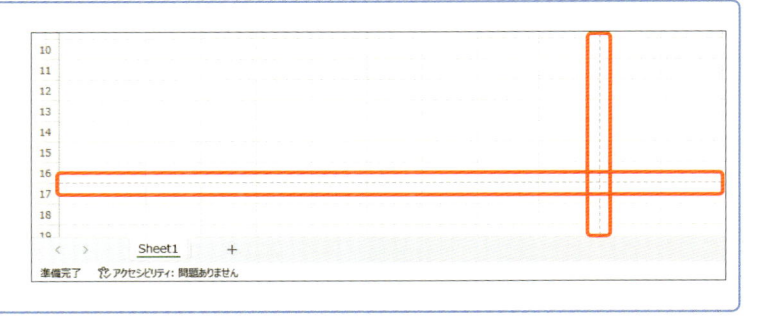

Section

100 余白の大きさを指定する

練習用ファイル： 100_レンタル件数集計表.xlsx

ここで学ぶのは

▶ ページ設定
▶ 余白の大きさ
▶ ページの中央に印刷

表やグラフが用紙内に収まらない場合、余白の大きさを少なくすると収められる場合があります。

また、小さい表などを印刷する場合、用紙の中央に印刷されるように指定するときも、余白の設定で行えます。

1 余白の大きさを調整する

解説 余白の大きさを変える

ページが複数に分かれてしまっているときは、印刷イメージの下の [◀] [▶] をクリックして、次のページや前のページを表示します。どのくらい列があふれてしまっているのかなどを確認しましょう。ここでは余白を狭くして表の横幅をページ内に収めています。

Memo [ページレイアウト] タブ

[ページレイアウト] タブ→ [余白] をクリックしても、余白の大きさを変えられます。

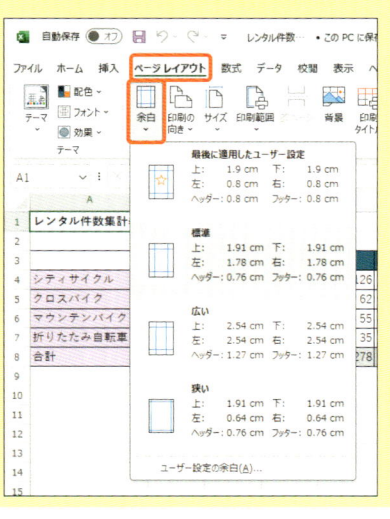

1 印刷するブックを開き、Backstageビューを表示します (p.42)。

2 [印刷] をクリックすると、

3 右端の列が2ページ目になってしまっています。

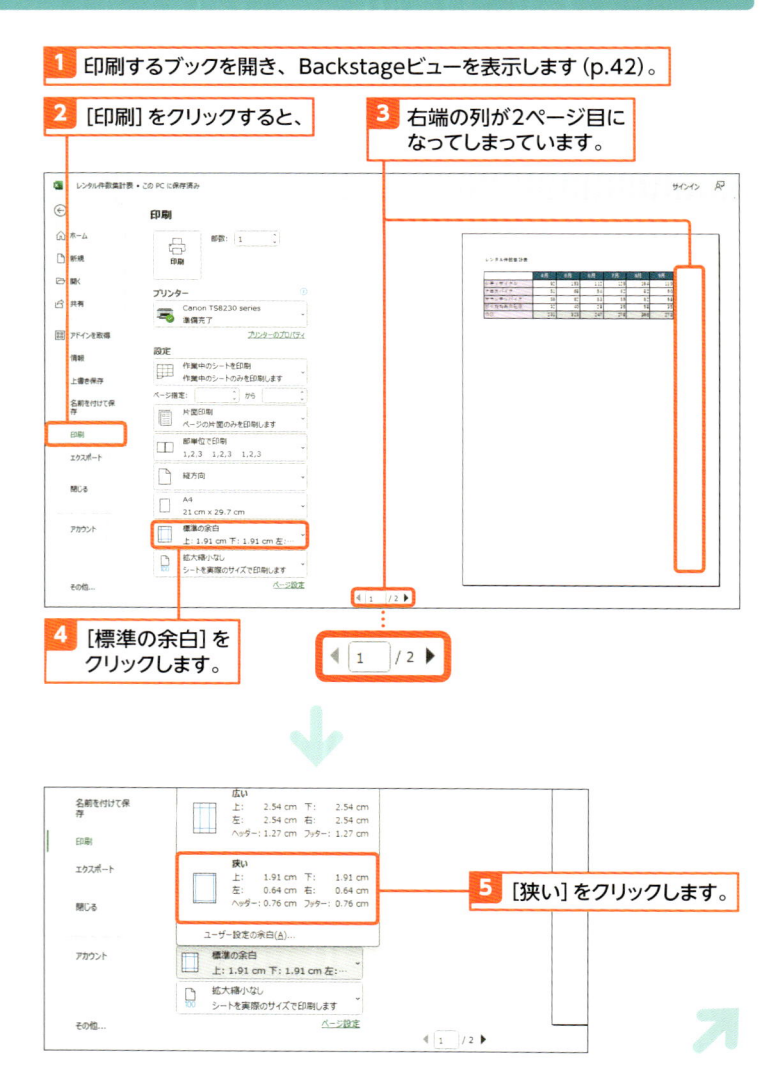

4 [標準の余白] をクリックします。

◀ 1 / 2 ▶

5 [狭い] をクリックします。

Hint 余白の大きさを示す線を表示する

印刷イメージを表示した画面で、右下の[余白の表示]をクリックすると、余白の大きさを示す線が表示されます。線をドラッグすると余白の大きさを調整できます。

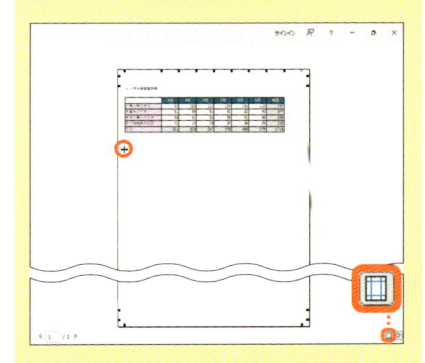

解説 余白の大きさを細かく指定する

[ページ設定]ダイアログで上下左右の余白の大きさを指定します。設定画面の[ヘッダー]には、用紙の上端からヘッダーの文字までの距離、[フッター]には、用紙の下端からフッターの文字までの距離を指定します。

Memo ページの中央に印刷する

小さい表をページの横幅に対して中央に印刷するには、[ページ設定]ダイアログの[余白]タブ→[ページ中央]の[水平]のチェックをオンにします。縦に対して中央に印刷するには、[垂直]のチェックをオンにします。用紙の中央に印刷するには、両方のチェックをオンにします。

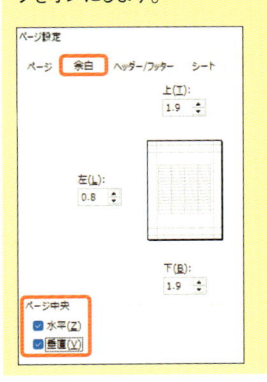

6 余白が狭くなり、右端の列が1ページ内に収まります。

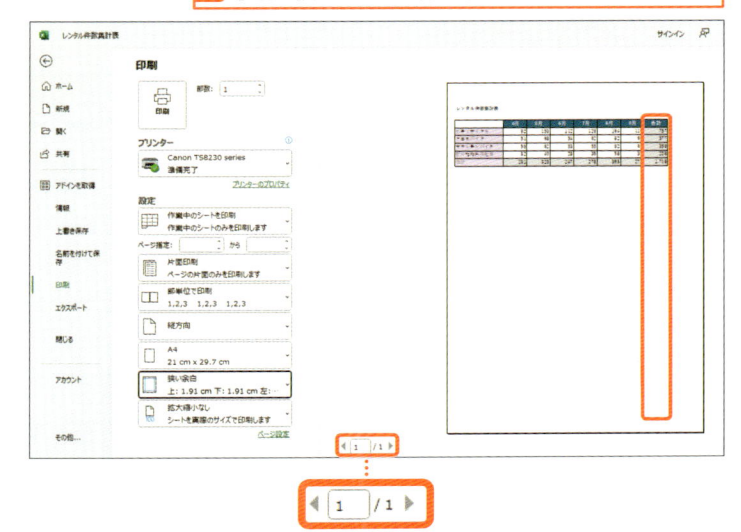

余白の大きさを細かく指定する

1 [ページ設定]をクリックします。

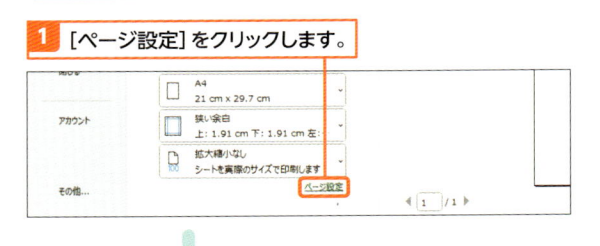

2 [余白]タブをクリックし、

3 余白の大きさを調整する場所をクリックして、余白の大きさをセンチ単位で入力します。

左のMemoを参照

4 [OK]をクリックします。

5 余白が調整されます。

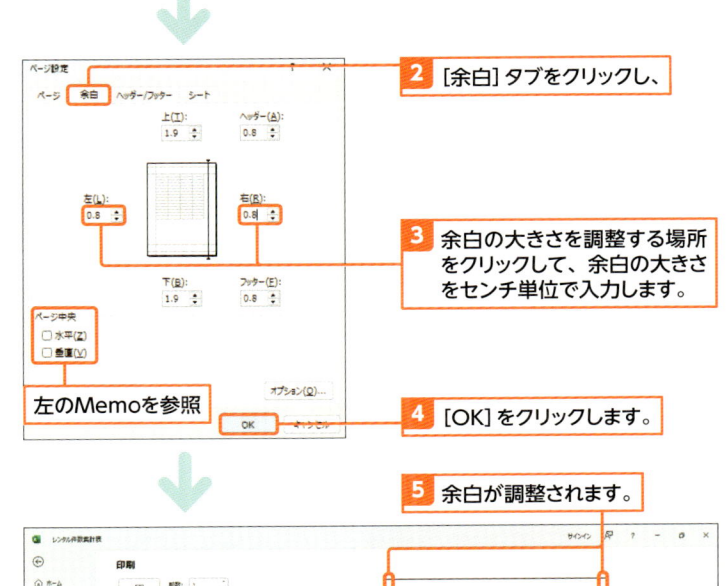

101

ヘッダーやフッターの内容を指定する

練習用ファイル： 📁 101_オフィス用品売上一覧.xlsx

ここで学ぶのは

▶ ページ設定

▶ ヘッダー／フッター

▶ ページ番号

ヘッダーやフッターの設定をすると、用紙の上下の余白に日付や資料のタイトル、ページ番号などの情報を表示できます。

ヘッダーやフッターを指定する方法はいくつかありますが、ここでは、ページレイアウト表示に切り替えて操作します。

---

1 ヘッダーに文字を入力する

💬 **解説** **ヘッダーを指定する**

ページレイアウト表示に切り替えて、ヘッダーに文字を入力します。ヘッダーやフッターは、左、中央、右のエリアに内容を指定できます。ヘッダーやフッターの内容は、先頭ページ、奇数ページ、偶数ページと分けて指定することもできますが（p.294のHint参照）、特に指定しない場合、すべてのページに同じヘッダーやフッターの内容が表示されます。

✏️ **Memo** **ページレイアウト表示**

ページレイアウト表示は、シートの印刷イメージを確認しながら表やグラフなどの編集ができる表示モードです。ヘッダーやフッターなども設定できます。

1 [表示] タブ→ [ページレイアウト] をクリックします。

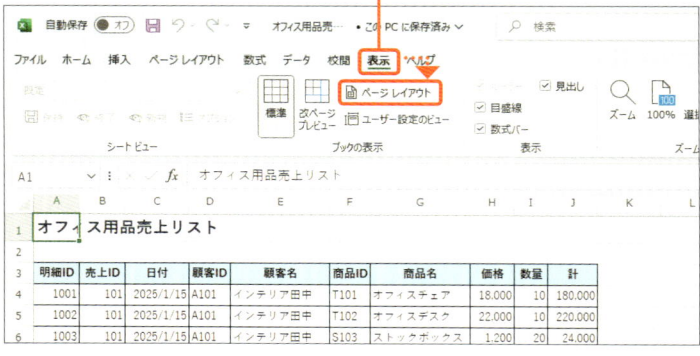

2 ヘッダーの左エリアをクリックし、文字を入力します。

3 入力が済んだら、入力エリアの外をクリックします。

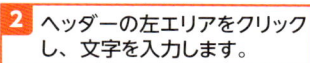

4 Backstageビューの [印刷] をクリックすると、印刷イメージが確認できます。

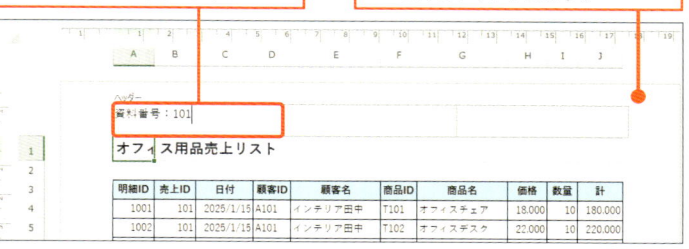

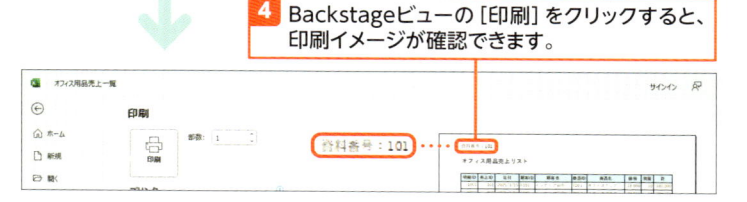

2 ヘッダーに日付を表示する

解説 ▶ 日付を入力する

ヘッダーの右のエリアに今日の日付を入力します。ここでは、常に今日の日付を表示する「&[日付]」という命令文を入力します。[ヘッダーとフッター] タブ → [現在の日付] をクリックすると、この命令文が自動的に入ります。このようにすると、明日になれば、明日の日付が表示されます。

特定の日付が常に表示されるようにするには、「2025/3/10」のように、日付を直接入力します。

📝 Memo ▶ 一覧から選択する

ヘッダーの左、中央、右のいずれかのエリアをクリックし、[ヘッダーとフッター] タブをクリックすると、ブック名やシート名などを自動的に表示するためのボタンが表示されます。たとえば、[シート名] をクリックすると、現在のシート名が自動的に表示される命令文が入ります。シート名が変わると、自動的に更新されます。

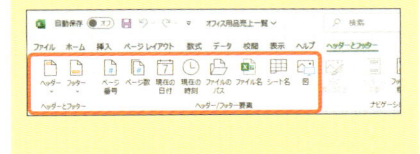

---

1 [表示] タブ → [ページレイアウト] をクリックします。

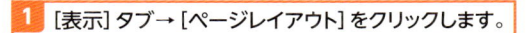

2 ヘッダーの右エリアをクリックし、

3 [ヘッダーとフッター] タブ → [現在の日付] をクリックします。

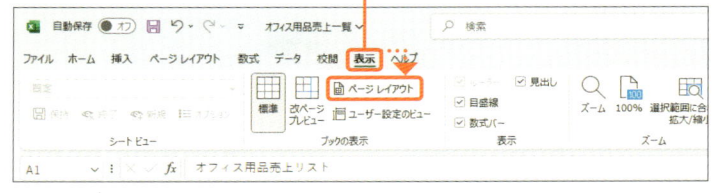

4 今日の日付を入力する命令文が入ります。

5 入力エリアの外をクリックします。

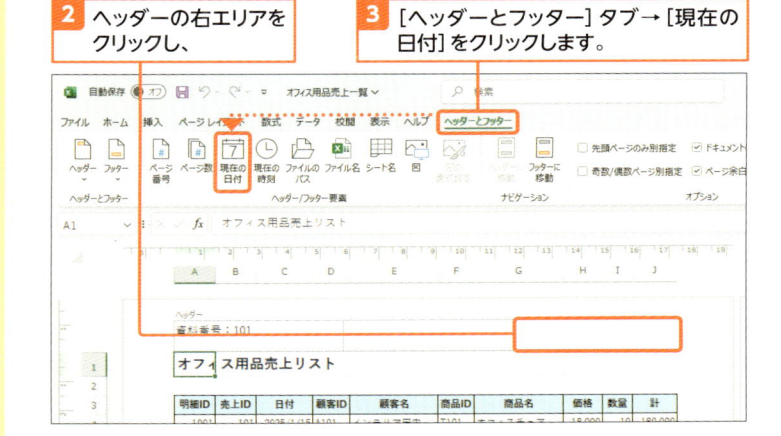

資料番号：101　　　　　　　　　　　　　　&[日付]

オフィス用品売上リスト

6 今日の日付が表示されます。

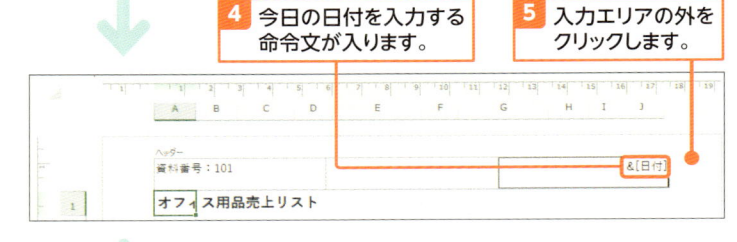

資料番号：101　　　　　　　　　　　　　　2025/3/10

オフィス用品売上リスト

7 Backstageビューの [印刷] をクリックすると、印刷イメージが確認できます。

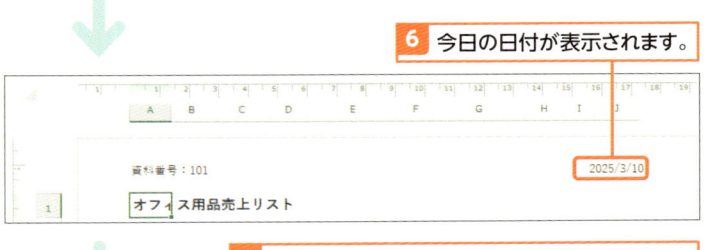

ヘッダーやフッターの内容を指定する

3 フッターにページ番号と総ページ数を表示する

11

表やグラフを綺麗に印刷する

解説 ページ番号と総ページ数

ページ番号と総ページ数を「/」の記号で区切って「1/3」「2/3」「3/3」のように表示されるようにします。

ページ番号を入力するときは、ページ番号を自動的に表示する「&[ページ番号]」という命令文を入力します。[ヘッダーとフッター]タブ→[ページ番号]をクリックすると、自動的にこの命令文が入ります。ページ番号の後の「/」は、キーボードから直接入力します。続いて、総ページ数を自動的に表示する「&[総ページ数]」という命令文を入力します。[ヘッダーとフッター]タブ→[ページ数]をクリックすると、自動的にこの命令文が入ります。

Hint 先頭ページや奇数/偶数ページの内容を変更する

ページレイアウト表示でヘッダーやフッターを編集しているとき、[ヘッダーとフッター]タブの[先頭ページのみ別指定]や[奇数/偶数ページ別指定]をクリックすると、先頭ページとそれ以外、また、奇数ページと偶数ページのヘッダーやフッターを別々に指定できます。ヘッダーやフッター欄に表示されるヘッダーやフッターの種類を確認して設定します。

Memo ページ番号だけを表示する

フッターにページ番号を印刷するとき、総ページ数を表示しない場合は、「/」を入力したり、[ヘッダーとフッター]タブ→[ページ数]をクリックする操作は不要です。

1 [表示]タブ→[ページレイアウト]をクリックします。

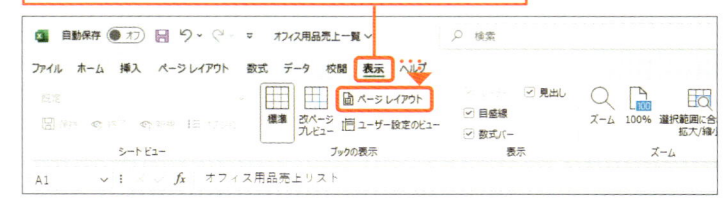

2 画面をスクロールして、フッターの中央エリアをクリックします。

3 [ヘッダーとフッター]タブ→[ページ番号]をクリックします。

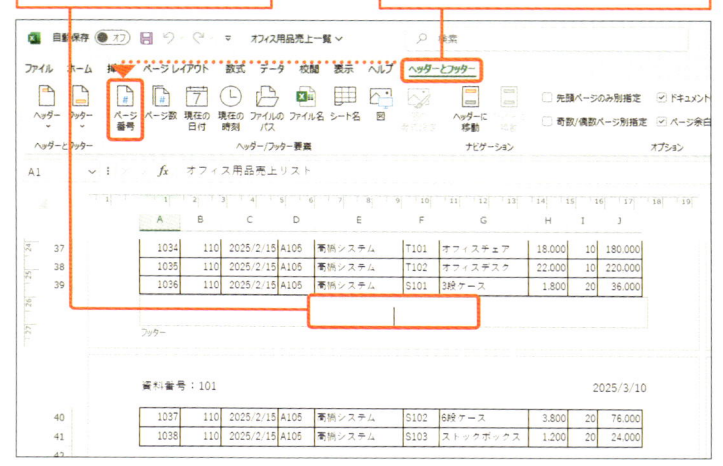

4 ページ番号を表示する命令文が入ります。

5 「/」の記号をキーボードから入力します。

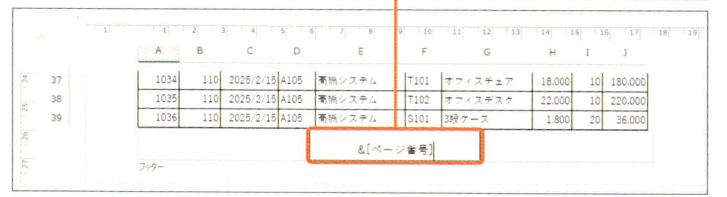

Hint 一覧から選択する

ページレイアウト表示でフッターの左、中央、右のいずれかのエリアをクリックし、[ヘッダーとフッター]タブ→[フッター]をクリックすると、フッターによく表示するような内容の一覧が表示されます。一覧から表示内容をクリックして指定できます。

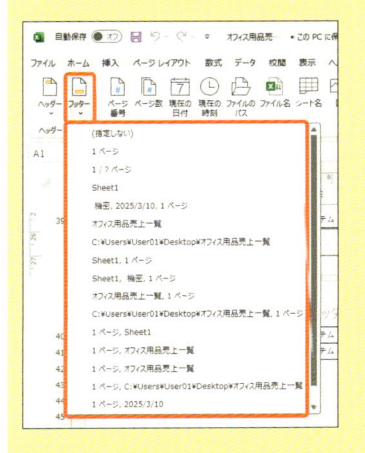

Hint [ページ設定]ダイアログ

[ページ設定]ダイアログ(p.287)でもヘッダーやフッターを指定できます。[ページ設定]ダイアログの[ヘッダー/フッター]タブ→[ヘッダーの編集]や[フッターの編集]をクリックし、表示される[ヘッダー]や[フッター]ダイアログで指定します。

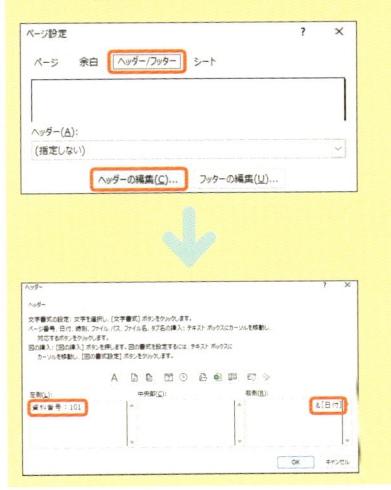

6 [ヘッダーとフッター]タブ→[ページ数]をクリックします。

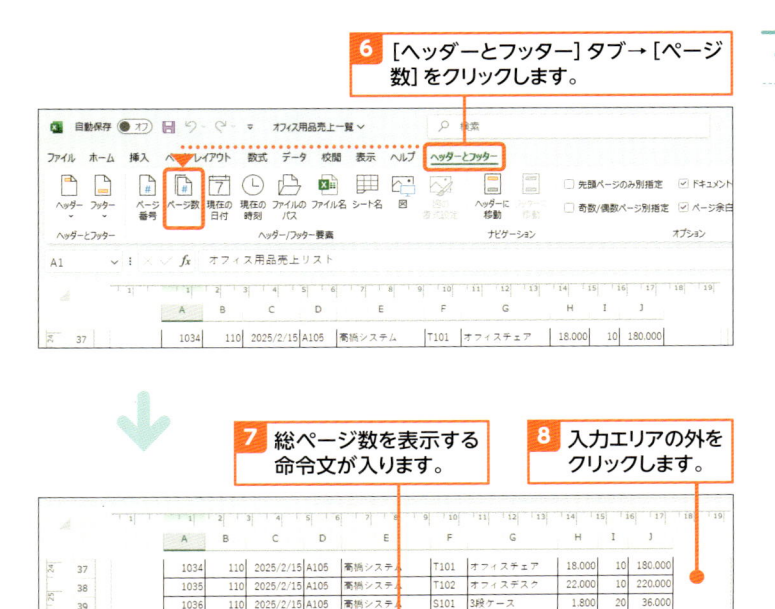

7 総ページ数を表示する命令文が入ります。

8 入力エリアの外をクリックします。

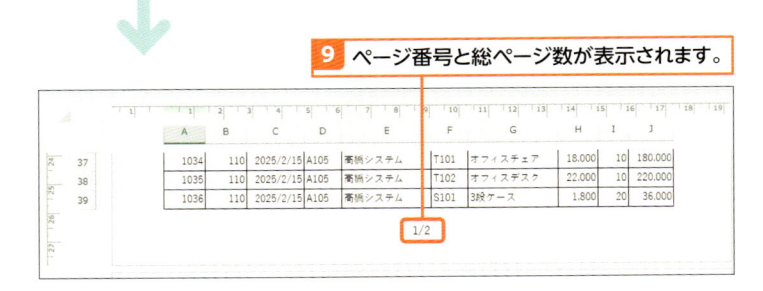

9 ページ番号と総ページ数が表示されます。

10 Backstageビューの[印刷]をクリックすると、印刷イメージが確認できます。

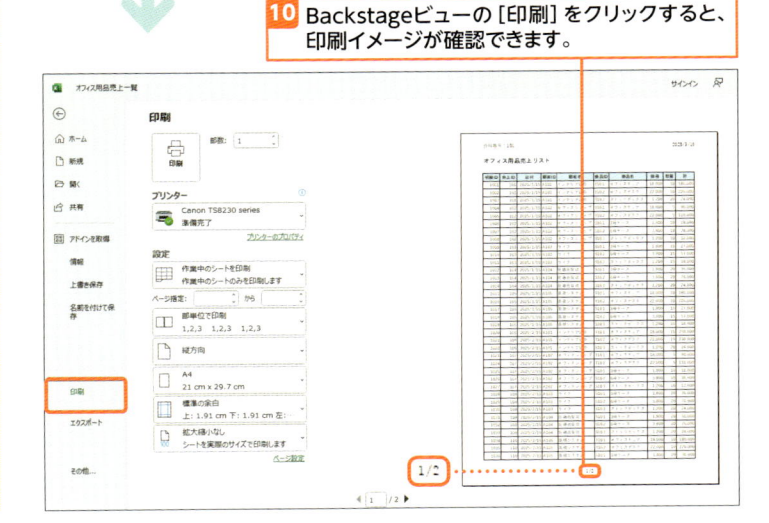

102 改ページ位置を調整する

練習用ファイル： 📁 102_家電売上リスト.xlsx

ここで学ぶのは

▶ 改ページ位置の変更

▶ 改ページの挿入

▶ 改ページの削除

2ページ以上の資料を印刷するときは、中途半端なところでページが分かれてしまうと読みづらくなります。

印刷イメージを確認して、必要に応じて改ページする位置を指定しましょう。改ページプレビューで操作します。

1 改ページ位置を確認する

💬 **解説** **改ページプレビューに切り替える**

印刷イメージの画面を表示して、改ページ位置を確認します。画面の下の [◀] [▶] をクリックしてページを切り替えて確認しましょう。改ページ位置を調整するには、改ページプレビューに切り替えて操作します。改ページプレビューでは、印刷されるところは白、印刷されないところはグレーで表示されます。

1 印刷するブックを開き、Backstageビューを表示します (p.42)。

2 [印刷] をクリックし、　　　**3** 改ページ位置を確認します。

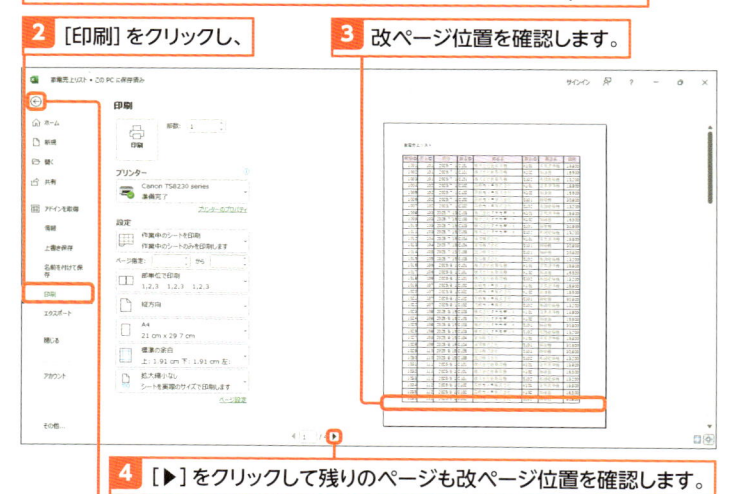

4 [▶] をクリックして残りのページも改ページ位置を確認します。

5 [←] をクリックします。

6 [表示] タブ→ [改ページプレビュー] をクリックします。

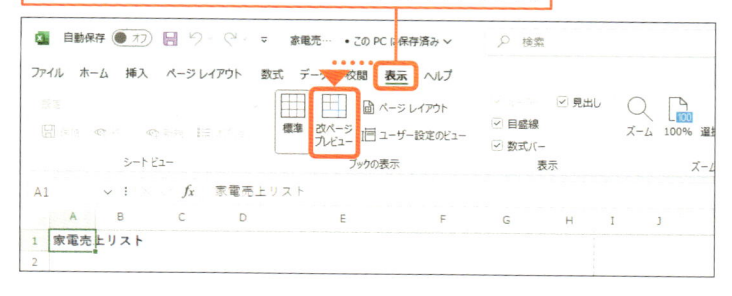

7 改ページプレビューが
表示されます。

Memo 改ページ位置

改ページプレビューの青い点線は、Excelが
自動的に指定した改ページ位置です。青い
実線は、手動で指定した改ページ位置です。

解説 改ページ位置を変える

前のページの方法で改ページプレビューを表
示します。青い点線をドラッグして改ページさ
れる位置を調整します。調整後は、青い点
線が青い実線になります。
ここでは、表の横幅がはみ出してしまってい
るので縦の線をドラッグして用紙内に収めま
す。その後、横の線をドラッグして1ページ
目と2ページ目の境の改ページ位置を調整し
ます。

Memo 改ページの削除

改ページプレビューの画面で、横の改ペー
ジ位置の指定を削除するには、改ページ位
置の下の行を選択し、選択した行の行番号
を右クリックして[改ページの解除]をクリック
します。縦の改ページ位置の指定を削除す
るには、改ページ位置の右の列を選択し、
選択した列の列番号を右クリックして[改ペー
ジの解除]をクリックします。

Memo 改ページの挿入

改ページプレビューの画面で、横の改ペー
ジ位置を追加するには、改ページ位置を入
れる下の行を選択し、選択した行の行番号
を右クリックして[改ページの挿入]をクリック
します。縦の改ページ位置を追加するには、
改ページ位置を入れる右の列を選択し、選
択した列の列番号を右クリックして[改ページ
の挿入]をクリックします。

改ページ位置を調整する

1 改ページ位置を示す青い点線にマウスポインターを移動し、

2 マウスポインターの形が変わったら、青い
点線をドラッグして位置を調整します。

3 続いて、改ページ位
置を示す青い点線に
マウスポインターを
移動し、

4 マウスポインターの
形が変わったら、青
い点線をドラッグして
位置を調整します。

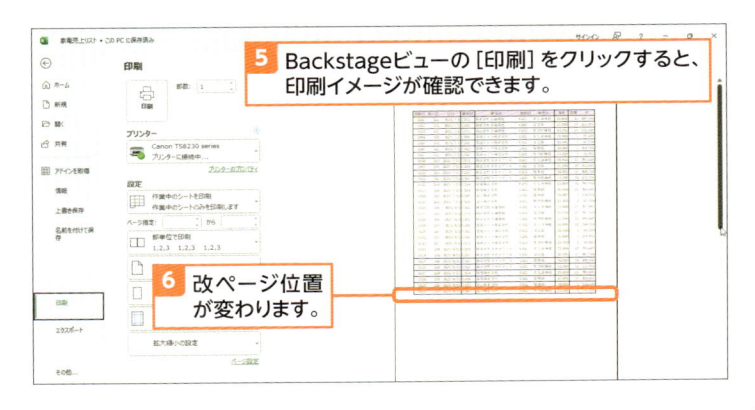

5 Backstageビューの[印刷]をクリックすると、
印刷イメージが確認できます。

6 改ページ位置
が変わります。

103 表の見出しを全ページに印刷する

練習用ファイル： 📁 103_家電売上リスト.xlsx

縦長や横長の表を印刷するときは、表の上端の見出しや左端の見出しが2ページ目以降は見えなくなってしまいます。

この場合、見出しを各ページに入れる必要はありません。**行タイトル**や**列タイトル**を指定すると、自動的に見出しを表示できます。

ここで学ぶのは

▶ ページ設定
▶ タイトル行
▶ タイトル列

1 印刷イメージを確認する

解説 印刷イメージを確認する

複数ページにわたる表の印刷イメージを確認します。通常は、2ページ目以降には見出しが表示されないため、2ページ目以降の表の内容が見づらくなります。

次ページの操作で、2ページ目以降に見出しが表示されるようにします。

> 1ページ目に表示されているタイトルと見出しをすべてのページに表示されるようにします。

1 印刷するブックを開き、Backstageビューを表示します (p.42)。

2 [印刷] をクリックします。　　　**3** タイトルと見出しが表示されています。

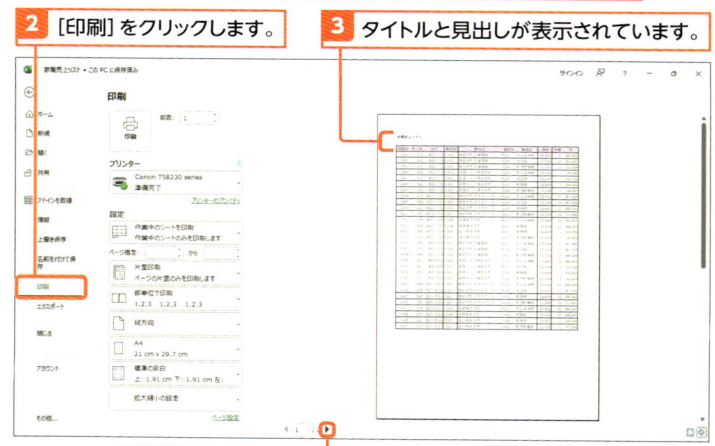

4 [▶] をクリックします。

5 2ページ目以降にはタイトルと見出しが表示されていません。

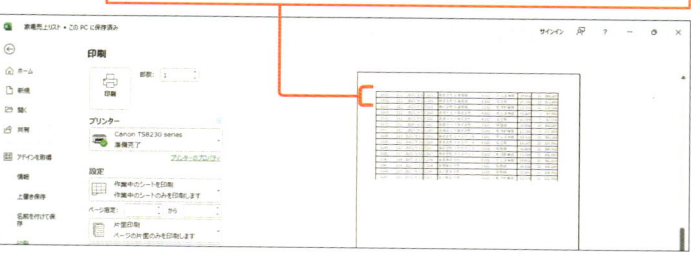

2 印刷タイトルを設定する

解説　印刷タイトルを設定する

印刷タイトルを設定して、2ページ目以降にも1～3行目までが表示されるように指定します。設定後は、Backstageビューの[印刷]をクリックして、2ページ目以降に見出しが表示されるかどうか確認しておきましょう。

Memo　印刷タイトルを設定できない場合

Backstageビューの[印刷]をクリックして[ページ設定]をクリックした場合、[ページ設定]ダイアログが表示されますが、ここからは[印刷タイトル]の設定ができません。印刷タイトルを設定するには、ここで紹介した方法で[ページ設定]ダイアログを表示します。

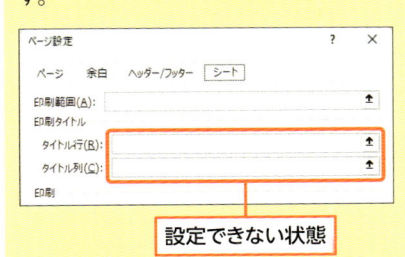

設定できない状態

Memo　タイトル列

横長の表で2ページ目以降に表の左端の見出しを表示するには、[ページ設定]ダイアログの[タイトル列]を指定します。

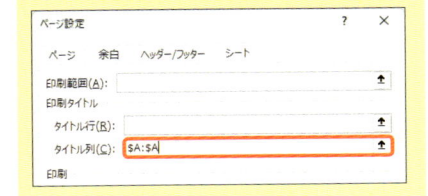

前ページに続けて、2ページ目以降にもタイトルと見出しが表示されるようにします。

1 [ページレイアウト]タブ→[印刷タイトル]をクリックします。

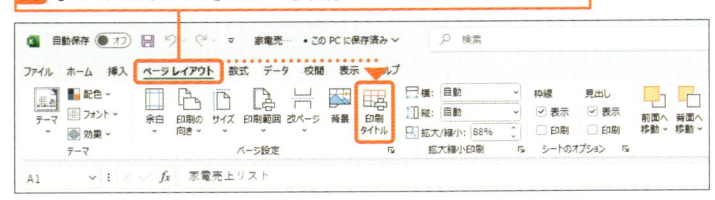

2 [タイトル行]欄をクリックします。

3 すべてのページに表示したい行の行番号（ここでは、「1 ～ 3行目」）をドラッグします。

4 タイトル行の範囲が入力されます。

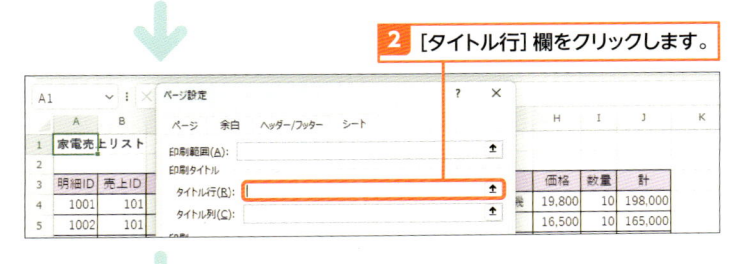

5 [OK]をクリックします。

6 Backstageビューで確認すると、2ページ目以降にもタイトルと見出しが表示されます。

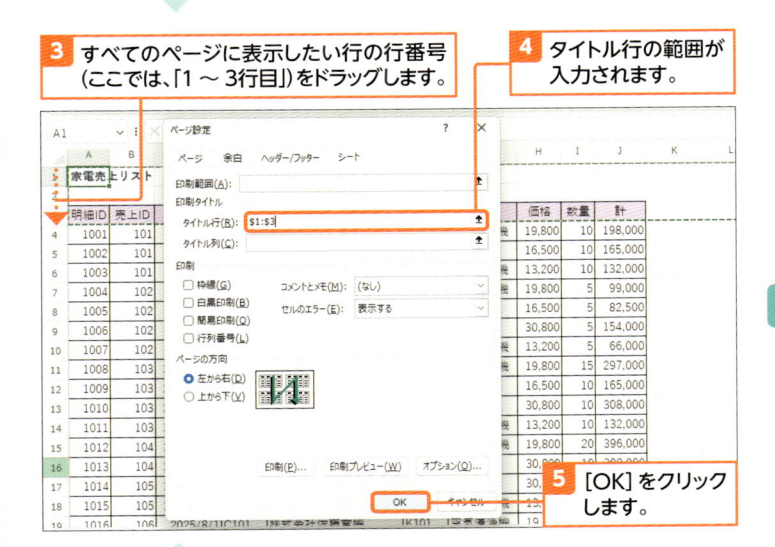

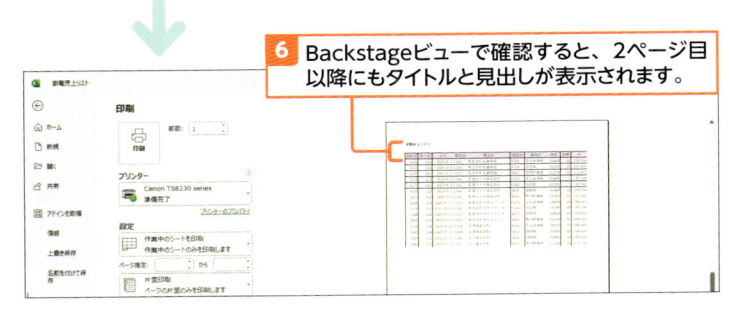

Section

104

表を用紙1ページに収めて印刷する

練習用ファイル： 📁 104_売店コーナー売上リスト.xlsx

ここで学ぶのは

▶ ページ設定

▶ 拡大／縮小

▶ 用紙に合わせる

表の横幅が用紙の幅に収まらない場合などは、表を縮小して印刷する方法があります。

また、用紙の幅に合わせて表を自動的に縮小して印刷する方法もあります。横幅や縦幅だけを1ページ内に収めることもできます。

1 表の印刷イメージを見る

解説 印刷イメージを見る

表の横幅を用紙内に収める前に、今の印刷イメージを確認しましょう。ここでは、表が4ページに分かれています。表の横幅を用紙の幅に収められれば、2ページで印刷できそうです。

Hint 印刷時の表示内容について

[ページ設定] ダイアログ（p.287）の [シート] タブでは、印刷時に何を表示するか指定できます。たとえば、セルと区切る線を表示するには [枠線]、行番号や列番号を表示するには [行列番号] のチェックを付けます。また、セルに追加したコメントやメモを印刷するかどうか、エラーの表示方法などを指定できます。

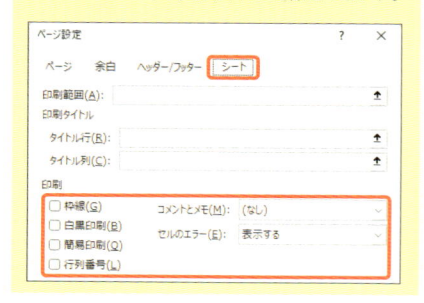

今の状態では表が4ページに分かれて印刷されることを確認します。

1 印刷するブックを開き、Backstageビューを表示します (p.42)。

2 [印刷] をクリックします。

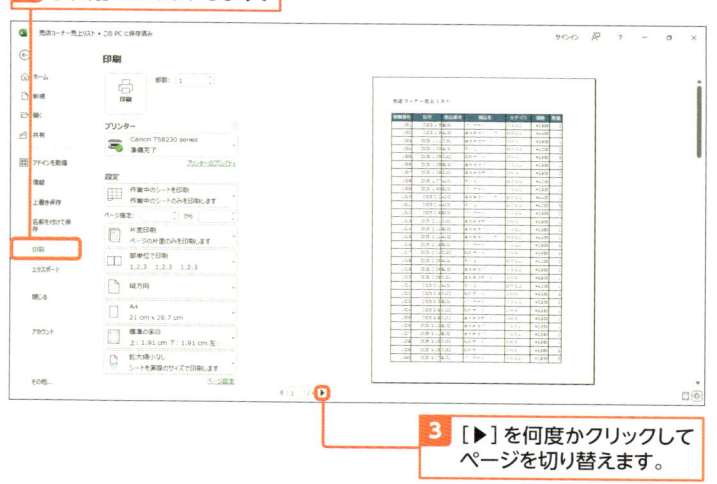

3 [▶] を何度かクリックしてページを切り替えます。

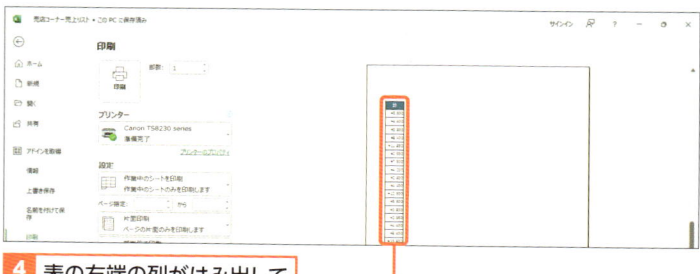

4 表の右端の列がはみ出してしまっています。

2 表の幅を1ページに収める

解説 1ページに収める

表の横幅が用紙の幅を少しはみ出してしまう場合は、表を縮小してページ内に収めることが可能です。表の横幅をページ内に収めるには、[すべての列を1ページに印刷]をクリックします。この場合、縦長の表の場合は、複数ページにわたって印刷されます。

とにかく全体を1ページに収めたい場合は、[シートを1ページに印刷]を選びます。

また、横長の表で、表の高さを1ページに収めるには、[すべての行を1ページに印刷]を選びます。

Memo 拡大／縮小する

表の拡大率や縮小率を指定して印刷するには、[ページ設定]ダイアログ(p.287)を表示して、[ページ]タブ→[拡大／縮小]のチェックをオンにして拡大率や縮小率を指定します。

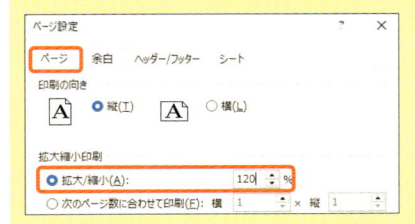

Memo ページ数を指定する

表が大きくてページに収まらない場合、何ページに収めて印刷するかを指定するには、[ページ設定]ダイアログ(p.287)を表示します。[ページ]タブ→[次のページ数に合わせて印刷]のチェックをオンにすると、ページ数を指定できます。

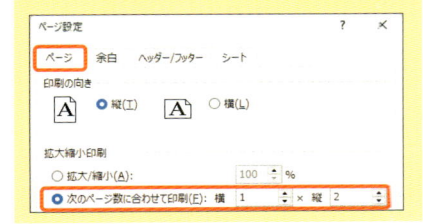

前ページの続きで、表の幅を用紙の幅に収めて印刷します。

1 [拡大縮小なし]をクリックします。

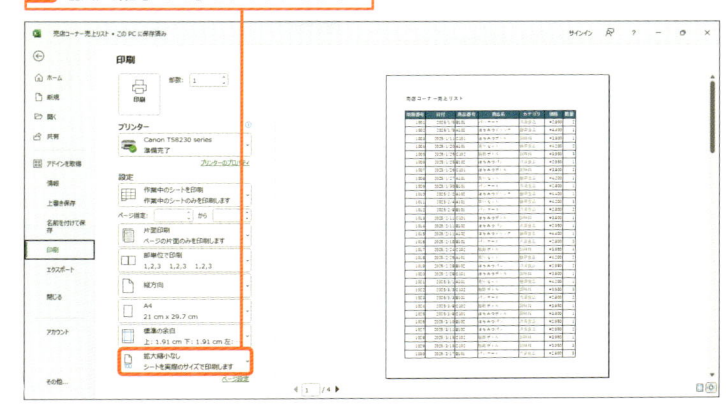

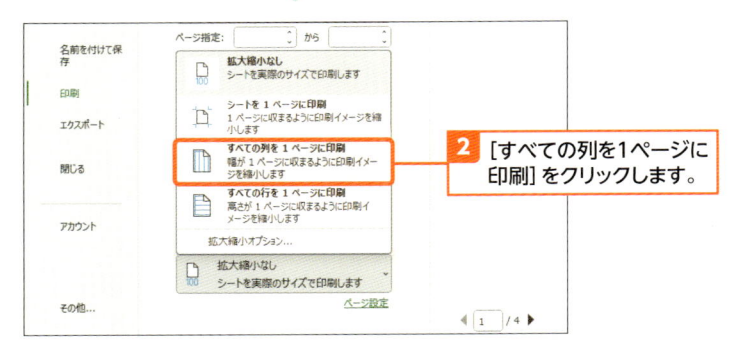

2 [すべての列を1ページに印刷]をクリックします。

3 表の列が用紙の幅に収められます。

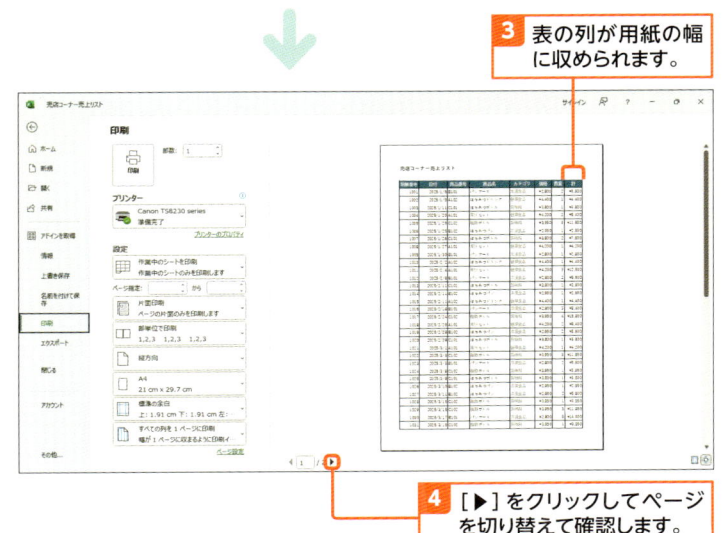

4 [▶]をクリックしてページを切り替えて確認します。

105 指定した箇所だけを印刷する

練習用ファイル： 📁 105_請求書.xlsx

ここで学ぶのは

▶ ページ設定
▶ 印刷範囲
▶ 選択範囲

指定したセル範囲のみ印刷するには、印刷範囲を設定する方法と選択した範囲を印刷する方法などがあります。

常に同じ場所だけを印刷する場合は、印刷範囲を設定しておくと、毎回セル範囲を選択する手間が省けて便利です。

1 印刷範囲を設定する

解説 印刷範囲を設定する

印刷範囲を設定すると、印刷したときに常に指定したセル範囲だけが印刷されるようになります。印刷範囲を設定後は、Backstageビューの[印刷]をクリックして、印刷イメージを確認しておきましょう。

1 印刷したいセル範囲を選択し、

2 [ページレイアウト]タブ→[印刷範囲]→[印刷範囲の設定]をクリックします。

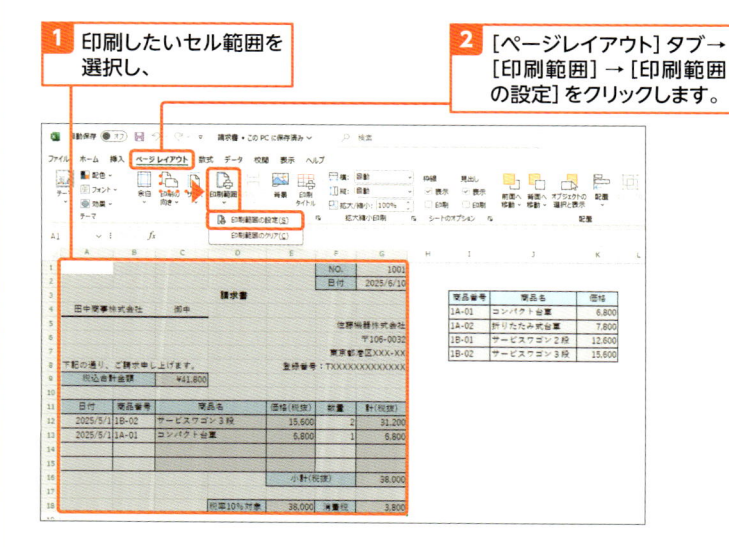

Memo 印刷範囲を解除する

印刷範囲を解除して、すべてのセル範囲を印刷対象にするには、[ページレイアウト]タブ→[印刷範囲]→[印刷範囲のクリア]をクリックします。

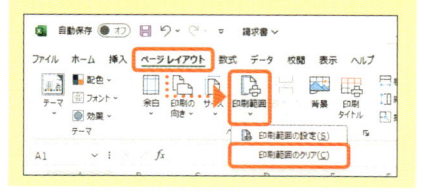

3 印刷範囲に指定されているセル範囲にグレーの線が表示されます。

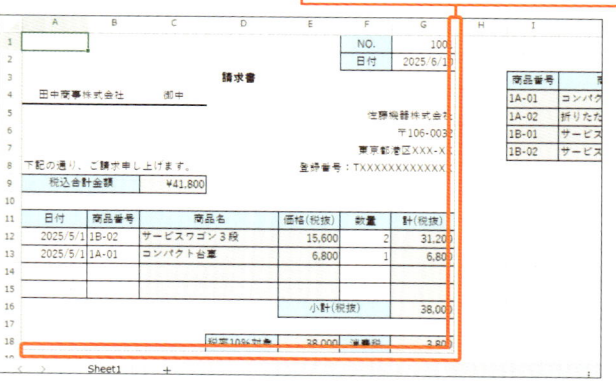

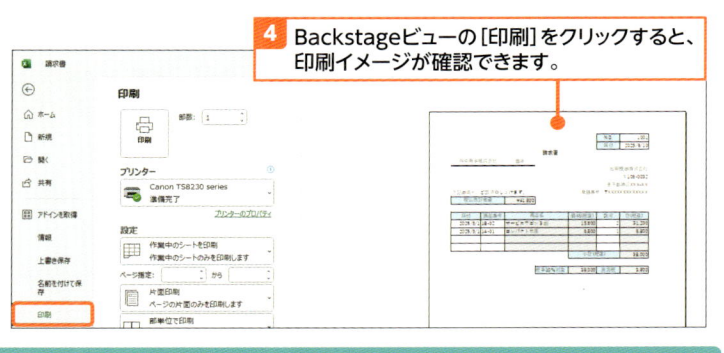

4 Backstageビューの[印刷]をクリックすると、印刷イメージが確認できます。

2 選択した範囲を印刷する

解説 選択範囲を印刷する

選択したセル範囲の部分を印刷するには、Backstageビューの[印刷]で、印刷する部分を指定します。毎回同じ場所を印刷するときは、前ページの印刷範囲を設定する方法がおすすめですが、一時的に指定したセル範囲を印刷する場合は、この方法を使うと便利です。

1 印刷したいセル範囲を選択し、

2 [ファイル]タブをクリックします。

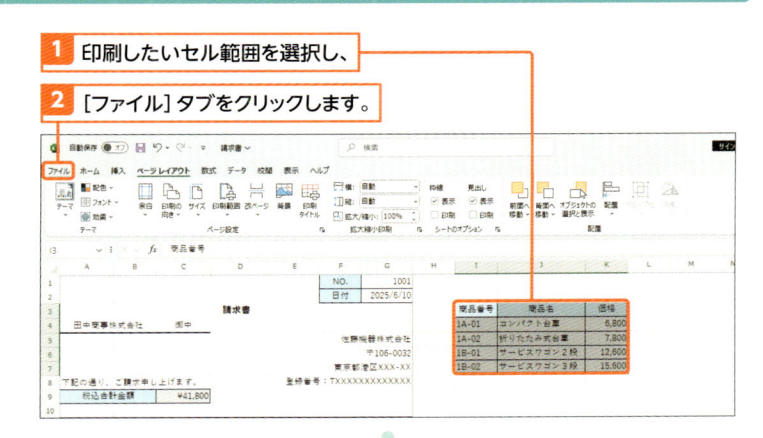

3 [印刷]をクリックします。

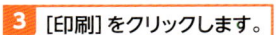

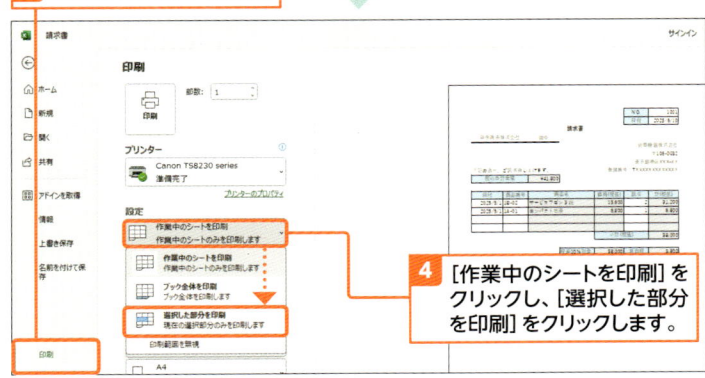

4 [作業中のシートを印刷]をクリックし、[選択した部分を印刷]をクリックします。

注意 印刷範囲を元に戻す

選択範囲ではなく、作業中のシートを印刷対象にするには、Backstageビューの[印刷]で[作業中のシートを印刷]を選択しておきます。

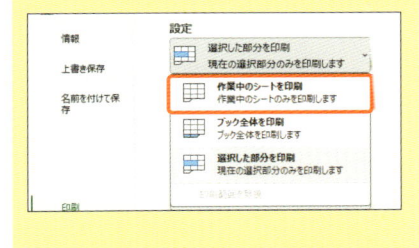

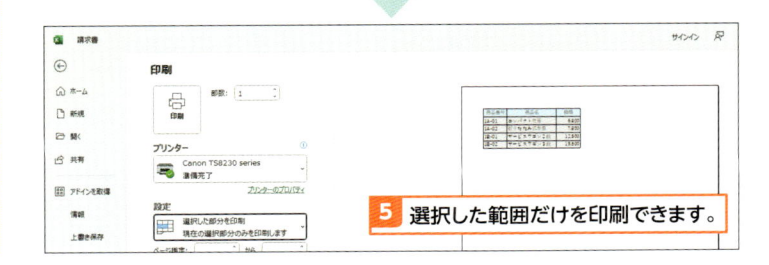

5 選択した範囲だけを印刷できます。

106 表やグラフを印刷する

練習用ファイル： 📁 106_店舗別売上表.xlsx

ここで学ぶのは

▶ 印刷イメージ

▶ 印刷

▶ グラフの印刷

印刷イメージを確認して印刷時の設定を済ませたら、実際に表やグラフを印刷してみましょう。

印刷時には、印刷に使うプリンターを確認します。また、印刷する部数を指定して印刷します。

1 印刷イメージを確認する

💬 **解説 印刷イメージを見る**

印刷を実行する前には、必ず印刷イメージを確認しましょう。必要に応じて、用紙の向きやサイズ、余白の大きさ、ヘッダー／フッター、改ページ位置、印刷タイトル、拡大／縮小の設定などを行います。

1 印刷するブックを開き、Backstageビューを表示します（p.42）。

2 [印刷] をクリックします。

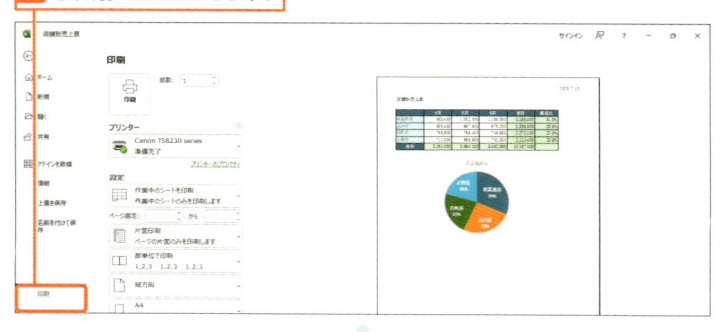

3 [作業中のシートを印刷] をクリックし、

4 印刷対象を選択してクリックします。

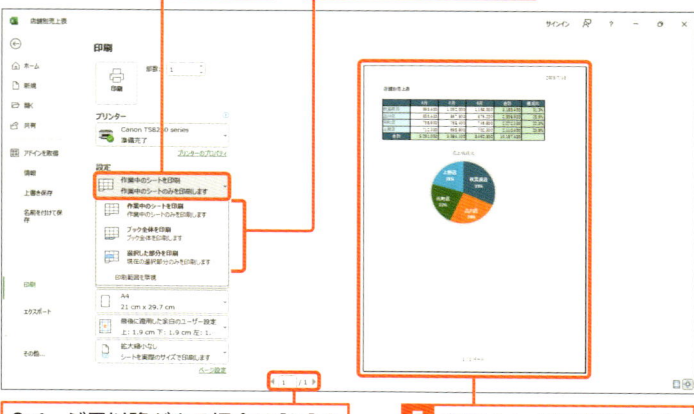

2ページ目以降がある場合は [▶] をクリックしてページを切り替えます。

5 印刷イメージを確認します。

📝 **Memo ブック全体を印刷する**

複数シートを含むブックを印刷するとき、複数シートを含むブック全体を印刷するには、印刷時に [ブック全体を印刷] を選択してから印刷します。

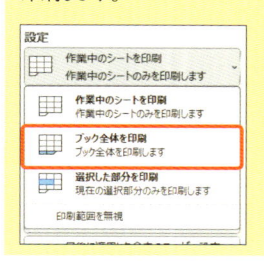

2 印刷をする

1 印刷するブックを開き、Backstageビューを表示します (p.42)。

解説 印刷を実行する

印刷イメージを確認して印刷時の設定を済ませたら、実際に印刷を実行します。プリンターの表示を確認し、印刷するプリンターが違う場合は、[▼]をクリックして印刷するプリンターを選びます。

2 [印刷]をクリックし、

3 [プリンター]の表示を確認します。

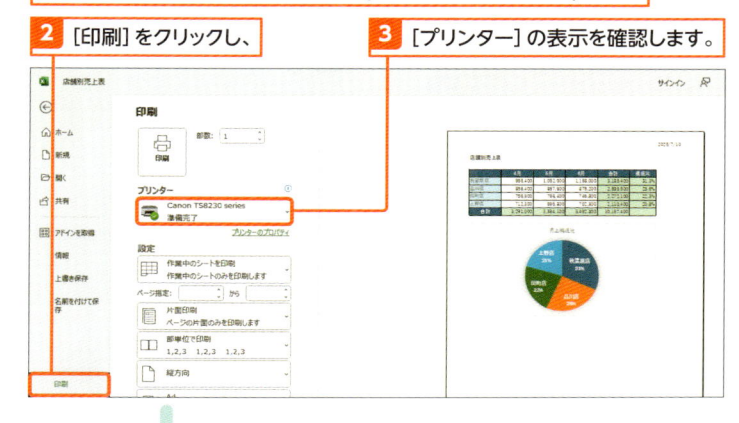

Hint ページの方向について

印刷するページが縦横複数ページにわたる場合は、通常、左上部分→左下部分→右上部分→右下部分のように左から右に順に印刷されます。左上部分→右上部分→左下部分→右下部分のように上から下の順に印刷するには、[ページ設定]ダイアログ (p.287) の [シート] タブでページの方向を指定します。

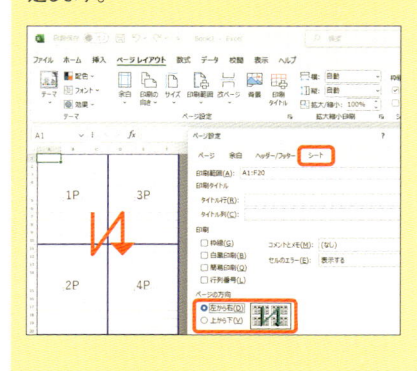

4 [部数]を入力し、

5 [印刷]をクリックします。

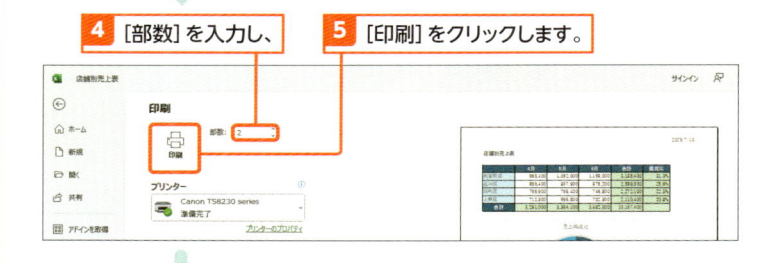

6 印刷が実行されます。

⚠ 注意 印刷イメージが表示されない場合

表やグラフの印刷イメージが表示されない場合、印刷する範囲が正しく指定されていない可能性があります。印刷の対象に[作業中のシートを印刷]が選択されているか確認しましょう。
また、印刷範囲 (p.302) が設定されていないかなどを確認します。

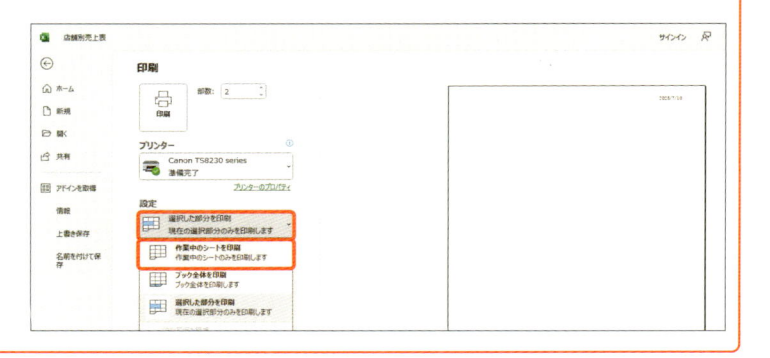

3 グラフを印刷する

解説 グラフだけを印刷する

グラフだけ大きく印刷するには、最初に印刷するグラフを選択しておきます。印刷イメージを表示すると、グラフの印刷イメージが表示されます。

Memo 印刷するページを指定する

印刷するページの範囲を指定するには、[ページ指定]でページの範囲を入力します。3ページ目だけを印刷する場合は、[3]から[3]のように指定します。

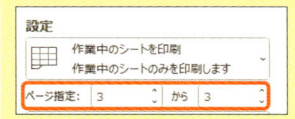

11

Hint テーブルだけを印刷する

テーブルだけを印刷する場合は、印刷するテーブルのいずれかのセルをクリックし、印刷時に[選択したテーブルを印刷]を選択してから印刷します。

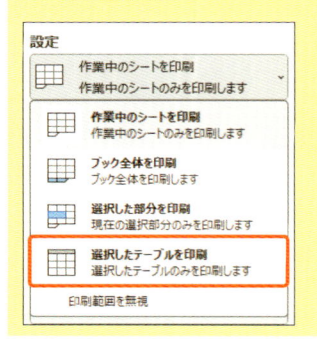

1 印刷するグラフをクリックして選択し、

2 [ファイル]タブをクリックします。

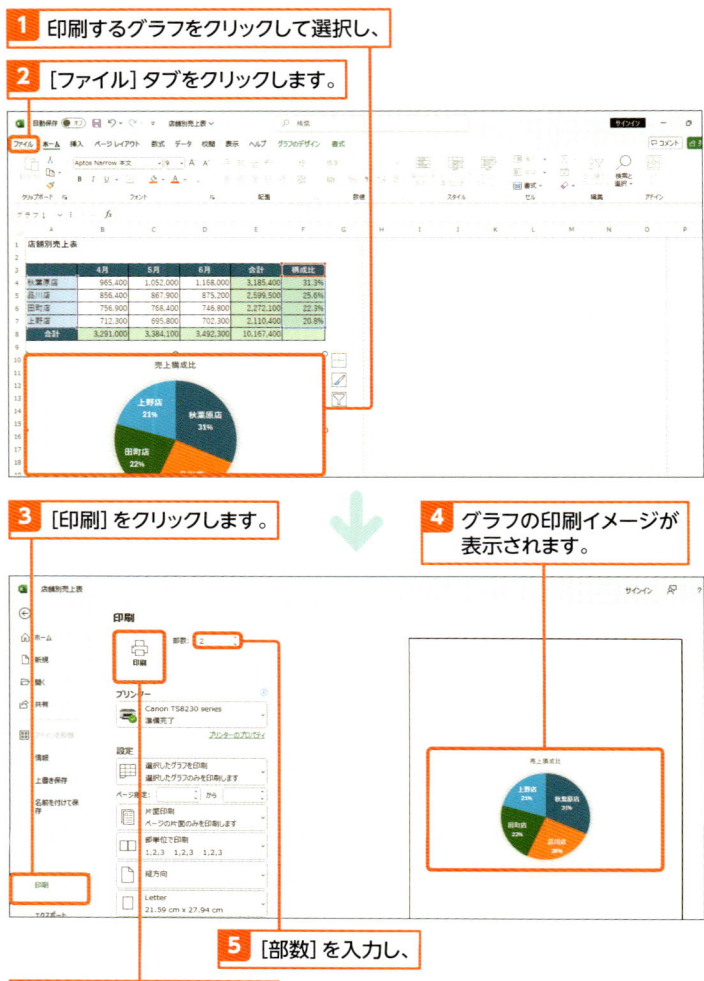

3 [印刷]をクリックします。

4 グラフの印刷イメージが表示されます。

5 [部数]を入力し、

6 [印刷]をクリックします。

7 グラフだけ大きく印刷されます。

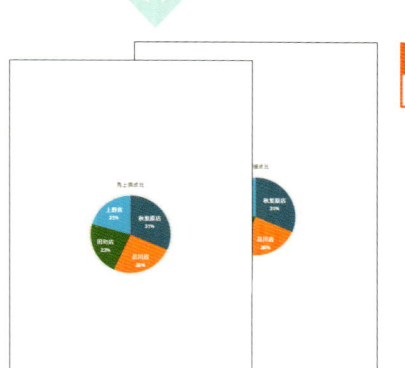

第**12**章

使い方が広がる
その他の機能

　この章では、Excelの使い方が広がる機能をいくつか紹介します。Excelを自分好みにカスタマイズして使う方法を知りましょう。また、ファイルをインターネット上のファイル共有スペースに保存して活用する方法も解説します。話題のAI機能についても触れています。

Excelに追加できる オブジェクトを知る

練習用ファイル：📁 107_入場者数集計表.xlsx

ここで学ぶのは

▶ 図形
▶ アイコン
▶ 画像

シートには、図形や写真、図など、さまざまなものを追加できます。それらは、Excelで編集することもできます。
ここでは、どのようなものを追加できるのかを見てみましょう。また、図形を追加して表示する方法を紹介します。

1 さまざまなオブジェクトを知る

Hint 3D モデル

立体的な画像を追加して使うこともできます。［挿入］タブ→［3D モデル］（［図］→［3D モデル］）をクリックすると追加する画像を選べます。

Hint ストック画像

イラストや画像、アイコンなどのストック画像を利用できます。ストック画像からイラストなどを選択して追加できます。

オブジェクトとは、画像や図形などを含む、Excelに追加するさまざまなもののことです。［挿入］タブから追加できます。

● オブジェクトの種類

名前	内容
画像	写真などのファイルを追加する
オンライン画像	インターネットから画像を探して追加する
図形	図形を追加する
SmartArt	ピラミッド図や組織図などの図を追加する
スクリーンショット	パソコン画面の画像を追加する
ワードアート	文字飾りの付いた文字を追加する
数式	円の面積などのさまざまな数式の図を追加する
アイコン	イラストのようなアイコンを追加する
ストック画像	イラストやアイコン、画像などを追加する
3Dモデル	立体的な画像を追加する

 図形を追加する

解説 図形を描く

図形を描くには、図形の種類をクリックしてからシート上をドラッグします。ほとんどの図形は、中に文字を入力できます。文字の配置を変えるには、図形をクリックして、[ホーム]タブ→[配置]グループにある[中央揃え][上下中央揃え]などのボタンをクリックします。

Hint テキストボックス

基本図形の[テキストボックス]や[縦書きテキストボックス]を選択すると、文字を入力するための図形が描けます。テキストボックスを描くと、カーソルがテキストボックスの中に表示されますので、すぐに文字を入力できます。

Hint 手書き風にする

図形を手書き風に変換できます。図形を選択し、[図形の書式]タブの[図形の枠線]の⌄をクリックし、[スケッチ]からスケッチの種類を選択します。[フリーハンド]を選ぶと手書き風になります。

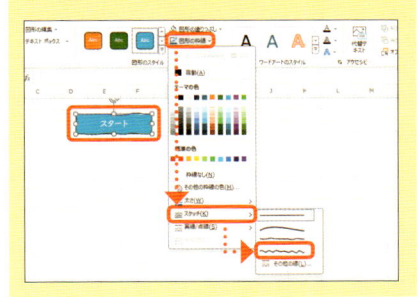

1 [挿入]タブ→[図形]([図]→[図形])→描きたい図形の種類をクリックします。

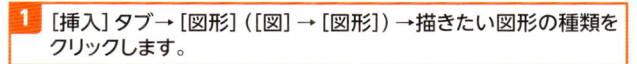

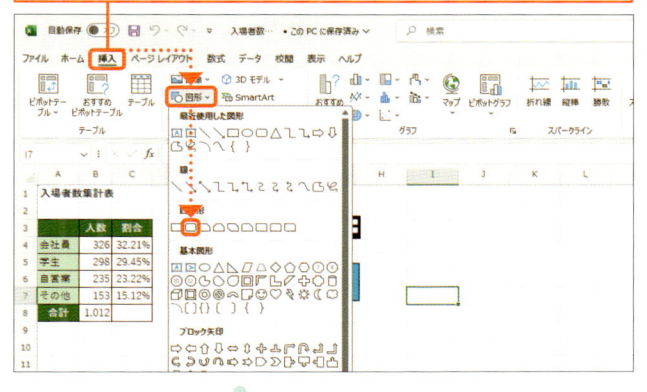

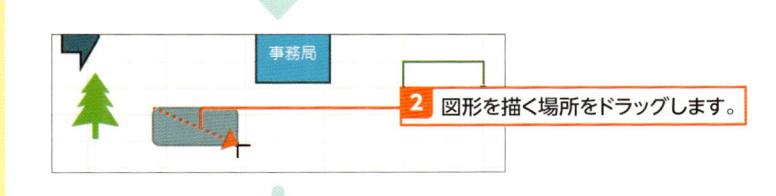

2 図形を描く場所をドラッグします。

3 図形をダブルクリックして文字を入力し、

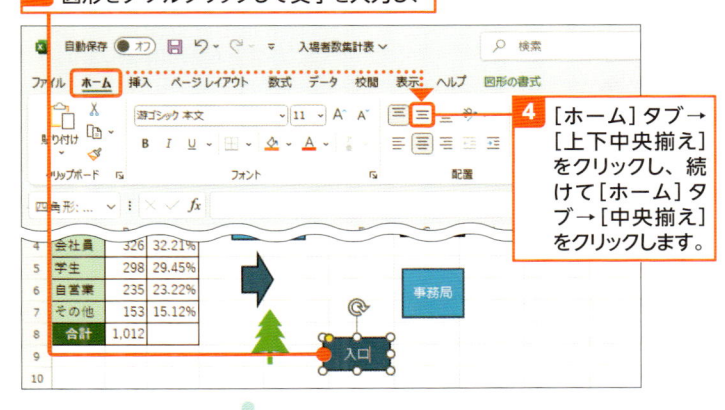

4 [ホーム]タブ→[上下中央揃え]をクリックし、続けて[ホーム]タブ→[中央揃え]をクリックします。

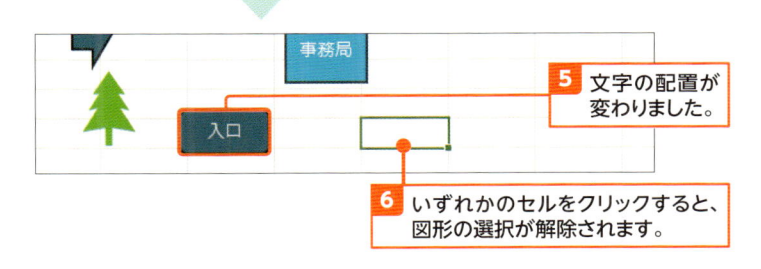

5 文字の配置が変わりました。

6 いずれかのセルをクリックすると、図形の選択が解除されます。

3 図形の位置を整える

解説 図形の大きさや位置を変える

図形を選択すると、周囲に白いハンドルが表示されます。図形の大きさを変えるには、白いハンドルにマウスポインターを移動してドラッグします。外側にドラッグすると図形が大きくなります。

また、図形を移動するには、図形の中にマウスポインターを移動してドラッグします。

Memo 図形の形を変える

図形によっては、図形を選択すると黄色いハンドルが表示されます。黄色いハンドルをドラッグすると図形の形を変えられます。

Hint 図形の種類を変える

図形の種類自体を変えたい場合は、図形を選択し、[図形の書式] タブ→ [図形の編集] → [図形の変更] から図形を選択します。

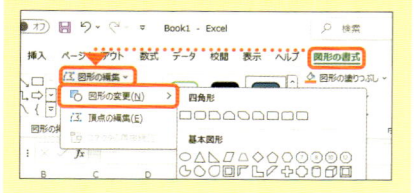

---

1 大きさを変える図形をクリックし、

2 ハンドルをドラッグします。

3 図形の大きさが変わります。

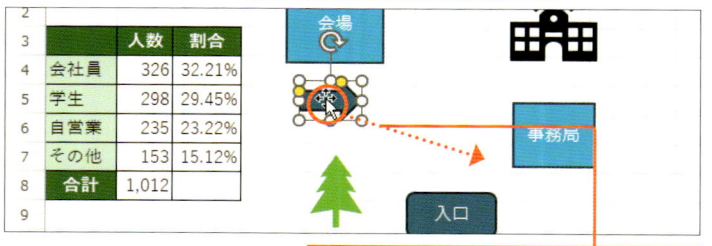

4 図形の中にマウスポインターを移動し、ドラッグします。

5 図形が移動します。

6 上の矢印をドラッグして回転させます。

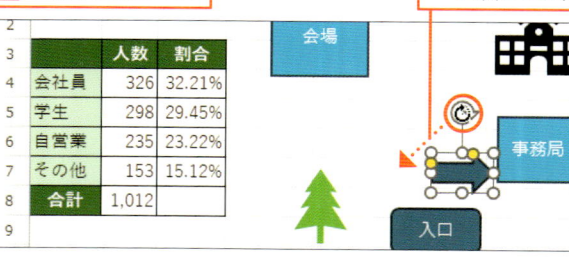

7 図形の大きさや位置、傾きが変わります。

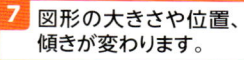

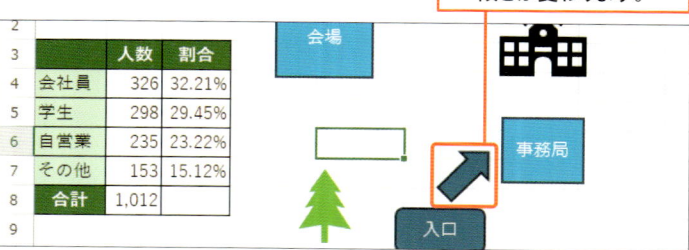

4 図形に書式を設定する

解説 書式の設定

図形を選択し、[図形の書式]タブ→[図形のスタイル]から図形のスタイルを変えます。色や枠線の飾りを個別に指定するには[図形の塗りつぶし]や[図形の枠線]をクリックして指定します。図形を立体的に表示したりするには、[図形の効果]から指定します。

Memo 重なりを変える

図形を重ねて描くと、後から描いた図形が上に重なります。重なり順を変えるには、図形を選択し、[図形の書式]タブ→[前面へ移動]([背面に移動])をクリックします。横の ˅ をクリックすると、[最前面へ移動]([最背面へ移動])などを選択できます。

1 重なりを変える図形をクリック

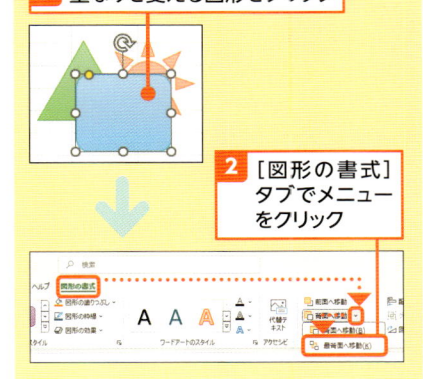

2 [図形の書式]タブでメニューをクリック

---

1 スタイルを変える図形をクリックし、

2 [図形の書式]タブ→[図形のスタイル]の をクリックします。

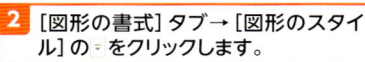
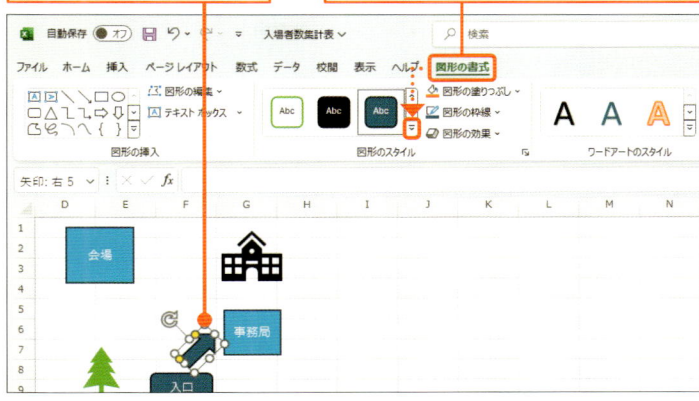

3 スタイルの一覧から気に入ったスタイルをクリックします。

4 図形のスタイルが変わります。

Hint オブジェクトの表示

オブジェクトの表示／非表示を切り替えるには、[ページレイアウト]タブ→[オブジェクトの選択と表示]をクリックします。[選択]作業ウィンドウが表示されるので、各オブジェクトの右の マークをクリックして、表示／非表示を切り替えます。

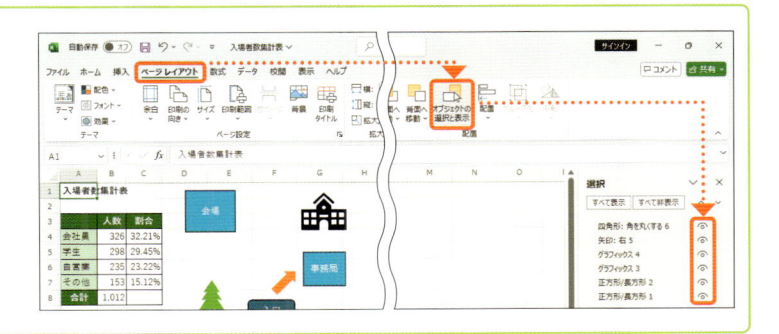

108 クイックアクセスツールバーの表示をカスタマイズする

練習用ファイル： 📁 108_研修会収支表.xlsx

ここで学ぶのは

▶ カスタマイズ

▶ クイックアクセスツールバー

▶ Excelのオプション

クイックアクセスツールバーには、機能を実行するさまざまなボタンを追加できます。

よく使う機能のボタンを追加しておくと、タブを切り替える手間なく、すぐに機能を実行できて便利です。

1 クイックアクセスツールバーにボタンを追加する

解説　ボタンを追加する

クイックアクセスツールバーに、機能のボタンを追加します。ここでは一覧から機能を選んで追加します。

Hint　クイックアクセスツールバーをリボンの下に表示する

クイックアクセスツールバーをリボンの下に表示するには、クイックアクセスツールバーの横の ⏷ をクリックし、[リボンの下に表示]をクリックします。

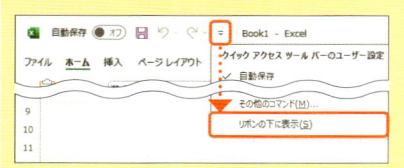

Memo　ボタンを削除する

クイックアクセスツールバーに追加したボタンを削除するには、ボタンを右クリックして、[クイックアクセスツールバーから削除]をクリックします。

クイックアクセスツールバーに、印刷プレビューを表示するボタンを追加します。

1 クイックアクセスツールバーの横の ⏷ をクリックし、

2 [印刷プレビューと印刷]をクリックします。

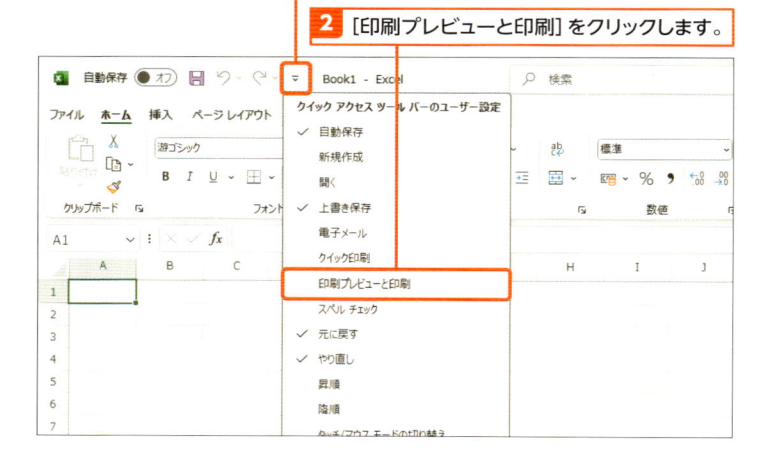

3 [印刷プレビューと印刷]ボタンが表示されます。

4 追加されたボタンをクリックすると、Backstageビューの[印刷]が表示されます。

2 追加する機能を一覧から選んで追加する

 **解説** ▶ ボタンを追加する

[Excelのオプション] ダイアログでクイックアクセスツールバーに追加するボタンを選べます。[クイックアクセスツールバーのユーザー設定] では、ボタンを追加するブックを選択できます。[すべてのドキュメントに適用（既定）] を選ぶと、どのブックが開いていても常に表示するボタンを追加できます。

 **Memo** ▶ クイックアクセスツールバーをリセットする

クイックアクセスツールバーをリセットして元の状態に戻すには、[Excelのオプション] ダイアログの [クイックアクセスツールバー] を選択し、[クイックアクセスツールバーのユーザー設定] からリセットする対象のブックを選択します。続いて、[リセット] → [クイックアクセスツールバーのみをリセット] をクリックします。

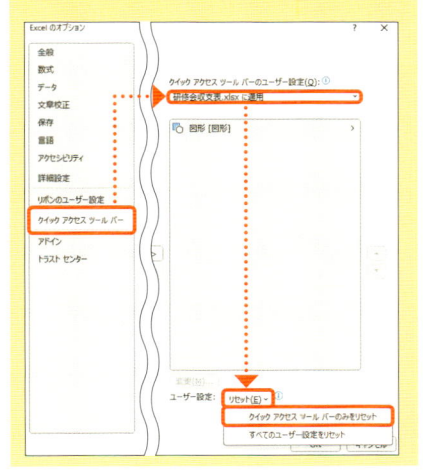

クイックアクセスツールバーに、図形を描くボタンを追加します。

1 クイックアクセスツールバーの横の ▽ をクリックし、

2 [その他のコマンド] をクリックします。

3 [コマンドの選択] の [▼] をクリックして分類を選びます。

4 [クイックアクセスツールバーのユーザー設定] の [▼] をクリックして追加先をクリックします。

5 追加するボタンをクリックし、

6 [追加] をクリックします。

7 ボタンが表示されます。

8 [OK] をクリックします。

9 [図形] ボタンが表示されます。

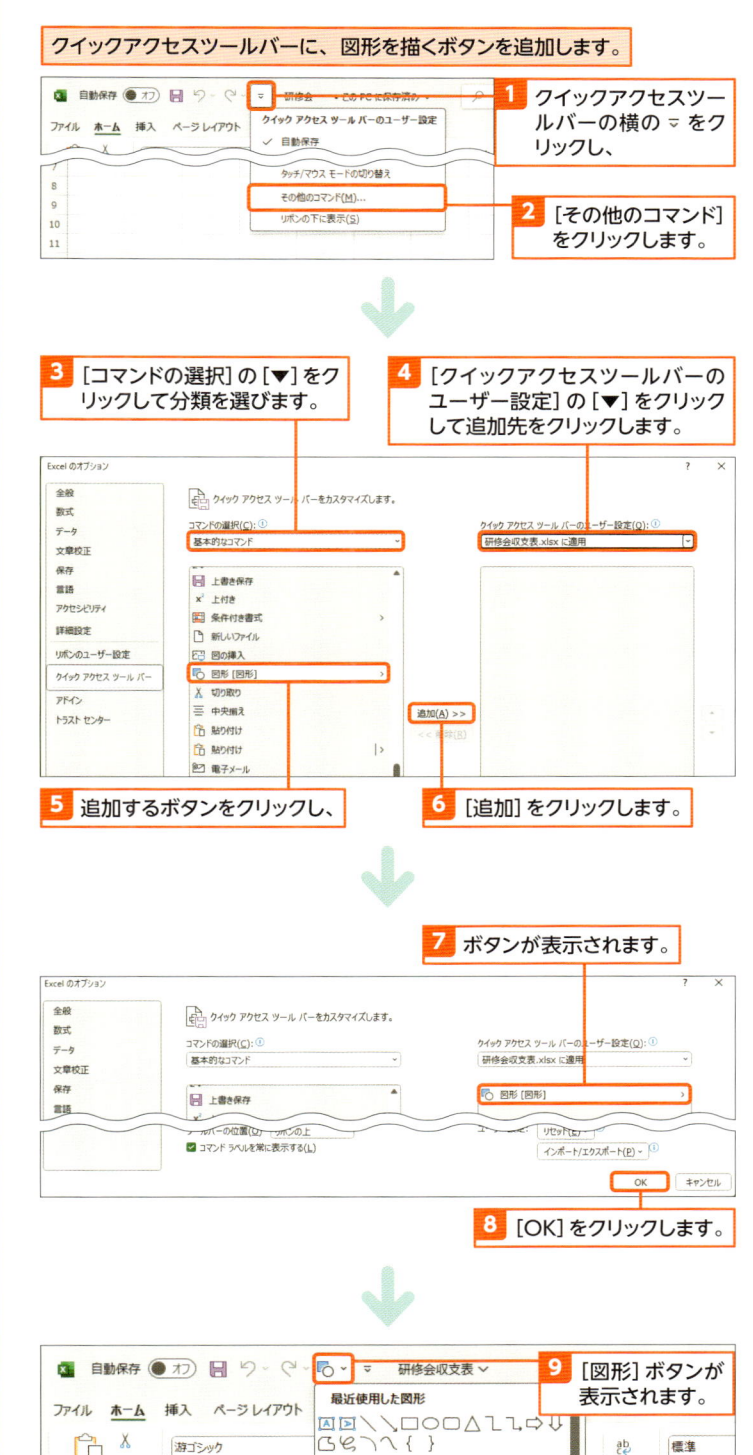

109 リボンの表示をカスタマイズする

リボンに表示するボタンの内容は、カスタマイズして使えます。よく使う機能のボタンをまとめて表示できます。

ボタンを追加するときは、新しくタブやグループを作ったりして、そこにボタンを配置します。

1 リボンにタブを追加する

解説　タブを追加する

[Excel のオプション] ダイアログを表示してタブを追加します。タブを追加する場所の左のタブを選択してからタブを追加します。

Hint　リボンの表示

タブをダブルクリックすると、リボンの表示／非表示を切り替えられます。

Memo　タブを移動する

タブの場所を入れ替えるには、移動するタブの項目をクリックし、[▲] [▼] をクリックします。

Hint　どんなボタンを追加できるの？

リボンのタブに追加できるボタンには、リボンにない操作のボタンや、何かのボタンをクリックすると表示される操作のボタン、また、以前のバージョンの Excel で利用できた機能のボタンなどがあります。よく使う機能がリボンにない場合などは、必要に応じてクイックアクセスツールバーやリボンをカスタマイズして利用するとよいでしょう。

1 リボンの上のどこかで右クリックし、

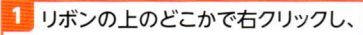

2 [リボンのユーザー設定] をクリックします。

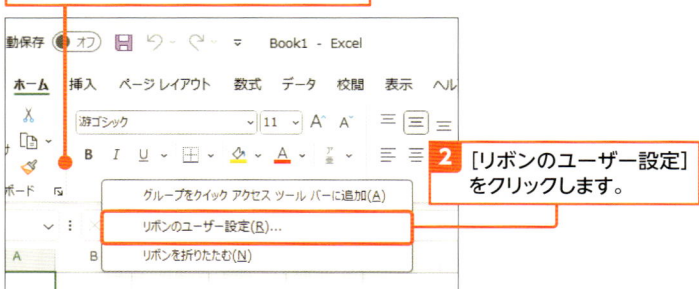

3 タブを追加する場所の左に位置するタブをクリックし、

左のMemo を参照

4 [新しいタブ] をクリックします。

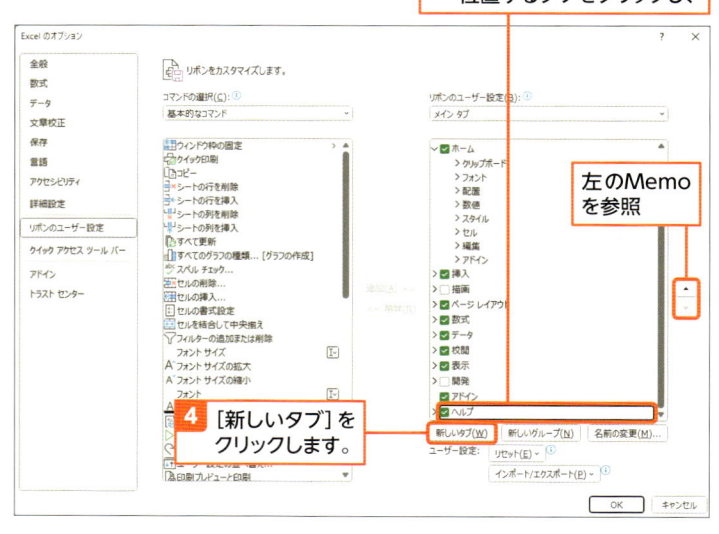

解説　ボタンを追加する

[Excelのオプション] ダイアログで、新しいタブのグループに追加するボタンを選びましょう。複数のグループを作るには、グループを作るタブをクリックし、[新しいグループ] をクリックします。

Memo　タブやグループの名前を変える

追加したタブやグループの名前を変えるには、タブやグループを選択し、[名前の変更] をクリックします。表示されるダイアログで名前を入力して [OK] をクリックします。

Memo　リボンをリセットする

リボンの設定を元の状態に戻すには、[Excelのオプション] ダイアログの [リボンのユーザー設定] を選択し、[リセット] をクリックします。すべてリセットするには [すべてのユーザー設定をリセット] をクリックします。既存のタブの設定を変えた後、そのタブの設定のみを元に戻す場合は、タブを選択して [選択したリボン タブのみをリセット] をクリックします。

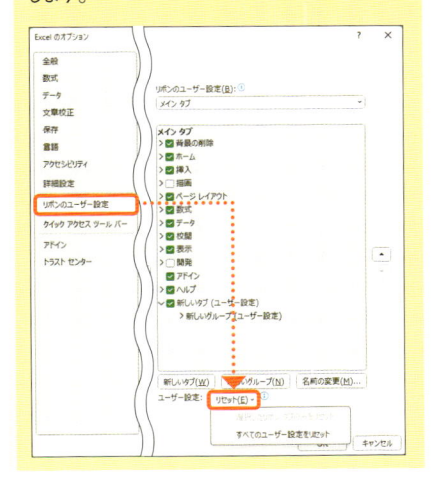

新しいタブにボタンを追加する

前ページの続きで、新しいタブにボタンを追加します。

1 追加したタブの [新しいグループ(ユーザー設定)] をクリックし、

2 [コマンドの選択] の [▼] をクリックして分類を選びます。

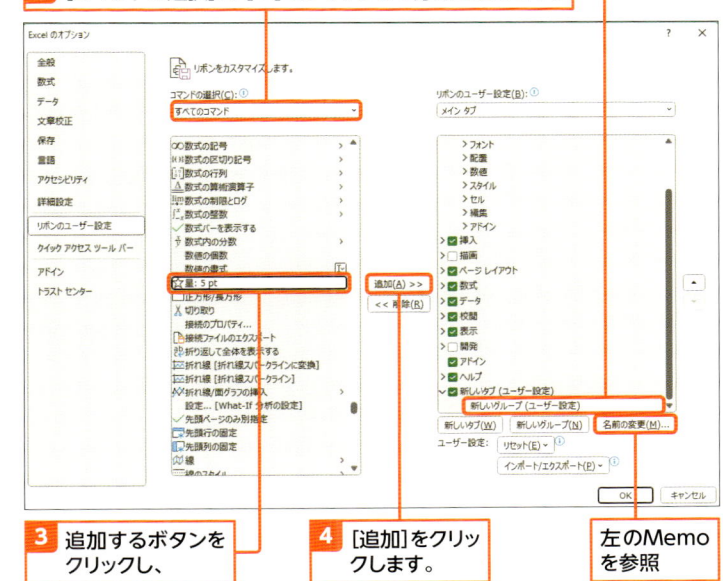

3 追加するボタンをクリックし、

4 [追加] をクリックします。

左のMemoを参照

5 同様にして、ボタンを追加します。

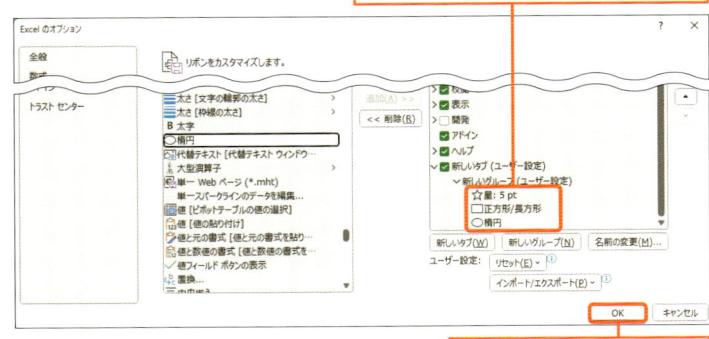

6 [OK] をクリックします。

7 追加したタブにボタンが表示されます。

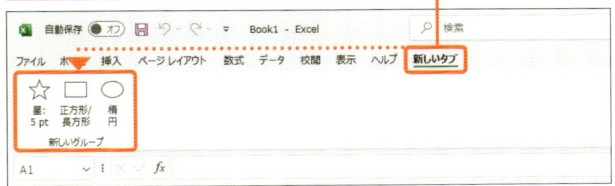

Microsoftアカウントで
サインインする

ここで学ぶのは

▶Microsoft アカウント

▶サインイン

▶サインアウト

WordやExcelなどのOffice製品のアプリを使うときは、Microsoftアカウントでサインインして使えます。

サインインすると、OneDriveというインターネット上のファイルの保存先から簡単にファイルを開いたり保存したりできます。

1 Microsoft アカウントとは？

Microsoftアカウントを取得すると、さまざまなことができます（下表）。本書では、MicrosoftアカウントでOffice製品にサインインして使う方法を紹介します。

すでにMicrosoftアカウントを取得している場合は、新しくMicrosoftアカウントを取得する必要はありません。取得済みのMicrosoftアカウントを使いましょう。

● Microsoft アカウントでできること

例	内容
パソコンのアカウントとして使う	Windows 11やWindows 10のパソコンを使うときに、パソコンにログインするアカウントとして利用できる
メールの利用	Microsoftアカウントを取得するときに、新しいメールアドレスを取得すると、新しいメールアドレスを使ってメールのやり取りができる
OneDriveの利用	OneDriveというインターネット上のファイルの保存先を利用できる
Officeへのサインイン	Office製品のアプリを使うときに、Microsoftアカウントでサインインすると、Excelなどから簡単にOneDriveのファイルの保存先を利用できる

Memo **Microsoft アカウントを取得する**

Microsoftアカウントは、無料で取得できます。Microsoftアカウントを取得するには、ブラウザーで「https://signup.live.com/」のWebページを開いて操作します。普段使っているメールアドレスをMicrosoftアカウントとして登録する場合は、そのメールアドレスを入力して画面を進めます。新しいメールアドレスを取得して、それをMicrosoftアカウントとして使う場合は、[新しいメールアドレスを取得]をクリックして画面を進めます。

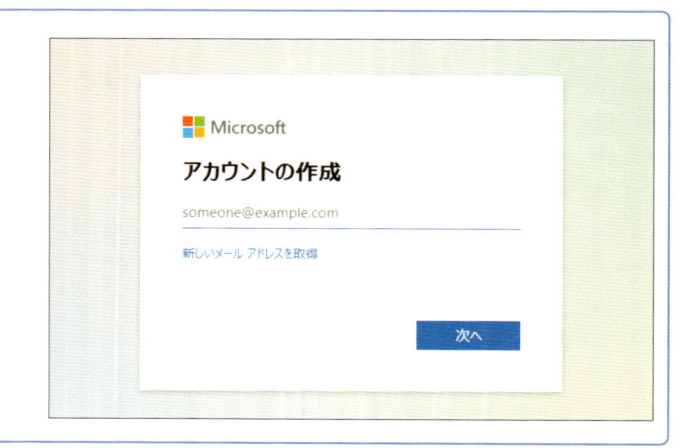

2 サインインする

解説 **サインインする**

Excelから、Microsoftアカウントにサインインします。一度サインインすると、次にExcelを起動したときも自動的にサインインされます。また、Wordなどの他のOffice製品を使うときも自動的にサインインされます。

Memo サインアウトする

Microsoftアカウントでサインインした後、サインアウトするには、Microsoftアカウントのユーザー名をクリックし、[サインアウト]をクリックします。メッセージを確認して[はい]をクリックします。
なお、お使いの環境によって、表示される画面は異なります。

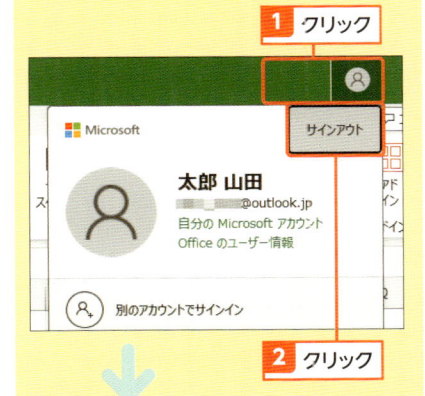

1 クリック

2 クリック

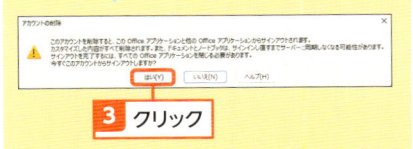

3 クリック

1 [サインイン]をクリックします。

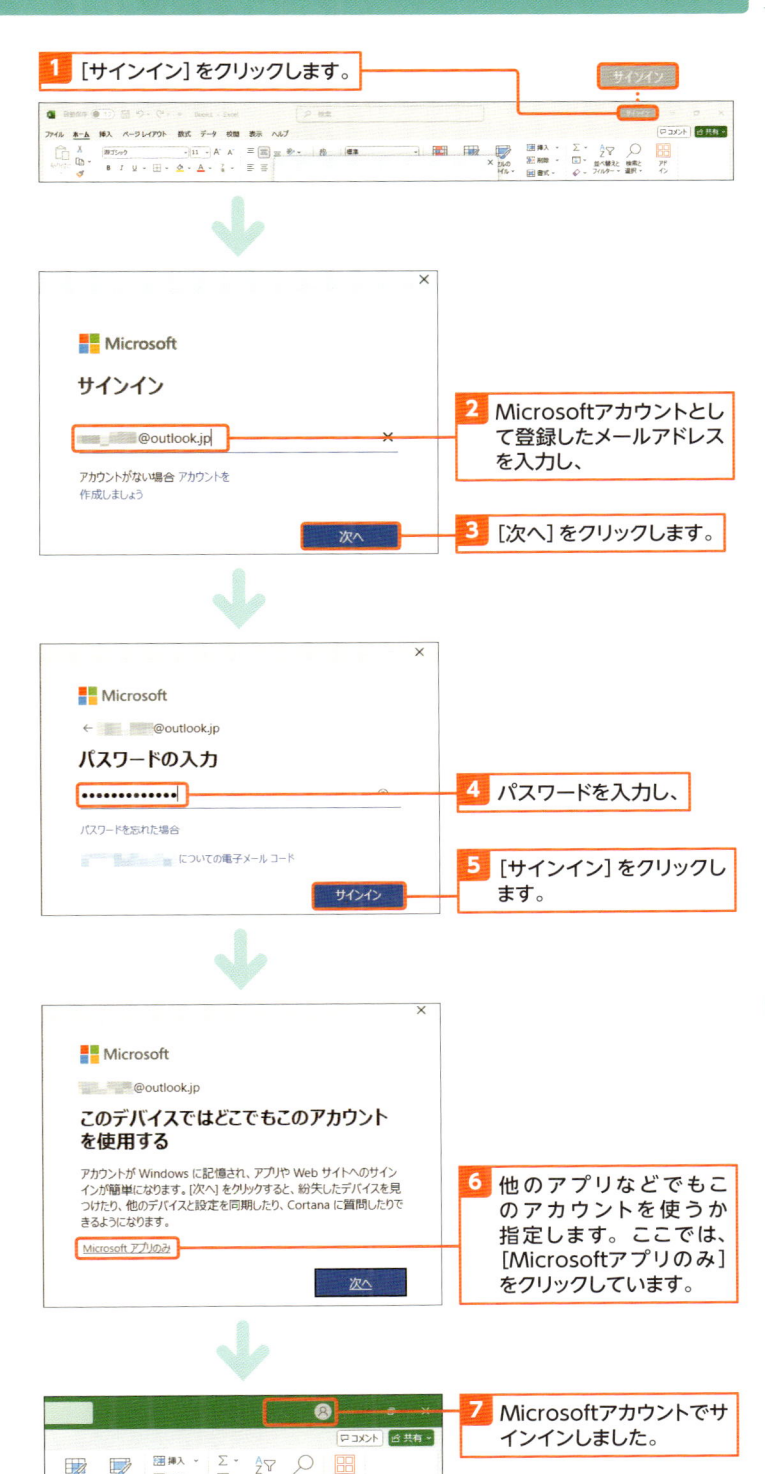

2 Microsoftアカウントとして登録したメールアドレスを入力し、

3 [次へ]をクリックします。

4 パスワードを入力し、

5 [サインイン]をクリックします。

6 他のアプリなどでもこのアカウントを使うか指定します。ここでは、[Microsoftアプリのみ]をクリックしています。

7 Microsoftアカウントでサインインしました。

Section 111 ネット上のファイル共有スペースを使う

▶ OneDrive
▶ ブラウザー
▶ スマホアプリ

OneDriveというインターネット上のファイルの保存スペースを使って、**ファイルを保存したり開いたり**してみましょう。
MicrosoftアカウントでExcelにサインインすると（p.316）、ExcelからOneDriveのブックを直接扱えます。

1 OneDrive とは？

Microsoftアカウントを取得すると、OneDriveが使えるようになります。OneDriveの利用例は下表のとおりです。本書では、Office製品のアプリからブックを操作する方法と、スマホでMicrosoft 365アプリやMicrosoft Excelアプリを使ってOneDriveに保存したブックを見たりする方法を紹介します。

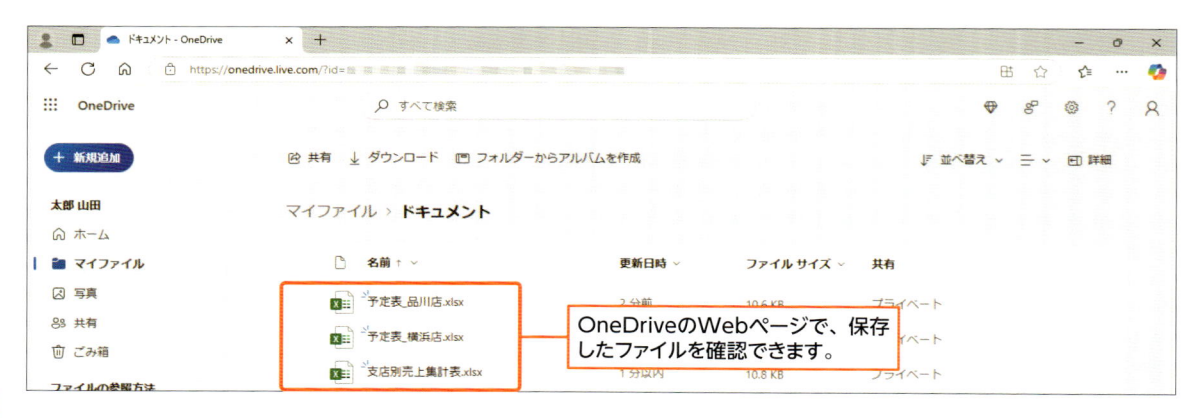

OneDriveのWebページで、保存したファイルを確認できます。

● OneDrive の利用例

例	内容
ブラウザーでファイルを操作する	ブラウザーでOneDriveのWebサイトを開いて、パソコン内のファイルをOneDriveにアップロードしたり、OneDriveのファイルをパソコンにダウンロードしたりできる
エクスプローラーでファイルを操作する	OneDriveアプリを使って、エクスプローラーからパソコン内のファイルをOneDriveにアップロードしたり、OneDriveのファイルをパソコンにダウンロードしたりできる。また、パソコンの「OneDrive」フォルダーとOneDriveのファイルを自動的に同期することもできる
Office製品のアプリからファイルを操作する	ExcelなどのOffice製品のアプリからOneDriveに直接ファイルを保存したり、OneDriveにあるファイルを開いたりできる
友人とファイルを共有する	OneDriveのファイル共有機能を使って、ファイルを公開できる。友人とファイルを共有して使える
ブラウザーでファイルを編集する	Office製品のアプリがインストールされていないパソコンからも、ブラウザーを使ってOneDriveに保存したExcelファイルなどを見たり編集したりできる
スマホやタブレットからファイルを編集する	OneDriveアプリを使って、スマホやタブレットからOneDriveに保存したファイルを見られる。また、Microsoft 365アプリやMicrosoft Excelアプリを使って、スマホやタブレットからOneDriveに保存したファイルを見たり編集したりできる。ただし、使っている機器によっては、Microsoft 365のサブスクリプション契約が必要になる場合もある

2 OneDrive にブックを保存する

 **解説** ブックを保存する

Microsoft アカウントでサインインしていると、Excel から OneDrive にブックを直接保存できます。ここでは、OneDrive にある「ドキュメント」フォルダーに保存しています。

 **Memo** 無料で使える

Microsoft アカウントを取得すると、誰でも無料で OneDrive を使えます。通常の場合は、5GBの容量を使えますが、サブスクリプション契約で Office を使っている場合などは、1TBの容量を使える場合もあります。また、有料で容量を増やすこともできます。

Hint OneDrive のブックを
ブラウザーで開く

ブラウザーで OneDrive にあるブックを開くには、OneDrive の Web サイト（https://onedrive.live.com/about/ja-jp/signin）にログインし、開くブックを選択し、[開く] → [ブラウザーで開く] をクリックします。

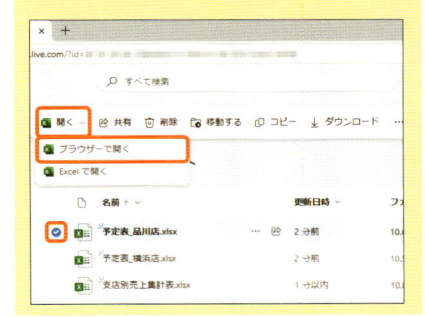

1 OneDriveに保存するブックを開いておきます。

2 [ファイル] タブをクリックして、Backstageビューを表示します (p.42)。

3 [名前を付けて保存] をクリックし、 **4** [OneDrive] をクリックして、 **5** [OneDrive-個人用] をクリックします。

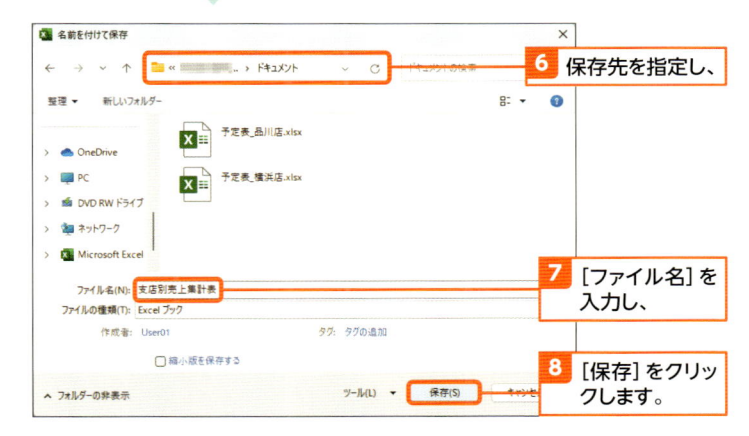

6 保存先を指定し、

7 [ファイル名] を入力し、

8 [保存] をクリックします。

OneDriveのWebサイト
https://onedrive.live.com/about/ja-jp/

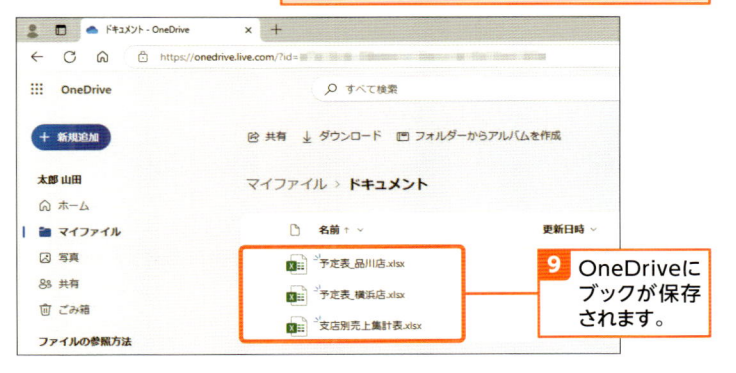

9 OneDriveにブックが保存されます。

12 使い方が広がるその他の機能

ネット上のファイル共有スペースを使う

3 OneDrive にあるブックを開く

解説 ブックを開く

Microsoft アカウントでサインインしていると、Excel から OneDrive のブックを簡単に開けます。ここでは、OneDrive にある「ドキュメント」フォルダーに保存したブックを開いています。

Hint ブックを開く その他の方法

ここでは、OneDrive のブックを Excel で開いていますが、OneDrive のブックは、Office 製品の Excel 以外でも開けます。たとえば、Excel が入っていないパソコンなどを使用していても、ブラウザー版の Excel で開けます（p.319 の Hint 参照）。また、Excel や Word などのファイルを開くことができる Microsoft 365 アプリを利用してブラウザーで開くこともできます。タブレットやスマホについては、p.322 を参考にしてください。

Hint シートビュー

本書では紹介していませんが、OneDrive を利用すると、他の人とファイルを共有して利用できます。その際、シートビューという新しい機能を使用すると、同じファイルを編集している他のユーザーに影響を及ぼすことなく、データを並べ替えたり抽出したりできます。

1 ［ファイル］タブをクリックして、Backstage ビューを表示します（p.42）。

2 ［開く］をクリックし、

3 ［OneDrive］をクリックします。

4 ［ドキュメント］をクリックします。

5 開くブックをクリックします。

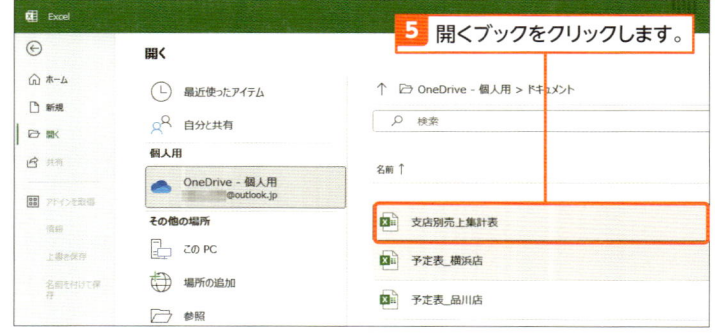

6 OneDrive のブックが Excel で開きます。

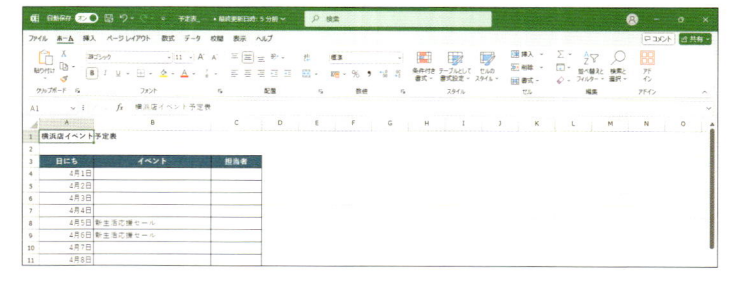

12

使い方が広がるその他の機能

Memo サインインしていない場合

Microsoft アカウントでサインインしていない場合は、ブックを開くときや保存するときに［OneDrive］をクリックすると、右図のような画面が表示されます。［サインイン］をクリックすると、サインインの画面が表示されます。

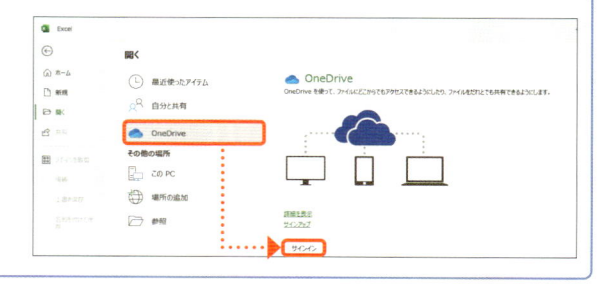

 解説 **ブックを編集する**

OneDriveのブックは、自分のパソコンに保存しているブックと同じように編集できます。ここでは、ブックを編集して上書き保存しています。

1 OneDriveにあるブックを開いておきます。

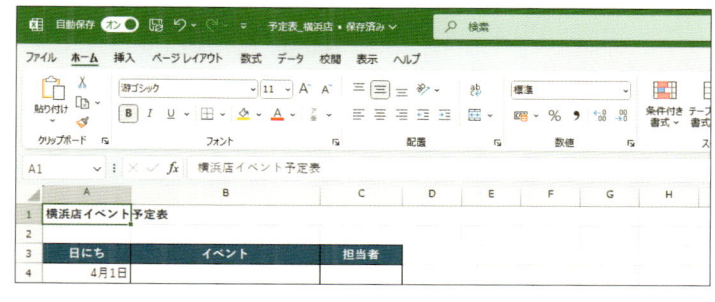

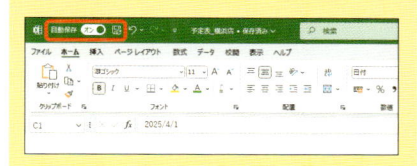 Hint **自動保存**

画面左上に[自動保存]が表示されます。[自動保存]をオンにしていると、OneDriveに保存しているブックを自動的に保存することができます。

2 ブックにデータを入力したり書式を変えたりして編集します。

3 [上書き保存]をクリックします。

これでOneDriveのブックが上書き保存されます。

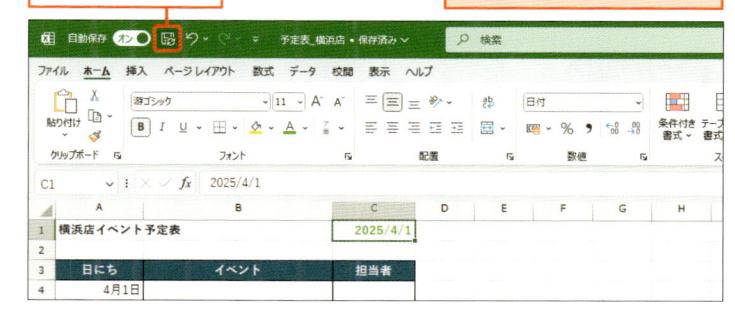

 Hint **Windows の OneDrive アプリ**

Windows 11/Windows 10のOneDriveアプリを使うと、自分のパソコンのOneDriveフォルダーのファイルとOneDrive上のファイルとの間で、自動的に同期をとることができます。OneDriveフォルダーは、既定では「C:¥Users¥ユーザー名¥OneDrive」にあります。OneDriveアプリを使うには、スタートメニューからOneDriveアプリを起動するか、タスクバー右端にあるOneDriveのアイコン ☁ をクリックして設定をします。[設定]をクリックすると、設定内容を確認できます。

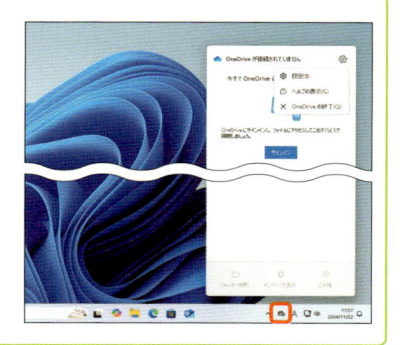

5 OneDrive にあるブックをスマホで開く

解説 ブックを開く

スマホでOneDriveに保存したブックを開くには、Microsoft 365アプリやMicrosoft Excelアプリを利用する方法があります。Microsoft 365アプリは、Excelだけでなく、WordやPowerPointなどのファイルも扱えます。Microsoft Excelアプリは、Excel単体です。アプリの起動時に、サインインの画面が表示された場合は、Microsoftアカウントのメールアドレスとパスワードを入力してサインインして操作します。

なお、本書では、iPhoneでMicrosoft Excelアプリを使用した画面を紹介しています。お使いのスマホやアプリによって画面の表示内容などは、異なる場合があります。

Microsoft Excelアプリ

Microsoft 365アプリ

Hint OneDrive アプリ

App StoreやGoogle PlayからOneDriveアプリをインストールして、OneDriveアプリを起動すると、OneDriveに保存したブックを表示できます。ブックを編集するときは、Microsoft 365アプリやMicrosoft Excelアプリを使います。

OneDriveアプリ

1 App StoreやGoogle Playから、Microsoft 365アプリ、または、Microsoft Excelアプリを入手してインストールしておきます。

2 [Microsoft 365アプリ]、または、[Microsoft Excelアプリ] をタップして起動します。

3 ホーム画面で [開く] をタップします。

4 [OneDrive]をタップします。

5 ブックの保存先のフォルダーをタップします。

6 開くブックをタップします。

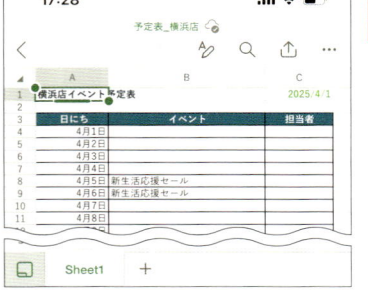

7 OneDriveのブックがスマホで開きます。

💬 **解説** **ブックを編集する**

Microsoft 365アプリやMicrosoft Excel
アプリを使うと、スマホでExcelブックを操作
できます。編集した内容は、自動的に保存
されます。なお、お使いの機器によっては、
編集や保存をするのにOfficeのサブスクリプ
ション契約が必要になる場合があります。

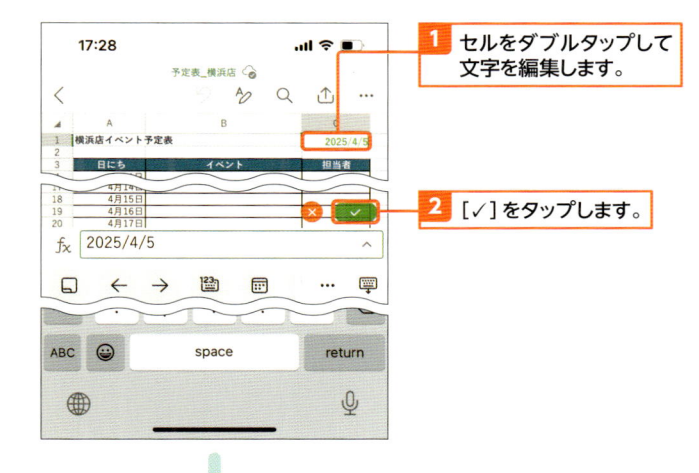

1 セルをダブルタップして
文字を編集します。

2 [✓]をタップします。

📝 **Memo** **元に戻る**

元の画面に戻るには、いずれかのセルをタッ
プして、[<]をタップします。

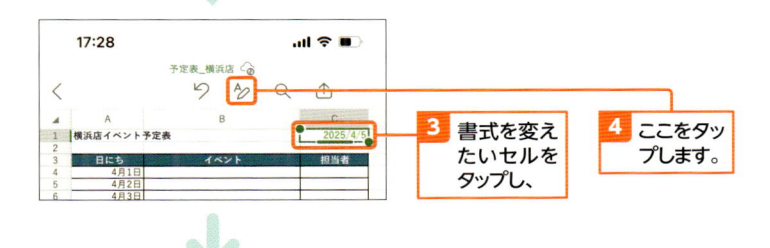

3 書式を変え
たいセルを
タップし、

4 ここをタッ
プします。

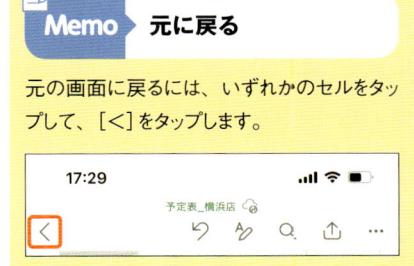

5 項目をタップして
書式を設定します。

12

使い方が広がるその他の機能

📝 **Memo** **サインアウトする**

Microsoft 365アプリやMicrosoft Excelア
プリからサインアウトするには、[ホーム]
画面で画面左上のアカウントのアイコンを
タップし、[アカウント名]をタップして、下
に表示されるアカウントの[サインアウト]を
タップします。続いて、画面の指示に従っ
てサインアウトします。

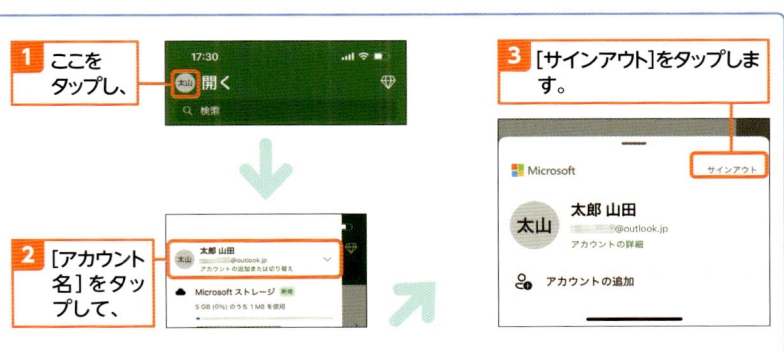

1 ここを
タップし、

2 [アカウント
名]をタッ
プして、

3 [サインアウト]をタップしま
す。

112

Microsoft 365 Copilot in Excelを使う

Microsoft 365 の Office を使用している場合で、Microsoft 365 Copilot を使用する契約をしている場合は、Microsoft 365 Copilot という AI 機能を利用できます。Microsoft 365 Copilot を利用すると、どのようなことができるのか紹介します。

1 Microsoft 365 Copilot in Excel

AI

AIとは、人工知能といってコンピューターなどの機械が人間のようにさまざまなことを考えたりする技術です。最近では、AIの技術を利用して、ユーザーからの質問に対する回答を提示したり、要望に合わせてイラストや音楽などのコンテンツを作り出したりする、生成AIという技術が注目を集めています。

Copilot

Microsoft 社が提供するさまざまなアプリでも、AIの技術を使った機能が搭載されています。それらの機能をCopilotといいます。Copilotとは、「副操縦士」という意味ですが、ユーザーの指示を受けて、さまざまな手助けをしてくれます。たとえば、Windowsでは、タスクバーからCopilotのアプリを起動して利用できます。Edgeを使用しているときは、Edgeの画面の右上のアイコンからEdgeで利用するCopilotを起動できます。WindowsやEdgeのCopilotは、無料で利用できます。

Microsoft 365 Copilot

サブスクリプション契約の Microsoft 365 サービスの Office を使用している場合で、別途、有料の Microsoft 365 Copilot などを使用する契約をしている場合は、Excel や Word などで利用できる AI機能を利用できます。このセクションでは、Microsoft 365 Copilot の Copilot in Excel の利用例を紹介します。なお、Microsoft 365 サービスのプランによって、利用できる Copilot の種類は異なります。

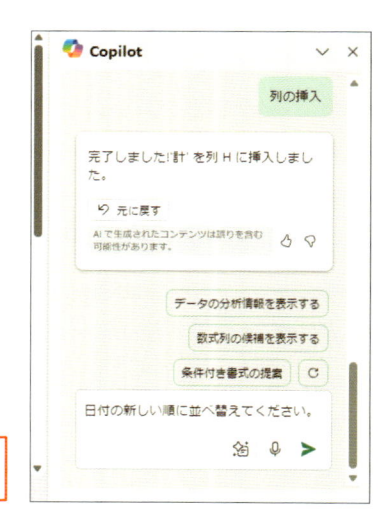

[Copilot] 作業ウィンドウで質問をしたり指示をしたりします。

解説 OneDrive に保存する

Microsoft 365 Copilot in Excelを利用する準備をします。2025年1月時点では、Microsoft 365 Copilot in Excelを利用するときは、利用するファイルをOneDriveに保存し、自動保存をオンにしておく必要があります。p.319の方法で、ファイルをOneDriveに保存しておきましょう。また、表のデータを使用するとき、表をテーブルに変換していないとうまく動作しない場合があります。ここでは、表をテーブルに変換して操作します。[Copilot]作業ウィンドウを表示すると、テーブルの範囲が自動的に認識されて、質問を入力する場所にテーブルのセル範囲が表示されます。

Hint Copilot は進化中

Copilotは、進化中です。Copilotを利用するときの準備やCopilotでできる内容などは、Copilotの進化に伴い変わる可能性があります。

Hint Microsoft 365 Copilot が利用できない場合

ExcelでMicrosoft 365 Copilotを利用するには、Microsoft 365サービスのOfficeを使用している場合で、別途、有料のMicrosoft 365 Copilotを使用する契約が必要です。たとえば、Office 2024のExcelでは、Microsoft 365 Copilot in Excelは利用できません。ただし、Excelの操作についての質問などは、無料で利用できるWindowsやEdgeのCopilotでも、親切に答えてくれます。試してみるといいでしょう（p.326のHint参照）。

1 p.319の方法で、ファイルをOneDriveに保存しておきます。

2 p.235の方法で、表をテーブルに変換しておきます。

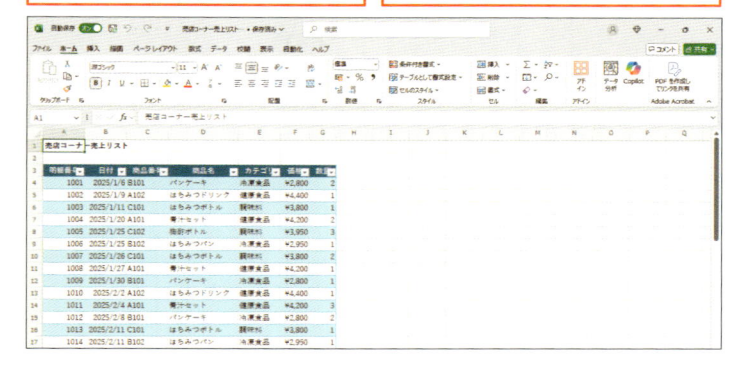

3 [ホーム]タブの[Copilot]をクリックします。

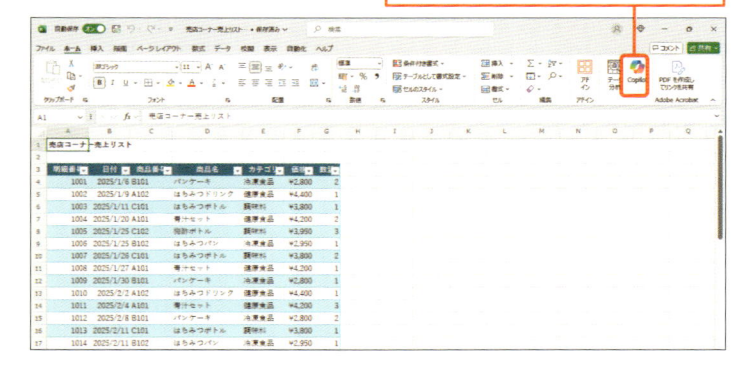

4 [Copilot]作業ウィンドウが表示されます。

5 質問を入力する場所にメッセージが表示されます。

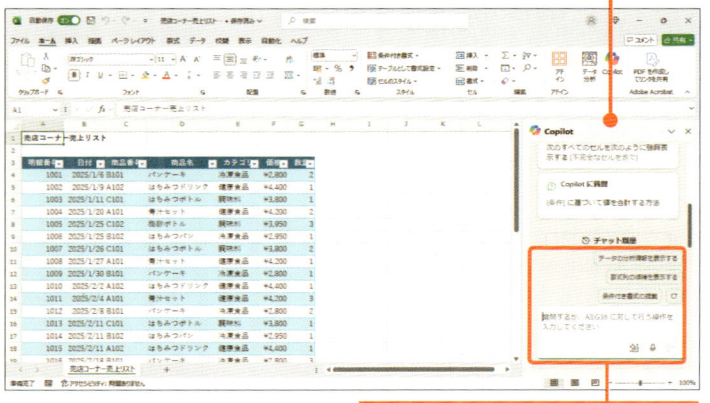

12 使い方が広がるその他の機能

3 計算式を作成してもらう

💬 **解説** 計算式を作成してもらう

ここでは、表を基に、価格と数量を掛け算した結果を表示する列を追加します。ここでは、提案された内容を反映します。他にも、「「判定」という名前の列を追加して、合計が500以上の場合は○、そうでない場合は×を表示して」のような指示ができます。

💡 **Hint** Microsoft 365 Copilot in Excel の利用例

Microsoft 365 Copilot in Excelを利用すると、実際のブックの内容を使用して、Excel操作の手助けをしてもらえます。たとえば、次のようなことができます。また、Excel操作でわからないことがあった場合、操作方法を質問すると答えてくれます。

・計算式を作成してもらう
・表示形式を変更してもらう
・列幅を調整してもらう
・データを自動的に強調してもらう
・クロス集計表を作成してもらう
・グラフを作成してもらう
・データの並べ替えや抽出をしてもらう
・データを分析してもらう
・操作方法を聞いて教えてもらう

列を追加して、価格×数量の計算結果を表示します。

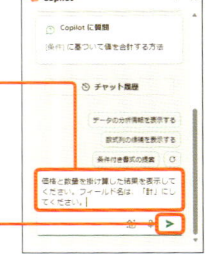

1 質問や指示内容を入力します。ここでは、図のような内容を入力しています。

2 「送信」をクリックします。

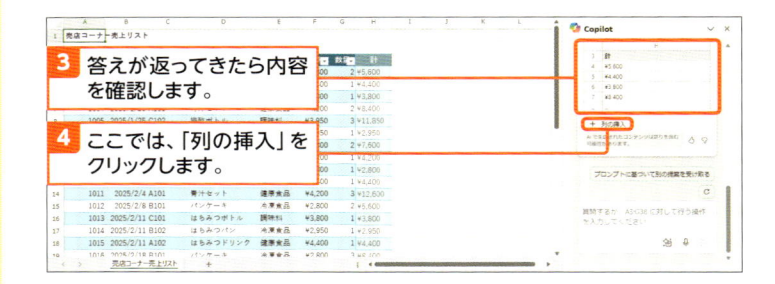

3 答えが返ってきたら内容を確認します。

4 ここでは、「列の挿入」をクリックします。

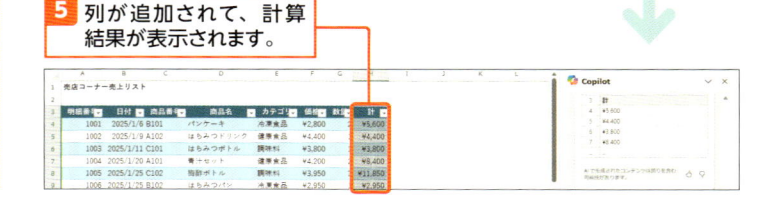

5 列が追加されて、計算結果が表示されます。

12

使い方が広がるその他の機能

💡 **Hint** Windows の Copilot

無料のCopilot in Windowsを利用すると、さまざまな質問に対する答えを得たり、イラストなどを作成してもらったりすることができます。Excel操作に関する質問にも答えてくれます。ここでは、計算式の作成方法を質問しています。表示された計算式をコピーして、Excelのワークシートに貼り付けると、結果を表示できます。Copilot in Windowsは、Microsoft 365 Copilot in ExcelのようにExcelブックを直接操作することはできませんが、操作に迷った場合などは、便利に活用できます。

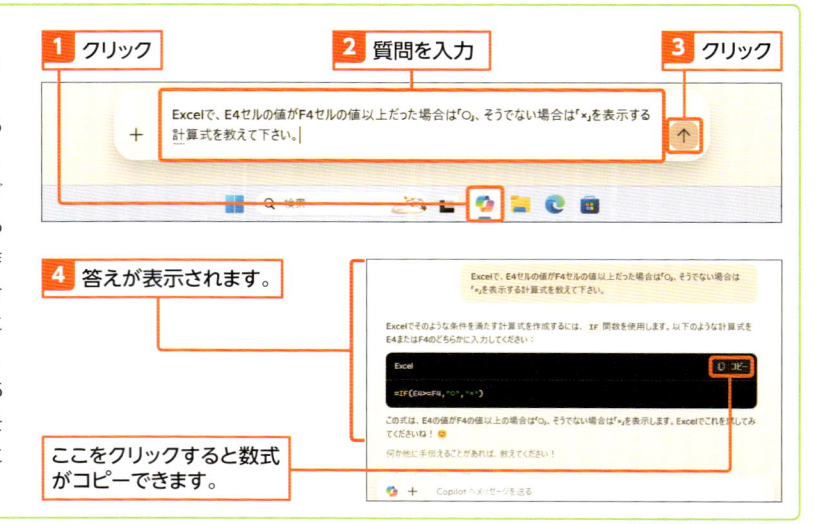

1 クリック

2 質問を入力

3 クリック

Excelで、E4セルの値がF4セルの値以上だった場合は「○」、そうでない場合は「×」を表示する計算式を教えて下さい。

4 答えが表示されます。

ここをクリックすると数式がコピーできます。

解説 グラフや集計表を作ってもらう

ここでは、表を基に、商品ごとの売上の合計をグラフに示してもらいます。ここでは、提案された内容を反映します。他にも、「商品名ごとの売上の合計をクロス集計表にまとめて」のように入力してピボットテーブルの集計表を作成してもらうことなどができます。

Hint プロンプトを表示する

AIに質問したり指示したりする内容をプロンプトといいます。質問や指示の仕方がわからない場合は、🖼をクリックして、一覧から目的に近い項目をクリックしてみましょう。質問や指示内容が途中まで自動的に入力されます。入力内容を補足して質問や指示の文章を作成できます。

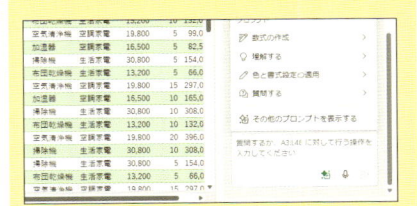

Hint 提案内容を更新する

Copilotに質問したり、操作を指示したりすると、内容に応じた答えが返ってきます。また、何か提案がある場合などは、その内容が表示されます。内容をクリックすると、その答えが表示されます。 🔄 をクリックすると、他の提案を表示してくれます。

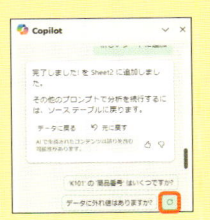

商品ごとの売上の合計をグラフに表示します。

1 質問や指示内容を入力します。ここでは、図のような内容を入力しています。

2 「送信」をクリックします。

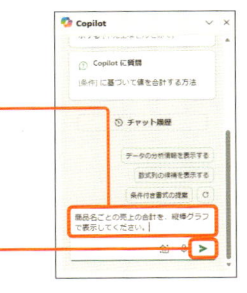

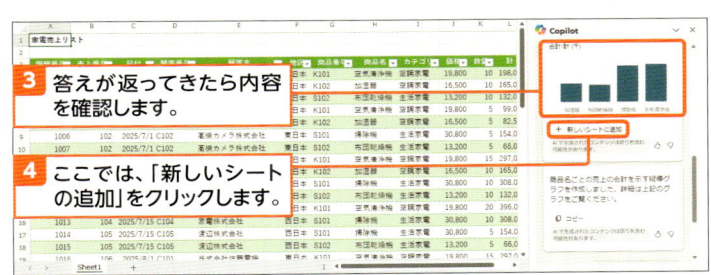

3 答えが返ってきたら内容を確認します。

4 ここでは、「新しいシートの追加」をクリックします。

5 新しいシートが追加されてピボットグラフが表示されます。

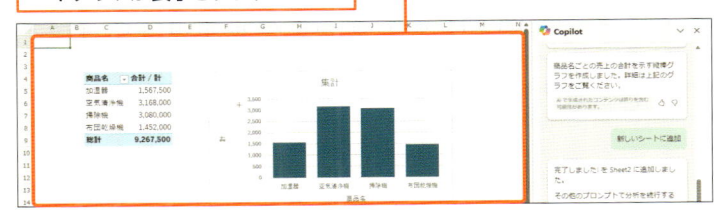

Hint 新しいチャットを開始する

話題を変えて新しい質問をするには、[Copilot] 作業ウィンドウをスクロールして、[チャット履歴] をクリックし、[新しいチャット] をクリックします。なお、[チャット履歴] に表示される質問の一覧から過去の質問をクリックすると、過去の内容が表示されます。

便利なショートカットキー

Excel使用時に知っておくと便利なショートカットキーを用途別にまとめました。たとえば、新規ブックを作成するときに使用する Ctrl + N とは、Ctrl キーを押しながら N キーを押すことです。

●ブックの操作

ショートカットキー	操作内容
Ctrl + N	新規ブックを作成する
Ctrl + O	ブックを開く
Ctrl + S	ブックを上書き保存する
F12	[名前を付けて保存] ダイアログを表示する
Ctrl + W	ブックを閉じる
Alt + F4	Excel を終了する／ブックを閉じる

●ウィンドウの表示

ショートカットキー	操作内容
Ctrl + F1	リボンの表示／非表示を切り替える
Ctrl + F10	ウィンドウを最大化する
■ + ↑	
Ctrl + F10	ウィンドウの大きさを元に戻す
■ + ↓	
Ctrl + F9	ウィンドウを最小化する
■ + ↓	
Ctrl + F9 キーを何度か押す	複数のウィンドウを順に最小化する
■ + ↓ キーを何度か押す	
Ctrl ＋マウスのホイールを奥に回す	拡大表示する
Ctrl ＋マウスのホイールを手前に回す	縮小表示する
Ctrl + F6	ブックを切り替えて表示する

●シートの切り替え

ショートカットキー	操作内容
Ctrl + PageUp	左のシートに切り替える
Ctrl + PageDown	右のシートに切り替える

●アクティブセルの移動

ショートカットキー	操作内容
Ctrl + Home	セル A1 を選択する
↑ ↓ → ←	上下左右に移動する
Tab	右隣に移動する
Shift + Tab	左隣に移動する
Home	選択しているセルの行の A 列に移動する
PageUp	画面単位で上方向にスクロールする
PageDown	画面単位で下方向にスクロールする
Alt + PageDown	画面単位で右方向にスクロールする
Alt + PageUp	画面単位で左方向にスクロールする
Ctrl + ↓	データが入力された範囲の最終セルに移動する
Ctrl + ↑	データが入力された範囲の先頭セルに移動する
Ctrl + →	データが入力された範囲の右端セルに移動する
Ctrl + ←	データが入力された範囲の左端セルに移動する
Ctrl + End	表やリスト内で表やリストの右下隅のセルに移動する

●セルの選択

ショートカットキー	操作内容
Ctrl + Shift + * （テンキー以外）	アクティブセル領域を選択する
Shift + Space	アクティブセルを含む行全体を選択する
Ctrl + Space	アクティブセルを含む列全体を選択する
Ctrl + Shift + ↓	データが入力された範囲の最終セルまでを選択する
Ctrl + Shift + ↑	データが入力された範囲の先頭セルまでを選択する
Ctrl + Shift + →	データが入力された範囲の右端セルまでを選択する
Ctrl + Shift + ←	データが入力された範囲の左端セルまでを選択する

●文字の変換

ショートカットキー	操作内容
F6	文字の変換中にひらがなの変換候補を表示する
F7	文字の変換中にカタカナの変換候補を表示する
F8	文字の変換中に半角文字の変換候補を表示する
F9	文字の変換中に全角英字の変換候補を表示する。F9 キーを押すたびに、[小文字][大文字][先頭のみ大文字] の順で変換される
F10	文字の変換中に半角英字の変換候補を表示する。F10 キーを押すたびに、[小文字][大文字][先頭のみ大文字] の順で変換される

●文字入力

ショートカットキー	操作内容
半角／全角	日本語入力モードのオンとオフを切り替える
F2	セルのデータの末尾にカーソルを移動する
Alt + Enter	セル内で改行する
Shift + Caps Lock	Caps Lock の状態を切り替える
Num Lock	Num Lock の状態を切り替える
Fn + Num Lock	
Ctrl + ;	今日の日付を入力する
Ctrl + :	現在の時刻を入力する
Ctrl + D	上のセルと同じ内容を入力する
Ctrl + R	左のセルと同じ内容を入力する
Alt + ↓	上方向に入力されている項目と同じ入力候補を表示する
Ctrl + Enter	アクティブセルを移動せずに文字の入力を確定する
F4	数式内のセル番地をクリックして F4 キーを押すと、セルの参照方法を絶対参照や複合参照に変換できる

●コピー・貼り付け

ショートカットキー	操作内容
Ctrl + C	選択している内容をコピーする
Ctrl + X	選択している内容を切り取る
Ctrl + V	コピーした内容を貼り付ける
Ctrl + Alt + V	［形式を選択して貼り付け］ダイアログを表示する

●その他の機能の実行

ショートカットキー	操作内容
Ctrl + Z	操作を元に戻す
Ctrl + Y	元に戻した操作を取り消す
F4	同じ操作を繰り返して行う
Ctrl + 1 （テンキー以外）	［セルの書式設定］ダイアログを表示する
Ctrl + Shift + F	［セルの書式設定］ダイアログの［フォント］タブを開く
Ctrl + F	［検索と置換］ダイアログの［検索］タブを表示する
Ctrl + H	［検索と置換］ダイアログの［置換］タブを表示する
Ctrl + P	印刷イメージを表示する
Alt + Q	Microsoft Search ボックスに移動する
F5	［ジャンプ］ダイアログを表示する
F7	スペルチェックの機能を実行する

用語集

Excelを使用する際によく使われる用語を紹介しています。すべてを覚える必要はありません。必要なときに確認してみてください。

アルファベット

Backstageビュー

[ファイル]タブをクリックすると表示されます。ブックを開いたり、保存したり、印刷したりと、ブックに関する処理を実行できます。

Book1

新規にブックを作成すると、Book1、Book2、Book3のように仮の名前が付いたブックが作成されます。ブック名は後からわかりやすい名前に変更できます。

CSV

収集したデータの集まりを保存するときに使用するファイル形式の1つです。フィールドとフィールドが「,」(カンマ)で区切られます。

[Excelのオプション] ダイアログ

Excelを使用するときのさまざまな設定を行うダイアログです。

Microsoft 365 Copilot

Microsoft OfficeのExcelなどで使用できるAI機能です。サブスクリプション契約のMicrosoft 365サービスのMicrosoft Officeを使用している場合で、別途、有料のMicrosoft 365 Copilotの利用を契約している場合に利用できます。Excelの場合、Microsoft 365 CopilotのCopilot in Excelを利用します。

Microsoft Searchボックス

使用する機能を簡単に呼び出したり、わからないことを調べたりできる場所です。Excel 2019以前では「操作アシスト」ボックスと呼びます。

Microsoftアカウント

パソコンにログインしたり、OneDriveを使用するサービスを得られたりするアカウントです。インターネット上で取得できます。

Officeクリップボード

過去にコピーした情報を貯めておくところです。24個までの内容を保存でき、再利用できます。

OneDrive

ファイルを保存するWeb上のスペースです。Microsoftアカウントを取得すると誰でも使用できます。Excelでは、OneDriveに保存したブックを簡単に扱えます。

Sheet1

新規にブックを作成すると、新しいワークシートとしてSheet1のような名前のシートが表示されます。また、ワークシートを追加すると、Sheet2、Sheet3のような名前のシートが作成されます。シート名は後からわかりやすい名前に変更できます。

あ

アイコンセット

条件付き書式で、値の大きさに応じたアイコンをセルに表示する機能です。値を簡単に比較したりできます。

アクセシビリティ

作成した資料などが、年齢や健康状態、障碍の有無、利用環境の違いなどに関わらず、誰にとってもわかりやすいものかを意味するものです。アクセシビリティチェックを実行すると、アクセシビリティを考慮できます。

アクティブセル

現在選択している太枠で囲まれたセルです。セルをクリックすると、アクティブセルが移動します。

印刷範囲

印刷する範囲を登録しておく機能です。印刷範囲を指定しているときに印刷を行うと、印刷範囲の部分が印刷されます。

インデント

セル内の文字の配置を少しずつずらしたりするときに使用します。

ウィンドウ枠の固定

表をスクロールしても、表の見出しを固定して常に表示するための機能です。

上書き保存

一度保存したブックを編集した後に、更新して保存することです。

エラーインジケーター

エラー発生の可能性を知らせる緑色の三角のマークです。

エラーのトレース

エラーインジケーターが表示されているセルをクリックすると表示されるアイコンです。[エラーのトレース]をクリックすると、エラー情報が表示されます。

オートコンプリート

セルに数文字を入力したときに、上下に隣接するセルに入力されている項目と同じ項目を自動入力する機能です。

オートフィル

フィルハンドルをドラッグして、さまざまなデータを自動入力する機能です。

置換

検索した文字を別の文字に置き換えたり、検索結果のセルに別の書式を設定したりする機能です。

か

改ページ

印刷するときのページの区切りを指定するものです。

改ページプレビュー

改ページの位置を確認したり、変更したりするときに使用すると便利な表示モードです。

カラースケール

条件付き書式で、セルの値の大きさに応じてセルを色分けする機能です。値の傾向などを読み取れます。

関数

合計や平均など、計算の目的に合わせて用意された公式のようなものです。関数ごとに、計算式の書き方が指定されています。

関数の挿入

関数を入力するときに使用すると便利なダイアログです。引数の内容などを確認しながら関数を入力できます。

クイックアクセスツールバー

ウィンドウの左上の、小さなボタンが並んでいる部分です。ボタンを追加登録して利用できます。

グラフ

表を基に作成するグラフのことです。Excelでは、さまざまな種類のグラフを作成できます。

グラフエリア

グラフ全体が表示される場所のことです。グラフエリアを選択すると、グラフ全体が選択されます。

グラフ要素

グラフを構成するさまざまな要素のことです。グラフを選択し、[書式] タブ→ [グラフ要素] ボックスからグラフ要素を選択できます。

グループ化

複数の行や列を折りたたんだり、展開したりする機能です。明細行などを折りたたんで表示できます。

計算式のコピー

計算式をコピーして入力することです。計算式で指定しているセルの参照方法によって、参照元のセル番地が変わります。

形式を指定して貼り付け

セルの内容などをコピーして貼り付けるときに、貼り付ける形式を選択するダイアログです。たとえば、コメントとメモ情報のみを貼り付けたり、書式情報のみ貼り付けるなどを選択できます。

罫線

セルの上下左右や対角線上に引く線のことです。

桁区切りカンマ

数値の桁数がわかりやすいように、3桁ごとにカンマを表示する書式のことです。

検索

シートやコメントなどに含まれる文字を探すための機能。指定した書式が設定されたセルを検索することもできます。

コピー＆ペースト

文字などをコピーして別の場所に貼り付けることです。

コメント

セルの内容を補足するために添付する覚え書きのようなものです。Excel 2019以前のコメント機能は、メモ機能として残っています。

さ

作業グループ

複数のシートを同時に選択している状態です。作業グループにしてシートを編集すると、選択しているすべてのシートに同じ編集を行えます。

シート

計算表を作成するシートのことです。ブックには、複数のシートを

追加して利用できます。また、グラフを大きく表示するグラフシートもあります。

シートビュー

シートビューの機能を利用すると、OneDriveのファイルを、他の人と共有して利用しているとき、同じファイルを編集している他のユーザーに影響を及ぼすことなく、データを並べ替えたり抽出したりできます。

シート保護

シートにある表やグラフをうっかり削除してしまうことがないように、シートを編集できないようにすることです。

軸ラベル

グラフの「横（項目）軸」や「縦（値）軸」などの意味を補足するために表示するラベルです。

循環参照

数式を入力しているセル番地を参照して数式を作成してしまっている状態です。循環参照をしてしまうと、エラーが発生します。

条件付き書式

セルに入力されているデータと指定した条件を比較し、条件に一致するセルに自動的に書式を設定する機能です。

シリアル値

日付を管理している数値のこと。「1900/1/1」を「1」とし、1日ごとにシリアル値が1ずつ増えます。つまり、「1900/1/2」をシリアル値で示すと「2」になります。

数式

Excelで計算式を入力することです。セルに数式を入力すると、セルに計算結果が表示されます。

数式バー

Excelのウィンドウの上部に表示されるバーです。アクティブセルの内容が表示されるところです。数式バーでセルの内容を修正したりもできます。

ズーム

シートの表示倍率を変更する機能です。画面右下のズームスライダーのつまみをドラッグしても表示倍率を変更できます。

スタイル

セルの塗りつぶしの色や文字の色などの飾りの組み合わせを登録したものです。

ストック画像

イラストやアイコン、画像などが豊富に用意されているところです。[挿入] タブ→ [画像] → [セルの上に配置]（[セルに配置]）→ [ストック画像] からイラストなどを選択できます。

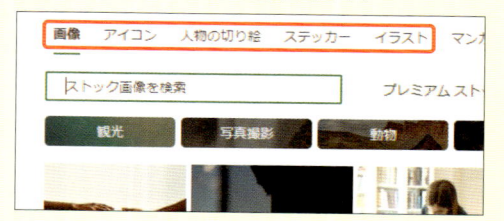

スパークライン

行ごとのセルのデータの推移や、プラスマイナスの推移などを他のセルに視覚的にわかりやすく表示する機能です。表示方法には、縦棒、折れ線、勝敗があります。

スピル

隣接するセル範囲に計算式をまとめて入力できる機能です。

絶対参照

セルを参照する方法の1つです。絶対参照の方法で参照しているセル番地は、式をコピーしてもセル番地がずれません。

セル

表やリストを作成するときに、項目名の文字や日付、数値などを入力する枠のことです。セルには、セル番地という住所のようなものが付いています。たとえば、C列の3行目のセルは「セルC3」といいます。

セルの結合

複数のセルをまとめて1つにすることです。結合したセルを解除することもできます。

セルの参照

他のセルの値を参照して表示することです。

セルの書式

セルの背景色や文字の色などの飾りや、データの表示形式、セルの特性などを指定することです。

全セル選択ボタン

ワークシートの左上隅のグレーのボタンです。列番号「A」の左、行番号「1」の上にあるボタンです。クリックすると、ワークシート内の全セルが選択されます。

相対参照

セルを参照する方法の1つです。相対参照の方法で参照しているセル番地は、式をコピーするとセルの位置が相対的にずれます。

総ページ数

印刷時に、総ページ数を自動的に表示する機能です。一般的に、ページ番号と組み合わせて指定します。

た

ダイアログ（ダイアログボックス）

さまざまな設定を行う設定画面です。たとえば、セルに対してさまざまな設定をするには、[セルの書式設定] ダイアログを表示して行います。

タイトルバー

ウィンドウの一番上に表示されるバーです。ブック名が表示されます。

タブ

ウィンドウ上部の「ファイル」「ホーム」「挿入」などと表示されているところです。タブをクリックすると、リボンに表示されるボタンが切り替わります。

データバー

条件付き書式で、セルの値の大きさに応じてセルにバーを表示する機能です。値を簡単に比較できます。

データラベル

グラフで示す項目名や数値の値などをグラフ内に表示するラベルです。

テーブル

顧客データや売上明細データなど、リスト形式で集められたデータを、より簡単に活用できるようにする機能です。リストをテーブルに変換すると、列の見出しの横にフィルターボタンが表示されます。

テーマ

ブックで使用する色の組み合わせやフォントなどのデザインを登録したものです。テーマを選択するだけで、全体のデザインが変わります。

テンプレート

「納品書」や「請求書」などのレイアウトが決まっている入力フォームです。表をテンプレートとして保存すると、そのテンプレートを開いたときに、テンプレートを基にした新規文書が作成されます。

な

名前

セルやセル範囲に付ける名前のことです。数式を作成するときにセルを指定する代わりに名前を使用することもできます。

名前ボックス

アクティブセルのセル番地が表示されます。また、名前ボックスで名前を選択してセル範囲を選択したりできます。

並べ替え

リスト形式に集めたデータを見やすく並べ替える機能です。並べ替えの基準になるフィールドを選択して、小さい順（昇順）や大きい順（降順）などを指定します。

日本語入力モード

パソコンで文字を入力するときに、日本語を入力するときは、日本語入力モードをオンに切り替えます。

入力規則

セルに入力できるデータの内容を制限したり、セルを選択したときの日本語入力モードの状態を指定したりする機能です。

は

パスワード

Excelのパスワードには、「読み取りパスワード」と「書き込みパスワード」があります。ブックを開くためのパスワードを指定するには「読み取りパスワード」を指定します。ブックを編集して上書き保存するためのパスワードを指定するには「書き込みパスワード」を指定します。

貼り付けのオプション

セルの内容などをコピーして貼り付けたときに、貼り付けた直後に表示されるボタンです。ボタンをクリックして貼り付ける形式を選択できます。

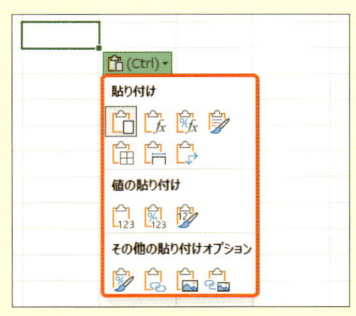

凡例

グラフで表している内容の項目名などを示すマーカーのことです。

比較演算子

2つのデータを比較した結果を得るために使用する演算子です。値が同じかどうか、大きいかどうかなどを調べられます。

ピボットグラフ

ピボットテーブルで作成した集計表を、グラフ化する機能です。

ピボットテーブル

リスト形式のデータを基に、クロス集計表を作成する機能です。

表示形式

数値や日付データなどを、どのような形式で表示するかを指定するものです。

表示モード

Excelで作業を行うときに使用する表示方法です。[標準] 以外に、[改ページプレビュー] や [ページレイアウト] などがあります。

フィルター

リスト形式に集めたデータから目的のデータのみ絞り込んで表示するときに使用します。フィルター機能を使用すると、リストの列見出しの横にフィルターボタンが表示されます。

フィルハンドル

アクティブセルの右下に表示されるハンドルです。オートフィルの機能を使用するときは、フィルハンドルをドラッグします。

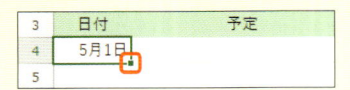

フォント

文字の形の種類のことです。「Office」のテーマを利用している場合、セルのフォントは「游ゴシック」が選択されています。フォントは変更できます。

複合参照

セルを参照する方法の1つです。複合参照では、列だけを固定したり行だけを固定して参照します。

ブック

Excelで作成したファイルは、ブックともいいます。「ファイル」といっても、「ブック」といってもかまいません。

フラッシュフィル

隣接するセルにデータを入力するときに、規則性を見つけてデータを自動入力するのを補助する機能です。

ふりがな

セルに入力した文字のよみがなを表示する機能です。また、PHONETIC関数でふりがな情報を取り出すこともできます。

プロットエリア

グラフ内のデータが表示される場所のことです。プロットエリアを広げると、グラフエリアの中でグラフの部分が大きく表示されます。

分割

シートを垂直や水平に分割する機能です。シートの離れた場所を同時に見たりできます。

ページ番号

印刷時に、ページ番号を自動的に振る機能です。

ページレイアウト

ヘッダーやフッターの表示内容を指定したり編集できる表示モードです。ページの区切りを確認しながら表を作成したりできます。

ヘッダー／フッター

用紙の上余白がヘッダー、下余白がフッターです。日付やページ番号などを追加したりして印刷できます。

ま

マーカー

折れ線グラフなどで、数値の値の位置を示すマークのことです。

元に戻す

直前に行った操作をキャンセルして元に戻すことです。

や

やり直し

直前に行った操作をキャンセルして元に戻した後に、元に戻す前の状態にすることです。

ら

リスト

Excelでデータを管理するときに作成するリストのことです。リストの作り方にはルールがあります。

リボン

Excelのウィンドウの上部のボタンが表示されている部分です。タブをクリックすると、リボンの表示内容が変わります。タブをダブルクリックすると、リボンの表示／非表示を切り替えられます。

列幅

シートの各列の幅です。列幅は個別に調整できます。文字の長さに合わせて自動調整したりもできます。

ロック

シートを保護すると、セルのデータを編集できなくなります。ただし、セルのロックを外してからシートを保護すると、ロックが外れているセルは編集が可能になります。

わ

ワイルドカード

複数の文字やいずれかの文字を示す記号のことです。文字を検索するときなどに、あいまいな条件で文字を探す場合などに使用します。

枠線

セルとセルを区切る線です。枠線は、通常は印刷されません。表に線を引くにはセルに罫線を引きます。

索 引

索引

注意事項

- 本書に掲載されている情報は、2025年1月1日現在のものです。本書の発行後にExcelの機能や操作方法、画面が変更された場合は、本書の手順どおりに操作できなくなる可能性があります。
- 本書に掲載されている画面や手順は一例であり、すべての環境で同様に動作することを保証するものではありません。読者がお使いのパソコン環境、周辺機器、スマートフォンなどによって、紙面とは異なる画面、異なる手順となる場合があります。
- 読者固有の環境についてのお問い合わせ、本書の発行後に変更されたアプリ、インターネットのサービス等についてのお問い合わせにはお答えできない場合があります。あらかじめご了承ください。
- 本書に掲載されている手順以外についてのご質問は受け付けておりません。
- 本書の内容に関するお問い合わせに際して、編集部への電話によるお問い合わせはご遠慮ください。

本書サポートページ https://isbn2.sbcr.jp/30195/

著者紹介

門脇 香奈子（かどわき かなこ）

企業向けのパソコン研修の講師などを経験後、マイクロソフトで企業向けのサポート
業務に従事。現在は、「チーム・モーション」でテクニカルライターとして活動中。

● チーム・モーション　ホームページ
https://www.team-motion.com

カバーデザイン	西垂水 敦（krran）
本文デザイン	リブロワークス
本文DTP	クニメディア株式会社

Excel 2024 やさしい教科書
[Office 2024 ／ Microsoft 365対応]

2025年　2月10日　初版第1刷発行

著　者	門脇 香奈子
発行者	出井 貴完
発行所	SBクリエイティブ株式会社
	〒105-0001 東京都港区虎ノ門2-2-1
	https://www.sbcr.jp/
印　刷	株式会社シナノ